普通高等教育土木工程专业"十二五"规划教材

土木工程材料

尹　健　主　编
许　福　方列兵　吴　昊　副主编
张　雄　主　审

U0261297

中国铁道出版社有限公司

2025 年·北 京

内 容 简 介

本书主要讲述无机胶凝材料、混凝土、砌筑材料、金属材料、木材、高分子材料、沥青及沥青基材料、纤维增强复合材料、建筑功能材料、土木工程材料试验等内容。

本书为高等学校土木工程大类专业的教学用书,也可供有关人员参考。

本书涉及的新规范、新标准、新技术等内容已在 2021 年 12 月第 7 次印刷时已作修改。

图书在版编目(CIP)数据

土木工程材料/尹健主编. —北京:中国铁道出版社,2015.1(2025.1 重印)
普通高等教育土木工程专业"十二五"规划教材
ISBN 978-7-113-18865-8

Ⅰ.①土… Ⅱ.①尹… Ⅲ.①土木工程-建筑材料-
高等学校-教材 Ⅳ.①TU5

中国版本图书馆 CIP 数据核字(2015)第 004759 号

书　　名:**土木工程材料**
作　　者:尹　健

责任编辑:李丽娟　　编辑部电话:(010)51873240　　电子邮箱:790970739@qq.com
封面设计:崔丽芳
责任校对:孙　玫
责任印制:高春晓

出版发行:中国铁道出版社有限公司(100054,北京市西城区右安门西街 8 号)
网　　址:https://www.tdpress.com
印　　刷:三河市宏盛印务有限公司
版　　次:2015 年 1 月第 1 版　2025 年 1 月第 10 次印刷
开　　本:787 mm×1 092 mm　1/16　印张:22.75　字数:573 千
书　　号:ISBN 978-7-113-18865-8
定　　价:59.00 元

前　言

　　土木工程材料课程是土木工程专业的主要专业基础课之一。随着现代科学技术的快速发展,土木工程中使用的各种新材料、新技术、新工艺、新标准等不断涌现,教学使用的教材必须紧跟土木工程的发展步伐,不断更新教学内容。本教材在参考了众多土木工程材料教材编写体例的基础上,按照土木工程学科专业指导委员会2011年制定的"土木工程材料教学大纲"和"卓越工程师"培养计划的要求,根据最新颁布的各种材料的技术标准和规范而进行编写。

　　目前,由于各高校专业课学时大幅度缩减,使土木工程材料课堂教学受到了一定的影响,本书编写的目的就是使学生能够在有限的时间内能对主要的土木工程材料有比较系统和深入的了解,相应章节后面留有的复习思考题重点突出了知识的难点和重点,并将土木工程材料学科的前沿知识及最新研究成果有选择性的穿插于本教材中,这对土木工程材料感兴趣的学生及对扩充学生的学术视野具有重要的参考价值。

　　本书由中南林业科技大学尹健担任主编,由湘潭大学许福、湖南城市学院方列兵、中南大学吴昊担任副主编。编写分工如下:尹健编写绪论、第3章(3.3.4、3.7)、第8章、试验5、试验7;中南林业科技大学田冬梅编写第1章、第2章(2.4、2.5、2.6)、第3章(3.1、3.2、3.3.1~3.3.3)、第7章、试验3;许福编写第2章(2.1、2.2、2.3)、试验1;中南大学池漪编写第3章(3.4、3.5、3.6);方列兵编写第4章、试验2;吴昊编写第3章(3.8)、第9章、第10章以及试验4和试验8;中南林业科技大学熊曢编写第5章、试验6;中南林业科技大学张新胜编写第6章。本书由同济大学张雄教授担任主审。张教授对全书进行了认真审阅,并提出了许多宝贵的修改意见与建议,谨在此表示诚挚的感谢。

　　本书在编写过程中得到了中南林业科技大学、湘潭大学、湖南城市学院、中南大学等单位的大力帮助和支持,同时本书也得到了"湖南省普通高校"十二五"专业综合改革试点项目"的资助,谨在此深表谢意。

　　本书在编写过程中,为了配合文字介绍使教材更有说服力和可读性,从网上下载了部分图片,谨在此对图片提供的作者或单位深表谢意!

　　由于时间仓促和编者的水平有限,书中如有不妥之处,敬请广大师生、读者提出宝贵意见。

编　者

2014 年 7 月

目 录

绪 论

0.1 土木工程与土木工程材料

土木工程(Civil Engineering)是建造各类土建工程设施的科学技术的统称,是指运用数学、物理、化学等基础科学知识和力学、材料学等技术科学知识以及土木工程方面的工程技术知识来研究、设计、建造各种工程设施的一门学科。土木工程包括建筑工程、桥梁与隧道工程、道路与铁道工程、岩土工程、市政工程等分支学科。

土木工程是社会和科技发展的主要先行者,由于它的投入大(指劳动力、资金、材料的投入),带动的行业多(如土木工程材料、钢材、化工、机电等),担负着城市建设和交通网络建设的重大任务,所以工业、农业乃至科技、国防、文教部门都需要土木工程为它们创造建设与发展的条件,因此土木工程对任何一个国家的国民经济发展都起着重要作用。我国改革开放以来,大规模住宅建设、高速公路及铁路网和港口建设的飞速发展,对促进国家现代化、提高人民生活文化水平,增强综合国力的重要作用,已为30年来的历史所证实。2013年我国国民经济生产总值(GDP)已达到56.9万亿元,其中固定资产的投入已超过GDP总值的50%以上,绝大部分与土木工程相关的产业有关。

土木工程材料是指应用于土木工程建设中的无机材料、有机材料和复合材料的总称。通常根据工程类别在材料名称前面加以适当的区分,如建筑工程常用材料称为建筑材料;道路(含桥梁)工程常用材料称为道路建筑材料;主要用于港口码头时,则称为港口材料;主要用于水利工程的称为水工材料。此外还有市政材料、军工材料、核工业材料等。一般来说,土木工程材料应具有以下特点:具备足够的强度,能够承受设计荷载的作用而不发生破坏;具有与使用环境相适应的耐久性,使建筑物具有较长的使用寿命,维修成本低;用于特殊部位的材料,具有相应的能满足使用要求的功能,如屋面材料能隔热、防水,楼板和内墙材料能隔声,装修材料能产生一定的艺术效果,美化建筑;无毒、无污染、无放射性,能满足环保和人体健康的要求;制造方便,价格较低,使用范围较广。

土木工程材料在建设工程中有着举足轻重的地位。首先,土木工程材料是建设工程的物质基础,在土建工程中,土木工程材料的费用占到土建工程总投资的50%~70%,因此,土木工程材料的价格直接影响到建设投资。第二,土木工程材料与建筑结构和施工之间存在着相互促进、相互依存的密切关系。土木工程材料的性能、质量、品种和数量以及造价,直接影响着建筑结构的形式、功能、使用和造价,并在一定程度上影响着施工方法,一种新型的土木工程材料的出现将促进结构形式的变化与创新以及结构设计与施工方法的改进和提高。如古罗马时代的土木工程材料主要是砖和石料。公元125年建造的万神庙,是一个直径为44 m的半球形砖石结构屋顶,用了12 000 t材料。钢筋混凝土出现后,1912年波兰建造了直径为65 m的世纪大厅,因采用了钢筋混凝土肋形拱顶,只用了1 500 t材料。后来又出现了钢筋混凝土薄壁构件,墨西哥在建造洛斯马南什斯饭店时,用这种材料建造的双曲抛物面薄壳屋顶,直径

32 m,厚 4 cm,质量才 100 t。随后又出现了玻璃纤维增强水泥,1977 年在前西德斯图加特,采用这种材料建造的联邦园艺展览厅双曲抛物面屋顶,直径 31 m,厚 1 cm,质量才 25 t。以上事实说明土木工程新材料的出现能创造新的结构形式和新的施工方法,并能大大减轻结构自重。因此土木工程材料的创新与发展是促进建筑业创新和发展的重要推动力。第三,构筑物的功能和使用寿命在很大程度上取决于土木工程材料的性能,如装饰材料的装饰效果、钢材的锈蚀、混凝土的劣化、防水材料的老化问题等,均是材料性能问题。因此,从材料强度设计理论向耐久性设计理论转变,关键在于材料耐久性能的提高。

0.2　土木工程材料的发展与种类

0.2.1　土木工程材料的发展

土木工程材料是伴随着人类社会的不断进步和社会生产力的发展而发展的。人类最早在原始时代使用木材、岩石、竹、黏土等天然材料;在石器时代利用石材、石灰、石膏等材料建造埃及金字塔(2 000~3 000 BC)、万里长城(200 BC)等著名建筑;18 世纪中叶钢材和水泥的出现,使钢结构和钢筋混凝土结构迅速发展,结构物的跨度从砖、石结构和木结构的几十米发展到百米、几百米,直至现在的千米以上;20 世纪 30 年代,又出现了预应力混凝土结构、钢筋混凝土薄壁构件、减水剂等,使土木工程的设计理论和施工技术得到进一步完善,到了 21 世纪,轻质、高强、节能、高性能、绿色建材的发展,使土木工程材料的应用更为广泛。土木工程材料发展历程见图 0.1。

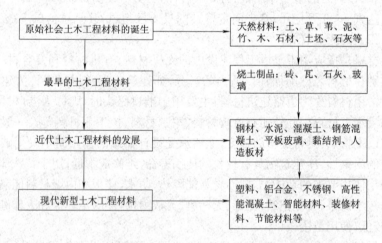

图 0.1　土木工程材料的发展历程

随着材料生产和应用的不断发展,相应产生了一门新的学科——材料科学,它是运用物理、化学、力学的基本理论,通过电子显微镜、X 衍射仪、红外光谱及其他现代测试技术和手段,研究材料成分、内部结构和构造性能的影响及相互关系的一门学科。因此材料科学是所有材料工业共同的基础科学,土木工程材料的发展必须以材料科学为指导,按可持续发展的战略,结合建筑业的要求协调进行。归纳起来,今后土木工程材料将向以下几个方面发展:

(1)高性能化。随着现代建筑向高层、大跨度、结构复杂、节能、美观和舒适等方向发展,迫切需要拥有轻质、高强、高耐久、高保温、高防水性等性能的新型土木工程材料,而多种功能材料的复合为一,是节约建设成本,减轻结构自重,改善施工现场作业环境的有效途径。

（2）循环再利用化。随着人类社会发展水平的提高，人类对自然资源的无度索取及环境破坏程度加剧，为了实现人类社会的可持续发展，需要按照循环经济的理念来指导土木工程材料的生产、消费和再利用，即合理利用资源和环境容量，在物质循环利用的基础上发展经济。而循环经济的核心内容就是"3R 原理"（Reduce—减量化、Reuse—再利用、Recycling—再循环）。土木工程材料工业可以大量利用工业固体废弃物，减少资源消耗。提高土木工程材料的耐久性，延长建筑物的使用寿命，也是减少资源消耗的有效途径。

（3）绿色环保化。合理充分利用工业废渣、废料作为土木工程材料生产的原材料，并在生产、使用过程中不产生废水、废气、废渣、噪声，使用后的产品可再生循环和回收利用，并尽可能节能降耗，保护自然资源与环境，维护生态平衡和人类健康，把土木工程材料的发展纳入可持续发展的轨道。研究开发和应用节能型、环保型、保健型的生态材料已成为趋势。

（4）多功能化。运用表面新技术、复合新技术研制出具有多种功能的新材料，如多功能气凝胶玻璃、防水兼保温隔热的屋面材料、防潮保温兼吸臭抗菌及保健的内墙涂料等。

（5）工业化。材料的生产必须工业化，其规格尺寸尽量标准化，尽早与国际接轨。同时生产出的土木工程材料应适宜于机械化施工，使产品尽量做到预制化和商品化，以保证材料和施工质量，提高施工效率。

此外，轻质、高强、高耐久性、良好的工艺性和智能化等也是未来土木工程材料的发展方向。

0.2.2 土木工程材料的种类

土木工程材料的种类繁多，为了研究、使用和讲述方便，通常根据材料的组成、功能和用途加以分类。

1. 按使用性能分类

通常分为承重结构材料、非承重结构材料及功能材料三大类。

（1）承重结构材料。主要指梁、板、柱、基础、墙体和其他受力构件所用的土木工程材料。最常用的有钢材、混凝土、砖、砌块、墙板、屋面板和石材等。

（2）非承重结构材料。主要包括框架结构的填充墙、内隔墙和其他围护材料等。

（3）功能材料。主要有防水材料、防火材料、装饰材料、保温材料、吸声（隔声）材料、采光材料、防腐材料等。

2. 按使用部位分类

按土木工程材料的使用部位通常分为结构材料、墙体材料、屋面材料、地面材料、饰面材料和基础材料等。

3. 按化学组成分类

根据土木工程材料的化学组成，通常可分为无机材料、有机材料和复合材料三大类。这三大材料中又包含多种材料类别，见表 0.1。

表 0.1 土木工程材料的分类

无机材料	金属材料	黑色金属：钢、铁等
		有色金属：铝、铜、铝合金等
	非金属材料	天然石材：砂石及各种石材制品等
		烧土及熔融制品：黏土砖、瓦、陶瓷及玻璃等
		胶凝材料：石膏、石灰、水泥、水玻璃等

有机材料	植物质材料	木材、竹材、秸秆等
	沥青材料	石油沥青、煤沥青、沥青制品等
	高分子材料	塑料、涂料、胶黏剂等
复合材料	无机材料基复合材料	水泥刨花板、水泥混凝土、砂浆、钢纤维混凝土等
	有机材料基复合材料	沥青混凝土、玻璃纤维增强塑料(玻璃钢)等

0.3 土木工程材料的技术标准

0.3.1 标准及标准化的概念

GB/T 20000.1—2002 标准化基本术语第一部分对标准作如下定义:为了在一定的范围内获得最佳秩序,经协商一致制定并由公认机构批准,共同使用的和重复使用的一种规范性文件。标准化的定义是为了在一定范围内获得最佳秩序,对现实问题或潜在问题制定共同使用和重复使用的条款的活动。产品标准化是指对工业产品的类型、性能、尺寸、质量、选用材料、工艺装备、工艺方法、试验方法等规定统一标准,并使标准得以实现,使产品可以应用在许多方面,能和各种式样的其他产品配套。

目前我国绝大多数土木工程材料都制定了技术标准。技术标准是材料生产的产品质量是否合格的技术依据,也是供需双方对产品质量进行验收的依据。土木工程材料实施标准化,就要求生产企业必须按标准生产合格的产品。实施标准化可促进企业改善管理,提高生产率,实现生产过程的合理化。对使用部门而言,实施标准化就要求其应当按标准选用材料,从而有利于加快施工进度,降低工程造价。

0.3.2 土木工程材料标准的种类

土木工程材料标准主要包括产品标准、试验检测方法标准、生产设备标准等。产品标准一般包括产品规格、分类、技术要求、检验方法、验收规则、标志、运输和储存等方面的内容。

《中华人民共和国标准化法》将我国标准分为国家标准、行业标准、地方标准和企业标准,见表 0.2。

第一类是国家标准。国家标准是在全国范围内统一的技术要求,并具有特定的标示规则。国家标准有强制性标准(代号为 GB)和推荐性标准(代号为 GB/T),由国务院标准化行政主管部门批准。如"GB 175—2007《通用硅酸盐水泥》"为国家针对通用硅酸盐水泥所制定的质量标准,其中,"GB"为国家标准代号,"175"为标准编号,"2007"为标准颁布的年代号,"通用硅酸盐水泥"为该标准的产品(技术)名称。该标准为强制性国家标准,在全国范围内的所有该类产品的技术性质不得低于此标准规定的技术指标,否则就视为不合格产品。针对某些产品(技术),可以使用推荐性标准,它表示为非强制性,意味着可以执行其他标准,如"GB/T 14684—2001《建设用砂》",表明该标准为国家推荐性标准。

第二类是行业标准。它是某一行业制定并在本行业内执行的标准,行业标准由国务院有关行政主管部门制定。如"JC/T 446—2000《混凝土路面砖》",其中,"JC/T"为建材颁布标准的行业代号(此产品为推荐性标准);"446"为该产品的二级类目顺序号;"2000"为标准颁发年代号。其他行业标准代号见表 0.2。

表 0.2　国家及行业标准代号

标准名称	代号	标准名称	代号
国家标准	GB	交通行业标准	JT
建材行业标准	JC	冶金行业标准	YB
建工行业标准	JG	石化行业标准	SH
铁道行业标准	TB	林业行业标准	LY

第三类是地方标准。地方标准是指省、自治区和直辖市标准化行政主管部门制定和颁布的标准(代号为 DB)。其代号为"地方标准代号、标准顺序号、制定年代号、产品(技术)名称"。

第四类是企业标准。它是由某一企业制定并经有关部门批准的产品(技术)标准。企业标准的代号为"Q/",其后分别注明企业代号、标准顺序号、制定年代号。根据国家标准法规定,对同一产品或技术,其企业标准的技术指标要求不低于国家标准和行业标准。

此外,为了适应改革开放和加入 WTO 后的需要,当前我国各种技术标准都正向国际标准靠拢,以便科学技术的交流与提高,目前国际上普遍采用的标准见表 0.3。

表 0.3　国际组织及几个主要国家标准

标准名称	代号	标准名称	代号
国际标准	ISO	德国工业标准	DIN
国际材料与结构试验研究协会	RILEM	韩国国家标准	KS
美国材料试验协会标准	ASTM	日本工业标准	JIS
英国标准	BS	加拿大标准协会标准	CSA
法国标准	NF	瑞典标准	SIS

0.4　土木工程材料课程的教学任务

0.4.1　土木工程材料课程的性质与教学目的

土木工程材料是土木工程专业的学科基础课(或称专业基础课)。学习土木工程材料课程的目的是力图使学生掌握有关材料的基础理论和基础知识,为学习后续的结构设计、工程施工、经济管理等方面的专业课程,以及为今后从事工程实践和科学研究打下必要的工程材料方面的基础。

根据该课程的特点与要求,在学习中应重视对土木工程材料基本性质的掌握与应用;了解当前土木工程中常用材料的组成、结构及其形成机理;熟悉这些材料的主要性能与正确使用方法,以及这些材料技术性能指标的试验检测和质量评定方法;通过对常用材料基本特点和正确使用实例分析,引导学生学会利用相关理论和知识来分析与评定材料的方法,掌握解决土木工程实际中有关材料问题的一般规律,以便在将来的工作中能够正确认识和使用新的材料。

0.4.2　土木工程材料课程的学习方法与要求

土木工程材料具有内容繁杂、品种繁多、涉及面广、理论体系不够完善等特点,同时要求学生还应具有高等数学、数理统计、材料力学、物理学、无机化学和有机化学等课程的基础,学生在初学时要正确理解与全面掌握这些知识的难度较大。因此,要求学生在掌握材料的基本性质和相关理论的基础上,还应熟悉常用材料的主要性能、技术标准及应用方法。

基于土木工程材料科学是从工程使用角度去研究材料的原料、生产、成分和组成、结构和构造以及外部环境条件等对材料性能的影响及其相互关系的一门应用科学,所以,学生在学习土木工程材料的过程中应始终把握两点——纲、序,其关系图见图0.2。

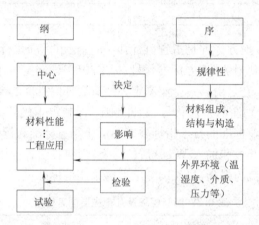

图 0.2　土木工程材料的学习方法

此外,学生在学习土木工程材料的过程中,必须运用辩证的观点正确把握土木工程材料科学中的量变和质变的关系,量变不仅是质变的前提、基础,而且决定质变的性质和方向。例如:GB 175—2007《通用硅酸盐水泥》明文规定 P·S·A 型、P·P 型、P·F 型、P·C 型水泥中的氧化镁含量不大于 6.0%,"如果水泥中氧化镁含量大于 6.0%时,应进行水泥压蒸试验并合格",否则该水泥就是不合格品。

0.4.3　土木工程材料试验课的学习任务

土木工程材料试验课是本课程的重要教学环节,是检验材料性能、鉴别其质量水平的主要手段,也是土木工程建设中质量控制的重要措施之一。其任务是验证基本理论、学习试验方法,培养科学研究能力和严谨的科学态度,培养学生的实践技能和实事求是的工作作风。同时还可以使学生加深对理论知识的理解。学生在试验过程中一定要严肃认真,一丝不苟,即使对一些操作简单的试验,也不例外。要了解试验条件对试验结果的影响,并对试验结果作出正确的分析和判断。

土木工程材料试验的步骤如下:

(1)选取有代表性的样品作为试样或按规定制备试件;

(2)选择适当精度的试验仪器设备;

(3)按照规定的试验方法进行试验操作,做好试验记录;

(4)整理试验数据,并对问题进行分析与讨论,找出规律,得出结论;

(5)写出试验报告。

试验报告必须认真撰写,内容包括试验目的、试验样品、试验方法与原理、试验数据、分析与讨论、结论、存在的问题和自己的心得体会等内容,以加深对土木工程材料知识的理解和掌握。

复习思考题

0.1 土木工程材料在建设工程中的地位和作用体现在哪些方面？

0.2 土木工程材料常见的分类方法有哪些？如何分类？

0.3 试分析土木工程材料的发展趋势。

0.4 简述土木工程材料课程学习的基本方法与要求。

0.5 通过调查国内外某一著名建筑,说明土木工程材料的类型及历史地位,要求写出科技小论文,题目自拟。

土木工程材料导论

土木工程材料是土木工程的物质基础,所有的建筑物、桥梁、铁路、公路、隧道、港口等均由土木工程材料经设计、施工建造而成。这些工程设施所处环境、所起作用各不相同,为满足其功能性、安全性和耐久性的要求,在工程设计与施工中,必须了解和熟悉土木工程材料的基本性质。

土木工程材料在使用过程中,要承受力学因素(如自重、外力)、物理因素(如温度、湿度、风等)、化学因素(如水、酸、碱、盐等)、生物因素(霉菌、病毒等)的单一及复合作用,因此还需掌握土木工程材料性能的影响因素和改善途径。

对于从事土木工程设计、施工、科研和管理的专业人员,必须理解和掌握土木工程材料的相关知识,才能更好地选材、制备并加以应用。

本章主要介绍材料的组成与结构,材料的物理性能、力学性能和耐久性能,以及它们相互间的关系,为后续章节的学习打下基础。

1.1 材料的组成与结构

1.1.1 材料的组成

土木工程材料的组成包括化学组成、物相组成和矿物组成。

1. 化学组成

化学组成是指材料中所含化学成分(元素、单质或化合物)的种类及其含量。例如,生石灰的化学成分是 CaO,熟石灰的化学成分是 $Ca(OH)_2$;硅酸盐水泥含有 CaO、SiO_2、Al_2O_3、Fe_2O_3 等四种氧化物;钢材主要由 Fe、C 及微量的 Cr、Mn、Ni 等元素组成。

2. 物相组成

物质中物理和化学性质完全均匀的组分称为物相,通常情况下物相划分为气相、液相与固相三大类。在一定条件下各物相间有明显的界面,在界面上宏观性质发生跳跃式改变。气体混合中不论有多少种不同的气体,只有一个物相——气相;液体按其互溶程度可以有一种液相或多种液相共存;一般一种固体便是一个物相,两种混合均匀的固体粉末仍含有两个物相。

物相组成是指材料所含物相(固相、液相或气相)的种类和含量。例如,混凝土不但含有多种固相,还含有气相(孔隙)和液相(孔溶液)。

3. 矿物组成

矿物是具有一定化学成分和结构特征的单质或化合物。金属材料中,化学组成和结构相同且具有特定物理化学性质的晶体称为晶相,如钢材的主要晶相有铁素体、渗碳体、珠光体和奥氏体;无机非金属材料中,化学组成和结构相同且具有特定物理化学性质的晶体称为矿物相,如硅酸盐水泥的主要矿物相有硅酸三钙(C_3S)、硅酸二钙(C_2S)、铝酸三钙(C_3A)和铁铝酸四钙(C_4AF)。

材料的化学组成不同,则矿物组成不同。化学组成相同时,其矿物组成也不一定相同。如石墨和金刚石,同是碳元素组成,但二者矿物结构不同,故物理性质和力学性质有较大差别。

材料的组成是决定材料性质的最基本因素,如木材主要由 C、H、O 形成的纤维素和木质素组成,故易于燃烧;石油沥青则由多种 C—H 化合物及其衍生物组成,故决定了其易于老化等。

材料组成上的微小变化就能引起结构、性能上的根本性改变,如碳素结构钢中碳含量从 0.02% 增加到 0.9% 时,钢材中渗碳体含量逐渐增多,分布越来越均匀,使钢材强度和硬度逐渐增大,而当碳含量超过 0.9% 后,渗碳体则在钢组织结构中呈网状分布在晶界上,切断基体,使钢材的强度反而降低。

1.1.2 材料的结构

材料的组成不仅与组成密切相关,也取决于材料的结构。一般从三个层次研究材料的结构。

1. 宏观结构

肉眼即可分辨的毫米级以上的形貌特征和组织形态称为宏观结构,一般用于研究材料中孔隙、裂缝、质点的几何形状、分布方式等。如混凝土中粗细骨料颗粒的几何形状、分布方式及堆聚状况,纤维增强复合材料中纤维的尺寸、分布特征等。

2. 细观结构

需用光学显微镜分辨的形貌特征称为细观结构(物相尺寸在 $10^{-6} \sim 10^{-3}$ m 的细小质点的结合方式和形貌特征)。如水泥石中 $Ca(OH)_2$ 晶体、AFt 晶体的颗粒尺寸、形貌特征与堆聚方式,钢材中铁素体、渗碳体、珠光体、奥氏体的形貌特征与分布方式。

3. 微观结构

需用高倍电子显微镜才能分辨的物相尺寸 $10^{-10} \sim 10^{-6}$ m 的微小质点的结合方式和形貌特征称为微观结构。如木材中树脂通道、髓管形貌特征、分布方式,硬化石膏体中 Ca^{2+}、SO_4^{2-} 离子与 H_2O 分子的结合方式等。

材料的微观结构主要影响材料的化学和物理性能,细观结构和宏观结构主要影响材料的力学性能和耐久性。如建筑石膏浆体是由长约 $1 \sim 1.5$ nm 的 Ca^{2+}、SO_4^{2-}、H_2O 分子形成的针状二水石膏晶体构成的,针状晶体硬化形成的晶体网含有大量孔隙,使石膏制品导热性较低,隔声性好,但强度较低。

1.2 材料的物理性质

1.2.1 密度、表观密度和堆积密度

1. 密度

材料在绝对密实状态下的质量与体积之比定义为密度,即

$$\rho = \frac{m}{V} \tag{1.1}$$

式中　ρ——材料的密度,g/cm^3;

　　m——材料的质量,g;

　　V——材料的密实体积,cm^3。

绝对密实状态下材料的体积严格来讲是指不包括任何孔隙在内的固体物质体积,也称实体积。但大多数土木工程固体材料是由多晶体或多物相组成的,其内部会存在一定尺寸大小的孔隙。因此,确定材料的密度就需要尽量消除孔隙所占的体积和质量。密度的测量方法是:将固体材料磨细成粒径小于 0.25 mm 的粉末,再用干燥后李氏瓶经排液法测定粉末的体积,近似作为材料的实体积。粉末磨得愈细,所测密实体积愈精确。密度的单位有 g/cm^3、g/mL、kg/L、t/m^3 等。

液体和气体的密度与温度有关,如在 4 ℃时水的密度为 1 g/cm^3,在 0 ℃时冰的密度为 0.917 g/cm^3。因此,当材料发生相变时,就会发生体积变化。

2. 表观密度

材料在自然状态下的质量与体积之比定义为表观密度,即

$$\rho_0 = \frac{m}{V_0} \tag{1.2}$$

式中　ρ_0——材料的表观密度,g/cm^3;

　　　m——材料的质量,g;

　　　V_0——材料自然状态下的体积,cm^3。

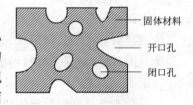

图 1.1　材料自然状态
下的表观体积

材料在自然状态下的体积包括材料中所含开口与闭口孔隙的体积,亦称表观体积,如图 1.1所示。对于规则几何外形的块体材料,可直接测量其几何尺寸,计算其表观体积;对于不规则外形的固体材料,一般采用排液法测定其表观体积,但表面需预先蜡封处理以防止水分渗入开口孔内。

材料的表观体积和质量随其内部含水率变化而变化,因此表观密度与其含水率有关。通常材料的表观密度是指气干状态下的表观密度,即干表观密度。

3. 堆积密度

散粒材料在堆积状态下的质量与体积之比定义为堆积密度,即

$$\rho_0' = \frac{m}{V_0'} \tag{1.3}$$

式中　ρ_0'——散粒材料的堆积密度,g/cm^3;

　　　m——散粒材料的质量,g;

　　　V_0'——散粒材料堆积状态下的体积,cm^3。

散粒材料的堆积体积既包括每一个颗粒材料内部所含的孔隙体积,又包括颗粒间的空隙体积。所以,材料的堆积密度不但取决其表观密度,而且还与颗粒的粒径、粒径分布、填充密实度有关。测量散粒材料的堆积密度时,是以填满已标定体积的固体容器的散粒材料质量与标定体积之比。

常见材料的密度、表观密度和堆积密度见表1.1。

表 1.1　常见材料的密度

材　料	密度 (g/cm^3)	表观密度 (kg/m^3)	堆积密度 (kg/m^3)	材　料	密度 (g/cm^3)	表观密度 (kg/m^3)	堆积密度 (kg/m^3)
钢、铁	7.85	7 850	—	石灰石	2.6	1 800~2 600	1 400~1 700
水 泥	3.1	—	1 100~1 300	砂	2.55~2.7	2 630~2 700	1 450~1 700

续上表

材　料	密度 (g/cm³)	表观密度 (kg/m³)	堆积密度 (kg/m³)	材　料	密度 (g/cm³)	表观密度 (kg/m³)	堆积密度 (kg/m³)
黏土	2.6	—	1 600～1 800	红松木	1.55	400～800	—
水泥砂浆	—	2 000～2 200	—	玻璃	2.55	—	—
混凝土	—	1 950～2 500	—	沥青混合料		2 300	—

1.2.2　材料的孔隙率与空隙率

1. 孔隙率

材料所含开口与闭口孔隙的总体积占表观体积的百分率称为材料的孔隙率,即

$$p = \frac{V_0 - V}{V_0} \tag{1.4}$$

式中　p——材料的孔隙率,%;

　　　V——材料的密实体积,cm³或 m³;

　　　V_0——材料的表观体积,cm³或 m³。

(1)孔隙种类

①开口孔隙:其特征是彼此贯通且与外界相通,当材料浸入水中时,水将通过开口孔隙渗入材料内部。因此开口孔隙率越大,材料的渗透性和吸水性越大,与之有关的耐久性越差。

②闭口孔隙:其特征是封闭不连通且与外界隔绝,当材料浸入水中时,水一般不会进入闭口孔隙。因此闭口孔隙率对材料的渗透性影响较小,但对材料的导热性能影响较大。

(2)孔隙率测试方法

①计算法。分别测定材料的表观体积与密实体积,然后按照式(1.4)计算即可得出材料的孔隙率。这种方法快捷而精确。

②饱和吸水法。将已知质量的气干状态下的材料浸入盛有足量水的烧杯中让材料吸水饱和,然后测定材料吸水体积,就可得出材料的开口孔隙率。

③压汞法。该方法一般用压汞仪测量,先将材料试样抽真空,然后在一定压力下使液态汞进入材料的孔隙中,测量压入孔隙中的液态汞的体积来计算孔隙率。该方法不但可以测量孔隙率,还可以通过测量不同压力下进入孔隙中液态汞的体积,得出孔径分布。该方法一般可测量孔径范围 3.5 nm～300 μm 的孔隙及其分布。

④氮吸附法。该方法测量材料内部纳米级别的孔隙,通过测量在孔壁上吸附、凝聚的氮分子体积或质量,就可计算材料的孔隙比表面积和孔径分布。

2. 空隙率

散粒材料中颗粒间空隙体积占堆积体积的百分率称为空隙率,即

$$p' = \frac{V_0' - V_0}{V_0'} \tag{1.5}$$

式中　p'——散粒材料的空隙率,%;

　　　V_0——散粒材料的表观体积,cm³或 m³;

　　　V_0'——散粒材料的堆积体积,cm³或 m³。

空隙率的大小反映了散粒材料颗粒之间相互填充的密实程度。

1.2.3 材料与水有关的性质

1. 材料的润湿性

当固体材料表面与水接触时,有些材料能被水润湿,即具有亲水性;有些材料则不能被水润湿,即具有憎水性。材料能否被水湿润可用润湿角表示,当材料与水接触时,在材料、水、空气这三相体的交点处,作沿水滴表面的切线,此切线与材料和水界面的夹角称为润湿角 θ,也称接触角,如图 1.2 所示。θ 愈小,表明固体材料表面易被水润湿,亲水越强;反之则润湿性愈差。试验表明,$\theta \leqslant 90°$[见图 1.2(a)]时固体材料表面能被水润湿,呈亲水性,如雨水淋湿混凝土结构、砖结构等;$\theta > 90°$[见图 1.2(b)]时固体材料表面不能被水润湿,呈憎水性,如荷叶上的水珠、玻璃板上的水银等。

图 1.2 固体材料表面润湿性示意图

对于亲水性材料,水分能通过材料内部孔隙渗入内部;而憎水性材料则能阻止水分渗入孔隙中。土木工程材料中的钢材、混凝土、砂、石和木材等均为亲水性材料,只有沥青、工程塑料等为憎水性材料。地下和地面的许多工程设施常与水或大气中的水汽接触,为防止结构物或建筑物受到水介质的侵蚀,有时需对固体材料表面进行憎水处理,降低其被水润湿的性能。

2. 材料的含水率与吸水率

(1)含水率。材料在潮湿空气中吸收水分的性质称为吸湿性,用含水率表示。含水率是指材料内部所含水的质量与干燥状态下的材料质量之比,即

$$w = \frac{m_1' - m}{m} \times 100\% \tag{1.6}$$

式中　w——材料的含水率,%;

　　　m_1'——材料含水状态下的质量,g;

　　　m——材料气干状态下的质量,g。

(2)吸水率。亲水性材料吸水达到饱和面干时的含水率称为吸水率。吸水率包括体积吸水率和质量吸水率两种,即

质量吸水率:　　　　　　$$w_{吸} = \frac{m_2' - m}{m} \times 100\% \tag{1.7}$$

体积吸水率:　　　　　　$$w_v = \frac{m_2' - m/\rho_{水}}{V_0} \times 100\% \tag{1.8}$$

式中　m_2'——材料吸水饱和状态下的质量,g;

　　　m——材料气干状态下的质量,g;

　　　V_0——材料的表观体积,cm^3 或 m^3。

材料的吸水性主要取决于材料的亲水性、孔隙率和孔隙特征。憎水性材料一般不易吸水;亲水性材料的开口孔径较大,毛细上升现象也不明显;闭口孔水则无法进入。当孔隙率大,且孔隙多为开口、细小、连通时,材料的吸水率较大。例如,花岗岩的吸水率只有 0.5%～

0.7%，混凝土的吸水率为 2%～3%，烧结普通砖的吸水率为 8%～20%，木材的吸水率可超过 100%。

3. 耐水性

材料处于饱水状态下，强度不显著降低的性质称为耐水性。材料的耐水性采用软化吸水表征，即：

$$K_w = \frac{f_饱}{f_干} \tag{1.9}$$

式中　K_w——材料的软化系数；

　　　$f_饱$——材料在饱和状态下的抗压强度，MPa；

　　　$f_干$——材料在干燥状态下的抗压强度，MPa。

K_w 的大小反映材料在浸水饱和后强度的降低程度。一般来说，材料被水浸湿后，强度均会有所降低。这是因为水分进入材料内部后，可削弱矿物微粒间的作用力或引起矿物晶体接触点溶解，甚至有时可将材料中溶解度较低的物相溶出，导致材料"软化"。K_w 越小，表明材料吸水饱和后强度下降愈多，即耐水性愈差。软化系数的大小也是选择材料的主要依据。一般位于水中或潮湿环境中的重要结构物，其所用主要结构材料的软化系数应不小于 0.85～0.95；次要结构或受湿较轻的结构物，要求材料的软化系数不小于 0.75～0.85。

4. 抗渗性

材料抵抗压力水渗透的性质称为抗渗性。材料的抗渗性通常采用渗透系数表征。所谓渗透系数是指一定厚度的材料，在单位压力水头作用下，在单位时间内透过单位面积的水量，即：

$$K_s = \frac{Qd}{AHt} \tag{1.10}$$

式中　K_s——材料的渗透系数，cm/h；

　　　Q——渗透水量，cm^3；

　　　d——材料的厚度，cm；

　　　A——渗水横截面积，cm^2；

　　　t——渗水时间，h；

　　　H——静水压力水头，cm。

K_s 越大，表示渗透的水量越多，即材料的抗渗性越差。

材料的抗渗性也可用抗渗等级表示。抗渗等级是指以规定的试件，在规定的试验条件下所能承受的最大水压力，用符号"P n"表示，其中 n 为该材料在规定的试验条件下所能承受的最大水压力的 10 倍数，如 P6、P8 分别表示材料能承受 0.6 MPa、0.8 MPa 的水压力而不透水。

材料的抗渗性与材料的孔隙特征有密切关系。连通孔隙中水分易渗入，而封闭孔水分不易渗入，因此封闭孔隙率大的材料抗渗性较好，连通孔隙率大的材料抗渗性则较差。开口大孔水分极易渗入，故材料中开口大孔较多时其抗渗性最差。

抗渗性是决定材料耐久性的重要因素。如设计隧道结构、水库、大坝等结构时，必须选用具有一定抗渗性的材料。

5. 抗冻性

材料在饱水状态下，经受多次冻融循环作用而重量损失不大，强度无明显降低的性质称为抗冻性。

有关材料的冻害机理及破坏形式,一般认为是:当混凝土内部较大孔隙中的自由水结冰后,其体积约膨胀 9%,如果混凝土内部没有足够的空间容纳这一膨胀量,就会在内部产生破坏性内压力使混凝土破坏,而多次的冻融循环作用将使这种破坏作用增大,最终导致混凝土从表面开始剥落、开裂,强度和弹性模量降低。

材料的抗冻性采用抗冻等级表示。抗冻等级是以规定的试件,在规定的试验条件下,测得其强度降低和重量损失不超过规范值时所经受的循环次数,用符号"F_n"(快冻法)或"D_n"(慢冻法)表示,其中 n 为最大循环次数,如 F50、F100 等分别表示材料能承受 50 次、100 次冻融循环而没有严重破坏。工程上采用抗冻等级来表示材料的抗冻性,抗冻等级越高,材料的抗冻性越好。

1.2.4 材料的热学性质

1. 导热系数

当固体(或静止流体)介质中存在温度梯度时,就会发生热传导,热流方向是降低温度的方向。材料的热传导性用导热系数来度量,导热系数 λ 是指静止条件下由于单位温度梯度 ΔT 引起的以单位表面积垂直方向通过单位厚度传递的热量,当热传导只与温度梯度有关时,表示为:

$$\lambda = \frac{Q \cdot D}{A \cdot \Delta T \cdot t} \tag{1.11}$$

式中　λ——材料的导热系数,W/(m·K);

　　　Q——通过材料传递的热量,J;

　　　D——材料试件的厚度,m;

　　　A——材料试件传递热量的面积,m^2;

　　　ΔT——材料试件两侧的温度差,K;

　　　t——材料传递 Q 热量所需的时间,s。

2. 热阻

材料层厚度 δ 与导热系数 λ 的比值,称为热阻 $R = \delta/\lambda (m^2 \cdot K/W)$,表明热量通过材料层时受到的阻力。

在同样温差条件下,材料的热阻越大,通过材料层的热量越少。在多层平壁导热条件下,平壁的总热阻等于各单层材料的热阻之和。

导热系数和热阻是评定材料绝热性能的主要指标,材料的热阻越大,导热系数越小。二者均与材料的组成、物理状态、表观密度和孔结构特征有关。一般金属材料的导热系数大于非金属材料,无机材料的导热系数大于有机材料,固态材料的导热系数大于液态材料。由于空气的导热系数很小,故多孔材料的导热系数小于密实材料,并与孔隙率、孔隙特征有关。如果材料内部所含均匀分布的微小、封闭的孔隙越多,则材料的导热系数就越小,如果材料内部孔隙大且连通,孔隙内就会发生空气对流,则材料的导热系数就会增大。

3. 热容和比热容

材料在温度升降时会吸收或放出热量,这种性质以热容和比热容来表征。

(1)比热容:是指单位质量的材料在温度升降 1 K 时吸收或放出的热量。材料不同,比热容不同;同一材料的比热容相同。

(2)热容:是指某种材料在温度升降 1 K 时吸收或放出的热量。一般来讲,水的比热容较大,钢、铁的较小。如果建筑物的围护结构使用的材料热容较大,则气温产生较大变化时也不会明显影响室内温度。

常见材料的导热系数和比热容见表 1.2。

表 1.2 常见材料的比热容和导热系数

材料	比热容 [kJ/(kg · K)]	导热系数 [W/(m · K)]	材料	比热容 [kJ/(kg · K)]	导热系数 [W/(m · K)]
铝	0.88	205.0	高密度聚乙烯	—	0.5
黄铜	0.39	109.0	发泡聚苯乙烯	—	0.03
钢、铁	0.48	58.15	挤塑聚苯乙烯	—	0.01
混凝土	约 0.84	0.8~1.51	水(4 ℃)	4.19	0.58
砖	0.80~0.88	0.7~0.87	冰(0 ℃)	2.1	1.6
玻璃	0.84	0.8	空气(0 ℃)	—	0.023
木材	2.51	0.17~0.41	烧结黏土砖	0.8~0.88	0.7~0.87

4. 线膨胀系数

大多数材料受热时就会发生体积膨胀。材料随温度变化而发生体积变化的特性用线膨胀系数来表征,线膨胀系数 α 定义为温度每变化 1 ℃时所引起材料长度的相对变化,即 α 是长度变化 Δl 与初始长度 l_0 和温度变化 ΔT 的比值,即

$$\alpha = \frac{\Delta l}{l_0 \cdot \Delta T} \tag{1.12}$$

式中 α——材料的线膨胀系数;

     Δl——材料试件的长度变化,m;

     l_0——材料试件的初始长度,m;

     ΔT——材料试件的温度变化值,℃。

常见材料的线膨胀系数见表 1.3。

表 1.3 几种常见材料的线膨胀系数

材料	线膨胀系数[m/(m · ℃)]	材料	线膨胀系数[m/(m · ℃)]
铜	18.5×10^{-6}	岩石	$(6.3 \sim 12.4) \times 10^{-6}$
钢	$(10.0 \sim 12.0) \times 10^{-6}$	木材	40.0×10^{-6}
铝	23.8×10^{-6}	玻璃	0.5×10^{-6}
混凝土	$(10 \sim 12) \times 10^{-6}$	高聚物	$(40 \sim 200) \times 10^{-6}$

1.3   材料的力学性质

材料的力学性能是表征材料对外加荷载响应的特性,它决定着材料的应用范围和预期服役寿命。材料常见的力学性能包括强度、刚度、硬度、冲击与断裂韧性以及疲劳性能等。材料的力学性能与外加荷载的种类有关,常见的有四种基本荷载状态:拉伸、压缩、弯曲和剪切,如图 1.3 所示。

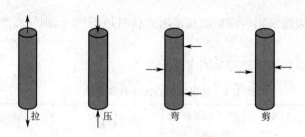

图 1.3　四种基本荷载状态

1.3.1　静力强度

1. 材料的实际强度

外力对材料的作用方式主要有拉伸、压缩、弯曲、剪切。材料在这些外力作用下相应的极限强度分别称为抗拉、抗压、抗弯和抗剪强度。强度试验确定的材料极限强度反映的是材料所能承受的最大应力，也就是材料的实际强度。通过试验得到的材料极限强度计算公式见表 1.4。

表 1.4　试验强度的计算公式

强度类别	计算公式	强度类别	计算公式
抗拉强度	$f_t = \dfrac{F}{A}$	抗弯强度	$f_b = \dfrac{3FL}{2bd^2}$
抗压强度	$f_c = \dfrac{F}{A}$	抗剪强度	$f_s = \dfrac{F}{A}$

注：F——试件破坏荷载，N；A——试件受力面积，mm^2；L——弯曲试件的跨距，mm；b——弯曲试件的宽度，mm；d——弯曲试件的高度，mm。

材料的强度与其组成、结构、含水状态、温度及试验条件有关。材料的组成相同，结构不同则强度也不同；材料的孔隙率愈大，则强度愈低；含有水分的材料其强度较干燥时的低；一般温度升高时，材料的强度将降低；相同材料采用小试件测得的强度比大试件的高，加荷速度快者，强度值偏高，试件表面不平或表面涂润滑剂时，测得的强度值偏低。由此可知，材料的强度是在特定条件下测定的数值。为了使试验结果准确且具有可比性，国家制定了统一的材料试验标准，在测定材料强度时，必须严格按照规定的试验方法进行。

2. 材料的理论强度

材料的理论强度是基于材料组成与结构的理论分析得出的材料所能承受的最大应力。从微观上讲，固体材料可看成是由质点（原子、离子、分子、晶粒）聚集而成的，材料受力破坏主要是由于外力引起材料内部质点发生相对位移，而产生新的表面所致。因此，材料的理论强度与质点间相互作用力（或相互作用能）有关，而相互作用力（或相互作用能）又取决于质点间的距离。因此，材料的理论抗拉强度计算公式如下：

$$f = \sqrt{\dfrac{E\gamma}{r}} \tag{1.13}$$

式中　f——材料的理论抗拉强度，MPa；

　　　E——材料的拉伸弹性模量，MPa；

　　　γ——材料的单位表面能，kJ/mm^2；

r——原子间的平衡距离,mm。

从公式(1.13)可以看出,材料的弹性模量和表面能愈大,质点间的平衡距离愈小,则材料的理论抗拉强度愈高,而弹性模量和表面能又取决于材料内部质点间相互作用力(或相互作用能)。因此,单晶材料的理论强度取决于质点间的化学结合力大小;多晶材料理论强度取决于单晶颗粒大小及单晶颗粒表面能大小;聚合物材料的理论强度则取决于聚合物大分子链的排列、交联和链间相互作用力。

3. 材料的实际强度与理论强度差别

实际上材料的实际强度远低于其理论强度。原因有:其一,大多数材料是各向异性材料,在外力作用下材料内部产生的应力分布在不同方向上不尽相同。当某一方向产生的应力值达到极限时即发生破坏,但这一破坏方向与外力方向不一定相同,而是发生在最易破坏的方向,这时测得的实际强度就偏低;其二,材料在制备和加工过程会使其内部存在一些缺陷,如晶格缺陷、裂纹、杂质、孔隙等,这些缺陷的存在会严重降低材料的实际强度。当轴向荷载施加于一均匀致密的截面材料时,正应力将均匀分布于横截面上,但大多数固体材料都不是绝对致密的,内部存在孔隙,这时荷载分布就不再均匀,必须重新分布在剩余的固体材料中,并且在孔周围荷载分布最高,这种现象称为应力集中。材料内部存在微裂纹、裂缝、孔隙、杂质等缺陷,均会导致应力集中而降低材料强度。所以,减少材料内部缺陷可以显著提高材料的强度。

1.3.2　强度等级

土木工程材料按照其强度值的大小划分为若干个强度等级,以便合理选用材料。不同材料划分方法不同,如硅酸盐水泥按抗压强度、抗折强度分为 42.5、42.5R、52.5、52.5R、62.5、62.5R 六个强度等级;普通混凝土按照立方体抗压强度标准值分为 C7.5、C10、C15、C20、C25、C30、C35、C40、C45、C50、C55、C60、C65、C70、C75、C80;碳素结构钢按照屈服强度分为 Q195、Q215、Q235、Q275 四个等级。

1.3.3　应力—应变曲线

在静力荷载作用下,所有材料都会发生几何形状和尺寸的变化,这种行为称为变形。材料在荷载作用下产生的单位长度上的变形称为应变,材料一旦产生应变,内部就会产主应力。一般通过测试材料的应力—应变曲线来研究材料在荷载作用下的行为。以拉伸试验为例,施加于棒材试件上的荷载 F 将棒材沿纵轴方向以均匀的速度拉伸直至试件断裂。试件初始截面积为 A,标距间初始长度为 l_0,拉伸荷载作用下标距间长度改变 Δl,则应力 σ 与应变 ε 分别定义为:

$$\sigma = \frac{F}{A} \tag{1.14}$$

$$\varepsilon = \frac{\Delta l}{l_0} \tag{1.15}$$

以应力 σ 为纵坐标,应变 ε 为横坐标,即得到土木工程材料应力—应变曲线。土木工程材料种类较多,其应力—应变曲线也呈现多种形式。

1.3.4　弹性与塑性

当撤去外力,材料能够完全恢复原来形状的性质称为弹性,在这个过程中材料表现为弹性行为,主要发生弹性变形(可逆变形)。弹性变形只能在应力低于其屈服强度时才能发生。

材料的弹性行为有两种:一是在弹性变形中应力与应变之比为常数,即应力—应变曲线呈直线,遵循虎克定律,称为线弹性行为;二是应力与应变之比不是常数,但是连续变化的,因而称为非线弹性行为。在线弹性范围内,应力 σ 与应变 ε 之比称为弹性模量(又称杨氏模量)E,即

$$E=\frac{\sigma}{\varepsilon} \tag{1.16}$$

从物理意义上讲,弹性模量表征材料的刚度,弹性模量高的材料刚度大,即在外力作用下弹性变形量小。

如果荷载卸除后材料试样仍保持变形后的形状和尺寸,并不产生裂缝的性质称为塑性,所产生的不可恢复的变形(永久性变形)称为塑性变形。材料在荷载作用下产生较大的塑性变形时就称材料发生了屈服行为。

从大多数材料的应力—应变曲线可以看出,材料呈现弹—塑性行为,既产生弹性变形又产生塑性变形。

1.3.5 脆性与韧性

材料在外力作用下没有明显屈服、产生的变形很小就发生突然破坏的性质称为脆性。具有这种性质的材料称为脆性材料,脆性材料受较大震动或冲击荷载作用时容易突然破坏,只适合用作承压构件。如烧结砖、天然岩石、混凝土、陶瓷、玻璃等均属于脆性材料。

材料在外力作用下,有较大塑性变形能力和断裂前所吸收的能量称为韧性。材料的韧性用冲击韧性指标表示。冲击韧性指标是指用带缺口的试件做冲击破坏试验时,断口处单位面积所吸收的能量,即

$$a_k=\frac{W}{A} \tag{1.17}$$

式中　a_k——材料的冲击韧性指标,J/mm^2;

　　　W——试件破坏时所消耗的能量,J;

　　　A——试件受力截面积,mm^2。

韧性的关键是强度和塑性变形的优化结合,强度高且塑性大的材料韧性大于强度低而塑性大材料的韧性。在土木工程中,对于要求承受冲击荷载和有抗震要求的结构,如吊车梁、桥梁、路面等所用的材料,均应具有较高的韧性。

1.3.6 硬度与耐磨性

硬度是指材料表面抵抗硬物压入或刻画的能力。目前测定材料硬度的方法主要有压痕硬度、冲击硬度、回弹硬度、刻痕硬度等。金属材料多用压痕硬度,如布氏硬度。岩石矿物则多用刻痕硬度,如洛氏硬度。

通过硬度测试可大致推算材料的其他力学性质。如混凝土构件强度非破损检测中的回弹法,就是用混凝土回弹硬度推算混凝土强度。

耐磨性是材料表面抵抗磨损的能力。材料的耐磨性用磨损率表示,是指一定摩擦行程下材料单位受磨损面积或单位质量的质量减少量,即

$$M=\frac{m_1-m_2}{A} \tag{1.18}$$

式中 M——材料的磨损率，%；

     m_1，m_2——材料磨损前、后的质量，g；

     A——材料的受磨面积，cm^2。

材料的耐磨性与材料的组成、结构、强度、硬度等有关。在土木工程中，对于用作踏步、台阶、地面、路面等部位的材料，应具有较高的耐磨性。一般来说，强度较高且密实的材料，其硬度较大，耐磨性较好。

1.4 材料的耐久性与安全性

土木工程材料的耐久性是指在长期使用过程中，材料抵抗其自身与外界环境的作用，长久保持其外观和使用性能不变的能力。耐久性是材料的一项综合性质，如抗冻性、抗风化性、抗老化性、耐化学腐蚀性等均属耐久性范畴。土木工程材料在设计及使用过程中，必须满足强度要求、施工要求、耐久性要求及节约、环保的要求。采用耐久性良好的土木工程材料，对节约材料，保证建筑物长期正常使用，减少维修费用，延长建筑物使用寿命等，均具有十分重要的意义。

1.4.1 环境对材料的作用

(1)物理作用。包括环境温度、湿度的交替变化，即冷热、干湿、冻融等循环作用。材料在这些作用后，将发生膨胀、收缩，产生内应力。长期的反复作用使材料逐渐破坏。

(2)化学作用。包括大气和环境水中的酸、碱、盐等溶液或其他有害物质对材料的侵蚀作用及日光等对材料的作用，使材料产生本质的变化而破坏。

(3)机械作用。包括荷载的持续作用或交变作用引起材料的疲劳、冲击、磨损等破坏。

(4)生物作用。包括菌类、昆虫等的侵害作用，导致材料发生腐朽、虫蛀等破坏。

对于不同种类的材料，因其组成与微结构不同，故其劣化形式和机理也不同，其耐久性也有不同的含义和评价指标。如天然岩石、砂、混凝土等常因氧化、风化、碳化、溶蚀、冻融、热应力、干湿交替作用等而破坏；钢材因氧化而锈蚀；有机材料多因老化、腐烂而变质等。

1.4.2 材料耐久性的测定

对材料耐久性最可靠的判断，是对其在使用条件下进行长期的观察和测定，但这需要很长时间。近年来采用室内快速检验法，模拟实际使用条件，将材料在试验室进行有关的快速试验，根据试验结果对材料的耐久性作出判定。在试验室进行快速试验的项目主要有：干湿循环、冻融循环、碳化、加湿与紫外线干燥循环、盐溶液浸渍、喷淋、化学介质浸渍等。

1.4.3 材料的安全性

材料的安全性是指在生产与使用过程中，材料是否对人的生命与健康造成危害的性能，包括卫生安全和灾害安全。

卫生安全问题包括无机非金属材料和有机材料的有害物质等。天然放射性是指天然存在的不稳定原子能自发放出的对人体有害的 α、β、γ 等射线；有机材料中的有害物质是指所含的可挥发或溢出且对人体有害的有机物。

无机非金属材料主要是矿物类的材料，且大多数由天然材料制造而成，因此，其中会或多

或少地含有可释放 α、β、γ 等射线的不稳定原子核。如果用放射性超标的无机非金属材料作为房屋的装饰装修材料，当放射量达到一定程度时，就会对人的健康产生不良影响。国家标准规定，在检验土木工程材料制品时，对比活度和 γ 照射量率来评定材料的放射性，其放射性必须是在安全范围内，否则，不得用于建筑物中。

多数合成高分子材料都具有在自然环境中容易老化且释放有害物质的特点，有害物质主要来源于高分子材料中尚未聚合单体的挥发，或高分子反应中所产生的某些成分的挥发，如甲醛、苯类及其他可挥发性有机物（VOC）等。为此，当工程使用环境与人体健康有密切关系时，应尽量避免采用这类材料。

材料的灾害安全性是指突发灾害情况下，土木工程材料是否对人的健康造成危害的性能，如防火、防爆能力等。

 复习思考题

1.1 阐述材料密度、表观密度、孔隙率的定义、测定方法及相互关系，分析密度、表观密度与堆积密度的区别与联系。

1.2 孔隙率及孔隙特征对材料的表观密度、强度、吸水性和导热性等有何影响？

1.3 简述材料的弹性与塑性、脆性与韧性和弹性模量的含义。

1.4 某地红砂岩，已按规定将其磨细、过筛。烘干后称取 50 g，用排液法测得其体积为 18.9 cm³。另取砂岩烘干后称 1 000 g，将其浸水饱和后用布擦干，称得其质量为 1 020 g。又用广口瓶盛满水，连盖称得其质量为 790 g，然后将砂岩装入，再连盖称得其质量为 1 409 g，水温为 25 ℃，求红砂岩的密度、表观密度与孔隙率。

1.5 某工地质检员从一堆碎石料中取样，并将其洗净后干燥，用一个 10 L 的金属桶，称得一桶碎石的净质量是 13.50 kg；再从桶中取出 1 000 g 的碎石，让其吸水饱和后用布擦干，称其质量为 1 036 g；然后放入一广口瓶中，并用水注满广口瓶，连盖称重为 1 411 g，水温为 25 ℃，将碎石倒出后，这个广口瓶盛满水连同盖的质量为 791 g；另外从洗净完全干燥后的碎石样中，取一块碎石磨细、过筛成细粉，称取 50 g，用李氏瓶测得其体积为 18.8 mL。请问：

（1）该碎石的密度、表观密度和堆积密度？

（2）该碎石的孔隙率、开口孔隙率、闭口孔隙率和空隙率？

1.6 某多微孔材料的密度为 2.59 g/cm³。取一块该材料称得其干燥时质量为 873 g，同时量得体积为 480 cm³。浸水饱和后取出擦干表面水分称得其质量为 972 g。求其质量吸水率、闭口孔隙率及开口孔隙率。

2 无机胶凝材料

2.1 引　言

土木工程中的胶凝材料又称胶结材料,是指在一定条件下经过一系列物理、化学作用,能将散粒材料(砂、石等)或块状材料(砖、砌块、石材等)黏结成整体的材料。胶凝材料按其化学成分可分为有机胶凝材料和无机胶凝材料两大类。

有机胶凝材料以天然的或人工合成的有机高分子化合物为基本成分。土木工程中常用的有机胶凝材料有沥青、树脂、橡胶等。

无机胶凝材料以无机化合物为基本成分。根据凝结硬化条件的不同,无机胶凝材料可分为气硬性胶凝材料和水硬性胶凝材料两类。

气硬性胶凝材料只能在空气中凝结硬化,也只能在空气中保持或发展其强度。常用的气硬性胶凝材料有石灰、石膏、水玻璃等。这类材料耐水性差,只适用于地上或干燥环境。

水硬性胶凝材料不仅能在空气中,而且能更好地在水中凝结硬化,保持并继续发展其强度。常用的水硬性胶凝材料主要为各类水泥。这类材料耐水性好,既适用于地上,也可用于地下或水中环境。

本章主要介绍土木工程中常用的气硬性胶凝材料(石灰、石膏、水玻璃)和水硬性胶凝材料(水泥)等各类无机胶凝材料。

2.2 气硬性胶凝材料

2.2.1 石　灰

石灰是在土木工程中使用较早的一种传统气硬性胶凝材料。石灰的原料分布广,生产工艺简单,成本低,同时具有较好的建筑性能,因而至今仍为土木工程广泛使用。

1. 石灰的原料和生产

生产石灰的主要原料是石灰石、白云石、白垩等天然岩石,其主要成分为碳酸钙($CaCO_3$)。经高温煅烧,碳酸钙分解成为生石灰,其化学成分主要为氧化钙(CaO),同时释放出 CO_2 气体,反应式如下:

$$CaCO_3 \xrightarrow{900\sim1\,100\,℃} CaO+CO_2\uparrow \tag{2.1}$$

在石灰石中常含有一定量的碳酸镁($MgCO_3$),在煅烧过程中,碳酸镁分解为氧化镁(MgO),其反应式为:

$$MgCO_3 \xrightarrow{600\sim700\,℃} MgO+CO_2\uparrow \tag{2.2}$$

由于氧化镁的烧成温度低于氧化钙,当石灰烧成时,氧化镁已达到过火状态,结构致密,水化速度很慢。因此,当其含量过多时,对石灰的使用会产生不利影响。

正常煅烧温度和煅烧时间所得的石灰具有多孔结构,内部孔隙率大,表观密度较小,晶粒细小,与水反应迅速,这种石灰称为正火石灰。在煅烧过程中,若温度过低或煅烧时间不足,使得碳酸钙不能完全分解,将生成欠火石灰。含有欠火石灰的石灰块与水反应时仅表面水化,其石灰石核心不能水化,降低了石灰的利用率,属于废品石灰。若煅烧时间过长或温度过高,将生成颜色较深、密度较大的过火石灰。过火石灰的结构较致密,其表面常被黏土杂质熔融形成的玻璃釉状物覆盖而带有玻璃状外壳或产生裂纹,它与水反应时速度很慢,往往需要很长的时间才能产生明显的水化效果。

原料纯净、煅烧良好的块状石灰,质轻色白,呈疏松多孔结构,密度 3.1～3.4 g/cm³,堆积密度 800～1 000 kg/m³。

2. 石灰的熟化和凝结硬化

(1)石灰的熟化

生石灰加水进行水化的过程称为石灰的熟化或消化,反应式如下:

$$CaO + H_2O = Ca(OH)_2 + 64.9 \text{ kJ} \tag{2.3}$$

生石灰熟化时放出大量的热(称水化热),体积增大 1.0～2.5 倍。熟化产物即为消石灰,主要成分为氢氧化钙。

生石灰中常含有过火石灰,因为其水化很慢,当石灰已经硬化后其中过火颗粒才开始熟化,产生体积膨胀,引起已硬化的石灰体隆起鼓包和开裂。为了消除过火石灰的危害,需将石灰浆置于储灰池中 2～3 周,这一过程称为陈伏。陈伏期间,石灰浆表面应保持 2 cm 以上的隔离水层,避免已经形成的氢氧化钙与空气中的二氧化碳(CO_2)发生碳化反应。

(2)石灰的凝结硬化

石灰水化后的浆体在空气中逐渐凝结硬化,这一过程主要包括结晶和碳化两个过程。

结晶过程:石灰浆在干燥过程中,游离水分蒸发,氢氧化钙从饱和溶液中逐渐结晶析出。氢氧化钙晶体逐渐发育长大,相互交叉搭接形成结晶结构网,不断结晶和长大的晶体,又使结晶结构网被填充和加强,使其逐渐趋于致密,结构强度提高。

碳化过程:氢氧化钙与空气中的二氧化碳和水反应,形成不溶于水的碳酸钙晶体,析出的水分则逐渐被蒸发,其反应式为:

$$Ca(OH)_2 + CO_2 + nH_2O \longrightarrow CaCO_3 + (n+1)H_2O \tag{2.4}$$

3. 石灰的特性

(1)凝结硬化慢,硬化后强度低

石灰凝结硬化时,碳化作用主要发生在与空气接触的表层,且生成的碳酸钙膜层致密,阻碍了空气中二氧化碳的渗入,也阻碍了内部水分的蒸发,因此凝结硬化过程缓慢。

生石灰消化时的理论用水量为生石灰重量的 32.13%,但为了使石灰浆具有一定的可塑性便于应用,同时考虑到一部分水因消化时水化热大而被蒸发掉,故实际消化用水量较大,多余的水分在硬化后蒸发,将留下大量的孔隙,使硬化石灰体密度小、强度低。如按 1∶3 配比的石灰砂浆,28 d 的抗压强度仅为 0.2～0.5 MPa。因此,石灰浆硬化体不能作为承重结构的主要材料。

(2)良好的可塑性和保水性

生石灰熟化成石灰浆时,能自动形成颗粒极细(直径约为 1 μm)的呈胶体分散状态的氢氧化钙,其表面吸附一层较厚的水膜,降低了颗粒间的摩擦力。由于颗粒总量多、总比表面积大,可吸附大量的水,这使得石灰浆具有良好的保水性和可塑性。因此,利用这一性质,将其掺入水泥砂浆中配制成混合砂浆,可使保水性和可塑性显著提高。

（3）硬化时体积收缩大

石灰浆中存在大量的游离水分,硬化时水分蒸发,导致内部毛细管失水紧缩,引起显著的体积收缩,使硬化的石灰浆体出现干缩裂缝。因此,除调成石灰乳作薄层粉刷外,石灰浆体不宜单独使用,通常工程施工时要掺入一定量的骨料(如砂等)或纤维材料(如麻刀、纸筋等)。

（4）耐水性差

由于石灰浆凝结硬化缓慢,因此,硬化后的石灰浆体结构主要是氢氧化钙晶体和少量碳酸钙晶体。氢氧化钙易溶于水,在潮湿环境中其硬化结构容易被水软化而破坏,甚至产生溃散,所以石灰制品的耐水性很差,其软化系数很低,不宜用于潮湿环境。

4. 石灰的分类和技术要求

（1）石灰的分类

1）按加工方法分类

①建筑生石灰:由石灰石原料煅烧而成的块状石灰,也是生产其他石灰产品的原料。

②建筑生石灰粉:以建筑生石灰为原料,经研磨所得的生石灰粉。

③建筑消石灰粉:以建筑生石灰为原料,用适量水经消化和干燥而成的粉末,主要成分为氢氧化钙,也称熟石灰。

④石灰浆:也称石灰膏,是指将块状生石灰用过量水(约为生石灰体积的3～4倍)消化,或将消石灰粉与水拌和,所得一定稠度的膏状物,主要成分为氢氧化钙和水。

2）按化学成分分类

①钙质石灰:氧化镁含量不大于5%的生石灰或消石灰粉。

②镁质石灰:氧化镁含量大于5%的生石灰或消石灰粉。

表2.1为现行建材行业标准《建筑生石灰》(JC/T 479—2013)和《建筑消石灰》(JC/T 481—2013)给出的生石灰和消石灰的分类方式及对应代号。

表 2.1   建筑生石灰和建筑消石灰的分类

类　　别	名　　称	代　　号
钙质石灰	钙质石灰 90	CL 90
	钙质石灰 85	CL 85
	钙质石灰 75	CL 75
镁质石灰	镁质石灰 85	ML 85
	镁质石灰 80	ML 80
钙质消石灰	钙质消石灰 90	HCL 90
	钙质消石灰 85	HCL 85
	钙质消石灰 75	HCL 75
镁质消石灰	镁质消石灰 85	HML 85
	镁质消石灰 80	HML 80

（2）石灰的标记

生石灰的识别标志由产品名称、加工情况和产品依据标准编号组成。生石灰块在代号后加 Q,生石灰粉在代号后加 QP。如符合 JC/T 479—2013 的钙质生石灰粉 90 标记为:

CL 90-QP JC/T 481—2013

其中,CL 表示钙质石灰(见表 2.1),90 为(CaO+MgO)的百分含量,QP 表示粉状,JC/T 479—2013 为产品依据标准。

消石灰的识别标志由产品名称和产品依据标准编号组成。如符合 JC/T 481—2013 的钙质消石灰 90 标记为:

$$HCL\ 90\ JC/T\ 481—2013$$

其中,HCL 表示钙质消石灰(见表 2.1),90 为(CaO+MgO)的百分含量,JC/T 481—2013 为产品依据标准。

(3)石灰的技术要求

建筑生石灰的化学成分和物理性质应分别符合表 2.2 和表 2.3 的要求;建筑消石灰的化学成分和物理性质应分别符合表 2.4 和表 2.5 的要求。

表 2.2　建筑生石灰的化学成分(%)

名　称	(氧化钙+氧化镁)(CaO+MgO)	氧化镁(MgO)	二氧化碳(CO₂)	三氧化硫(SO₃)
CL 90-Q CL 90-QP	$\geqslant 90$	$\leqslant 5$	$\leqslant 4$	$\leqslant 2$
CL 85-Q CL 85-QP	$\geqslant 85$	$\leqslant 5$	$\leqslant 7$	$\leqslant 2$
CL 75-Q CL 75-QP	$\geqslant 75$	$\leqslant 5$	$\leqslant 12$	$\leqslant 2$
ML 85-Q ML 85-QP	$\geqslant 85$	> 5	$\leqslant 7$	$\leqslant 2$
ML 80-Q ML 80-QP	$\geqslant 80$	> 5	$\leqslant 7$	$\leqslant 2$

表 2.3　建筑生石灰的物理性质

名　称	产浆量(dm³/10 kg)	细　度	
		0.2 mm 筛余量(%)	90 μm 筛余量(%)
CL 90-Q	$\geqslant 26$	—	—
CL 90-QP	—	$\leqslant 2$	$\leqslant 7$
CL 85-Q	$\geqslant 26$	—	—
CL 85-QP	—	$\leqslant 2$	$\leqslant 7$
CL 75-Q	$\geqslant 26$	—	—
CL 75-QP	—	$\leqslant 2$	$\leqslant 7$
ML 85-Q	—	—	—
ML 85-QP		$\leqslant 2$	$\leqslant 7$
ML 80-Q		—	—
ML 80-QP		$\leqslant 2$	$\leqslant 7$

表 2.4　建筑消石灰的化学成分（%）

名称	（氧化钙＋氧化镁）（CaO＋MgO）	氧化镁（MgO）	三氧化硫（SO₃）
HCL 90	≥90		
HCL 85	≥85	≤5	≤2
HCL 75	≥75		
HML 85	≥85	>5	≤2
HML 80	≥80		

表 2.5　建筑消石灰的物理性质

名称	游离水（%）	细　度		安定性
		0.2 mm 筛余量（%）	90 μm 筛余量（%）	
HCL 90				
HCL 85				
HCL 75	≤2	≤2	≤7	合格
HML 85				
HML 80				

5. 石灰的应用

石灰是土木工程中使用面广、用量大的材料之一，各类石灰的用途见表 2.6。

表 2.6　各类石灰的用途

品种名称	适 用 范 围
生石灰	生产其他石灰产品
生石灰粉	a）配制砂浆 b）拌制灰土和三合土 c）生产硅酸盐制品（灰砂砖等） d）制造碳化石灰空心板 e）配制无熟料水泥（石灰矿渣水泥、石灰粉煤灰水泥、石灰火山灰水泥）
消石灰	a）制作石灰乳涂料 b）配制砂浆 c）拌制灰土和三合土 d）生产硅酸盐制品
石灰浆	a）配制砂浆 b）制作石灰乳涂料

（1）制作石灰乳涂料

石灰乳通常由消石灰粉或消石灰浆掺大量水稀释调制而成，可用于装饰要求不高的室内墙面和顶棚粉刷，目前已较少使用。

（2）配制砂浆

石灰浆与消石灰粉可单独或与水泥一起配制成砂浆，前者称为石灰砂浆，后者称为混合砂浆。石灰砂浆可用做砖墙和混凝土基层的抹灰，混合砂浆则用于砌筑，也常用于抹灰。为了克服石灰砂浆收缩大易开裂的缺点,配制时常加入麻刀、纸筋等纤维质材料。

(3)拌制灰土和三合土

灰土是用生石灰粉(或消石灰粉)和黏土按 1：2～1：4 的比例,加水拌和而成。灰土中再加入砂(或碎石、炉渣等)即为三合土。灰土和三合土在强力夯打之下,密实度大大提高,且黏土中少量的活性氧化硅和氧化铝可与石灰水化产物氢氧化钙作用,生成水硬性的水化硅酸钙和水化铝酸钙,使其抗压强度、耐水性和抗渗能力得到改善。因此灰土和三合土广泛用于建筑物基础、地面和路面垫层等。目前,更常用的方法是将石灰、粉煤灰和石子混合成"三合土"作为路面垫层,其固结强度更大(因粉煤灰中活性氧化硅和氧化铝的含量更高),且利用了工业废渣。

(4)生产硅酸盐制品

将生石灰粉(或消石灰粉)和硅质材料(如石英砂、粉煤灰、煤矸石、页岩、浮石、粒化高炉矿渣、炉渣等)加水拌和,经成型、蒸养或蒸压处理等工序而成(以水化硅酸钙为主要产物)的建筑材料,统称为硅酸盐制品。常用的硅酸盐制品有蒸压灰砂砖、粉煤灰砖、粉煤灰砌块、蒸压加气混凝土砌块等,主要用作墙体材料。

(5)制造碳化石灰空心板

将磨细生石灰、纤维状填料(如玻璃纤维)和轻质骨料(如矿渣)拌和,成型,即可得到碳化板胚体。若通入二氧化碳(可用石灰窑的废气)进行人工碳化(12～24 h),即可得到轻质碳化石灰板。为了减小表观密度和提高碳化效果,碳化石灰板多制成空心的形式。碳化石灰空心板的表观密度 700～800 kg/m³(当孔洞率为 34%～39% 时),抗弯强度为 3～4 MPa,抗压强度为 5～15 MPa,导热系数小于 0.2 W/(m·K),可锯、可刨、可钉,因此,这种板适宜用作非承重的内隔墙、天花板等。

(6)生产无熟料水泥

将石灰和活性的玻璃体矿物质材料(活性的天然硅质材料或工业废料),按适当比例混合磨细或分别磨细后再均匀混合,制得的非煅烧水硬性胶凝材料称为无熟料水泥。如石灰矿渣水泥、石灰粉煤灰水泥、石灰火山灰水泥等。无熟料水泥一般强度较低,特别是早期强度较低、水化热低,对于软水、矿物水等有较强的抵抗能力,适用于大体积混凝土工程、蒸汽养护的各种混凝土制品、水中混凝土和地下混凝土工程;不宜用于强度要求高,特别是早期强度要求高的工程,不宜在低温条件下施工。

6. 石灰的运输和储存

石灰是自热材料,不应与易燃、易爆和液体物品混装。在运输和储存时不应受潮和混入杂物,且不宜长期储存。石灰存放时间过长,会从空气中吸收水分而消化,再与二氧化碳作用形成碳化层,失去胶凝能力。不同类石灰应分别储存或运输,不能混杂。

2.2.2 石　膏

石膏是一种以硫酸钙($CaSO_4$)为主要成分的气硬性胶凝材料。石膏品种很多,建筑上使用较多的是建筑石膏,其次是高强石膏,此外,还有无水石膏水泥等。

1. 石膏的原料和生产

(1)原料

生产石膏胶凝材料的原料主要是天然石膏或工业副产石膏(或称化学石膏)。

根据国家标准《天然石膏》(GB/T 5483—2008)规定,天然石膏产品按矿物组成分三类:

①石膏(代号 G),在形式上主要以二水硫酸钙($CaSO_4 \cdot 2H_2O$)存在,也称二水石膏;②硬石膏(代号 A),在形式上主要以无水硫酸钙($CaSO_4$)存在,且无水硫酸钙的质量分数与二水硫酸钙和无水硫酸钙的质量分数之和的比不小于 80%,也称无水石膏;③混合石膏(代号 M),在形式上主要以二水硫酸钙和无水硫酸钙存在,且无水硫酸钙的质量分数与二水硫酸钙和无水硫酸钙的质量分数之和的比小于 80%。各类天然石膏按品位分为特级、一级、二级、三级、四级 5个级别。品位指单位体积或单位质量矿石中有用组分或有用矿物的含量,见表 2.7。

表 2.7 天然石膏的分类与等级

级 别	品位(质量分数,%)		
	石膏(G)	硬石膏(A)	混合石膏(M)
特级	≥95	—	≥95
一级	≥85		
二级	≥75		
三级	≥65		
四级	≥55		

工业副产石膏是指工业生产过程中产生的富含二水硫酸钙的副产品。采用磷矿石为原料,生产磷酸所得的以二水硫酸钙为主要成分的副产品称为磷石膏;采用石灰或石灰石湿法脱出烟气中二氧化硫产生的、以二水硫酸钙为主要成分的副产品称为烟气脱硫石膏。

(2)生产

生产石膏胶凝材料的主要工艺流程是破碎、加热煅烧、脱水、磨细。由于加热方式和温度的不同,可以得到具有不同性质的石膏产品。

①建筑石膏

建筑石膏是由天然石膏或工业副产石膏经脱水处理制得的,以 β 半水硫酸钙(β- $CaSO_4 \cdot 1/2H_2O$)为主要成分,不预加任何外加剂或添加物的粉状胶凝材料。当常压下加热温度达到 107~170 ℃时,二水硫酸钙脱水成为 β 半水硫酸钙,即建筑石膏,反应式为:

$$CaSO_4 \cdot 2H_2O \longrightarrow CaSO_4 \cdot \frac{1}{2}H_2O + 1\frac{1}{2}H_2O \qquad (2.5)$$

建筑石膏是土木工程中应用最多的石膏材料,也是本节主要介绍的石膏材料。

②高强石膏

将天然二水石膏在 0.13 MPa、124 ℃的饱和水蒸气下蒸炼脱水,可生成 α 型半水石膏。其晶粒较粗,拌制石膏浆体时的需水量较小,硬化后强度较高,故称为高强石膏。

③硬石膏

当加热温度为 170~200 ℃时,石膏继续脱水,生成可溶性硬石膏($CaSO_4Ⅲ$),其结构不稳定,与水调和后仍能很快凝结硬化;当温度升高到 200~250 ℃时,石膏中残留很少的水,凝结硬化速度非常缓慢,但遇水后仍能生成半水石膏直至二水石膏。

可溶性硬石膏在 400~800 ℃煅烧后完全失去水分,形成不溶性硬石膏,也称死烧石膏($CaSO_4Ⅱ$),它难溶于水,失去了凝结硬化能力,但加入某些激发剂(如各种硫酸盐、石灰、煅烧白云石、粒化高炉矿渣等)混合磨细后,则可重新具有水化硬化能力,成为无水石膏水泥(硬石膏水泥)。当温度高于 800 ℃时,部分石膏分解出 CaO,得到高温煅烧石膏($CaSO_4Ⅰ$),水化硬化后有较高强度和抗水性。

综上所述,由于加热方式和加热温度的不同,可以得到具有不同性质的石膏产品,见表 2.8。

表 2.8   二水石膏在不同温度下的生成物及性质

加热温度(℃)	主要产物	特 性
120～180	半水石膏($CaSO_4 \cdot 0.5H_2O$)	加水拌和后,生产 $CaSO_4 \cdot 2H_2O$,凝结硬化很快,放出热量,体积膨胀
200～360	可溶硬石膏($CaSO_4$ Ⅲ)	水化、凝结较半水石膏快,放出大量热,标准稠度用水量较半水石膏高 25%～30%,强度较低
400～750	硬石膏($CaSO_4$ Ⅱ)	晶体变得更密实、更稳定,400～500 ℃是难溶硬石膏,500～750 ℃是不溶性硬石膏
>800	地板石膏($CaSO_4$ Ⅰ 及部分 CaO)	不加激发剂也具有水化硬化能力,凝结较慢,抗水性较好,耐磨性高

2. 建筑石膏的分类和技术要求

根据国家标准《建筑石膏》(GB/T 9776—2008),按原材料种类,建筑石膏分为天然建筑石膏(代号 N)、脱硫建筑石膏(代号 S)和磷建筑石膏(代号 P)三种类型。按 2 h 的抗折强度分为 3.0、2.0、1.6 三个等级。

建筑石膏产品标记的顺序为:产品名称、代号、等级及标准编号。例如等级为 2.0 的天然建筑石膏标记为:建筑石膏 N 2.0 GB/T 9776—2008。

《建筑石膏》(GB/T 9776—2008)中还规定,建筑石膏中 β 半水硫酸钙的含量(质量分数)应不小于 60%,而建筑石膏的物理力学性能应符合表 2.9 的要求。

表 2.9   建筑石膏的物理力学性能

等级	细度(0.2 mm方孔筛筛余,%)	凝结时间(min)		2 h 强度(MPa)	
		初凝	终凝	抗折	抗压
3.0				≥3.0	≥6.0
2.0	≤10	≥3	≤30	≥2.0	≥4.0
1.6				≥1.6	≥3.0

3. 建筑石膏的凝结硬化

建筑石膏与适量水拌和后,发生如下反应:

$$CaSO_4 \cdot \frac{1}{2}H_2O + 1\frac{1}{2}H_2O \longrightarrow CaSO_4 \cdot 2H_2O \downarrow + 19\ 300\ J/mol \qquad (2.6)$$

该反应包含了无机胶凝材料水化、凝结、硬化的全过程。建筑石膏拌水后形成流动的可塑性凝胶体,并开始溶解于水中,很快形成饱和溶液,溶液中的半水石膏与水反应(即水化)生成二水石膏。由于二水石膏在常温下的溶解度仅为半水石膏的 1/5,故二水石膏胶体微粒将从溶液中析出,并促使一批新的半水石膏溶解和水化,直至半水石膏全部转化为二水石膏。在这个过程中,浆体中的水分因水化和蒸发而逐渐减少,浆体变稠而失去流动性,可塑性也开始下降,称为石膏的初凝。随着水分蒸发和水化的继续进行,微粒间摩擦力和黏结力逐渐增大,浆体完全失去可塑性,开始产生结构强度,称为终凝。随着晶体颗粒不断长大、连生、交错,使浆体逐渐变硬,强度增大,即为硬化。

4. 建筑石膏的特性

(1) 凝结硬化快

建筑石膏的水化、凝结、硬化过程很快,其终凝时间不超过 30 min,在室内自然干燥条件下,一星期左右完全硬化,所以施工时应根据实际需要,往往可加入适量的缓凝剂。常用的缓凝剂有 0.1%~0.5% 的硼砂、0.1%~0.2% 的动物胶(经石灰处理)、1% 的亚硫酸盐酒精废液等。

(2) 硬化时体积微膨胀

建筑石膏凝结硬化过程中不会像石灰那样出现体积收缩,反而略有膨胀(膨胀率约为 0.05%~0.15%),这能使石灰制品表面光滑饱满,棱角清晰,尺寸准确,干燥时不开裂。

(3) 硬化后孔隙率较大,表观密度和强度较低

建筑石膏在使用时,为了获得良好的流动性,加入的水量往往比水化所需的水分多。理论需水量为 18.6%,而实际加水量为 60%~80%。石膏凝结后,多余水分蒸发,在石膏硬化体内留下大量孔隙,孔隙率可达 50%~60%,故表观密度较小(800~1 000 kg/m³),强度较低。

(4) 隔热、吸音性良好

石膏硬化体孔隙率高,且均为微细的毛细孔,故导热系数小[一般为 0.121~0.205 W/(m·K)],具有良好的绝热性能;石膏的大量微孔,特别是表面微孔使声音传导或反射能力也显著下降,从而具有较强的吸声能力。

(5) 具有一定的调湿作用

由于建筑石膏制品内部大量的毛细孔对空气中水分具有较强的吸附能力,在干燥时又可释放水分,因此当它用于室内工程时,对室内空气具有一定的湿度调节作用。

(6) 防火性能好

建筑石膏制品在遇火时,二水石膏中的结晶水分解蒸发,吸收热量,并在表面形成蒸气幕,能有效阻止火的蔓延。水分蒸发后的石膏制品还能基本保持原来的结构和强度,而不会丧失其使用功能,且无有害气体产生,因此,具有良好的防火性能。

(7) 耐水性、抗冻性和耐热性差

建筑石膏硬化后具有很强的吸湿性,在潮湿环境下,晶粒间的黏合力会被削弱,导致其强度下降,其软化系数仅为 0.3~0.45。若浸泡在水中,二水石膏将逐渐溶解而引起溃散,故耐水性差。若石膏制品吸水后受冻,会因孔隙中水分结冰膨胀而破坏。在温度过高的环境中长期使用(超过 65 ℃),二水石膏会脱水分解,造成强度降低。

(8) 加工性能好

石膏制品可锯,可刨,可钉,可打眼,具有良好的加工性能。

5. 建筑石膏的应用

石膏在建筑中的应用十分广泛,可用于制作各种石膏板、建筑艺术配件及建筑装饰、彩色石膏制品、石膏砖、空心石膏砌块、石膏混凝土、粉刷石膏、人造大理石等等。另外,石膏作为重要的外加剂,广泛应用于水泥、水泥制品及硅酸盐制品中。

(1) 制备粉刷石膏

粉刷石膏是由建筑石膏或由建筑石膏与不溶性硬石膏混合后再掺入外加剂、细骨料等而制成的气硬性胶凝材料。根据《粉刷石膏》(JC/T 517—2004),粉刷石膏按用途可分为面层粉刷石膏(F)、底层粉刷石膏(B)和保温层粉刷石膏(T)三类。

(2)建筑石膏制品

建筑石膏制品的种类很多,如纸面石膏板、空心石膏条板、纤维石膏板、石膏砌块和装饰石膏板等。石膏板质量轻、强度较高、绝热、吸音、防火、可锯可钉,是当前着重发展的新型板材,广泛应用于各种建筑物的内墙、墙面覆面板、天花板和各种装饰板。

建筑石膏加入少量纤维增强材料和胶黏剂等还可制作各种装饰制品,也可掺入颜料制成彩色石膏制品,如石膏角线、线板、角花、灯圈、罗马柱、雕塑等艺术装饰石膏制品。

6. 建筑石膏的运输和储存

由于建筑石膏易吸潮,会影响其使用时的凝结硬化性能和强度,长期储存也会降低强度,因此,建筑石膏在运输和储存时不得受潮和混入杂物。建筑石膏自生产之日起,在正常运输和储存条件下,储存期为 3 个月。若储存期超过 3 个月,应重新进行质量检验,以确定其强度等级。

2.2.3 水玻璃

水玻璃俗称泡花碱,是一种能溶于水的硅酸盐,由不同比例的碱金属氧化物和二氧化硅组成,呈无色、淡黄色或灰白色的透明或半透明的黏稠液体,其化学通式为 $R_2O \cdot nSiO_2$,其中 R_2O 指碱金属氧化物,n 表示二氧化硅与碱金属氧化物之间的摩尔比,称为水玻璃的模数。n 值越大,水玻璃的黏度越大,黏结能力越强,越难溶解,但较易分解、硬化。常见的水玻璃有硅酸钠($Na_2O \cdot nSiO_2$)和硅酸钾($K_2O \cdot nSiO_2$)等,硅酸钠水玻璃在土木工程中最为常用,也是本节主要介绍的水玻璃品种。根据国家规范《工业硅酸钠》(GB/T 4209—2008),建材行业中常用 n 值为 2.6~2.9 的液态硅酸钠水玻璃(液-3 型),其密度为 1.436~1.465 g/mL。

1. 水玻璃的原料和生产

(1)原料

在生产硅酸钠水玻璃的主要原料中,提供 SiO_2 的原料有石英岩(SiO_2 含量 99% 以上)、石英砂等,提供碱金属氧化物的原料有纯碱(Na_2CO_3)、苛性钠($NaOH$)或硫酸钠(Na_2SO_4)等。

(2)生产

水玻璃的生产方法分为湿法和干法两种。

湿法生产硅酸钠水玻璃时,将石英砂和苛性钠溶液在蒸压锅(0.2~0.3 MPa)内用蒸汽加热并搅拌,直接反应后形成液体水玻璃。

干法(碳酸盐法)是将石英砂和碳酸钠磨细并按比例配合后拌匀,在 1 300~1 400 ℃熔炉内熔融生成硅酸钠,冷却后得到固态水玻璃,然后在水中加热溶解形成液态水玻璃,其反应式为:

$$n SiO_2 + Na_2CO_3 \longrightarrow Na_2O \cdot n SiO_2 + CO_2 \uparrow \tag{2.7}$$

液体水玻璃可以与水按任意比例混合成不同浓度的溶液。同一模数的液体水玻璃,其浓度越高,则密度越大,黏结力越强。当液体水玻璃浓度过大或过小时,可用加水稀释或加热浓缩等方式来调整。

2. 水玻璃的凝结硬化

硅酸钠水玻璃液体在空气中吸收二氧化碳,形成无定形硅胶($nSiO_2 \cdot mH_2O$),并逐渐干燥而硬化,反应式如下:

$$Na_2O \cdot nSiO_2 + mH_2O + CO_2 \longrightarrow Na_2CO_3 + \underset{\text{无定形硅胶}}{nSiO_2 \cdot mH_2O} \tag{2.8}$$

3. 水玻璃的特性

(1) 凝结硬化缓慢

水玻璃的凝结硬化过程进行得非常缓慢,所以常常加入促硬剂氟硅酸钠(Na_2SiF_6),以加速硅酸凝胶析出:

$$2(Na_2O \cdot nSiO_2) + mH_2O + Na_2SiF_6 \longrightarrow 6NaF + (2n+1)SiO_2 \cdot mH_2O \qquad (2.9)$$

氟硅酸钠的适宜掺量为水玻璃质量的12%~15%。若用量太少,则硬化速度慢、强度低,且未反应的水玻璃易溶于水,导致耐水性差;若用量过多,则凝结过快,造成施工困难,且渗透性大,强度也低。此外,氟硅酸钠有毒,操作时应注意安全。

(2) 黏结性能良好

水玻璃的模数越大,胶体组分越多,越难溶于水,黏结能力越强。在水玻璃溶液中加入少量添加剂(如尿素),可以不改变黏度而提高黏结能力。

(3) 不燃烧、耐高温

水玻璃耐热温度可达1 200 ℃,在高温下不燃烧,不分解,强度不降低,甚至有所增加。

(4) 耐酸能力强

水玻璃具有很强的耐酸性能,能抵抗多数无机酸和有机酸的作用。

此外,水玻璃中总固体含量增多时,冰点降低,性能变脆。冻结后的水玻璃在加热融化后,其性质不变。水玻璃硬化时析出的硅酸凝胶能堵塞材料的毛细孔隙,起到阻止水分渗入的作用。

4. 水玻璃的应用

利用水玻璃的上述特性,在土木工程中主要有如下几方面的用途:

(1) 表面涂刷

用水玻璃溶液在天然石材、黏土砖、混凝土和硅酸盐制品等表面进行多次洗刷和浸渍后,水玻璃渗入缝隙和空隙中,固化的硅酸凝胶能堵塞毛细孔通道,从而能提高材料的密实性、抗水性和抗风化能力。但石膏制品表面不能涂刷水玻璃,因两者会发生反应生成体积膨胀的硫酸钠,使制品胀裂。

(2) 加固土壤

将液态水玻璃与氯化钙溶液交替注入土壤中,两种溶液反应生成硅酸胶体,能起到胶接和填充孔隙的作用,并可阻止水分的渗透,提高土壤的密度和强度,因而常用于粉土、砂土和填土等的地基加固,这种加固方式又称为双液注浆。

(3) 配制速凝防水剂

以水玻璃为基料,加入两种、三种或四种矾,可配制成速凝防水剂,分别称为二矾、三矾或四矾防水剂。如四矾防水剂是以蓝矾(硫酸铜)、红矾(重铬酸钾)、明矾(硫酸铝钾)、紫矾(硫酸铬钾)等四种矾各一份,溶于60份100 ℃的水中,降温至50 ℃时,投入400份水玻璃溶液中均匀搅拌而成。这种防水剂凝结速度快,一般不超过1 min,故现场使用时必须做到即配即用。将防水剂掺入到水泥浆、砂浆或混凝土中,可用于堵漏、填缝及作局部抢修。

(4) 配制耐酸砂浆及耐酸混凝土

以水玻璃为胶结料,加入氟硅酸钠作为促硬剂,掺入一定级配的耐酸粉料和耐酸粗、细骨料可配制成耐酸浆体、耐酸砂浆和耐酸混凝土,用于化学、冶金行业等防腐蚀工程。

(5) 配制耐热砂浆及耐热混凝土

用水玻璃加促硬剂与黏土熟料、铬铁矿等磨细填料或粗、细骨料可配制成耐热砂浆和耐热混凝土,可用于高炉基础、热工设备基础及围护结构等耐热工程。

5. 水玻璃的运输和储存

一般情况下,量大的水玻璃可以用金属槽罐车运输,量少时可用木桶、玻璃瓶或铁桶运输。水玻璃不能用镀锌的容器储存,因为水玻璃水解生成的碱能与锌发生作用产生氢气,如果在密闭容器中存放时间过久,氢气在密闭容器中气压升高会发生爆炸事故。通常,采用混凝土槽罐储存水玻璃既经济又安全,但应注意密封,以防止水玻璃与空气中的二氧化碳反应。

水玻璃在应用过程中往往要加入促硬剂氟硅酸钠,氟硅酸钠为白色结晶,有毒,应注意安全保管。氟硅酸钠在水中溶解,同时释放出有剧烈刺激性气味的有毒气体氢氟酸(HF),因此,在操作时应戴口罩,以防中毒。

2.3　硅酸盐水泥

水泥是一种水硬性胶凝材料,它与石灰、石膏、水玻璃等气硬性胶凝材料不同,不仅能在空气中硬化,而且在水中能更好地硬化并保持和发展其强度。水泥是制造各种形式的混凝土、钢筋混凝土、预应力混凝土构筑物的最基本组成材料,广泛应用于建筑、交通、水利和国防工程中,被称为建筑业的"粮食",已成为土木工程中最重要的材料之一。正确合理地选用水泥对保证工程质量和降低工程造价能起到重要的作用。

水泥品种很多,按化学成分可分为硅酸盐、铝酸盐、硫铝酸盐、铁铝酸盐等 4 大系列水泥;按性能和用途可分为通用水泥、专用水泥和特性水泥等 3 大类。硅酸盐系列水泥是土木工程中用量最大、用途最广的水泥。硅酸盐系列水泥按性能和用途可作如下分类:

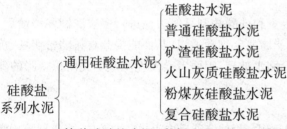

根据国家标准《通用硅酸盐水泥》(GB 175—2007),通用硅酸盐是指以硅酸盐水泥熟料和适量的石膏及规定的混合材料制成的水硬性胶凝材料。按混合材料的品种和掺量,通用硅酸盐水泥分为硅酸盐水泥、普通硅酸盐水泥、矿渣硅酸盐水泥、火山灰质硅酸盐水泥、粉煤灰硅酸盐水泥和复合硅酸盐水泥。通用硅酸盐水泥的分类、代号及相应组分应符合的范围见表 2.10。

表 2.10　通用硅酸盐水泥的组分(%)

品　种	代号	组分(质量分数)				
		熟料＋石膏	粒化高炉矿渣	火山灰质混合材料	粉煤灰	石灰石
硅酸盐水泥	P·Ⅰ	100	—	—	—	—
	P·Ⅱ	≥95	≤5	—	—	—
		≥95	—	—	—	≤5
普通硅酸盐水泥	P·O	≥80 且＜95	>5 且≤20			—

续上表

品　种	代号	组分（质量分数）				
		熟料＋石膏	粒化高炉矿渣	火山灰质混合材料	粉煤灰	石灰石
矿渣硅酸盐水泥	P·S·A	≥50且<80	>20且≤50	—	—	—
	P·S·B	≥30且<50	>50且≤70	—	—	—
火山灰质硅酸盐水泥	P·P	≥60且<80	—	>20且≤40	—	—
粉煤灰硅酸盐水泥	P·F	≥60且<80			>20且≤40	—
复合硅酸盐水泥	P·C	≥50且<80	>20且≤50			

本节首先重点介绍通用硅酸盐水泥的基本品种——硅酸盐水泥的生产、性质和使用，下一节介绍其他种类的通用硅酸盐水泥及部分特种水泥。

2.3.1　硅酸盐水泥的生产

硅酸盐水泥由硅酸盐水泥熟料、混合材料（0～5%石灰石或粒化高炉矿渣）及适量石膏组成，分为两种类型：不掺混合材料的为Ⅰ型硅酸盐水泥，代号P·Ⅰ；掺加不超过水泥质量5%的混合材料的为Ⅱ型硅酸盐水泥，代号P·Ⅱ。

硅酸盐水泥的生产过程包括三个环节：生料配制磨细、熟料烧成和水泥成品磨制，可简单概括为"两磨一烧"，生产工艺流程如图2.1所示。

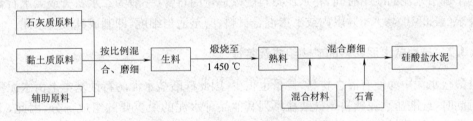

图2.1　硅酸盐水泥生产工艺流程图

1. 生料配制

生产硅酸盐水泥的原料主要是石灰质原料和黏土质原料。石灰质原料主要提供 CaO，可采用石灰石、白垩、凝灰岩、贝壳等，以石灰石最为常用。黏土质原料主要提供 SiO_2、Al_2O_3 及少量 Fe_2O_3，可采用黏土、黄土、页岩、泥岩、砂岩等，以黏土与黄土最为常用。此外，有时还配入铁矿粉等辅助原料用以调整原料化学成分。

将上述原料按适当的比例混合后，在磨机内研磨到规定细度，制成生料。

2. 熟料烧成

将生料投入回转窑内进行高温煅烧，在烧成过程中，要经历干燥、预热、分解、烧成及熟料冷却等几个阶段，其煅烧工艺流程如图2.2所示。

100～200 ℃，生料被加热，自由水分逐渐蒸发而干燥。

300～500 ℃，生料预热。

500～800 ℃，黏土质原料脱水并分解为无定形 SiO_2 和 Al_2O_3，600 ℃后，石灰质原料中的 $CaCO_3$ 开始少量分解为 CaO 和 CO_2。

800 ℃左右生成铝酸一钙，也有可能有铁酸二钙和硅酸二钙开始形成。

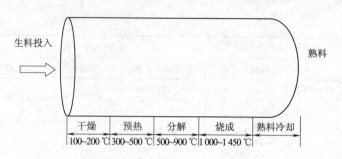

图 2.2 回转窑水泥煅烧工艺示意图

900～1 100 ℃,铝酸三钙和铁铝酸四钙开始形成;900 ℃时 $CaCO_3$ 进行大量分解直至分解完毕。

1 100～1 200 ℃,大量形成铝酸三钙和铁铝酸四钙,硅酸二钙生成量达到最大。

1 300～1 450 ℃,铝酸三钙和铁铝酸四钙呈熔融状态,产生的液相把 CaO 及部分硅酸二钙溶解于其中,在此液相中,硅酸二钙吸收 CaO 化合成硅酸三钙,这一过程是煅烧水泥的关键,必须有足够的时间以保证水泥熟料的质量。

烧成的水泥熟料经迅速冷却后得到水泥熟料块。煅烧水泥的窑型有立窑和回转窑。一般立窑适用于小型水泥厂,回转窑适用于大型水泥厂。

3. 水泥成品磨制

为了调节水泥的凝结时间,将水泥熟料配以适量的石膏(一般为二水石膏或无水石膏),并根据要求(表 2.10)掺入 5% 以内或不掺混合材料,磨至适当细度,即制成硅酸盐水泥。

2.3.2 硅酸盐水泥熟料的矿物组成及特性

硅酸盐水泥中即使有混合材料,掺量也很少,因此硅酸盐水泥的特性基本上由水泥熟料所确定。同时,硅酸盐水泥熟料是硅酸盐系列其他品种水泥的最重要的组成部分,因此,下面将介绍硅酸盐水泥熟料的组成及特性。

1. 矿物组成

硅酸盐水泥熟料主要由硅酸三钙、硅酸二钙、铝酸三钙、铁铝酸四钙等 4 种矿物组成,其成分、化学式含量范围见表 2.11。

表 2.11 硅酸盐水泥熟料的化学成分和矿物组成含量

矿物名称	分子式	分子式简写	含量(%)
硅酸三钙	$3CaO \cdot SiO_2$	C_3S	36～60
硅酸二钙	$2CaO \cdot SiO_2$	C_2S	15～37
铝酸三钙	$3CaO \cdot Al_2O_3$	C_3A	7～15
铁铝酸四钙	$4CaO \cdot Al_2O_3 \cdot Fe_2O_3$	C_4AF	10～18

水泥熟料中除上述主要矿物外,还含有少量的游离氧化钙(f-CaO)、游离氧化镁(f-MgO)、碱性氧化物(Na_2O、K_2O)和玻璃体等。

2. 矿物特性

硅酸盐水泥熟料的 4 种主要矿物单独与水作用时表现出不同的特性,见表 2.12。

表 2.12　硅酸盐水泥熟料主要矿物特性

名称	水化反应速率	28 d 水化放热量	强度		收缩	抗硫酸盐侵蚀性
			早期	后期		
C_3S	快	大	高	高	中	中
C_2S	慢	小	低	高	小	最好
C_3A	最快	最大	低	低	大	差
C_4AF	快	中	低	低	小	好

　　硅酸三钙(C_3S)水化反应速度较快,水化热较大,其水化产物主要在早期产生,早期强度较高,且能不断增长,因而是决定水泥强度等级的最主要矿物。

　　硅酸二钙(C_2S)水化反应速度最慢,水化热最小,其水化产物和水化热主要在后期产生,对水泥早期强度贡献很小,但对后期强度的增加至关重要。

　　铝酸三钙(C_3A)水化反应速度最快,水化热最集中,若不掺入石膏,易造成水泥速凝,其水化产物大多在三天内就产生,但强度并不高,之后也不再增长,甚至出现降低,硬化时的体积收缩最大,耐硫酸盐性能差。

　　铁铝酸四钙(C_4AF)水化反应速度介于 C_3A 和 C_3S 之间,强度发展主要在早期,强度偏低,它的突出特点是抗冲击性能和抗硫酸盐性能好。

　　硅酸盐水泥强度主要取决于以上 4 种矿物的性质。适当调整它们的相对含量,可制得不同品种的水泥。如:提高 C_3S 和 C_3A 含量,可生产快硬硅酸盐水泥;提高 C_2S 和 C_4AF 含量,降低 C_3S 和 C_3A 含量,可生产低热的大坝水泥;提高 C_4AF 含量,可生产高抗折强度的道路水泥。

2.3.3　硅酸盐水泥的水化和凝结硬化

　　硅酸盐水泥加水拌和后成为可塑性的浆体(水泥净浆),随着水泥水化反应的进行逐渐变稠,塑性降低,直至最后失去塑性,这一过程称为水泥的凝结。随着水化反应的进一步发展,水化产物不断增多,水泥浆体逐渐转变为具有一定强度的水泥石固体,这一过程称为水泥的硬化。

　　1. 硅酸盐水泥的水化

　　硅酸盐水泥与水拌和后,熟料中的四种主要矿物与水发生化学反应,生成一系列的水化产物并放出一定的热量。

　　(1)硅酸三钙

$$2(3CaO \cdot SiO_2) + 6H_2O \xrightarrow{\quad} 3CaO \cdot 2SiO_2 \cdot 3H_2O + 3Ca(OH)_2 \qquad (2.10)$$
硅酸三钙　　　　　　　　　　　　　水化硅酸钙

　　硅酸三钙的水化反应速度较快,水化放热量大,生成的水化硅酸钙(简写为 C-S-H)几乎不溶于水,很快以胶体微粒析出,并逐渐凝聚成凝胶,构成具有很高强度的空间网状结构。与此同时,反应生成的氢氧化钙很快在溶液中达到饱和,并以晶体形态析出。C-S-H 具有巨大的比表面积和刚性凝胶的特性,凝胶粒子间存在范德华力和化学结合键,因而具有较高的强度。氢氧化钙晶体具有层状结构,生成的数量较少,通常只起填充作用。

　　(2)硅酸二钙

$$2(2CaO \cdot SiO_2) + 4H_2O \xrightarrow{\quad} 3CaO \cdot 2SiO_2 \cdot 3H_2O + Ca(OH)_2 \qquad (2.11)$$
硅酸二钙　　　　　　　　　　　　　水化硅酸钙

硅酸二钙与水作用时,反应较慢,水化放热小,水化反应的产物与硅酸三钙相同,只是数量上有所不同。由于水化反应速度较慢,早期生成的C-S-H凝胶较少,因此早期强度低。

(3)铝酸三钙

$$\underset{铝酸三钙}{3CaO \cdot Al_2O_3} + 6H_2O = \underset{水化铝酸三钙}{3CaO \cdot Al_2O_3 \cdot 6H_2O} \tag{2.12}$$

铝酸三钙的水化反应速度极快,很快就生成六方片状的水化铝酸三钙晶体(简写为C_3AH_6)。该晶体稳定存在于水泥浆体的碱性介质中,是使水泥浆体产生瞬时凝结的主要原因,因此,在硅酸盐水泥粉磨时需掺入石膏调节凝结时间。由于石膏的存在,水化反应生成的C_3AH_6晶体与石膏反应,在水泥颗粒表面生成高硫型水化硫铝酸钙,称为钙矾石(简写为AFt),其反应式为:

$$\underset{水化铝酸三钙}{3CaO \cdot Al_2O_3 \cdot 6H_2O} + 3(CaSO_4 \cdot 2H_2O) + 19H_2O = \underset{高硫型水化硫铝酸钙}{3CaO \cdot Al_2O_3 \cdot 3CaSO_4 \cdot 31H_2O} \tag{2.13}$$

当反应进入后期,石膏即将耗尽,即硫酸钙含量降低时,则生成单硫型水化硫铝酸钙(简写为AFm),其反应式为:

$$\underset{水化铝酸三钙}{3CaO \cdot Al_2O_3 \cdot 6H_2O} + CaSO_4 \cdot 2H_2O + 4H_2O = \underset{单硫型水化硫铝酸钙}{3CaO \cdot Al_2O_3 \cdot CaSO_4 \cdot 12H_2O} \tag{2.14}$$

钙矾石是难溶于水的针状晶体,它包围在熟料颗粒周围,形成保护膜,延缓水化,从而起到缓凝的作用。

(4)铁铝酸四钙

$$\underset{铁铝酸四钙}{4CaO \cdot Al_2O_3 \cdot Fe_2O_3} + 7H_2O = \underset{水化铝酸三钙}{3CaO \cdot Al_2O_3 \cdot 6H_2O} + \underset{水化铁酸一钙}{CaO \cdot Fe_2O_3 \cdot H_2O} \tag{2.15}$$

铁铝酸四钙水化反应速度介于C_3A和C_3S之间,生成的水化产物为水化铝酸三钙立方晶体与水化铁酸钙凝胶(简写为C-F-H),强度较低。

在上述水泥水化过程中,若忽略一些次要或少量的成分以及混合材料的作用,硅酸盐水泥与水反应后,生成的主要水化产物有:C-S-H和C-F-H凝胶、氢氧化钙晶体、C_3AH_6晶体、水化硫铝酸钙晶体(AFt和AFm)。在充分水化的水泥中,C-S-H的含量约占70%,氢氧化钙的含量约占20%,AFt和AFm约占7%,其他占3%。

2. 硅酸盐水泥的凝结和硬化

水泥的凝结和硬化是一个连续的、复杂的物理化学变化过程。根据水化反应速率和水泥浆体的结构特征,硅酸盐水泥的凝结硬化过程可分为初始反应期、潜伏期、凝结期、硬化期4个阶段。每一个阶段的主要特征如表2.13所示,硅酸盐水泥浆体在每一个阶段的水化放热特征曲线如图2.3所示。

表2.13 水泥凝结硬化过程的主要特征

阶 段	放热速度	持续时间	主要物理化学变化
初始反应期	168 J/(g·h)	5~10 min	初始溶解和水化
潜伏期	4.2 J/(g·h)	1~2 h	凝胶体膜层围绕水泥颗粒成长
凝结期	6 h内快速增加到21 J/(g·h)	6 h	膜层破裂,水泥颗粒进一步水化
硬化期	24 h内逐渐降到4.2 J/(g·h)	6 h至若干年	凝胶体填充毛细孔

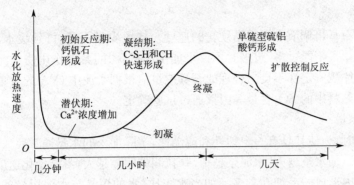

图 2.3　硅酸盐水泥浆体水化放热特征曲线

（1）初始反应期

水泥与水拌和成为水泥浆，水泥颗粒分散在水中，水化反应从颗粒表面开始。因与水充分接触，所以很快生产各种水化产物包裹在水泥颗粒表面。此阶段水化反应放热速率约为 168 J/(g·h)，持续时间 5～10 min。水化初期，由于水化产物不多，包有水化产物膜层的水泥颗粒间是分离的，相互间引力较小，因此，此时的水泥浆具有良好的塑性。

（2）潜伏期

在初始反应期后，凝胶体膜层围绕水泥颗粒生长，相互间形成点接触，构成疏松网状结构，水泥浆开始失去流动性和部分塑性，这时即为水泥的初凝，但此时还不具有强度。此阶段水化反应放热速率约为 4.2 J/(g·h)，持续时间 1～2 h。

许多研究者将上述两个阶段合并称为水泥凝结硬化的诱导期。

（3）凝结期

随着凝胶体的进一步增厚，水泥颗粒内外之间的渗透压越来越大，由于渗透压的作用，水泥颗粒表面的膜层破裂，水泥进一步水化，反应速度加快，水化产物不断增加并填充水泥颗粒之间的空间，结构逐渐致密，使水泥浆体逐渐失去塑性，并具有一定强度。这一过程称为水泥的终凝。此阶段水化反应放热速率约 21 J/(g·h)，持续时间约为 6 h。

（4）硬化期

在凝结期后，水化反应速度降低，生成的凝胶体进一步填充颗粒之间的空隙，形成较为密实的空间网状结构，水泥石的强度逐步提高。此阶段反应的放热速度在 24 h 内逐渐降低到约 4.2 J/(g·h)，持续时间为 6 h 至若干年。

3. 影响硅酸盐水泥凝结硬化的主要因素

（1）熟料的矿物组成

硅酸盐水泥熟料的矿物组成是影响水泥水化速度、凝结硬化过程和强度发展的主要因素。如：随着水泥熟料中 C_3S 和 C_3A 含量的增加，水泥的凝结硬化速度加快，早期强度提高；提高 C_2S 和 C_4AF 含量，则水泥的凝结硬化速度减慢，早期强度降低。

（2）水泥细度

水泥颗粒越细，与水接触的表面积越大，水化反应速度和凝结硬化速度越快，早期强度越大。但水泥颗粒过细时，单位需水量增多，凝结硬化后水泥石中的毛细孔增多，干缩增大，使后期强度降低。同时，水泥颗粒太细，易与空气中的水分及二氧化碳反应，使水泥不易久存，且水泥磨制的能耗大、成本高。

(3)石膏掺量

水泥中掺入石膏可调节水泥凝结硬化的速度。掺入少量石膏,可延缓水泥浆体的凝结硬化速度。但石膏掺量不能过多,过多时不仅可能由于 Ca^{2+} 的凝聚作用使水泥浆体产生瞬凝,还会引起水泥的体积安定性不良。合理的石膏掺量应根据水泥中 C_3A 的含量、石膏的品质及质量、水泥细度、熟料中的 SO_3 含量等因素通过试验确定。

(4)拌和加水量

拌和水泥浆时,为使其具有一定塑性和流动性,实际加入的水量通常要大于水泥充分水化时的理论需水量。加水量越大,水泥浆越稀,颗粒间的间隙越大,凝结硬化速度越慢,多余水分蒸发后在水泥石内形成的毛细孔越多。如当水灰比(水的用量与水泥用量的质量比)为 0.40 时,完全水化后水泥石的孔隙率约为 29.6%,当水灰比为 0.70 时,孔隙率达到约 50.3%。孔隙增多不仅导致强度、抗冻性、抗渗性等性能降低,还会造成体积收缩等缺陷。

(5)养护温度和湿度

通常,水泥的养护温度在 5~20 ℃时有利于其强度的增长。养护温度升高,水泥的水化反应加速,其强度增长也快,但如果温度过高,反应速度太快,则所生成的水化产物分布不均匀,形成的结构不致密,反而会导致后期强度下降(当温度达到 70 ℃以上时,其 28 d 的强度下降 10%~20%)。养护温度低时,水泥水化反应速度慢,强度增长缓慢,早期强度较低。当温度接近 0 ℃或低于 0 ℃时,水泥停止水化,并有可能在冻结膨胀作用下造成已硬化的水泥石破坏,因此,冬期施工时要采取相应的保温措施。

水是水泥水化硬化的必要条件,在干燥环境下,水泥浆中的水分蒸发快,水泥浆体由于缺水而使水化不能正常进行甚至停止,影响水泥石强度的正常增长,严重时会导致水泥石或混凝土表面产生干缩裂缝。因此用水泥拌制的砂浆和混凝土,在浇筑后应注意保水养护。

(6)养护龄期

水泥水化硬化是一个较长时期不断进行的过程,随着龄期的增长,水泥的水化程度提高,凝胶体不断增多,毛细孔减少,水泥石的强度逐渐提高。水泥在 3~14 d 内强度增长较快,28 d 后增长缓慢。水泥的硬化可持续很长时间,在适当的环境温度和湿度条件下,水泥石强度在几十年后还会继续增长。

2.3.4　硅酸盐水泥的技术要求

国家标准《通用硅酸盐水泥》(GB 175—2007)把硅酸盐水泥的主要技术性质分为两类:一类为强制性指标,另一类为选择性指标。

1. 硅酸盐水泥的强制性技术要求

(1)凝结时间

水泥的凝结时间分为初凝时间和终凝时间。自加水起至水泥浆开始失去塑性所需的时间称为初凝时间;自加水起至水泥浆完全失去塑性、开始有一定结构强度所需的时间称为终凝时间。水泥的凝结时间在施工中具有重要意义。为了施工时有足够的时间完成搅拌、运输、浇捣、成型、砌筑等操作,水泥的初凝时间不宜过短;为了使水泥尽快硬化,以利于后续工序及时进行,终凝时间不宜过长。

《通用硅酸盐水泥》规定:硅酸盐水泥初凝时间不得早于 45 min,终凝时间不得大于 390 min。

根据国家标准《水泥标准稠度用水量、凝结时间、安定性检验方法》(GB/T 1346—2011),水泥的凝结时间是以标准稠度的水泥净浆在规定温度和湿度下,用凝结时间测定仪测定的。

由于拌和水泥浆时的用水量对凝结时间有影响,因此,测试水泥凝结时间时必须采用标准稠度用水量,即水泥加水调制到某一规定稠度(标准稠度)净浆时所需拌和水量占水泥质量的百分数。硅酸盐水泥的标准稠度用水量一般为 24%~30%。水泥熟料矿物的成分和细度不同时,其标准稠度用水量也不相同。

(2)体积安定性

水泥的体积安定性是指水泥在凝结硬化过程中,体积变化的均匀性。如果水泥硬化后产生不均匀的体积变化,会使水泥混凝土构筑物产生膨胀性裂缝,降低工程质量,甚至引起严重事故,此即为体积安定性不良。

引起水泥体积安定性不良的原因主要有:水泥熟料矿物组成中含有过多游离氧化钙(f-CaO)、氧化镁(MgO),或者水泥磨粉时石膏(SO_3)掺量过多。f-CaO 和 MgO 是在高温下生成的,处于过烧状态,水化很慢,它们在水泥凝结硬化后还在慢慢水化,产生体积膨胀,从而导致硬化水泥石开裂。而过多的石膏会与已固化的水化铝酸钙作用,生成钙矾石,产生体积膨胀,造成硬化水泥石开裂。

国家标准《通用硅酸盐水泥》(GB 175—2007)和《水泥标准稠度用水量、凝结时间、安定性检验方法》(GB/T 1346—2011)对水泥体积安定性的规定包括三个项目:

①安定性规定主要是指由 f-CaO 等引起的水泥体积安定性不良,可采用沸煮法检验。沸煮法包括试饼法和雷氏夹两种。试饼法是将标准稠度水泥净浆做成试饼,沸煮 3 h 后,肉眼观察未发现裂纹,用直尺检测没有弯曲现象,则称为安定性合格。雷氏法是测定水泥浆在雷氏夹中沸煮硬化后的膨胀值,膨胀量在规定值范围内为安定性合格。当试饼法和雷氏法两者结论有矛盾时,以雷氏法为准。

②由氧化镁(MgO)所引起的水泥体积安定性不良,由于不便于快速检测,通常在水泥生产中严格控制。《通用硅酸盐水泥》规定:硅酸盐水泥中 MgO 含量不得超过 5.0%,如果采用压蒸试验合格,则 MgO 含量可放宽至 6.0%。

③由石膏(SO_3)所引起的水泥体积安定性不良,同样因为不便于快速检验,所以通常也是在水泥生产中严格控制。《通用硅酸盐水泥》规定:硅酸盐水泥中的石膏掺量以 SO_3 计,其含量不得超过 3.5%。

(3)强度及强度等级

水泥强度是水泥选用时的主要技术指标,也是划分水泥强度等级的依据。

水泥强度采用《水泥胶砂强度检验方法》(ISO 法)(GB/T 17671—1999)进行测定。该方法是将水泥、标准砂和水以规定的质量比例(水泥:标准砂:水=1:3:0.5)按规定方法搅拌均匀并制成 40 mm×40 mm×160 mm 的试件,带模在湿气中养护 24 h 后,再脱模放入标准温度(20±1)℃的水中养护,分别测定 3 d 和 28 d 抗压强度和抗折强度。根据所测得的强度将硅酸盐水泥分为 42.5、42.5R、52.5、52.5R、62.5、62.5R 六个等级(符号 R 表示早强型水泥),各强度等级的硅酸盐水泥的 3 d 和 28 d 强度均不得低于表 2.14 中的规定值。

表 2.14 硅酸盐水泥的强度要求(GB 175—2007)

强度等级	抗压强度(MPa)		抗折强度(MPa)	
	3 d	28 d	3 d	28 d
42.5	≥17.0	≥42.5	≥3.5	≥6.5
42.5R	≥22.0		≥4.0	

续上表

强度等级	抗压强度（MPa）		抗折强度（MPa）	
	3 d	28 d	3 d	28 d
52.5	≥23.0	≥52.5	≥4.0	≥7.0
52.5R	≥27.0		≥5.0	
62.5	≥28.0	≥62.5	≥5.0	≥8.0
62.5R	≥32.0		≥5.5	

（4）氯离子含量

水泥混凝土是碱性的（新浇混凝土的 pH 值为 12.5 或更高），钢筋在碱性环境下由于其表面氧化保护膜的作用，一般不致锈蚀。但如果水泥中氯离子含量较高，氯离子会破坏钢筋保护膜，加速钢筋的锈蚀，造成结构破坏。

《通用硅酸盐水泥》规定：水泥中氯离子含量不得大于 0.06%。当有更低要求时，该指标由供需双方协商确定。

（5）不溶物含量

不溶物是指经盐酸和氢氧化钠溶液处理后，不能被溶解的残余物质。不溶物含量高对水泥质量有不良影响。

《通用硅酸盐水泥》规定：Ⅰ型硅酸盐水泥不溶物不大于 0.75%；Ⅱ型硅酸盐水泥不溶物不大于 1.5%。

（6）烧失量

烧失量是指水泥经高温灼烧后质量的损失，主要由水泥中未煅烧掉的组分所产生。烧失量过高会影响水泥的性能。

《通用硅酸盐水泥》规定：Ⅰ型硅酸盐水泥烧失量不大于 3.0%；Ⅱ型硅酸盐水泥烧失量不大于 3.5%。

2. 硅酸盐水泥的选择性技术要求

（1）细度

细度是指水泥颗粒的粗细程度，它对水泥的凝结硬化有很大影响，是影响水泥性能的重要指标。根据国家标准《水泥比表面积测定方法》（GB/T 8074—2008），硅酸盐水泥的细度通过勃氏透气仪测定比表面积（勃氏法）确定，即根据一定量空气通过一定空隙率和固定厚度的水泥层时，所受阻力的不同而引起流速的变化来测定水泥的比表面积。

国家标准规定：硅酸盐水泥比表面积不小于 300 m^2/kg。

（2）碱含量

水泥中的碱含量是指 Na_2O 和 K_2O 的含量。若水泥中碱含量过高，遇到有活性的骨料，如活性 SiO_2，将发生碱—骨料反应，生成膨胀性的碱硅酸盐凝胶，导致开裂破坏和工程危害。

《通用硅酸盐水泥》规定：水泥中碱含量按 $Na_2O+0.658K_2O$ 计算值表示。若使用活性骨料，用户要求提供低碱水泥时，水泥中的碱含量应不大于 0.60% 或由供需双方协商确定。

对于以上硅酸盐水泥的主要技术质量要求，国家标准规定：凡检验结果符合所有强制性技术要求的水泥为合格品；不符合强制性要求中任何一项技术要求的水泥为不合格品。

2.3.5 硅酸盐水泥石的腐蚀与防腐

硅酸盐水泥硬化后的水泥石，在通常使用条件下具有较好的耐久性。但当水泥石所处的环境中含有腐蚀性液体或气体介质时,水泥石中的水化产物与介质发生各种物理化学作用,导致其结构逐渐遭到破坏,强度下降甚至全部溃裂,这种现象称为水泥石的腐蚀。

1. 硅酸盐水泥石的几种主要腐蚀类型和原因

由于水泥石所处的环境介质不同,水泥石可能遭受的腐蚀现象也不同,常见的腐蚀类型有以下几种。

(1)软水腐蚀(溶出性腐蚀)

软水是指不含或仅含少量重碳酸盐(含 HCO_3^- 的盐)的水,如雨水、雪水及许多河水和湖水等。当水泥石与软水长期接触时,在静水及无压力水的情况下,由于周围的软水易被溶出的 $Ca(OH)_2$ 所饱和,使溶解作用停止,所以溶出仅限于水泥石表层,对水泥石内部结构影响不大。但在流水及压力水的作用下,$Ca(OH)_2$ 会不断被溶解流失,使水泥石的碱度降低,结构的破坏将由表及里地不断进行。同时,由于水泥石中的其他水化产物必须在一定的碱性环境中才能稳定存在,$Ca(OH)_2$ 的溶出将导致其他水化产物的分解,最终造成水泥石的破坏,这一过程也称为溶出性腐蚀。

当水中重碳酸盐含量较高时(硬水),水泥石中的 $Ca(OH)_2$ 会与硬水中的重碳酸盐发生反应:

$$Ca(OH)_2 + Ca(HCO_3)_2 = 2CaCO_3 + 2H_2O \qquad (2.16)$$

生成的不溶于水的碳酸钙填充于已硬化水泥石的孔隙内,形成致密的保护层,可阻止外界水分的继续侵入和内部 $Ca(OH)_2$ 的析出扩散。因此,含有较多重碳酸盐的重水一般不会对硅酸盐水泥石造成溶出性腐蚀。

(2)盐类腐蚀

①硫酸盐腐蚀

在海水、湖水、地下水、某些工业污水中,常含钾、氨等的硫酸盐,这些盐类与水泥石中的 $Ca(OH)_2$ 发生化学反应生成硫酸钙,而生成的硫酸钙又会与硬化水泥石中的水化铝酸钙反应生成钙矾石。钙矾石为针状晶体,也称"水泥杆菌",其内部含大量结晶水,比原水泥石体积增大约 1.5 倍,由于是在已经硬化的水泥石中发生反应,因此水泥石会因体积膨胀而开裂,破坏作用极大。

若水中硫酸盐浓度较高,所生成的硫酸钙还会在孔隙中直接结晶成二水石膏,使硬化水泥石产生显著的体积膨胀而破坏。

②镁盐腐蚀

在海水及地下水中,常含有大量的镁盐,主要为硫酸镁和氯化镁,它们与水泥石中的 $Ca(OH)_2$ 发生如下反应:

$$MgCl_2 + Ca(OH)_2 = CaCl_2 + Mg(OH)_2 \qquad (2.17)$$
$$MgSO_4 + Ca(OH)_2 + 2H_2O = CaSO_4 \cdot 2H_2O + Mg(OH)_2 \qquad (2.18)$$

上述反应中生成的 $CaCl_2$ 易溶于水,$Mg(OH)_2$ 松散且无胶结力,且生成的石膏又会进一步对水泥石产生硫酸盐腐蚀,故称硫酸镁对水泥石的腐蚀为双重腐蚀。

(3)酸类腐蚀

①碳酸腐蚀

当水泥石与 CO_2 含量较多的水接触时,将发生如下反应:

$$Ca(OH)_2 + CO_2 + H_2O = CaCO_3 + 2H_2O \qquad (2.19)$$
$$CaCO_3 + CO_2 + H_2O = Ca(HCO_3)_2 \qquad (2.20)$$

该反应生成的碳酸氢钙(Ca(HCO$_3$)$_2$)易溶于水,CO$_2$浓度高时,上述反应向右进行,从而导致水泥石中微溶于水的Ca(OH)$_2$不断转变为易溶于水的Ca(HCO$_3$)$_2$而溶失,Ca(OH)$_2$浓度的降低又将导致其他水化产物的分解,使腐蚀作用进一步加剧。

②一般酸腐蚀

工业废水、地下水中常含有无机酸或有机酸;工业窑炉中排放的烟气常含有二氧化硫,遇水后即生成亚硫酸。各种酸类对水泥石有不同程度的腐蚀作用。它们与水泥石中的Ca(OH)$_2$反应后的生成物,或者易溶于水,或者造成体积膨胀。如盐酸和硫酸分别与水泥石中的Ca(OH)$_2$发生如下反应:

$$2HCl + Ca(OH)_2 \rule[0.5ex]{1.5em}{0.5pt} CaCl_2 + 2H_2O \tag{2.21}$$

$$H_2SO_4 + Ca(OH)_2 \rule[0.5ex]{1.5em}{0.5pt} CaSO_4 + 2H_2O \tag{2.22}$$

反应生成的CaCl$_2$易溶于水,生成的CaSO$_4$继而发生硫酸盐腐蚀,这些都对水泥石结构产生破坏作用。

(4)强碱腐蚀

水泥石本身具有较高的碱度,因此弱碱溶液对水泥石的腐蚀作用很小。但当水泥中铝酸盐含量较高,且遇到强碱溶液(如氢氧化钠)作用后,水泥石也将受到腐蚀,其反应式如下:

$$3CaO \cdot Al_2O_3 + 6NaOH \rule[0.5ex]{1.5em}{0.5pt} 3Na_2O \cdot Al_2O_3 + 3Ca(OH)_2 \tag{2.23}$$

此外,当水泥石被NaOH溶液浸透后置于空气中干燥时,水泥石中的NaOH会与空气中的CO$_2$作用,生成碳酸钠,在水泥石毛细孔中结晶沉积,导致水泥石体积膨胀破坏。

除了上述4种腐蚀类型外,糖类、氨盐、动物脂肪、酒精等对水泥石也有一定的腐蚀作用。在实际工程中,水泥石的腐蚀常常是几种腐蚀介质同时存在、共同作用所产生的,因而是一个极其复杂的物理化学过程。

2. 硅酸盐水泥石的防腐

根据以上对腐蚀作用的分析可以看出,造成水泥石腐蚀的原因主要有3方面:一是水泥石中存在易腐蚀成分,即Ca(OH)$_2$和水化铝酸钙等;二是水泥石本身不密实,含有大量毛细孔通道,使腐蚀性介质容易通过毛细孔进入其内部;三是水泥石存在的环境中有易引起腐蚀的介质。此外,较高的环境温度、较快的介质流速、频繁的干湿交替等也是加速水泥石腐蚀的重要因素。

使用水泥时,应根据水泥石的腐蚀原因,针对不同的腐蚀环境,采取下列防腐措施。

(1)合理选用水泥品种

根据水泥石所处侵蚀环境的特点,合理选用水泥品种或掺入活性混合材料,减少水泥石中易被腐蚀的Ca(OH)$_2$和水化铝酸钙含量,可提高水泥的抗腐蚀能力。

(2)提高水泥石的密实度

通过减小水灰比、采用优质骨料、改善施工操作、掺入外加剂等措施,可有效提高水泥石的密实度,从而减少腐蚀介质进入水泥石内部的通道,提高其抗腐蚀能力。

(3)在水泥石表面涂抹或敷设保护层

当环境介质的侵蚀作用较强或水泥石本身结构难以抵抗腐蚀作用时,可在水泥石结构表面加做耐腐蚀性强且不易透水的保护层。如在水泥石表面涂抹水玻璃、沥青、环氧树脂等耐腐蚀涂料,或在水泥石表面铺贴建筑陶瓷、致密的石材等都是防止水泥石腐蚀的有效途径。

2.3.6 硅酸盐水泥的性能与应用

1. 早期强度和后期强度高

硅酸盐水泥不掺混合材料或掺入很少的混合材料，C_3S 含量高，因而凝结硬化速度快，早期强度和强度等级都较高，可用于对早期强度有要求的工程，如高强混凝土工程及预应力混凝土工程等。

2. 抗冻性好

硅酸盐水泥石结构致密，抗冻性好，适合于严寒地区遭受反复冻融的工程及抗冻性要求较高的工程，如大坝的溢流面、混凝土路面工程等。

3. 水化热大

硅酸盐水泥中 C_3S 和 C_3A 含量高，因此水化放热速度快、放热量大，有利于冬期施工。但在修建大体积混凝土工程时，水化速度快、水化热大容易使混凝土内部聚集较大热量，产生温度应力，造成混凝土破坏，因此，硅酸盐水泥一般不适用于大体积混凝土工程。

4. 抗碳化性好

水泥石中的 $Ca(OH)_2$ 与空气中的 CO_2 和水作用生成碳酸钙的过程称为碳化。碳化引起水泥石内部的碱度降低，当水泥石的碱度降低时，钢筋混凝土中的钢筋易失去钝化保护膜而锈蚀。硅酸盐水泥在水化后，水泥石中含有较多的 $Ca(OH)_2$。碳化时水泥的碱度下降少，对钢筋的保护作用强，因而可用于空气中 CO_2 浓度较高的环境，如热处理车间等。

5. 干缩小、耐磨性较好

硅酸盐水泥硬化时干缩小，不易产生干缩裂纹，一般可用于干燥环境中的工程。由于干缩小，表面不易起粉，因而耐磨性较好，可用于道路工程中。但 R 型水泥由于水化放热量大，凝结时间短，不利于混凝土远距离输送或高温季节施工，因此，只适用于快速抢修工程和冬期施工。

6. 耐腐蚀性差

硅酸盐水泥水化后，$Ca(OH)_2$ 与水化铝酸钙含量较多，故耐软水和耐化学腐蚀性差，不适用于受流动软水和压力水作用的工程，也不宜用于受海水及其他侵蚀性介质作用的工程，如海港工程、抗硫酸盐工程等。

7. 耐热性差

水泥石中的水化硅酸钙在 $250 \sim 300\ ℃$ 时开始脱水，体积收缩，强度下降。$Ca(OH)_2$ 在 $600\ ℃$ 以上会分解成 CaO 和 CO_2，高温后的水泥石受潮时，CaO 与水作用导致体积膨胀，造成水泥石的破坏。因此，硅酸盐水泥不宜用于温度高于 $250\ ℃$ 的耐热混凝土工程，如工业窑炉、高炉基础等。

2.3.7 硅酸盐水泥的包装、标记、运输和储存

1. 硅酸盐水泥的包装和标记

水泥可以散装或袋装，袋装水泥每袋净含量为 $50\ kg$，水泥包装袋应符合国家标准《水泥包装袋》(GB 9774—2010)的要求。其他包装形式由供需双方协商确定。

为了便于识别，避免错用，水泥包装袋上应清楚标明：执行标准、水泥品种、代号、强度等级、生产者名称、生产许可证标志(QS)及编号、出厂编号、包装日期、净含量。包装袋两侧应根据水泥的品种采用不同的颜色印刷水泥名称和强度等级，其中，硅酸盐水泥的印刷颜色采用

红色。

散装水泥发运时应提交与袋装标志相同内容的卡片。

2. 硅酸盐水泥的运输和储存

水泥在运输和储存时,不得受潮和混入杂物。水泥受潮后通常表现为结块,在颗粒表面产生水化和碳化,从而丧失胶凝能力,强度严重下降。即使在良好的储存条件下,也会吸收空气中的水分和CO_2,产生缓慢的水化和碳化。一般情况下,袋装水泥储存 3 个月后,强度降低 $10\%\sim20\%$;储存 6 个月后降低 $15\%\sim30\%$;储存 1 年后降低 $25\%\sim40\%$。水泥有效存放期规定:自水泥出厂之日起,不得超过 3 个月,超过 3 个月的水泥在使用前应重新检验,以实测强度为准。对于受潮水泥,可进行处理,然后再使用,处理方法和适用范围见表 2.15。

表 2.15 硅酸盐水泥受潮后的处理与使用

受潮情况	处理方法	适用范围
轻微结块,用手可捏成粉末,无硬块	压碎粉块	通过试验后,根据实际强度等级使用
部分结成硬块	筛除硬块,压碎粉块	通过试验后,根据实际强度等级使用,可用于受力较小的部位、强度要求不高的工程或配制砂浆
大部分结成硬块	硬块粉碎磨细	不能作为水泥使用,可作为混合材料掺入新水泥中使用(掺量应小于 25%)

在运输和储存中,不同品种、不同强度等级的水泥不能混装。

2.4 其他品种硅酸盐水泥

由于硅酸盐水泥不能满足所有土木工程、各种使用环境和施工工艺的要求,需要在硅酸盐水泥的基础上,通过掺加混合材或改变矿物组成,以形成不同品种的硅酸盐系列水泥。

2.4.1 掺混合材的硅酸盐水泥

1. 水泥混合材

在水泥生产的磨成工序中,为改善水泥性能、调节强度等级所加入的天然或人工矿物材料,均称为水泥混合材。加入混合材料,可以降低水泥生产的能耗,综合利用工业废料、废渣、减小生产成本,增加水泥产量。

按在水泥水化过程中的化学活性,混合材可分为活性和非活性两大类。

(1)非活性混合材

非活性混合材在水泥水化过程中的化学活性很低,主要起填充作用,不发生或很少发生化学反应。磨细石英砂、石灰石粉、黏土粉、慢冷矿渣及其他惰性的工业废渣属于非活性混合材。水泥生产中掺加非活性混合材料主要起调节水泥强度等级、增加水泥产量、降低水泥水化热、调整水泥细度等作用。

(2)活性混合材料

活性混合材是指含有能参与水泥水化的活性 SiO_2 和活性 Al_2O_3 的矿物材料,粒化高炉矿渣、火山灰质材料和粉煤灰等均属于活性混合材。

①粒化高炉矿渣。指高炉炼铁时,浮于铁水表面的熔融矿渣,主要化学成分为 SiO_2 和

Al_2O_3，经淬冷形成粒径范围在 0.5～5 mm 之间的粒化高炉矿渣。淬冷的目的是阻止结晶，以形成潜在化学活性的玻璃体，在化学激发剂作用下具有水硬性。

②火山灰质混合材料。天然或人工的具有一定活性的以 SiO_2、Al_2O_3 为主要成分的矿物质材料，称为火山灰质混合材料。天然的有火山灰、凝灰岩、沸石岩、浮石、硅藻土和硅藻石等；人工的有煅烧煤矸石、烧页岩、烧黏土、煤渣、硅质渣。火山灰质混合材结构上疏松多孔，内比表面积大，故吸水性较大。

③粉煤灰。在燃煤火力发电厂或其他工业锅炉的烟道中由吸尘器收集的高温细粉尘，经急冷后获得的粉末称为粉煤灰。粉煤灰也属于火山灰质混合材，但由于煤粉燃烧过程中温度很高，煤粉中的碳燃烧后残余的 SiO_2、Al_2O_3 及其他化合物呈熔融态，悬浮于炉膛中，经急冷后形成球形玻璃体，因此，粉煤灰中含有大量球形玻璃微珠，它们具有很高的化学活性和其他特性。

(3) 混合材的作用

混合材加入水泥中主要起到物理和化学两方面作用。

①物理作用。由于混合材颗粒表面特性不同于水泥熟料颗粒（如粉煤灰中的玻璃体），因此，用混合材取代水泥熟料后，可增加相同水灰比下水泥浆的流动性，降低触变性；减小相同流动性下水泥浆的需水量；混合材取代水泥熟料可减少水泥水化热和体积收缩；延缓水泥浆凝结硬化速度；非活性混合材易磨细，其颗粒粒径小于熟料颗粒，可填充熟料颗粒间隙，提高水泥石的密实性。

②化学作用。在水泥浆凝结硬化过程中，活性混合材中的活性成分在化学激发剂作用下可参与水泥水化反应。如活性 SiO_2、Al_2O_3 能与水泥熟料水化析出的 $Ca(OH)_2$ 反应，分别形成水化硅酸钙 C-S-H 凝胶与水化铝酸钙：

$$x Ca(OH)_2 + SiO_2 + y H_2O \longrightarrow x CaO \cdot SiO_2 \cdot (x+y) H_2O \qquad (2.24)$$

$$3 Ca(OH)_2 + Al_2O_3 + 3 H_2O \longrightarrow 3 CaO \cdot Al_2O_3 \cdot 6 H_2O \qquad (2.25)$$

上述两个反应方程式称为火山灰反应。当水泥中有石膏存在时，水化铝酸钙与石膏继续反应生成水化硫铝酸钙。

活性混合材遇水后本身不会发生水化硬化或硬化极为缓慢，硬化体强度很低。但由于水泥浆液相或孔溶液中存在 Na^+、K^+、Ca^{2+}、OH^- 等离子，这些离子可促进活性氧化硅与氧化铝的解体，激发其化学活性。因此，这些离子又称为混合材的激发剂，常用的激发剂有碱性化合物，如 $Ca(OH)_2$ 和二水石膏、半水石膏或化学石膏等。

2. 掺混合材的硅酸盐水泥

(1) 定义与组成

①普通硅酸盐水泥。由硅酸盐水泥熟料、6%～20%混合材（非活性混合材最大掺量不得超过水泥质量的10%）、适量石膏磨细制成的水硬性胶凝材料，称为普通硅酸盐水泥，简称普通水泥，代号 P·O。

②矿渣硅酸盐水泥。由硅酸盐水泥熟料和粒化高炉矿渣、适量石膏磨细制成的水硬性胶凝材料，称为矿渣硅酸盐水泥，简称矿渣水泥。分 A、B 两种型号，A 型矿渣掺量 20%～50%，代号 P·S·A；B 型矿渣掺量 50%～70%，代号 P·S·B。

③火山灰质硅酸盐水泥。由硅酸盐水泥熟料、20%～50%的火山灰质混合材、适量石膏共同磨细制成的水硬性胶凝材料，称为火山灰质硅酸盐水泥，简称火山灰水泥，代号 P·P。

④粉煤灰硅酸盐水泥。由硅酸盐水泥熟料、20%～40%的粉煤灰、适量石膏共同磨细制成

的水硬性胶凝材料,称为粉煤灰硅酸盐水泥,简称粉煤灰水泥,代号 P·F。

⑤复合硅酸盐水泥。由硅酸盐水泥熟料、两种或两种以上混合材、适量石膏磨细制成的水硬性胶凝材料,称为复合硅酸盐水泥,简称复合水泥,代号为 P·C。其中混合材总掺加量为20%~50%,由两种或两种以上活性混合材或(和)非活性混合材组成,其中允许用不超过水泥质量8%的窑灰代替。掺矿渣时混合材掺量不得与矿渣硅酸盐水泥重复。

(2)技术性质

①强度等级。普通硅酸盐水泥的强度等级分为 42.5、42.5R、52.5、52.5R 四个等级。矿渣硅酸盐水泥、火山灰质硅酸盐水泥、粉煤灰硅酸盐水泥和复合硅酸盐水泥的强度等级分为32.5、32.5R、42.5、42.5R、52.5、52.5R 六个等级。

按 3 d、28 d 龄期的抗折强度和抗压强度来划分强度等级,各强度等级的强度指标要求见表 2.16。

表 2.16 掺混合材硅酸盐水泥的强度要求(GB 175—2007)

水泥品种	强度等级	抗压强度(MPa)		抗折强度(MPa)	
		3 d	28 d	3 d	28 d
普通硅酸盐水泥	42.5	≥17.0	≥42.5	≥3.5	≥6.5
	42.5R	≥22.0	≥42.5	≥4.0	≥6.5
	52.5	≥23.0	≥52.5	≥4.0	≥7.0
	52.5R	≥27.0	≥52.5	≥5.0	≥7.0
矿渣硅酸盐水泥、粉煤灰硅酸盐水泥、火山灰质硅酸盐水泥和复合硅酸盐水泥	32.5	≥10.0	≥32.5	≥2.5	≥5.5
	32.5R	≥15.0	≥32.5	≥3.5	≥5.5
	42.5	≥15.0	≥42.5	≥3.5	≥6.5
	42.5R	≥19.0	≥42.5	≥4.0	≥6.5
	52.5	≥21.0	≥52.5	≥4.0	≥7.0
	52.5R	≥23.0	≥52.5	≥4.5	≥7.0

②凝结时间。掺混合材的硅酸盐水泥的初凝时间不小于 45 min,终凝时间不大于600 min。

③细度。普通硅酸盐水泥的细度与硅酸盐水泥一样,其比表面积不小于 300 m^2/kg;矿渣硅酸盐水泥、火山灰质硅酸盐水泥、粉煤灰硅酸盐水泥和复合硅酸盐水泥的细度用筛余表示,规定 80 μm 方孔筛筛余不大于 10%或 45 μm 方孔筛筛余不大于 30%。

此外,体积安定性、碱含量和氯离子含量等要求与硅酸盐水泥相同,氧化镁含量和三氧化硫含量的限值略大于硅酸盐水泥的限值。

(3)性能与应用

①普通硅酸盐的性能与应用

普通硅酸盐水泥中混合材的掺量不多,因此,它们的性质与硅酸盐水泥相近,但早期强度稍低于硅酸盐水泥。硅酸盐水泥与普通硅酸盐水泥广泛用于各种土木工程中,但由于水泥水化热比较高,孔溶液碱度高,故不适合于大体积混凝土和易受化学侵蚀的混凝土结构。

②其他四种水泥的共性

a. 密度较小。因活性混合材料的密度小于水泥熟料,因此密度一般为 2.70~3.10 g/cm^3。

b. 早期强度较低,后期强度增长率高。因为水泥熟料含量较少,凝结硬化较慢,故早期强度较低;在后期,由于活性混合材发生火山反应,使早期由水泥熟料水化产生的氢氧化钙转化为水化硅酸钙凝胶、水化硫铝酸钙等水化物,水化物不断增多,从而使得后期强度增长较快。

因此这四种水泥不合适用于对早期强度要求高或严寒环境下的混凝土。

复合水泥因掺用两种或两种以上混合材,相互之间协同作用,使水泥性能比单掺混合材的有所提高,其早期强度要求与同强度等级的普通水泥强度要求相同。

c. 对养护温湿度敏感,适合蒸汽养护。因为火山灰反应滞后,因此提高养护温度能够加速活性混合材的火山灰反应,有利于水泥浆的凝结与硬化,进而提高早期强度,且对后期强度发展影响不大。

d. 水化热小。混合材的水化反应热小且放热缓慢,因此这四种水泥更适合于大体积混凝土施工。

e. 耐腐蚀性较好。混合材的火山灰反应消耗了水泥熟料水化产生的部分氢氧化钙,降低孔溶液碱度,形成的水化物有利于水泥石密实性的提高,孔隙率降低。因此,这四种水泥的抗化学侵蚀性较强。但如果掺加的活性混合材中 Al_2O_3 的含量较高,火山灰反应生成的水化铝酸钙数量较多,则抗硫酸盐腐蚀性变差。

f. 早期硬度与耐磨性。早期强度发展缓慢,因此早期硬度与耐磨性不及硅酸盐水泥或普通水泥。

③其他四种水泥的特性

a. 矿渣水泥。矿渣为玻璃态的物质,难磨细,吸附水能力较差,故矿渣水泥的保水性差,泌水性较大,干缩较大。由于矿渣经过高温熔融,且矿渣水泥硬化后氢氧化钙含量较少,因此矿渣水泥的耐热性、耐磨性较好。所以,矿渣水泥不能用于抗渗性要求或水位升降范围的混凝土,而更适合用于有耐热、耐磨要求的混凝土工程,如冶炼车间、锅炉房等受热构件和机场跑道等耐磨性要求的工程。

b. 火山灰水泥。火山灰质混合材结构疏松多孔、内比表面积大,故火山灰水泥易反应,在潮湿的条件下养护,可以形成较多的水化产物,水泥石结构比较致密,抗渗性较好。但耐磨性不及矿渣水泥。由于火山灰水泥需水量较大,易引起较大的干燥收缩,所以,火山灰水泥可用于水中、地下、有抗渗要求的混凝土结构,但不能用于干燥环境或水位变化中的混凝土和耐磨要求的混凝土结构。

c. 粉煤灰水泥。粉煤灰与其他天然火山灰相比,结构比较致密,内比表面积小,且其中含有大量的玻璃微珠,故吸水能力弱,所以粉煤灰水泥需水量比较低,干缩性较小,抗裂性较好。尤其适用于大体积水工混凝土以及地下和海港工程等。

d. 复合水泥。复合水泥的性能取决于使用的两种混合材的种类、掺量及相对比例,其性能与主要混合材水泥性能类似。其应用需根据主要混合材的种类及其适用范围和工程实践经验选用。

为了便于识别,硅酸盐水泥和普通水泥的包装袋上要求用红字印刷,矿渣水泥包装袋上要求采用绿色字印刷,石灰石、火山灰、粉煤灰和复合水泥则要求采用黑字印刷。

通用硅酸盐水泥的特性与适用范围见表 2.17。

表 2.17　通用硅酸盐水泥的特性与适用范围

水泥名称	硅酸盐水泥	普通水泥	矿渣水泥	火山灰水泥	粉煤灰水泥	复合水泥
特性	(1)快硬早强 (2)水化热大 (3)强度高 (4)抗冻性好 (5)耐化学侵蚀性较差 (6)耐热性较差	(1)早期强度较高 (2)抗冻性好 (3)水化热大 (4)耐化学侵蚀性较差 (5)耐热性差	(1)水化热低 (2)早期强度低后期增长较快 (3)温湿度对强度增长影响较大 (4)耐软水与硫酸盐侵蚀性较好 (5)耐热性好 (6)抗冻性差	(1)抗渗性较好 (2)耐热不及矿渣水泥 (3)干缩大 (4)耐磨性差 (5)其他同矿渣水泥	(1)干缩性较小,抗裂性较好 (2)其他同矿渣水泥	(1)早期强度较高 (2)其他性能与所掺主要混合材的水泥类似
适用范围	(1)高强混凝土 (2)预应力混凝土 (3)快硬早强混凝土 (4)抗冻混凝土 (5)耐磨混凝土	(1)一般混凝土 (2)干燥环境中混凝土 (3)严寒地区露天、水位升降范围内的混凝土 (4)地下与水中结构混凝土 (5)耐磨混凝土	(1)一般耐热要求的混凝土 (2)大体积混凝土 (3)蒸汽养护构件 (4)一般耐软水、海水、硫酸盐侵蚀要求的混凝土 (5)一般混凝土构件	(1)抗渗混凝土 (2)其他同矿渣水泥	(1)地上、地下与水中大体积混凝土 (2)其他同矿渣水泥	(1)早期强度较高的混凝土 (2)其他与所掺主要混合材的水泥类似
不适用范围	(1)厚大体积混凝土 (2)易受侵蚀的混凝土	(1)早期强度要求较高的混凝土 (2)严寒地区及处在水位升降范围内的混凝土 (3)抗渗要求的混凝土	(1)干燥环境中混凝土 (2)耐磨要求的混凝土 (3)其他同矿渣水泥	基本同火山灰质混凝土	与所掺主要混合材的水泥类似

2.4.2　白色水泥与彩色水泥

白色硅酸盐水泥熟料必须不含或少含氧化铁,一般应低于水泥质量的 0.5%。此外,还要尽量减少氧化锰、氧化钛、氧化铬和其他有色金属氧化物的含量。白色硅酸盐水泥(简称白水泥)的生产与硅酸盐水泥基本相同,为了保证水泥的白度,有关标准规定:生料中氧化铁含量很少,熟料煅烧的温度要提高到 1 550 ℃左右,并应采用天然气、煤气或重油作为燃料制得白水泥熟料,水泥磨成时不能直接用铸钢板球磨机和钢球,而应采用白色花岗岩或高强陶瓷衬板的球磨机,用烧结瓷球作为研磨体。

白水泥按强度分为 32.5、42.5、52.5 三个强度等级,其他技术要求与普通水泥接近。其组成特点是 C_4AF 含量很低。

将白水泥熟料、颜料和石膏共同磨细可制成彩色水泥。常用的原料有氧化铁(红、黄、褐、黑)、二氧化锰(黑、褐)、氧化铬(绿)、赭石(赭)和炭黑(黑)等。彩色水泥可配制成彩色水泥砂浆和混凝土。

白水泥主要用于建筑内外的装饰,配以彩色大理石、白云石石子和石英石砂作为粗细骨料,可拌制成彩色砂浆和混凝土,做成水磨石、水刷石、斩假石等饰面,起到艺术装饰的效果。

2.4.3 中低热硅酸盐水泥

以 C_3A 和 C_3S 含量较少的硅酸盐水泥熟料,加入适量石膏,磨细制成的具有中等水化热的水硬性胶凝材料,称为中热硅酸盐水泥,简称中热水泥,代号 P. MH。

以 C_3A 和 C_3S 含量很少的硅酸盐水泥熟料、粒化高炉矿渣和适量石膏共同磨细制成的具有低水化热的水硬性胶凝材料,称为低热矿渣硅酸盐水泥,简称低热矿渣水泥,代号 P. SLH。

中热水泥的强度等级为 42.5,3 d 水化热为 251 kJ/kg;低热矿渣水泥的强度等级为 32.5,3 d 水化热为 197 kJ/kg;氧化镁、三氧化硫、安定性、碱含量与普通水泥相同;水泥比表面积应不低于 250 m^2/kg;初凝时间不得早于 60 min,终凝时间不得迟于 12 h。

中热水泥水化热较低,抗冻性与耐磨性较高,适用于大体积水工建筑物水位变动区的覆盖层及大坝溢流面,以及其他要求低水化热、高抗冻性和耐磨性的工程。低热矿渣水泥更适用于大体积建筑物或大坝内部要求更低水化热的部位。此外,这两种水泥具有一定抗硫酸盐侵蚀能力,可用于低硫酸盐侵蚀的工程。

2.5 硫铝酸盐水泥

将铝质原料(如矾土)、石灰质原料(如石灰石)和石膏适当配比,煅烧成以无水硫铝酸钙矿物为主的熟料,掺加适量石膏共同磨细即可制得硫铝酸盐水泥。

2.5.1 水泥组成

硫铝酸盐水泥的主要化学成分有 CaO、Al_2O_3、$CaSO_4$,此外,还含有少量 SiO_2、Fe_2O_3、MgO 等。熟料中具有水化活性的主要矿物成分是硫铝酸钙 $4CaO \cdot 3Al_2O_3 \cdot SO_3$(缩写为 $C_4A_3\hat{S}$),其次是硅酸二钙 $2CaO \cdot SiO_2$(缩写为 C_2S)以及少量游离无水石膏 $CaSO_4$、C_4AF、$C_{12}A_7$、CA 等,没有 C_3S。硫铝酸盐水泥的矿物组成见表 2.18。

表 2.18 硫铝酸盐水泥的矿物组成

矿物相	$C_4A_3\hat{S}$	C_2S	f-CaSO$_4$	C_4AF	f-CaO	其他
含量(%)	54.11	23.25	7.28	10.34	0.04	0.967

2.5.2 水泥的水化

硫铝酸盐水泥遇水发生的重要水化反应是无水硫铝酸盐钙 $C_4A_3\hat{S}$ 的水化反应:

(1)当石膏量充足时,主要形成钙矾石 $C_6A\hat{S}_3H_{32}$ 和氢氧化铝 AH_3:

$$C_4A_3\hat{S} + 2C\hat{S}H_2 + 38H_2O \longrightarrow C_6A\hat{S}_3H_{32} + 4AH_3 \qquad (2.26)$$

(2)当有氢氧化钙 CH 存在时,只形成钙矾石 $C_6A\hat{S}_3H_{32}$,而没有 AH_3:

$$C_4A_3\hat{S} + 8C\hat{S}H_2 + 6CH + 74H_2O \longrightarrow 3C_6A\hat{S}_3H_{32} \qquad (2.27)$$

(3)当石膏不足时,$C_4A_3\hat{S}$ 直接水化形成单硫型水化硫铝酸钙 $C_4A\hat{S}H_{12}$(AFm)和 AH_3:

$$C_4A_3\hat{S}+18H_2O \longrightarrow C_4A\hat{S}H_{12}+2AH_3 \tag{2.28}$$

此外,熟料中的其他矿物成分 C_2S、C_3A、C_4AF 会发生类似于硅酸盐水泥浆中的水化反应生成 C-S-H 凝胶和氢氧化钙 CH;C_3A 与 C_4AF 在石膏存在时,水化形成钙矾石等。

由于熟料中残留无水石膏 $CaSO_4$,水泥粉磨时又加入二水石膏,因此早期水泥浆中石膏量充足,$C_4A_3\hat{S}$ 水化形成 AFt 和 AH_3,随着 C_2S 的水化,水泥浆中有氢氧化钙 CH 产生,此时 $C_4A_3\hat{S}$ 完全水化成 AFt,而没有 AH_3;当石膏消耗完后,$C_4A_3\hat{S}$ 直接水化形成 AFm。因此,铝酸盐水泥的水化与熟料中石膏(无水石膏、二水石膏或半水石膏)和 C_2S 的含量有关。石膏含量越多,形成的钙矾石越多;C_2S 含量越大,不但形成的 C-S-H 量和钙矾石较量增多,而且氢氧化铝 AH_3 的数量减少。

2.5.3　水泥的技术性质

(1)密度。密度较小,一般为 2.78 g/cm³。

(2)细度。与硅酸盐水泥相当,快硬硫铝酸盐水泥比表面积要求大于等于 350 m²/kg。

(3)凝结时间。初凝时间不早于 30 min,终凝时间不迟于 180 min。

(4)强度等级。硫铝酸盐水泥以 3 d 抗压强度划分强度等级,分为 42.5、52.5、62.5、72.5 四个强度等级,其抗压与抗折强度要求见表 2.19。

表 2.19　快硬硫铝酸盐水泥的强度指标

强度等级	抗压强度(MPa)			抗折强度(MPa)		
	1 d	3 d	28 d	1 d	3 d	28 d
42.5	30.0	45.5	45.0	6.0	6.5	7.0
52.5	40.0	52.5	55.0	6.5	7.0	7.5
62.5	50.0	62.5	65.0	7.0	7.5	8.0
72.5	55.0	72.5	75.0	7.5	8.0	8.5

(5)耐化学侵蚀性。硫铝酸盐水泥石密实,毛细孔隙率小,大多是 50 nm 的小孔,因此,硫铝酸盐水泥抗渗性高,耐水性好。硫铝酸盐水泥的主要水化物是稳定的钙矾石,因此抗硫酸盐侵蚀性能良好。

2.5.4　工程应用

硫铝酸盐水泥可用于抢修工程、冬期施工工程、地下工程等,配制可工作时间为 30 min、终凝时间为 75 min,干缩值小于 250 μm/m 的自流平砂浆,作为建筑物地面的找平层,施工后的地面平整无裂纹,且强度高;因水泥液相碱度小,可用于配制玻璃纤维砂浆,同时适用于堵漏工程和预制件拼装接头等。

2.6　铝酸盐水泥

铝酸盐水泥(以前称矾土水泥)是以铝矾土和石灰石为原料,按一定比例配合形成混合粉料,经煅烧、磨细制得的一种以铝酸钙为主要矿物成分的水硬性胶凝材料,又称高铝水泥。

2.6.1　水泥组成

铝酸盐水泥的主要化学组成包括 CaO、SiO_2、Al_2O_3、Fe_2O_3、FeO，由于原材料及生产方法不同，化学组成波动较大。与硅酸盐水泥相比，铝酸盐水泥的 CaO 和 SiO_2 含量低，Al_2O_3 含量高。

铝酸盐水泥主要矿物成分为铝酸一钙 $CaO \cdot Al_2O_3$，简写为 CA，其含量约占铝酸盐水泥质量的 50%～70%，还有少量的硅酸二钙 C_2S 与其他铝酸盐，如七铝酸十二钙 $12CaO \cdot 7Al_2O_3$（简写 $C_{12}A_7$）、二铝酸一钙 $CaO \cdot 2Al_2O_3$（简写 CA_2）和硅铝酸二钙 $2CaO \cdot Al_2O_3 \cdot SiO_2$（简写 C_2AS）等。

2.6.2　水泥的水化

铝酸盐水泥中铝酸一钙 CA 的水化与温度密切相关，在常温下，其水化物随温度不同而不同。

(1)在温度低于 15～20 ℃时，铝酸一钙 CA 水化，生成水化铝酸一钙 $CaO \cdot Al_2O_3 \cdot 10H_2O$（简写成 CAH_{10}）：

$$CaO \cdot Al_2O_3 + 10H_2O \longrightarrow CaO \cdot Al_2O_3 \cdot 10H_2O \tag{2.29}$$

(2)当温度为 20～30 ℃时，铝酸一钙 CA 水化生成水化铝酸二钙 $2CaO \cdot Al_2O_3 \cdot 8H_2O$（简写为 C_2AH_8）和氢氧化铝 $Al_2O_3 \cdot 3H_2O$（简写为 AH_3）：

$$2(CaO \cdot Al_2O_3) + 11H_2O \longrightarrow 2CaO \cdot Al_2O_3 \cdot 8H_2O + Al_2O_3 \cdot 3H_2O \tag{2.30}$$

(3)当温度高于 30 ℃时，铝酸一钙 CA 水化生成水化铝酸三钙 $3CaO \cdot Al_2O_3 \cdot 6H_2O$（简写为 C_3AH_6）和氢氧化铝（AH_3）：

$$3(CaO \cdot Al_2O_3) + 12H_2O \longrightarrow 3CaO \cdot Al_2O_3 \cdot 6H_2O + 2(Al_2O_3 \cdot 3H_2O) \tag{2.31}$$

2.6.3　水泥石结构

铝酸盐水泥石微结构特点是：铝酸钙水化物主要是晶体，CAH_{10} 是针状晶体，C_2AH_8 是板状晶体，C_3AH_6 是六方片状晶体。这些水化物晶体相互交织成骨架网络，析出的氢氧化铝一般以胶态或微晶形式填充于晶体骨架的空隙中，构成致密的多物相多晶堆聚体结构，密实性高，使得铝酸盐水泥石有很高的强度，而且由于水化反应集中在 3 d 以内，因此铝酸盐水泥早期强度增长很快。

铝酸盐水泥石的强度与水泥水化时的温度有关，如果温度低于 30 ℃，则水化产物 CAH_{10} 和 C_2AH_8 是亚稳态，随时间增长会转变为较稳定的 C_3AH_6。

2.6.4　水泥的技术性质

(1)密度。密度与硅酸盐水泥接近。

(2)细度。比表面积不小于 300 m^2/kg 或 0.045 mm 方孔筛筛余不大于 20%。

(3)凝结时间。初凝时间 CA-50、CA-70、CA-80 不得早于 30 min，CA-60 不得早于 60 min；终凝时间 CA-50、CA-70、CA-80 不得迟于 6 h，CA-60 不得迟于 18 h。

(4)强度等级。各龄期的抗压强度及抗折强度要求见表 2.20。

表 2.20　铝酸盐水泥各龄期强度要求（GB 201—2015）

水泥类型	抗压强度（MPa）				抗折强度（MPa）			
	6 h	1 d	3 d	28 d	6 h	1 d	3 d	28 d
CA-50	20	40	50	—	3.0	5.5	6.5	—
CA-60	—	20	45	85	—	2.5	5.0	10.0
CA-70		30	40			5.0	6.0	
CA-80		25	30			4.0	4.0	

2.6.5　铝酸盐水泥特点及工程应用

（1）快硬早强，早期强度增长快，但后期强度可能会下降，尤其是在高于 30 ℃的湿热环境下，强度下降更快，甚至引起结构破坏，故宜用于紧急抢修工程和早期强度要求高的工程。在结构工程中使用铝酸盐水泥时应特别慎重，通常不宜采用。

（2）水化热较大，且集中在早期放出。适合于冬期施工，但不适合于最小断面尺寸超过 45 cm 的构件及大体积混凝土的施工。

（3）耐高温性能好。因为高温时产生了固相反应，使得铝酸盐水泥在高温下仍能保持较高的强度。宜用于耐热或防火工程，如建筑物内的防火墙和窑炉的内衬砂浆等。但用铝酸盐水泥拌制的混凝土不能进行蒸汽养护。

（4）具有较好的抗硫酸盐侵蚀能力。这是因为其主要成分为低钙铝酸盐，游离的氧化钙极少，水泥石结构比较致密，故适合于有抗硫酸盐侵蚀要求的工程。

铝酸盐水泥使用时，严禁与硅酸盐水泥或石灰相混，也不得与尚未硬化的硅酸盐水泥混凝土接触使用，否则将产生闪凝，导致无法施工，且强度很低。

 复习思考题

2.1 何谓气硬性胶凝材料、水硬性胶凝材料？胶凝材料的特征是什么？

2.2 什么是石灰的陈伏？有何目的？

2.3 建筑石膏凝结硬化过程的特点是什么？与石灰凝结硬化过程相比有何异同？

2.4 如何将石膏制品的特点科学有效地应用于工程中？

2.5 过火石灰、欠火石灰对石灰的应用有什么影响？如何消除？

2.6 硅酸盐水泥的主要矿物组成是什么？它们单独与水作用时的特性如何？

2.7 生产硅酸盐水泥时为什么必须掺入适量的石膏？石膏掺得太少或过多时，将产生什么情况？

2.8 什么是水泥的体积安定性？产生安定性不良的原因是什么？

2.9 什么是水泥混合材？在硅酸盐水泥中掺入混合材有什么作用？

2.10 影响硅酸盐水泥强度发展的主要因素有哪些？

2.11 简述水泥石腐蚀的类型及机理。

2.12 简述硅酸盐水泥石的主要物相组成和微结构。

2.13 硅酸盐水泥凝结硬化的影响因素及影响规律是什么？

2.14 某工程用一批普通水泥，强度检验结果如下，试评定该批水泥的强度等级。

龄 期	抗折强度(MPa)	破坏荷载(kN)
3 d	4.05,4.15,4.40	41.5,42.5,43.0,44.5,45.5,48.0
28 d	7.10,7.40,8.40	110,105,115,116,108,112

2.15 为什么掺较多活性混合材的硅酸盐水泥早期强度比较低,而后期强度发展比较快?

2.16 与普通水泥相比较,矿渣水泥、火山灰水泥和粉煤灰水泥在性能上有哪些不同,并分析这四种水泥的适用和禁用范围。

2.17 在下列工程中选择适宜的水泥品种:

(1)现浇混凝土梁、板、柱,冬期施工;

(2)高层建筑基础底板(具有大体积混凝土特性和抗渗要求);

(3)南方受海水侵蚀的钢筋混凝土工程;

(4)高炉炼铁炉基础;

(5)高强度预应力混凝土梁。

2.18 简述硫铝酸盐水泥的化学成分和矿物组成。

2.19 简述硫铝酸盐水泥的特点及其应用。

2.20 简述铝酸盐水泥的性能特点及其应用。

3 混 凝 土

3.1 概 述

从广义上讲,凡是由胶凝材料、骨料和水(或不加水)按适当比例配合、拌和制成混合物,经一定时间后硬化而成的人造石材,都可叫做混凝土。目前使用最多的是以水泥为胶凝材料的混凝土,称为水泥混凝土,它是当今世界上用途最广、用量最大的人造土木工程材料,而且是重要工程结构材料。

3.1.1 混凝土的分类

1. 按胶凝材料分类

通常根据使用的主要胶凝材料品种,混凝土分为水泥混凝土、沥青混凝土、树脂混凝土、石膏混凝土、水玻璃混凝土等。

2. 按表观密度分类

(1)重混凝土:表观密度大于 2 800 kg/m³ 的混凝土。常采用密度大的骨料(如重晶石、铁矿石、铁屑等)配制而成,具有不透 X 射线和 γ 射线的性能。主要用于防辐射作用和抗浮沉配重。

(2)普通混凝土:表观密度为 2 000～2 800 kg/m³ 的混凝土。是用天然砂、石作骨料配制成的。普通混凝土在建筑工程上应用最多,如房屋、桥梁、隧道的承重结构。

(3)轻混凝土:表观密度小于 2 000 kg/m³ 的混凝土。主要采用轻骨料(如浮石、火山渣、陶粒、膨胀珍珠岩等)配制而成。具有轻质、高强、保温、隔声等性能。

3. 按使用功能分类

按照混凝土的特殊功能和用途,可分为普通混凝土、道路混凝土、防水混凝土、耐热混凝土、耐酸混凝土、防辐射混凝土、膨胀混凝土、装饰混凝土和大体积混凝土等。

4. 按生产与施工方法分类

按照混凝土的生产与施工方法可分为商品混凝土、泵送混凝土、喷射混凝土、压力灌浆混凝土、预应力混凝土、碾压混凝土等。

3.1.2 普通混凝土

普通混凝土是以水泥为胶凝材料,砂子和石子为骨料,经加水搅拌、浇筑成型、凝结硬化成具有一定强度的人工石材。

1. 普通混凝土的性能特点

(1)主要优点:组成材料易得而且价廉,生产能耗低,凝结硬化前混凝土拌和物具有良好的可塑性,可浇筑成任意形状尺寸的构件,根据不同工程要求需要进行配合比设计调整,抗压强度高,耐久性能好等。

(2)主要缺点:脆性较大,变形能力小;抗拉强度较低,抗裂性差;收缩变形较大,质量波动较大。

2. 普通混凝土的性能要求

普通混凝土的性能要求主要包括:新拌混凝土满足工程施工要求的和易性;硬化混凝土满足工程设计的强度;具有与工程使用寿命相适应的耐久性;最大限度节约资源与能源,满足经济合理性。

3.2 普通混凝土的组成材料与结构

3.2.1 混凝土的组分与作用

混凝土有四种基本组分材料——水泥、水、砂和石子(卵石或碎石),此外,为改善混凝土的性能,还可添加两种组分——外加剂和矿物掺合料。由四种基本组分搅拌均匀得到的混凝土拌和物也称新拌混凝土。其中,砂子为细骨料,石子为粗骨料,水泥和水形成水泥浆。

新拌混凝土是一种多物相、含较粗颗粒的高浓度悬浮浆体,水泥浆是连续相,砂石颗粒作为分散相悬浮在水泥浆中。水泥浆包裹砂石颗粒,并填充砂、石颗粒间空隙,起润滑砂、石作用,赋予混凝土拌和物以一定的流动性,并使混凝土易于成型密实。水泥浆的另一重要作用是胶结,水泥浆通过水泥水化硬化,将分散的砂石颗粒牢固地胶结成整体。

砂、石一般是惰性的,不参与水泥浆的水化反应,其强度一般会高于混凝土强度,粗细骨料的总含量约占混凝土总体积的70%~80%,因而它们在混凝土中主要起骨架和传力作用,可减少水泥用量,降低水泥水化热,显著抑制由于水泥浆硬化而产生的收缩和开裂,使混凝土具有优良的体积稳定性、力学强度和耐久性。

3.2.2 混凝土的结构与性质

混凝土的宏观结构如图 3.1(a)所示,宏观上,混凝土由两相构成:各种形状和尺寸的骨料相和水泥石相,在水泥石中还分布着一定数量的空气泡,即混凝土的宏观结构是由粗细骨料颗粒分布在水泥石基体中构成的多孔结构。混凝土的微观结构如图 3.1(b)所示,微观上,水泥石是由各种水化物构成的多孔结构,其中水化物有羟钙石晶体(CH 晶体)与钙矾石晶体(AFt 晶体)、C-S-H 凝胶体和各种尺寸的孔隙。在砂石颗粒与水泥石间存在一个过渡区,称为界面过渡区,厚度为 $30\sim50~\mu m$,物相组成主要有较粗的羟钙石晶体、钙矾石晶体和孔隙,结构相对较为疏松,因此,界面区是一个薄弱相,对混凝土力学和耐久性能有较大影响。

混凝土的宏观结构可用骨料与水泥石两相结构模型表征,其细观或微观结构应用骨料、界面区和水泥石三相结构模型描述。微观上水泥石也是由不同形状和粒径的水化物颗粒、未水化水泥颗粒、不同尺寸的孔隙和孔溶液等构成的。因此,混凝土的微观结构可描述为由不同组成、不同形状和不同粒径的固体颗粒堆聚而成的多相、多孔固体材料。

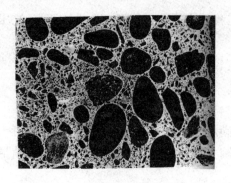 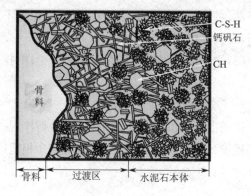

(a)混凝土试样抛光面宏观结构　　　　　　　(b)混凝土界面区微观结构

图 3.1　混凝土的宏观和微观结构

3.2.3　混凝土的组成材料与技术要求

1. 水泥

水泥品种的选择主要根据混凝土工程的性质、所处的环境及施工条件来确定。如重力坝等大体积混凝土结构,宜选择水化热较低的掺混合材的硅酸盐水泥,而不宜选用硅酸盐水泥和普通硅酸盐水泥等。详见第 2 章硅酸盐水泥。

水泥强度等级的选择应根据混凝土强度等级来确定。对于 C15 及其以下的混凝土,由于硅酸盐水泥、普通硅酸盐水泥最低强度等级为 42.5 级,故应选用掺混合材的硅酸盐水泥的 32.5 等级;C20～C60 的混凝土均可选用 42.5 级水泥;C60 以上的混凝土,一般宜选用 52.5 级及其以上等级的硅酸盐水泥。原则上,应保证混凝土中有足够适量的水泥,若水泥量过多则成本增加,且混凝土收缩增大;若水泥用量过少,则混凝土的黏聚性变差,不易获得均匀密实的混凝土,严重影响强度及耐久性。

2. 细骨料(又称细集料)

粒径在 0.15～4.75 mm 之间的骨料称为细骨料。常用的细骨料有天然砂和机制砂等。天然砂是自然生成的,经人工开采和筛分的粒径小于 4.75 mm 的岩石颗粒,主要包括河砂、江砂、淡水海砂、山砂。淡水海砂长期受海水冲刷,表面圆滑,较为清洁,但氯离子含量高,可用于配制素混凝土,但不能直接用于配制钢筋混凝土,否则容易导致钢筋锈蚀。山砂表面粗糙,棱角多,可以直接用于一般工程混凝土结构,当用于重要结构物时,必须通过坚固性试验和碱活性试验。河砂表面圆滑,清洁且分布广泛,是混凝土主要用砂,可直接用于一般、重要结构物。机制砂是指将卵石或岩石用机械破碎的方法,通过冲洗、过筛制成的,其表面粗糙、棱角多,俗称人工砂,一般仅在缺乏天然砂时才使用。

通常砂按技术要求分为Ⅰ类、Ⅱ类和Ⅲ类。Ⅰ类用于强度等级大于 C60 的混凝土,Ⅱ类用于 C30～C60 的混凝土,Ⅲ类用于强度等级小于 C30 的混凝土。

砂的主要技术要求如下:

(1)粗细程度和颗粒级配

砂的粗细程度是指不同粒径的砂粒混合体的平均粒径大小,通常采用细度模数来表示。细度模数越大,表示砂越粗,即单位重量总表面积(或比表面积)越小,此时包裹砂表面所需的水泥浆用量越少;细度模数越小,则砂比表面积越大,可节省水泥用量。

砂的颗粒级配是指不同粒径砂粒的搭配比例,采用级配区来表示。良好的级配指粗颗粒的空隙恰好由中等颗粒填充,中等颗粒的空隙恰好由细颗粒填充,如此逐级填充(图 3.2),使砂形成最密实的堆积状态,空隙率达到最小值,堆积密度达最大值。这样可达到节约水泥,提高混凝土拌和物的流动性和黏聚性,降低混凝土的水化热,提高混凝土的密实度、强度和耐久性。

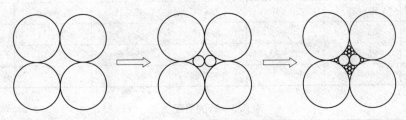

图 3.2 骨料的颗粒级配示意图

砂的细度模数和级配区用筛分析方法测定,根据《建设用砂》(GB/T 14684—2011)规定,筛分试验采用一套标准方孔筛,筛边长尺寸为 9.50、4.75、2.36、1.18、0.60、0.30、0.15 mm。先将干砂过 9.50 mm 的方孔筛,然后称取 500 g 由粗到细依次过筛,称量各筛上的筛余量 m_i(g),计算各筛上的分计筛余率 a_i(%),再计算累计筛余率 A_i(%),计算关系如表 3.1 所示。

表 3.1 砂样筛余率计算关系

筛孔尺寸 (mm)	筛余量 (g)	分计筛余 (%)	累计筛余 (%)	筛孔尺寸 (mm)	筛余量 (g)	分计筛余 (%)	累计筛余 (%)
4.75	m_1	$a_1=m_1/m$	$A_1=a_1$	0.60	m_4	$a_4=m_4/m$	$A_4=A_3+a_4$
2.36	m_2	$a_2=m_2/m$	$A_2=A_1+a_2$	0.30	m_5	$a_5=m_5/m$	$A_5=A_4+a_5$
1.18	m_3	$a_3=m_3/m$	$A_3=A_2+a_3$	0.15	m_6	$a_6=m_6/m$	$A_6=A_5+a_6$

注:$m=m_1+m_2+m_3+m_4+m_5+m_6+m_{筛底}$。

砂的细度模数计算公式如下:

$$M_x=\frac{A_2+A_3+A_4+A_5+A_6-5A_1}{100-A_1} \tag{3.1}$$

式中 $A_1 \sim A_6$——4.75~0.15 mm 的累计筛余率。

《建设用砂》(GB/T 14684—2011)规定,按照细度模数,砂子分为粗砂($M_x=3.7\sim3.1$)、中砂($M_x=3.0\sim2.3$)和细砂($M_x=2.2\sim1.6$)。

根据《建设用砂》(GB/T 14684—2011)规定,表 3.1 中累计筛余率应符合表 3.2 中级配区的规定;砂的级配类别应符合表 3.3 的规定。对于砂浆用砂,4.75 mm 筛孔的累计筛余量应为 0。砂的实际颗粒级配除 4.75 mm 和 0.60 mm 筛档外,其余可以略有超出,但各级累计筛余超出值总和应不大于 5%。

表 3.2 砂的颗粒级配

砂分类	天然砂			机制砂		
级配区	1 区	2 区	3 区	1 区	2 区	3 区
方孔筛(mm)	累计筛余(%)					
4.75	10~0	10~0	10~0	10~0	10~0	10~0
2.36	35~5	25~0	15~0	35~5	25~0	15~0

续上表

砂分类	天然砂			机制砂		
级配区	1 区	2 区	3 区	1 区	2 区	3 区
方孔筛(mm)	累计筛余(%)					
1.18	65～35	50～10	25～0	65～35	50～10	25～0
0.60	85～71	70～41	40～16	85～71	70～41	40～16
0.30	95～80	92～70	85～55	95～80	92～70	85～55
0.15	100～90	100～90	100～90	97～85	94～80	94～75

表 3.3　砂的级配类别

类别	Ⅰ	Ⅱ	Ⅲ
级配区	2 区	1、2、3 区	

砂的级配曲线处于 2 区的砂,其粗细适中,级配良好;级配曲线处于 1 区的砂,粗颗粒较多,细度模数较大,适合配制水泥用量少或流动性较小的普通混凝土;级配曲线处于 3 区的砂较细,不适合配制混凝土。

(2)含泥量、石粉含量和有害杂质含量

砂中含有一些有害杂质,如有机物、黏土、石粉、硫化物等,可能对水泥水化硬化产生影响,也可能对硬化水泥石产生腐蚀作用,进而影响混凝土的强度和耐久性。因此,必须限制砂中有害物质的含量。砂的技术指标见表 3.4。

表 3.4　砂的技术指标(GB/T 14684—2011)

类 别				Ⅰ	Ⅱ	Ⅲ
天然砂			含泥量(按质量计),%	≤1.0	≤3.0	≤5.0
			泥块含量(按质量计),%	0	≤1.0	≤2.0
机制砂	亚甲基蓝试验法	MB 值≤1.4	石粉含量(按质量计),%	≤10.0		
			泥块含量(按质量计),%	0	≤1.0	≤2.0
		MB 值>1.4	石粉含量(按质量计),%	≤1.0	≤3.0	≤5.0
			泥块含量(按质量计),%	0	≤1.0	≤2.0
有害物质			云母(按质量计),%	≤1.0	≤2.0	
			轻物质(按质量计),%	≤1.0		
			有机物(按质量计),%	合格		
			硫化物及硫酸盐(按 SO_3 质量计),%	≤0.5		
			氯化物(按 Cl^- 质量计),%	≤0.01	≤0.02	≤0.06

(3)坚固性

按照 GB/T 14684—2011《建设用砂》规定,天然砂的坚固性采用硫酸钠溶液法进行试验,以干砂试样经 5 次干湿循环后的质量损失率评定。Ⅰ、Ⅱ类天然砂的质量损失率应小于 8%,Ⅲ类应小于 10%。机制砂的坚固性除满足天然砂的要求外,还要采用压碎指标法检验,Ⅰ类单粒级最大压碎指标应小于 20%,Ⅱ类应小于 25%,Ⅲ类应小于 30%。

(4)碱骨料反应

水泥、外加剂等材料中含有的碱成分及环境中的碱成分与骨料中的活性氧化硅、氧化铝在潮湿环境下缓慢发生的导致混凝土开裂破坏的膨胀反应称为碱骨料反应。按照《建设用砂》（GB/T 14684—2011)规定，砂中不得含有碱活性矿物质，经碱骨料反应试验后，试件应无裂缝、酥裂、胶体外溢等现象，在规定的试验龄期膨胀率应小于 0.10%。

（5）表观密度、松散堆积密度和空隙率

根据 GB/T 14684—2011《建设用砂》的规定，砂的表观密度应不小于 2 500 kg/m³，松散堆积密度不小于 1 400 kg/m³，空隙率不大于 44%。

3. 粗骨料（又称粗集料）

颗粒粒径大于 4.75 mm 的骨料称为粗骨料。混凝土工程中常用的有碎石和卵石两大类。卵石是由自然风化、水流搬运和分选、堆积形成的；碎石是由天然岩石、卵石或矿山废石经机械破碎、筛分制成的。通常根据卵石和碎石的技术要求分为Ⅰ类、Ⅱ类和Ⅲ类。Ⅰ类用于强度等级大于 C60 的混凝土，Ⅱ类用于 C30～C60 的混凝土，Ⅲ类用于强度等级小于 C30 的混凝土。

（1）最大粒径与颗粒级配

混凝土所用粗骨料的公称粒级上限称为最大粒径 D_{max}。实际工程上，骨料最大粒径受到多种条件的限制，《混凝土结构工程施工质量验收规范》（GB 50204—2015）规定：最大粒径不得大于构件最小截面尺寸的 1/4，同时对于钢筋混凝土结构，最大粒径不得大于钢筋净距的 3/4；对于混凝土实心板，最大粒径不宜超过板厚的 1/3，且不大于 40 mm。

粗骨料的级配分为连续级配（连续粒级）和间断级配（单粒粒级）两种。连续级配是指 4.75 mm 至骨料最大粒径 D_{max} 间各粒径均占一定的比例。间断级配是指在连续级配中剔除一个（或几个）粒级，使级配不连续，称为间断级配。一般选用连续级配的粗骨料来配制混凝土。

石子的级配与砂的级配一样，采用一套标准方孔筛筛分试验，筛孔边长为 2.36 mm、4.75 mm、9.50 mm、16.0 mm、19.0 mm、26.5 mm、31.5 mm、37.5 mm、53.0 mm、63.0 mm、75.0 mm 及 90.0 mm，计算分计筛余率与累计筛余率，方法与砂相同。根据《建筑用卵石、碎石》（GB/T 14685—2011）规定，碎石和卵石级配均应符合表 3.5 的要求。

表 3.5　碎石或卵石的颗粒级配范围

公称粒级 (mm)		累计筛余(%)											
		方孔筛尺寸(mm)											
		2.36	4.75	9.50	16.0	19.0	26.5	31.5	37.5	53.0	63.0	75.0	90.0
连续粒级	5～16	95～100	85～100	30～60	0～10	0							
	5～20	95～100	90～100	40～80	—	0～10	0						
	5～25	95～100	90～100	—	30～70	—	0～5	0					
	5～31.5	95～100	90～100	70～90	—	15～45	—	0～5	0				
	5～40	—	95～100	70～90	—	30～65	—	—	0～5	0			
单粒粒级	5～10	95～100	80～100	0～15	0								
	10～16		95～100	80～100	0～15								
	10～20		95～100	85～100	—	0～15	0						
	16～25			95～100	55～70	25～40	0～10						
	16～31.5		95～100		85～100			0～10	0				
	20～40			95～100		80～100			0～10	0			
	40～80				95～100			70～100		30～60	0～10	0	

（2）含泥量和泥块含量及有害物质含量

粗骨料也含有一些有害杂质，主要是黏土、淤泥、有机物、硫化物等，其危害作用同砂中有害杂质。杂质含量应满足表3.6的要求。

表3.6　卵石、碎石的技术指标

项　目		指标		
		Ⅰ	Ⅱ	Ⅲ
含泥量（按质量计）（%）		≤0.5	≤1.0	≤1.5
泥块含量（按质量计）（%）		0	≤0.2	≤0.5
有害杂质含量	有机物	合格	合格	合格
	硫化物及硫酸盐（按SO_3质量计）（%）	≤0.5	≤1.0	≤1.0
	针、片状颗粒含量（按质量计）（%）	≤5	≤10	≤15

（3）针、片状含量

粗骨料的颗粒形状以近似立方体或近似球状体为最佳，但天然形成的卵石或人工生产的碎石中仍不免存在一定量的针、片状，所谓针状是指长度大于该颗粒所属粒级平均粒径的2.4倍的颗粒；片状是指厚度小于平均粒径0.4倍的颗粒。针、片状使骨料的空隙率增大，并降低混凝土的强度，尤其是抗折强度。因此针片状颗粒含量要符合表3.6的要求。

（4）抗压强度和压碎指标

根据《建筑用卵石、碎石》（GB/T 14685—2011）规定，碎石和卵石的强度可用岩石的抗压强度或压碎指标两种方法表示。

岩石的抗压强度采用 ϕ50 mm×50 mm 的圆柱体或边长为50 mm的立方体试样，在水中浸泡48 h使其吸水饱和，然后测试试样的抗压强度。火成岩的抗压强度不小于80 MPa，变质岩不小于60 MPa，水成岩应不小于30 MPa。

由于制作圆柱体或立方体岩石试样比较困难，因此常采用压碎指标来评价石子的强度。压碎指标是将气干状态下一定量（m）的粒径为9.5～19 mm的石子，装入专用试样筒中，以1 kN/s的加载速度施加200 kN的荷载并保持5s，如图3.3所示，卸载后用孔径2.36 mm的筛子筛去被压碎的细粒，称量筛余量（m_1），则压碎指标 C（%）按下式计算：

$$C=\frac{m-m_1}{m}\times100\%$$

压碎指标越大，表明石子抗碎裂能力越小，即强度越低。《建筑用卵石、碎石》（GB/T 14685—2011）规定的卵石、碎石的压碎指标见表3.7。

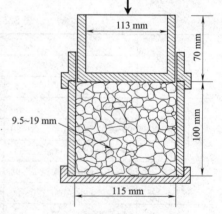

图3.3　岩石压碎指标测试示意图

表3.7　压碎指标

类　别	Ⅰ	Ⅱ	Ⅲ
碎石压碎指标（%）	≤10	≤20	≤30
卵石压碎指标（%）	≤12	≤14	≤16

(5)表观密度、连续级配松散堆积密度及空隙率

卵石、碎石表观密度不小于2 600 kg/m³，Ⅰ类石子连续级配松散堆积空隙率不大于43%，Ⅱ类不大于45%，Ⅲ类不大于47%。

(6)吸水率和表面润湿度

骨料一般有绝干、气干、饱和面干和含水湿润四个状态，如图3.4所示。

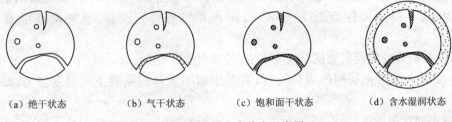

（a）绝干状态   （b）气干状态   （c）饱和面干状态   （d）含水湿润状态

图3.4 骨料含水状态示意图

①绝干状态：骨料内外不含任何水，通常在(105±5) ℃条件下烘干至恒重而得；

②气干状态：骨料表面干燥，内部孔隙中部分含水。其含水率大小与空气相对湿度和温度密切相关；

③饱和面干状态：骨料表面干燥，内部孔隙全部吸水饱和；

④含水湿润状态：骨料内部吸水饱和，表面还含有部分表面水。

骨料的含水状态和含水率会影响混凝土拌和时的水灰比，继而影响混凝土拌和物的和易性和硬化混凝土的强度与耐久性。因此，在进行混凝土配合比设计与调整时，要扣除骨料的含水率；同样，在计量用水时也要扣除骨料中带入的水量。

4. 拌合水和养护用水

根据《混凝土用水标准》(JGJ 63—2006)的规定，凡符合国家标准的生活饮用水，均可拌制各种混凝土。在野外或山区施工就地取水时，应对其进行化学分析，符合标准要求后方可使用。海水中含有硫酸盐、镁盐和氯化物，对混凝土耐久性产生不利影响，故不得使用海水拌制和养护混凝土。

5. 外加剂

外加剂是指为了改善混凝土的性能以满足不同的要求，在混凝土中加入的除水泥、粗细骨料和水之外的其他材料。外加剂有化学外加剂与矿物外加剂两种。化学外加剂主要是化学物质，矿物外加剂一般是矿物粉末材料，又称矿物掺合料。

化学外加剂掺量很小，但能显著改善混凝土的和易性、强度、抗渗性和抗冻性，调节凝结时间和硬化速度，降低拌合水量等。因此，采用化学外加剂成为提高混凝土性能，改善施工质量，节约原材料，降低成本的重要技术途径。

(1)化学外加剂分类

按化学成分可分为有机外加剂和无机外加剂两大类。有机外加剂大部分属于表面活性剂，而无机外加剂多为电解质盐类。按功能效果可分为：减水剂、早强剂、引气剂、速凝剂、缓凝剂、防冻剂、膨胀剂、阻锈剂等。

(2)常用化学外加剂品种

①减水剂

减水剂是指在混凝土坍落度相同的条件下能减少拌合用水量，或者保持用水量不变的情

况下能增加混凝土坍落度的外加剂。根据减水率大小或坍落度增加幅度分为普通减水剂和高效减水剂两大类。此外,还兼有早强或缓凝或引气作用的减水剂称为早强减水剂或缓凝减水剂或引气减水剂。

　　a. 减水剂的主要功能

　　Ⅰ. 保持用水量不变,混凝土拌和物的坍落度增大 100～200 mm;

　　Ⅱ. 保持坍落度不变,普通减水剂可减少拌合用水量 10%～15%,高效减水剂可减水 20%以上,抗压强度可提高 15%～40%,泌水和离析得到改善,显著提高混凝土的耐久性;

　　Ⅲ. 保持坍落度和混凝土抗压强度不变,可节约水泥 10%～15%;

　　Ⅳ. 减缓水泥水化初期的放热速度,有利于减小大体积混凝土的温度应力,减少温缩裂缝。

　　b. 减水剂作用机理

　　减水剂实际上为一种表面活性剂,分子结构由亲水基团和憎水基团两部分组成,如图 3.5 所示。其作用机理主要包括分散作用和润滑作用。

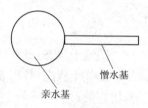

图 3.5　减水剂分子结构图

　　Ⅰ. 分散作用。水泥加水拌和后,由于水泥颗粒间较大的次价键力作用和水分子较大的表面张力作用,使水泥颗粒极易凝聚形成絮凝结构,见图 3.6(a),并包裹了部分拌合水,从而减少了水泥浆中的自由水,降低了拌和物的流动性。当加入减水剂后,由于减水剂分子中的憎水基团能定向吸附于水泥颗粒表面,而亲水基团指向水,使水泥颗粒表面带有同一种电荷,形成静电排斥作用,絮凝结构解体,释放出被包裹的自由水,如图 3.6(b)所示,从而有效地增加混凝土拌和物的流动性。

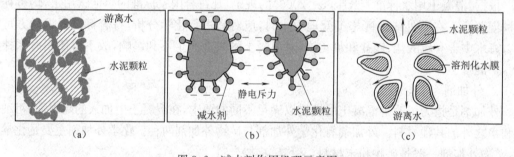

（a）　　　　　　　　　　（b）　　　　　　　　　　（c）

图 3.6　减水剂作用机理示意图

　　Ⅱ. 润滑作用。减水剂分子结构中的亲水基极性很强,故水泥颗粒表面定向排列的减水剂分子与水分子间相互作用,在水泥颗粒表面形成一层稳定的溶剂化水膜,见图 3.6(c),具有很好的润滑作用,能有效降低水泥颗粒相互间的滑动阻力,从而使混凝土流动性进一步提高。

　　由于减水剂的湿润、分散、润滑和塑化等物理化学效应,使得水泥颗粒在水中高度分散,并可在不增加拌合水的情况下,增大混凝土的流动性。游离水增多,水泥浆变稀,流动性增大,有效地改善了混凝土的和易性。

　　c. 常用减水剂

　　Ⅰ. 普通减水剂

　　以木质磺酸盐类为主,有木质素磺酸钙(简称木钙,代号 MG)、木质素磺酸钠(木钠)、木质素磺酸镁(木镁)及丹宁等。木钙属于引气型减水剂,一般掺量为水泥质量的 0.1%～0.3%,减水率约 10%,可提高混凝土的抗渗性和抗冻性。主要适用于夏季混凝土施工、大体积混凝土和泵送混凝土施工。普通减水剂不宜单独用于蒸汽养护混凝土工程和低温(施工温度低于 5 ℃)施工工程。

Ⅱ. 高效减水剂

萘磺酸盐减水剂:此类减水剂品种较多,简称萘系减水剂,其性能与效果均优于木钙,缓凝作用较小,掺量为水泥质量的 0.5%～1.0%,减水率在 15% 以上。必须注意的是掺萘系减水剂的混凝土坍落度损失大于未掺外加剂的普通混凝土,故泵送混凝土或商品混凝土中不能单独使用。萘系减水剂适用配制早强、高强、流态、防水、蒸养等混凝土。

氨基磺酸盐减水剂:性能优于萘磺酸盐减水剂,其坍落度损失小,减水率比萘系更高。主要包括水溶性树脂磺酸盐和脂肪族类磺酸盐。

水溶性树脂磺酸盐:这类减水剂效果优于萘系减水剂,最常用的有 SM 树脂减水剂,属于非引气型早强高效减水剂,掺量为水泥质量的 0.5%～2.0%,减水率可达 20% 以上,1 d 强度提高一倍以上,7 d 强度基本达到基准 28 d 强度,且后期强度也会提高。适用于早强、高强、流态、蒸养混凝土等。

脂肪族类:主要有聚羧酸盐类、聚丙烯酸盐类、脂肪族羟甲基磺酸盐高缩聚物等。聚羧酸盐类减水剂又称超塑化剂,减水率可达 25%,坍落度损失小,1 d 强度增加 50% 以上,收缩性显著减小,引气作用明显。适用于早强、高强、泵送、流态、抗冻混凝土等。由于聚羧酸盐类减水剂掺量低,性能好,因此目前成为工程上用量最大的减水剂。

②引气剂

引气剂是指混凝土在搅拌过程中能引入大量均匀分布、稳定且封闭的微小气泡(孔径为 20～200 μm)的外加剂。常用引气剂有松香树脂、烷基苯磺酸盐、脂肪醇磺酸盐等,引气剂的掺量一般为水泥质量的 0.005%～0.01%,主要用于抗冻、抗渗、高性能、抗化学侵蚀的混凝土,不宜用于蒸养混凝土及预应力混凝土。

a. 作用机理:引气剂属于表面活性剂,作用于气—液界面上,可降低液体的表面张力,从而形成稳定的微小封闭气泡。

b. 主要功能:ⓐ改善混凝土拌和物的和易性。大量微小气泡表面吸附水膜,能明显减少混凝土的泌水现象,减小颗粒运动阻力,增加拌和物的保水性、黏聚性和流动性;ⓑ改善混凝土的耐久性。均匀分布的大量微小气泡堵塞或隔断了混凝土的连通毛细孔通道,提高了混凝土的抗渗性,减小吸水率,且气泡能缓冲水结冰时产生的膨胀应力,提高抗冻性。

c. 掺量注意事项:引气剂会提高混凝土的含气量,从而使混凝土的有效受力面积减小,引起混凝土强度下降。试验表明,混凝土含气量增加 1%,其抗压强度下降 5% 左右,抗折强度下降 2%～3%。因此,普通混凝土含气量的限值可按表 3.8 来控制。

表 3.8 普通混凝土含气量限值

粗骨料最大粒径(mm)	9.5	16	19	26.5	37.5	53	75
含气量(%)	7.0	6.0	5.5	5.0	4.5	4.0	3.5

③早强剂

早强剂是指能加速混凝土早期强度发展的外加剂。

a. 作用机理:早强剂能加速水泥水化速率,促进水化产物的早期结晶和沉淀,建立水化物网络结构,从而加快混凝土强度增长。

b. 主要功能:缩短混凝土施工养护期,加快施工进度与结构模板的周转率。

c. 主要应用:适用于有早强要求的混凝土工程及低温、负温(最低温度不低于-5 ℃)施工的混凝土工程。

d. 主要品种:

Ⅰ. 可溶性无机盐类:如硫酸盐 、硝酸盐、亚硝酸盐、氯盐等,氯盐仅适用于素混凝土;

Ⅱ. 水溶性有机化合物类:如三乙醇胺、甲酸盐、乙酸盐、丙酸盐等;

Ⅲ. 其他类:有机化合物及无机盐复合物等。

常用早强剂掺量限值见表3.9。

表3.9　常用早强剂掺量限值

混凝土种类	使用环境	早强剂名称	掺量限值(水泥质量%)不大于
预应力混凝土	干燥	三乙醇胺	0.05
		硫酸钠	1.0
钢筋混凝土	干燥	氯离子	0.6
		硫酸钠	2.0
		三乙醇胺	0.05
	潮湿	三乙醇胺	0.05
		硫酸钠	1.5
有饰面要求的混凝土		硫酸钠	0.8
素混凝土		氯离子	1.8

④缓凝剂

缓凝剂是指能延长混凝土的初凝和终凝时间的外加剂。最常用的缓凝剂为木钙和糖蜜,糖蜜的缓凝效果优于木钙,掺量一般为水泥质量的0.1%～0.3%,延缓初凝3 h以上。

缓凝剂的主要功能:降低大体积混凝土的水化热,推迟放热峰出现时间,有利于减小混凝土内外温差引起的温缩开裂;夏季施工和连续浇捣的混凝土,防止出现混凝土施工缝;易于泵送施工、滑模施工和远距离运输。通常与减水剂复合,亦能提高混凝土后期强度或增加流动性或节约水泥用量。

⑤速凝剂

速凝剂是指能使混凝土迅速凝结硬化的外加剂。一般能使混凝土在3～5 min初凝,10 min内终凝。缓凝剂有粉末状和液体两种。粉状速凝剂主要是铝酸盐类、碳酸盐等无机盐;液态速凝剂是以铝酸盐、水玻璃等为主要成分,与其他无机盐复合而成的混合物。速凝剂主要用于喷射混凝土,如铁路隧道、喷锚支护施工,可加快工程施工速度。

⑥膨胀剂

膨胀剂是指能使混凝土在凝结硬化过程中产生一定体积膨胀的外加剂。主要用于配制补偿收缩混凝土、填充用膨胀混凝土、自应力混凝土和结构自防水混凝土等。当适量膨胀剂加入混凝土中后,能引起混凝土产生适量膨胀变形,从而补偿混凝土自身收缩、干缩、温度收缩等引起的开裂。常用的膨胀剂种类有:硫铝酸钙类、氧化钙类和氧化钙－硫铝酸钙复合膨胀剂等。

⑦防冻剂

防冻剂是指能使混凝土中水的冰点下降,保证混凝土在负温下能够凝结硬化并产生足够强度的外加剂。大部分防冻剂由防冻组分、早强组分、减水组分或引气组分复合而成,主要适用于冬期负温条件下的施工。常用防冻剂种类有:氯盐类、氯盐阻锈类、无氯盐类等。氯盐类防冻剂适用于素混凝土,氯盐阻锈类防冻剂可用于钢筋混凝土,无氯盐类防冻剂可用于钢筋混凝土和预应力钢筋混凝土。

常用外加剂的使用范围见表 3.10。

表 3.10　常用混凝土外加剂的适用范围

外加剂类别		使用目的或要求	适宜的混凝土工程	备　注
减水剂	木质素磺酸盐	改善混凝土拌和物流变性能	一般混凝土、大模板、大体积浇筑、滑模施工、泵送混凝土、夏期施工	不宜单独用于冬期施工、蒸汽养护、预应力混凝土
	萘系	显著改善混凝土拌和物流变性能	早强、高强、流态、防水、蒸养、泵送混凝土	
	水溶性树脂系	显著改善混凝土拌和物流变性能	早强、高强、蒸养、流态混凝土	
	脂肪族类	显著改善混凝土拌和物流变性能	早强、高强、泵送、流态、抗冻混凝土	
早强剂	氯盐类	要求显著提高混凝土早期强度;冬期施工时为防止混凝土早期受冻破坏	冬期施工、紧急抢修工程、有早强或防冻要求的混凝土。硫酸盐类适用于不允许掺氯盐的混凝土	氯盐类的掺量限制应符合 GB 50204—2002(2011年版)的规定;不允许掺氯盐的结构物,均不能使用氯盐类;三乙醇胺类应严格按照掺量,掺量过多会造成严重缓凝和强度下降
	硫酸盐类			
	三乙醇胺			
引气剂	松香热聚物	改善混凝土拌和物的和易性;提高混凝土抗冻、抗渗等耐久性	抗冻、防渗、抗硫酸盐的混凝土,水工大体积混凝土,泵送混凝土	不宜用于蒸养混凝土、预应力混凝土
缓凝剂	木质素磺酸盐	要求缓凝的混凝土,降低水化热、分层浇筑的混凝土过程中为防止出现冷缝等	夏季施工、大体积混凝土、泵送及滑模施工、远距离运输的混凝土	掺量过大,会使混凝土长期不硬化,强度严重下降;不宜单独用于蒸养混凝土;不宜用于低于 5 ℃下施工的混凝土
	糖类			
速凝剂	红星1型	施工中要求快凝、快硬的混凝土,迅速提高早期强度	矿山井巷、铁路隧道、引水涵洞、地下工程及喷锚支护时的喷射混凝土或喷射砂浆;抢修、堵漏工程	常与减水剂复合使用,以防混凝土后期强度降低
	711 型			
	782 型			
泵送剂	非引气剂型	混凝土泵送施工中为保证混凝土拌和物的可泵性,防止堵塞管道	泵送施工的混凝土	掺引气剂外加剂时,泵送混凝土的含气量不宜大于 4%
	引气剂型			

续上表

外加剂类别		使用目的或要求	适宜的混凝土工程	备 注
防冻剂	氯盐类	要求混凝土在负温下能继续水化、硬化、增长强度,防止冰冻破坏	负温下施工的无筋混凝土	
	氯盐阻锈类		负温下施工的钢筋混凝土	如含强电解质的早强剂时,应符合《混凝土外加剂应用技术规范》(GB 50119—2003)中的有关规定
	无氯盐类		负温下施工的钢筋混凝土和预应力钢筋混凝土	如含硝酸盐、亚硝酸盐、磺酸盐时不得用于预应力混凝土;如含六价铬盐、亚硝酸盐等有毒防冻剂时,严禁用于饮水工程及与食品接触部位
膨胀剂	①硫铝酸钙类	减少混凝土干缩裂缝,提高抗裂性和抗渗性,提高机械设备和构件的安装质量	补偿收缩混凝土;填充用膨胀混凝土;自应力混凝土(仅用于常温下使用的自应力钢筋混凝土压力管)	①、③不得用于长期处于80 ℃以上的工程中,②不得用于海水和有侵蚀性水的工程;掺膨胀剂的混凝土只适用于有约束条件的钢筋混凝土工程和填充性混凝土工程;
	②氧化钙类			掺膨胀剂的混凝土不得用硫铝酸盐水泥、铁铝酸盐水泥和高铝水泥
	③硫铝酸钙—氧化钙类			

3.3 普通混凝土的技术性质

3.3.1 新拌混凝土的性质

1. 混凝土的和易性

(1)和易性概念

新拌混凝土的和易性,又称工作性,是指拌和物在一定的施工条件下易于搅拌、运输、浇筑振捣成型,并获得均匀密实的混凝土的一项综合技术性能。包含流动性、黏聚性和保水性三个方面的含义。

①流动性是指拌和物在自重或机械外力作用下产生流动的难易程度。

②黏聚性是指拌和物抵抗粗骨料与水泥浆分层离析的能力。

③保水性是指拌和物保持水分不产生泌水的能力。

通常情况下,良好的混凝土拌和物的和易性是指既具有满足施工要求的流动性,能均匀密实填充模板,又具有良好的黏聚性和保水性,抵抗离析和泌水。流动性差,则浇筑的混凝土构件难以均匀密实填充;黏聚性差容易发生离析现象,浇筑的混凝土构件整体均匀性和密实性很差,容易出现蜂窝、麻面等缺陷;保水性差的混凝土表面会形成一层多孔疏松层,如果在上面继续浇筑混凝土,就会形成一个薄弱夹层,另外在粗骨料或水平钢筋下方形成水囊导致骨料或钢筋与水泥砂浆黏结性变差。因此,和易性既是施工的要求也是获得质量均匀密实混凝土的基本保证。

(2)和易性的测试与评价方法

和易性是一种综合性的技术性质,通常以测试流动性为主,辅以观察黏聚性和保水性,然后根据测试和观察的结果,综合评价混凝土拌和物的和易性。流动性的测定方法有坍落度法、维勃稠度法、探针法、斜槽法、流出时间法等十多种。我国现行的《普通混凝土拌和物性能试验方法标准》(GB/T 50080—2002)中规定,塑性混凝土(坍落度不小于 10 mm)的流动性采用坍落度与坍落扩展度表征,干硬性混凝土(坍落度小于 10 mm)用维勃稠度表征。

①坍落度和坍落扩展度法:将搅拌好的混凝土分三层装入坍落度筒中,每层沿螺旋方向由外向中心插捣 25 次,抹平后垂直提起坍落度筒。混凝土则在自重作用下坍落,以坍落高度(mm)代表混凝土的流动性,如图 3.7 所示。坍落度越大,则流动性越好。

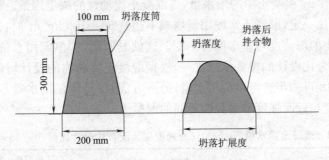

图 3.7　混凝土拌和物坍落度测试

坍落度测试后,用捣棒轻轻敲击混凝土拌和物锥体的侧面,观察混凝土拌和物能否保持整体向下坍落而不发生崩坍或一边剪坏的现象;同时观察混凝土拌和物上部是否有粗骨料与水泥浆分离裸露出来,且下方是否有水泌出现象,综合评判混凝土拌和物的黏聚性和保水性好坏。

坍落度法适用于粗骨料最大粒径不大于 40 mm,坍落度值不小于 10 mm 的混凝土拌和物的和易性测试。对于坍落度大于 220 mm 的大流动性混凝土拌和物,需同时测试坍落扩展度,即垂直提起圆锥筒后,混凝土拌和物锥体会在自重下坍落扩展,用钢尺测量其扩展后最终的最大直径和最小直径,取其算术平均值即为坍落扩展度(单位:mm)。

②维勃稠度法:采用维勃稠度仪(图 3.8)进行测试,将混凝土拌和物按坍落度法分层装入坍落度筒内,顶面抹平并提起坍落度筒后,把透明圆盘转到混凝土顶面,开启振动台,记录混凝土拌和物完全充满透明圆盘的时间(s),用以表示混凝土拌和物的流动性。

维勃稠度法适用于最大粒径不大于 40 mm,维勃稠度在 5~30 s 之间的混凝土拌和物的稠度测试。

(3)坍落度的选择

混凝土拌和物的坍落度应根据运输距离、振捣方法、气候条件、截面尺寸大小、钢筋疏密情况等因素,并参考有关的经验资料进行选择,见表 3.11。

图 3.8　混凝土拌和物维勃稠度测试示意图

表 3.11 混凝土坍落度选择

结构种类	坍落度(mm)
基础或地面垫层、无配筋的大体积结构(挡土墙、基础等)或配筋稀疏的结构等	10~30
板、梁和大、中型截面的柱子等	35~50
配筋密的结构,如薄壁、细柱、筒仓等	55~70
配筋特密结构	75~90
配筋特密不便振捣的结构	100~140

（4）和易性的影响因素

①单位用水量

单位用水量即 1 m³ 混凝土中的用水量,是混凝土流动性的决定因素。试验证明:当粗、细骨料的种类和质量比一定,混凝土水泥用量增减不超过 50~100 kg/m³ 时,只要单位用水量相同,则混凝土拌和物的坍落度可基本保持不变。这就是所谓的"恒定用水量法则"。恒定用水量法则是混凝土配合比设计的重要依据之一,根据混凝土拌和物的设计坍落度和骨料种类与最大粒径,由表 3.12 可初步选定单位用水量;另一方面,保持单位用水量不变,适当改变水灰比,可配制出坍落度相近而强度和耐久性不同的混凝土。

表 3.12 混凝土用水量(kg/m³)(《普通混凝土配合比设计规程》JGJ 55—2011)

拌和物流动性		卵石最大粒径(mm)				碎石最大粒径(mm)			
项目	指标	10	20	31.5	40	16	20	31.5	40
维勃稠度 (s)	16~20	175	160	—	145	180	170	—	155
	11~15	180	165	—	150	185	175	—	160
	5~10	185	170	—	155	190	180	—	165
坍落度 (mm)	10~30	190	170	160	150	200	185	175	165
	35~50	200	180	170	160	210	195	185	175
	55~70	210	180	180	170	220	205	195	185
	75~90	215	195	185	175	230	215	205	195

注:(1)本表用水量系采用中砂时的平均值。采用细砂时,每1m³ 混凝土用水量可增加 5~10 kg;采用粗砂则可减少 5~10 kg。

(2)掺用外加剂或掺合料时,用水量应相应调整。

(3)水灰比小于 0.4 或大于 0.8 的混凝土及采用特殊成型工艺的混凝土应通过试验确定。

(4)大流动性混凝土的用水量以本表中坍落度 90 mm 的用水量为基础,按坍落度每增大 20 mm 用水量增加 5 kg 计算。

②水泥浆量

通常增加水泥浆用量可以增加混凝土拌和物流动性。因为水泥浆用量增加,骨料用量将相应地减少,则骨料表面水泥浆包裹层的厚度增加,减小了骨料颗粒间运动阻力,增大了润滑作用,因而使混凝土拌和物的流动性增大。在一定范围内,水泥浆用量愈多,流动性也就愈大。但当水泥浆量超过一定范围时,即骨料表面包裹层厚度达最大值时,将出现淌浆和离析现象,使混凝土黏聚性下降,损害混凝土拌和物的和易性。

③化学外加剂

拌制混凝土时,掺入减水剂可增加混凝土拌和物的流动性而不损害其黏聚性和保水性,尤其是高效减水剂,在增大流动性的同时又增加拌和物的黏度,改善黏聚性和保水性,以获得高流态或自密实混凝土。所以,添加减水剂是改善混凝土拌和物和易性的重要技术途经。引气剂在混凝土拌和物中可引入大量微小气泡,在固体颗粒间起到润滑作用,降低了塑性黏度。因此,适量引气剂可增大混凝土拌和物的流动性,改善黏聚性和保水性。

④矿物掺合料

不同的矿物掺合料对混凝土拌和物的影响不同。粉煤灰中的玻璃微珠的球形效应和表面特性,使其可取代部分水泥,不但增大拌和物的流动性,还能改善黏聚性和保水性;火山灰由于颗粒的巨大内表面积,使其可取代部分水泥,改善混凝土拌和物的保水性;矿渣颗粒由于呈玻璃态,吸附水能力差,若取代部分水泥,会损害混凝土拌和物的保水性;硅灰颗粒平均粒径 $0.1 \sim 0.3~\mu m$,比表面积为 $20 \sim 28~m^2/g$,若取代水泥,可使混凝土拌和物的黏聚性和保水性显著增加,而流动性降低。

⑤砂率

砂率是混凝土拌和物中砂子质量占粗、细骨料总质量的百分数。对于混凝土拌和物而言,水泥浆包裹细骨料颗粒形成水泥砂浆,而水泥砂浆包裹粗骨料颗粒并填充骨料间空隙,赋予混凝土拌和物一定的流动性。在水泥浆量和骨料总质量一定时,砂率较小,则水泥砂浆量少(塑性黏度较低),而石子量和石子间堆积空隙率较大,水泥砂浆不足以填满石子颗粒间的空隙,并不能在石子颗粒间起到润滑作用,同时容易发生石子离析和流淌水泥浆等现象。因而,砂率小则混凝土拌和物的流动性较小,且黏聚性和保水性较差。随着砂率增大,水泥砂浆量逐渐增多,砂浆黏度增大,润滑粗骨料作用增强,则混凝土拌和物的流动性不断增加,黏聚性和保水性不断改善。而当砂率增大到某一数值时,拌和物流动性达到一个最大值。此后,砂率再增大,则粗细骨料的总表面积随之增大,水泥浆量由富余变成不足,骨料表面包裹的水泥浆厚度减小,使得混凝土拌和物的黏度增大,而流动性逐渐减小。所以,混凝土拌和物的坍落度先随砂率的增加而增大,达到最大值后,则随砂率的增大反而减小,见图 3.9。因此,混凝土拌和物存在一个合理的砂率范围,使其和易性达到最好状态。

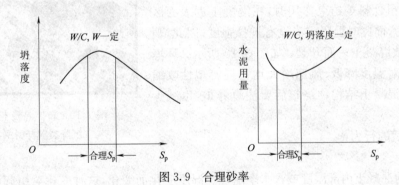

图 3.9 合理砂率

⑥搅拌工艺

原材料相同,而搅拌机器及搅拌方量、搅拌时间及搅拌速度不同时,混凝土拌和物的和易性也会产生明显差异。

⑦气候条件

混凝土拌和物的坍落度随着时间的推移而逐渐减小的现象称为坍落度损失。这是所有混凝土拌和物均会发生的自然现象。由于水泥不断水化形成水化物和水分的不断消耗,导致混凝土拌和物不断变稠。环境温度高、相对湿度小、风速大都会加速坍落度损失。

（5）新拌混凝土的凝结时间

新拌混凝土中由于水泥不断形成水化产物使得拌和物塑性逐渐降低，强度逐渐增加的现象称为新拌混凝土发生凝结。通常认为，从水泥加水到拌和物开始失去塑性的时间是新拌混凝土的初凝时间；从水泥加水到拌和物完全失去塑性而开始有强度的时间是新拌混凝土的终凝时间。

新拌混凝土的初凝和终凝时间是按照一定的标准试验方法，采用混凝土贯入阻力仪来测定的。初凝时间一般表示混凝土拌和物不再适于正常的搅拌、浇筑、振捣等施工操作，终凝时间表示混凝土拌和物完全失去塑性，强度开始产生并以一定速度增长。因此，新拌混凝土应在一定长的时间内保持良好的和易性，以满足运输、浇筑、振捣和修饰等施工过程的完成。

3.3.2 混凝土的变形

在环境因素和长期施加应力下，混凝土会产生一定的变形。因温、湿度的变化，混凝土将产生膨胀或收缩变形，如湿胀干缩、自收缩、碳化收缩、热胀冷缩等；承受荷载时混凝土将产生弹性变形、塑性变形和徐变等。

1. 硬化前的变形行为

（1）化学减缩

由于水泥水化产物的体积小于反应前水泥和水的总体积，从而使混凝土出现体积收缩。这种由水泥水化和凝结硬化而产生的自身体积减缩，称为化学减缩。化学减缩是不能恢复的，随混凝土水化龄期延长而增加，大致与时间的对数成正比，即早期化学减缩大，后期减缩小，但化学减缩率总体较小，在限制应力作用下不会对结构物产生破坏作用，但收缩过程中在混凝土结构内部会产生微细裂缝，这些微细裂缝将显著影响混凝土的耐久性。因此，在结构设计中考虑限制应力作用时，应将化学减缩与干缩一并计算在内。

（2）塑性收缩

混凝土在凝结硬化前，当表面的水分蒸发速率大于表面泌水速率时，会产生塑性收缩。当塑性收缩受到混凝土内钢筋、粗骨料等约束作用时，在混凝土近表面区将产生拉应力，而此时混凝土尚没有抗拉强度，因此，塑性收缩会导致混凝土表面开裂，如图3.10所示。环境温度升高、相对湿度降低、风速增大均会促使塑性收缩开裂。因此，混凝土结构物浇筑后要注意养护，以减少塑性收缩。

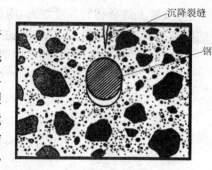

图3.10　新拌混凝土塑性
沉降裂缝与开裂

2. 硬化后的行为

（1）干缩

硬化后的混凝土内部湿度或含水率随环境湿度变化而变化，这种变化会引起混凝土湿胀干缩。湿胀对混凝土体积稳定性影响较小，而干缩会产生很大的拉应力，可导致混凝土开裂，进而影响混凝土的力学性能和耐久性。混凝土的干缩主要来自水泥石，但由于骨料的约束作用使得混凝土的干缩值小于水泥石。但在结构设计时必须加以考虑，一般干缩率取值为$(1.5\sim2.0)\times10^{-4}$。

水泥石的干缩主要来自其内部毛细孔水和凝胶水的迁移和损失，产生的机理主要有三种解释：

①毛细张力：水泥石内毛细孔和大的凝胶孔内的自由水因环境温湿度变化而产生蒸发，因

毛细吸附作用,液面产生拉应力,导致毛细孔壁受压而收缩。

②分离压:水泥石中凝胶孔壁的吸附水,由于湿胀作用而使孔壁间存在一定的分离压,当吸附水迁移后,会降低孔壁间的分离压引起水泥石整体收缩。

③C-S-H凝胶体层间水迁移:具有层状结构的C-S-H凝胶体,其层间含有可挥发水,当环境湿度降低到一定程度后,可引起可挥发水迁移,也会导致水泥石整体收缩。

混凝土干缩的主要影响因素包括组成材料、配合比、几何尺寸等。

①骨料含量与刚度:混凝土中的骨料形成骨架,能抑制水泥石的收缩。骨料用量多,则混凝土的干缩值小;此外,不同种类的骨料刚度不同,抑制水泥石收缩能力也不同,一般石英岩的刚度最大,混凝土干缩值最小,其次是石灰岩,卵石和砂岩配制的混凝土干缩值最大。

②水灰比:水灰比越大,则水泥石毛细孔中的自由水越多,混凝土的干缩值越大。

③水泥浆量:水泥用量越大,则水泥石含量越大,产生的干燥收缩越大。

④水泥细度与组成:水泥颗粒越细,水化硬化时水泥产物中形成的毛细孔隙越小,则毛细吸附作用越强,混凝土的干缩值越大。水泥中掺加矿物掺合料种类不同,对混凝土干缩的影响不尽相同,一般粉煤灰可减小混凝土的干缩值,而火山灰、硅灰则增大混凝土的干缩值。

⑤施工与养护:施工过程中混凝土拌和物振捣越密实,则干缩值愈小;控制好养护的温度和湿度,有利于减小混凝土的干缩。

⑥构件尺寸:混凝土构件比表面积越大,则水分蒸发越快,干缩值愈大。

(2)自收缩

混凝土在绝对密封状态下养护时,与周围环境没有水分交换,由于水泥水化消耗水分使得混凝土内部相对湿度降低,导致混凝土产生收缩,这种收缩称为自收缩。混凝土的自收缩主要来自水泥石。普通混凝土的水灰比较大,混凝土中有足够的水分进行水化和填充凝胶孔和毛细孔,故自收缩很小,往往忽略不计。但高强、高性能混凝土由于水胶比较低($W/B<0.4$),混凝土结构比较密实,水化消耗的水分不能及时得到补充,使得混凝土内部相对湿度降低,引起毛细孔干燥而产生较大收缩。所以低水胶比和大水泥用量的高性能混凝土,其自收缩值较大,引起收缩开裂的可能性很大,在工程应用中应引起高度重视。

(3)温度变形

水泥水化会放出热量,因此混凝土浇筑后会与周围环境进行热交换,而混凝土又是热的不良导体,故混凝土由内向外会形成温度梯度,中心温度高,外部温度低,导致内部产生体积膨胀,而同时外部却随着气温的降低而冷却收缩,使混凝土外部产生很大的拉应力。若混凝土的抗拉强度低于拉应力,将导致混凝土开裂。

所以,在混凝土结构设计时,必须考虑控制温缩裂缝,混凝土结构设计规范规定框架或砖混结构建筑长度超过50 m,则必须设置一道变形缝。对于大体积混凝土结构,内部的温度有时可达50~70 ℃,由于散热缓慢,如不采取人工降温措施,混凝土内部膨胀与外部收缩这两种作用互相制约,将导致混凝土产生较大的拉应力。目前,常采用水化热较低的低热水泥或掺加矿物掺合料,或减少水泥用量,或采取人工降温措施(如埋置冷水管,降低混凝土入仓温度等),以及对表面混凝土加强保温保湿等,以防止温度裂缝的产生和发展。

(4)荷载变形

(1)单轴受压下混凝土的变形行为

①混凝土的弹塑性变形行为

混凝土是由骨料、水泥石和界面过渡区构成的多相复合材料。骨料、水泥石和混凝土受压时的力学行为如图 3.11 所示,由图 3.11 可以看出,在单轴受压时,骨料和水泥石的应力—应变曲线是线性关系,故弹性模量基本上是常数,而混凝土的应力—应变曲线是非线性关系,这表明混凝土不是一种完全弹性体,而是一种弹塑性体,受力时既产生弹性变形,又产生塑性变形。其主要原因是骨料与水泥石间存在一个多孔的界面过渡区,这是混凝土中最薄弱的结合面,在环境气候因素作用下,骨料与水泥石间的弹性模量差异引起的应变差引起界面过渡区开裂,故在外荷载作用前界面区就已经存在微裂缝。当荷载应力低于极限应力的30%时,界面区的微裂缝保持稳定不扩展,此时混凝土的应力—应变曲线呈线性关系;当应力超过极限应力的

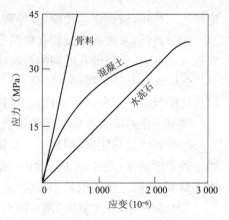

图 3.11 骨料、水泥石和混凝土
受压时的力学行为曲线

30%时,界面区的初始微裂缝开始扩展并产生新的微裂缝,应变快速增大,应力与应变之比——即弹性模量逐渐减小,应力—应变曲线开始明显偏离直线,此阶段水泥石中的微裂缝发展可忽略。在应力达到极限应力的 50%~75%时,不仅界面过渡区的微裂缝在延伸扩展,而且水泥石中的裂缝也开始延伸扩展,导致应力—应变曲线明显弯曲并趋向水平;超过极限应力的 75%左右时,随着应力增加,应变急剧增大,这表明水泥石和界面过渡区的裂缝迅速扩展并相互连通,形成裂缝网络,混凝土破坏。

②混凝土的弹性模量

混凝土的弹性模量在结构设计、计算钢筋混凝土的变形和裂缝时是不可缺少的参数,而混凝土是弹塑性材料,其单轴受压下应力—应变曲线是非线性的,应力与应变之比即弹性模量值不是常数。如图 3.12 所示,只有应力小于极限应力的 30%以下的应力—应变曲线近似直线,该段应力—应变曲线可用虎克定律近似表征。因此,工程上为了应用弹性理论进行计算,故常对该段曲线进行处理。

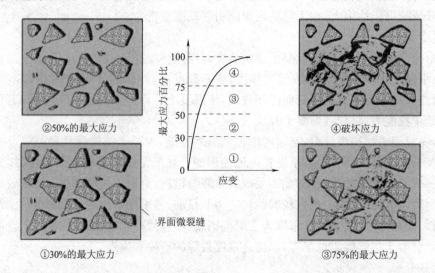

图 3.12 混凝土单轴受压的应力—应变全曲线

a. 初始弹性模量:该值是从应力—应变曲线原点对曲线作切线斜率,但该斜率不易测准,且初始应力很小,该弹性模量实用意义不大。

b. 切线弹性模量:该值为应力—应变曲线上任一点对曲线所作切线的斜率,它只适用于考察切点处荷载变化较小的范围。

c. 割线弹性模量:该值为应力—应变曲线原点到 $f_{cp}/3$(f_{cp} 为轴心抗压强度)的割线弹性模量。该模量较易测准,适宜工程应用。

混凝土的弹性模量越小,则在单轴荷载作用下变形越大。混凝土的弹性模量通常随其抗压强度增加而增大,但抗压强度过高时,其弹性模量增加的速度减小。因此混凝土抗压强度和弹性模量的影响因素基本相同。一般混凝土强度等级为 C10~C60 时,其弹性模量为 $(1.75\sim 3.60)\times 10^4$ MPa。

③泊松比

泊松比定义为当材料受拉伸或压缩时,材料横向应变与纵向应变比值的绝对值,也叫横向变形系数,它是反映材料横向变形的弹性常数。泊松比是一无量纲(无因次)的物理量。干燥水泥石的泊松比为 0.2,吸水饱和水泥石的泊松比为 0.25~0.3,而硬化混凝土因骨料的作用使其泊松比减小,并随骨料用量的增加而逐渐减小。对于大多数混凝土而言,其泊松比为 0.2~1.7。

④徐变

a. 混凝土的徐变行为

在恒定荷载的持续作用下,混凝土产生随荷载作用时间延长而增加的变形称为徐变。

图 3.13 所示为典型的徐变及徐变恢复曲线。混凝土加载瞬间即产生应变,这种应变主要是弹性应变。随加载时间增加,变形逐渐增大即产生徐变,初期徐变增加较快,然后逐渐减缓。荷载卸除后,一部分变形很快恢复,称为弹性恢复;随后有一部分应变随时间延长逐渐恢复,称为可逆徐变,该过程称为徐变恢复;最后残留下来的应变称为不可逆徐变,也称为残余或永久变形。混凝土的徐变一般比同应力下的弹性应变大 2~4 倍,徐变一般可达 $(3\sim 15)\times 10^{-4}$。

徐变对混凝土及其结构产生两种效应:

ⓐ徐变有利于消除或减小混凝土内的应力集中,使应力较均匀地重新分布。对于大体积混凝土,徐变有利于消除一部分由于干缩和温度变形所产生的拉应力,防止结构产生裂缝。

ⓑ在预应力结构中,徐变将产生应力松弛,引起预应力损失,会增加大跨度梁的挠度。因此在结构设计时,必须充分考虑徐变的不利影响。

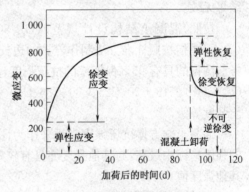

图 3.13　混凝土典型的徐变及
徐变恢复曲线

b. 徐变产生机理

一般认为是在恒定荷载的长时间作用下,水泥石中凝胶体产生黏性流动或滑移,变形增加;同时吸附在凝胶体层间的吸附水向毛细管渗出引起水泥石整体收缩所致;在高应力水平作用下,混凝土内的微裂缝扩展和形成也是徐变产生的原因之一。

c. 徐变的影响因素

ⓐ水灰比:减小水灰比,进而减少混凝土内的自由水,可减小徐变。事实上,完全干燥的混凝土,其徐变很小,几乎为 0。

ⓑ强度:提高混凝土强度,可减小其徐变。因此,除了水灰比,龄期、水泥用量及品种和外加剂等影响混凝土强度的因素也影响其徐变。

ⓒ骨料:混凝土的徐变随骨料含量增大而逐渐减小。骨料的弹性模量越大,泊松比越小,

混凝土徐变越小。

ⓓ应力水平：一般混凝土徐变随应力水平增大而线性增加，直至应力达到极限应力的40％～60％时，徐变将急剧增长，最终可导致混凝土结构破坏。

ⓔ环境条件：环境湿度越低，温度越高，则混凝土的徐变越大。当温度达到 70 ℃后，因混凝土内水分迁移可使徐变减小。

3.3.3 混凝土的强度

1. 抗压强度

(1)立方体抗压强度和强度等级

按照国家标准规定，以边长 150 mm 的立方体试件，在标准条件[温度为(20±2) ℃，相对湿度95％以上]下养护到 28 d 龄期，测得的抗压强度值称为混凝土立方体抗压强度(f_{cu})，按式(3.2)计算：

$$f_{cu} = \frac{F}{A} \tag{3.2}$$

式中　f_{cu}——混凝土立方体抗压强度，MPa；

　　F——混凝土立方体试件的破坏荷载，N；

　　A——混凝土试件的承压面积，mm^2。

以三个试件为一组，取三个试件测试值的算术平均值作为该组试件的强度值。三个测试值的最大值或最小值中，有一个与中间值之差超过中间值的 15％时，则取中间值作为该组试件的强度值；如果最大值和最小值与中间值之差均超过中间值的 15％时，则该组试件的测试结果无效。

按照《混凝土结构设计规范》(GB 50010—2010)规定：混凝土立方体抗压强度标准值($f_{cu,k}$)系指按照标准方法制作养护的边长为 150 mm 的立方体试件，在 28 d 龄期用标准试验方法测得的具有 95％保证率的抗压强度，并以此作为划分混凝土的强度等级。通常可划分为 C7.5、C10、C15、C20、C25、C30、C35、C40、C45、C50、C55、C60、C65、C70、C75、C80 等几个混凝土强度等级。

混凝土立方体抗压强度常用来作为评价混凝土质量的指标。测试方法简单，且在混凝土的强度指标中最高，与其他强度亦具有较好的相关性，只要获得立方体抗压强度值，就可推测其他强度值。

(2)轴心抗压强度

在结构设计中，考虑到受压构件大多数是棱柱体(或圆柱体)，故采用轴心抗压强度(f_{cp})作为设计依据。国标规定：采用 150 mm×150 mm×300 mm 棱柱体试件，按规定方法成型并在标准条件下养护 28 d，测得的抗压强度值即为轴心抗压强度，计算公式同式(3.2)。一般轴心抗压强度与立方体抗压强度之间的关系为：$f_{cp} = (0.7～0.8)f_{cu}$。

(3)混凝土受压破坏机理

由混凝土的单轴受压变形行为可知，混凝土是弹塑性变形材料，由于界面过渡区和水泥石内微裂缝的产生、扩展与连通，最终在混凝土内部形成贯穿裂缝而导致混凝土结构由连续变成不连续而开裂破坏。

另一方面，由于骨料与水泥石的弹性模量和泊松比的差异，使得混凝土在承受单向压力时，骨料与水泥石间产生较小的纵向应变差，而横向应变差则较大，这样在骨料与水泥石间的界面区及水泥石中就会产生较大的拉应力,所以在较低的压应力作用下,其受拉区的应力就超过了材料的抗拉强度,从而使界面区裂缝快速扩展并连通。

(4)混凝土抗压强度的影响因素

由混凝土的破坏机理可知,混凝土的强度取决于水泥石和界面过渡区的结构特征。因此,混凝土的抗压强度影响因素如下:

①水泥石强度

当骨料品种一定时,水泥石的强度就是混凝土强度的决定性因素之一。提高水泥石强度,可以延缓混凝土中界面裂缝向砂浆中的延伸;同时,缩小水泥石与骨料的弹性模量差值,进而减小了外力作用下的横向变形差,降低了界面拉应力。

水泥石的强度主要取决于水泥的矿物组成、水泥细度、水灰比、水化程度、养护条件及龄期。C_3S、C_3A 含量越高,则混凝土的早期强度越高,后期强度也有所增加;水泥颗粒越细则水化越快,强度增长越快;水灰比决定水泥石的孔隙率大小,水灰比越大则水泥石中孔隙率越多,孔周围成为应力集中点,进而降低混凝土的强度;此外,水灰比决定混凝土中界面过渡区结构的致密程度,水灰比越大,则界面过渡区定向排列的 $Ca(OH)_2$ 晶体越多,孔隙越大,孔隙率越高,则混凝土的强度越低。

②界面黏结力

骨料本身的强度一般均高于水泥石的强度,故不直接影响混凝土的强度。但骨料的表面状态、颗粒几何形状等则影响骨料与水泥石间界面黏结强度。碎石表面粗糙且多棱角,其与水泥石的黏结力比较强,卵石表面光滑,与水泥石的黏结力较小。因此,在水泥组成、强度等级和水灰比相同的条件下,碎石混凝土强度高于卵石混凝土。

鉴于上述分析,混凝土的强度与水灰比、水泥强度和骨料的品质有关,它们之间的关系可用鲍罗米公式表示:

$$f_{cu} = \alpha_a \cdot f_{ce} \cdot \left(\frac{C}{W} - \alpha_b\right) \tag{3.3}$$

式中 α_a,α_b——回归系数,与骨料品质、水泥品质和施工工艺有关的经验参数,我国有关部门通过大量试验数据的统计分析,确定回归系数 α_a、α_b 值如表 3.13 所示;

C——1 m³混凝土中的水泥用量,kg;

W——1 m³混凝土中的用水量,kg;

C/W——灰水比(水泥与水的质量比);

f_{cu}——混凝土立方体 28 d 抗压强度,MPa;

f_{ce}——水泥的 28 d 实测胶砂强度,MPa。

表 3.13 回归系数 α_a 与 α_b 值

骨料品质	卵石	碎石
α_a	0.49	0.53
α_b	0.13	0.20

一般为了保证水泥的强度等级,其实测抗压强度往往略高一些。当没有水泥的 28 d 实测胶砂强度时,可按照式(3.4)计算:

$$f_{ce} = \gamma_c \cdot f_{ce,g} \tag{3.4}$$

式中 $f_{ce,g}$——水泥的强度等级,MPa;

γ_c——水泥强度等级值的富余系数;可按各地区实际统计资料确定,当缺乏统计资料时,可按表 3.14 选用。

表 3.14 水泥强度等级值的富余系数

水泥的强度等级	32.5	42.5	52.5
富余系数	1.12	1.16	1.10

③施工工艺

机械搅拌可使混凝土拌和物更加均匀,混凝土的强度高,且变异性较小;而人工搅拌的混凝土拌和物匀质性较差,混凝土的强度较低且变异性较大,质量难以保证。

采用高频或多频振动器机械振捣可排除混凝土拌和物中的气泡和空隙,提高浇筑的混凝土结构物的密实填充性和强度,效果优于人工捣实,尤其对于坍落度较小的混凝土拌和物,更应采用机械振捣方式。

④龄期

混凝土在正常养护条件下,其强度随龄期增加而增长,在最初 3～7 d 增长较快,而后逐渐缓慢增长,其增长过程可延续到数十年之久。在实际工程中,对于中强度等级的混凝土常根据其早期强度推算后期强度,按照混凝土强度大致与龄期对数成正比关系推算:

$$f_n = f_a \frac{\lg n}{\lg a} \tag{3.5}$$

式中 f_n——n 天龄期的混凝土抗压强度,MPa;
f_a——a 天龄期的混凝土抗压强度,MPa。

⑤养护条件

适当养护不仅可减小浇筑后混凝土的塑性收缩和干缩对硬化混凝土结构的损害,而且可保证有充足的水分供水泥水化,从而有利于混凝土强度的增长。因此,保证足够湿度和适当温度养护混凝土,才能获得较高强度。

养护温度对混凝土强度的影响如图 3.14 所示。早期强度随养护温度升高而增大,但后期强度较低;早期养护温度低的混凝土,其后期强度反而较高。这主要是由于在大于 40 ℃的养护温度下,能加快水泥早期水化速率,水化产物快速形成网络结构,但由于水泥颗粒周围聚集了高浓度的水化产物,来不及扩散进而形成不均匀的多孔结构,致使后期强度降低。相反,在 5～20 ℃的养护温度下,虽然水泥水化缓慢,但水化产物有充足的时间扩散形成均匀微结构,故早期强度较低,却获得较高的后期强度。因此,为保证足够的早期强度和较高的后期强度,标准养护条件规定混凝土的养护温度为(20±2) ℃。

养护湿度对混凝土强度的影响规律如图 3.15 所示。长期湿养护不但使混凝土强度增长较快,而且使后期强度提高;在空气中养护,混凝土的凝结硬化会随着水分的不断挥发而逐渐减慢,甚至引起干缩裂缝使强度降低。因此,为了保证混凝土强度不断增长,混凝土浇筑后必须在一定时间内保持湿养护。《混凝土结构工程施工质量验收规范》规定,在混凝土浇筑完毕后 12 h 内,应加以覆盖和浇水,混凝土的浇水养护时间:硅酸盐水泥、普通水泥或矿渣水泥不得少于 7 d,火山灰水泥和粉煤灰水泥或在施工中掺用缓凝型外加剂或有抗渗要求的混凝土不得少于 14 d。

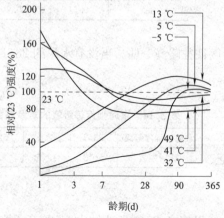

图 3.14 养护温度对混凝土强度的影响

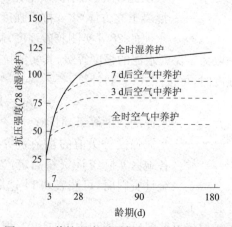

图 3.15 养护湿度对混凝土强度的影响规律

⑥试验条件

混凝土的抗压强度通过单轴受压试验测定,试验条件不同,则试验结果不同。影响混凝土抗压强度测试结果的试验因素有:试件的几何形状、试件尺寸、试件承压面状况和加载速度等。

a. 几何形状:主要是棱柱体与立方体的强度差异。由于"环箍效应"的影响,测试的棱柱体强度较低。当试件承受单轴压缩荷载时,试件既产生沿荷载方向的轴向压缩应变,又按泊松比产生横向膨胀应变。而试验机上下承压钢板的弹性模量为混凝土的 5～15 倍,故在荷载作用下承压板的横向膨胀应变小于混凝土的横向应变,即承压板对试件的横向膨胀应变起了约束作用,这种作用称为"环箍效应"。"环箍效应"能够减小试件内部的拉应力,进而提高混凝土的抗压强度。"环箍效应"归因于试件受压面与试验机承压板之间的摩阻力作用,试件承压面保持洁净、干燥,则摩阻力越大。因此国标规定,混凝土试件进行强度测试前需用干净抹布擦干试件表面水分;此外,越接近试件端面,"环箍效应"越大,在距离端面 $0.886a$(a 为试件侧面边长)以外的范围,"环箍效应"就会消失。这也是为什么立方体抗压强度高于棱柱体抗压强度的原因。

b. 试件尺寸:试验证明,在其他条件相同的情况下,试件几何尺寸越小,则测试的抗压强度值越高。由于试件中的裂缝、孔隙和局部软弱等缺陷会降低混凝土试件的强度,试件尺寸越大,存在缺陷的几率越大,其强度测试值会偏低。混凝土强度等级小于 C60 时,试件几何尺寸与其抗压强度的换算系数如表 3.15 所示。

表 3.15 试件尺寸与强度换算系数

试件尺寸(mm)	200×200×200	150×150×150	100×100×100
抗压强度换算系数	1.05	1.00	0.95

c. 加载速度:强度试验中,混凝土试件对外加荷载的响应需要一定的时间,因此,混凝土测试强度值与加荷速度有关。一般来说,在一定范围内,加荷速度越大,强度试验值也增大。

我国标准规定,混凝土强度等级 ≤ C30 时,加荷速度取 0.3～0.5 MPa/s;强度等级大于 C30 小于 C60 时,加荷速度取 0.5～0.8 MPa/s;强度等级 ≥ C60 时,加荷速度取 0.8～1.0 MPa/s。

2. 抗拉强度

混凝土的抗拉强度很小,只有抗压强度的 1/10～1/20,且拉压比随混凝土强度等级增大而减小。直接测试混凝土轴心抗拉强度比较难,为此国内外普遍采用劈裂抗拉试验方法来测试混凝土的抗拉强度。劈裂抗拉试验的标准试件尺寸为边长 150 mm 的立方体,在上下两相对面的中心线上施加均布线荷载,使试件的内竖向平面上产生均布拉应力,以反映混凝土的抗拉强度。劈裂抗拉强度可通过弹性理论计算得出,计算公式如下:

$$f_{ts} = \frac{2F}{\pi A} = 0.637\frac{F}{A} \tag{3.6}$$

式中 f_{ts}——混凝土劈裂抗拉强度,MPa;

         F——试件破坏时的最大荷载,N;

         A——试件横截面积,mm²。

3. 抗弯强度

混凝土的抗弯强度试验采用尺寸为 150 mm×150 mm×550 mm 的小梁试件,按标准方法制备试件并养护至 28 d,进行四点弯曲试验(或三分点抗折试验),如图 3.16 所示,加载速度为 0.8~1.2 MPa/min。抗弯强度计算公式:

$$f_{tz} = \frac{FL}{bh^2} \tag{3.7}$$

式中　F——试件破坏时的最大荷载,N;

　　　L——试件两支点间跨距,mm;

　　　b、h——试件截面的宽度和高度,mm。

道路路面或机场路面用混凝土以其抗弯强度作为主要强度设计指标,抗压强度作为参考指标。

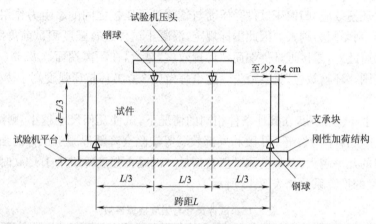

图 3.16　四点抗弯试验

3.3.4　混凝土的耐久性

耐久性是混凝土材料的重要性能之一,它与混凝土结构或构筑物的服役寿命及使用安全密切相关。据不完全统计,西方发达国家每年用于因劣化而受损的混凝土结构的修复与更换费用已占建设投资的 40% 以上。1980 年交通部对南方 18 座港口码头的调查结果表明,80% 以上都发生了严重或较严重的钢筋锈蚀破坏,有些仅使用 5~10 年便出现了锈蚀。20 世纪 80 年代我国建设部的调查统计结果表明:大多数工业建筑物在使用 25~30 年以后急需大修,而处于有害介质环境中的建筑物使用寿命仅 15~20 年。2001 年原铁道部统计有 3 000 多孔钢筋混凝土梁发生了钢筋锈蚀病害,有 2 300 多孔预应力钢筋混凝土梁发生了碱—骨料反应病害。严寒地区公路路面由于除冰盐及冰冻的双重作用以及地基冻融问题,一般在 10 年内需大修。

1. 混凝土耐久性的概念

混凝土的耐久性是指混凝土在抵抗外部或内部的不利因素的长期作用下,保持其原有设计性能、使用功能和外观完整性的性质,是混凝土结构经久耐用的重要指标。外部因素是指酸、碱、盐的腐蚀作用,冰冻破坏作用,水压渗透作用,碳化作用,干湿循环引起的风化作用,荷载应力作用和振动冲击作用等。内部因素主要指的是碱骨料反应和自身体积变化。近年来,混凝土结构的耐久性问题日显突出,许多国家在混凝土结构的有关规范中,都对其耐久性设计做出了明确的规定。我国在 GB 50010—2010《混凝土结构设计规范》中规定,混凝土结构应根据设计使用年限和环境类别进行耐久性设计,耐久性设计包括下列内容:确定结构所处的环境类别,提出对混凝土材料的耐久性基本要求,确定构件中钢筋的混凝土保护层厚度,不同环境条件下的耐久性技术措施和提出结构使用阶段的检测与维护要求等。对混凝土结构耐久性作出了明确的界定并划分了环境类别,见表 3.16。

实际上,混凝土的耐久性是一个综合性的概念,它包括抗渗性、抗冻性、抗碳化性、抗化学侵蚀性、碱骨料反应、耐磨性等性能。

表 3.16 混凝土结构的环境类别

环境类别	条 件
一	室内干燥环境; 无侵蚀性静水浸没环境
二 a	室内潮湿环境; 非严寒和非严寒冷地区的露天环境; 非严寒和非严寒冷地区与无侵蚀性的水或土壤直接接触的环境; 严寒和寒冷地区的冰冻线以下与无侵蚀性的水或土壤直接接触的环境
二 b	干湿交替环境; 水位频繁变动环境; 严寒和寒冷地区的露天环境; 严寒和寒冷地区的冰冻线以上与无侵蚀性的水或土壤直接接触的环境
三 a	严寒和寒冷地区冬季水位变动区环境; 受除冰盐影响环境; 海风环境
三 b	盐渍土环境; 受除冰盐作用环境; 海岸环境
四	海水环境
五	受人为或自然的侵蚀性物质影响的环境

2. 混凝土的抗渗性

(1)混凝土抗渗性的描述

混凝土的抗渗性是指抵抗压力液体渗透作用的能力。抗渗性是决定混凝土耐久性最主要的技术指标。混凝土抗渗性越好,即混凝土的密实度越高,外界环境中的腐蚀性介质(如 CO_2 气体、Cl^-、SO_4^{2-}、H^+ 等)就不易侵入混凝土内部,从而其抗侵蚀性就越好。同时,水不易进入混凝土内部,冰冻破坏作用和风化作用就小。因此,混凝土的抗渗性可以认为是混凝土耐久性指标的综合体现。

(2)混凝土的抗水渗透性

根据《普通混凝土长期性能和耐久性能试验方法标准》(GB/T 50082—2009)的规定,混凝土的抗水渗透性的试验评价方法有渗水高度法和逐级加压法。

①渗水高度法。测定混凝土在恒定水压力和恒定时间下的平均渗水高度和相对渗透系数,以表征混凝土的抗水渗透性能。

采用上口内部直径为 175 mm、下口内部直径为 185 mm、高度为 150 mm 的圆台体试件,6 个试件为一组,在标准条件下养护至 28 d,将试件周边密封处理后压入抗渗仪的试模中,启动抗渗仪,开启抗渗仪 6 个试位下的阀门,使水压在 24 h 内恒定控制在(1.2±0.05) MPa,且加压过程不应大于 5 min,当有某一个试件端部出现渗水时,应停止该试件的试验并应记录时间。对于试件端面未出现渗水的情况,应在试验 24 h 后停止试验,并取出试件。将试件沿纵断面劈裂为两半,在试件劈裂面描出水痕,用尺沿水痕的间距量测 10 点渗水高度值,并计算出 6 个试件的平均渗水高度 h。

根据下式计算混凝土的相对渗水系数 K_h:

$$K_h = \frac{\alpha h}{2TH}$$ (3.8)

式中　h——6 个试件的平均渗水高度,mm;

H——水压力,以水柱高度表示,mm;

T——恒压经过时间,h;

α——混凝土吸水率,一般可取 3%。

一般地,混凝土的平均渗水高度及其相对渗水系数越小,混凝土抗水渗透性就越好。

②逐级加压法。该方法通过逐级施加水压力,以此来评价混凝土的抗水渗透性。

该方法所用试件和密封处理与渗水高度法相同。开启抗渗仪进行试验时,水压从 0.1 MPa 开始,以后每隔 8 h 增加 0.1 MPa,并随时注意观察试件端面情况。当 6 个试件中有 3 个试件表面出现渗水时,或施加至规定压力(设计抗渗等级),在 8 h 内 6 个试件中表面渗水试件少于 3 个时,即可停止试验,并记录此时的压力。以每组 6 个试件中 3 个出现渗水时的最大水压力表示混凝土的抗渗等级,按下式计算混凝土的抗渗等级 P:

$$P = 10H - 1$$ (3.9)

式中　H——6 个试件中 3 个渗水时的水压力,MPa。

混凝土的抗渗等级根据《混凝土质量控制标准》(GB 50164—2011)的规定,分为 P4、P6、P8、P10 和 P12 五个等级,分别表示混凝土能抵抗 0.4 MPa、0.6 MPa、0.8 MPa、1.0 MPa 和 1.2 MPa 的水压力而不渗漏。

(3)混凝土抗 Cl^- 渗透性

根据《普通混凝土长期性能和耐久性能试验方法标准》(GB/T 50082—2009)规定,混凝土抗 Cl^- 渗透性可采用 RCM 法和电通量法进行评价。

①RCM 法。该方法通过测量 Cl^- 在混凝土中非稳态迁移的扩散系数来评价混凝土抗氯离子渗透的性能,同时,也可评价高密实性混凝土的密实度。RCM 试验方法和试验装置见附录"F.5.2 氯离子渗透性试验"。由试验测量和计算得到的 Cl^- 迁移系数越小,则表明混凝土抗 Cl^- 渗透性越好,混凝土密实度越高。《混凝土耐久性检验评定标准》(JGJ/T 193—2009)的有关规定见表 3.17,混凝土的测试龄期为 84 d。

表 3.17　混凝土抗氯离子渗透性能等级划分

等级	RCM-Ⅰ	RCM-Ⅱ	RCM-Ⅲ	RCM-Ⅳ	RCM-Ⅴ
氯离子迁移系数 $D_{RCM}/\times 10^{-12} m^2/s$	$D_{RCM} \geq 4.5$	$3.5 \leq D_{RCM} < 4.5$	$2.5 \leq D_{RCM} < 3.5$	$1.5 \leq D_{RCM} < 2.5$	$D_{RCM} < 1.5$

②电通量法。该方法通过测量混凝土试件的 6 h 的电通量来评价混凝土抗氯离子渗透的性能或高密实性混凝土的密实度。电通量法的试验方法和试验装置见附录"F.5.2 氯离子渗透性试验"。由试验测量和计算得到的 6 h 的电通量越小,则表明混凝土抗 Cl^- 渗透性越好,混凝土密实度越高。

当采用电通量划分混凝土抗氯离子渗透性能时,《混凝土耐久性检验评定标准》(JGJ/T 193—2009)的有关规定见表 3.18,混凝土测试龄期为 28 d。当混凝土中水泥混合材料与矿物掺合料之和超过胶凝材料用量的 50%时,测试龄期为 56 d。

表 3.18 混凝土抗氯离子渗透性能等级划分

等级	RCM-Ⅰ	RCM-Ⅱ	RCM-Ⅲ	RCM-Ⅳ	RCM-Ⅴ
电通量 Q_s(C)	$Q_s \geqslant 4\,000$	$2\,000 \leqslant Q_s < 4\,000$	$1\,000 \leqslant Q_s < 2\,000$	$500 \leqslant Q_s < 1\,000$	$Q_s < 500$

对于处于海洋环境中的钢筋混凝土或冬季需使用除冰盐的混凝土路面而言,混凝土的 Cl^- 迁移系数是其耐久性的重要指标之一。由于 Cl^- 渗透到混凝土中钢筋表面并达到一定浓度后,将导致钢筋表面的 $\gamma\text{-}Fe_2O_3$ 保护膜破坏,引起钢筋破坏。这不仅降低了钢筋与混凝土之间的握裹力,而且由于锈蚀产生的膨胀应力也会导致混凝土开裂。

(4)影响混凝土抗渗性的主要因素

混凝土的抗渗性主要与其密实度、内部的孔隙率及孔隙结构有关。混凝土中相互连通的孔隙越多,孔径越大,则其抗渗性越差。这些孔隙主要包括:水泥石中多余水分蒸发留下的毛细孔;水泥浆泌水所形成的与表面连通的毛细管孔道;粗骨料下方界面聚积的水囊;施工振捣不密实形成的蜂窝、空洞;混凝土硬化后因干缩或热胀等变形造成的裂缝等。所以,要提高混凝土的抗渗性能,应针对以下各项影响因素采取相应的措施或方法。

①水灰比和水泥用量:水灰比和水泥用量是影响混凝土抗渗性能的最主要指标,选用较小的水灰比,可减少剩余水留下的各种孔隙,还可减少混凝土拌和物因离析泌水形成的各种渗水通道,可提高混凝土的抗渗性;当混凝土的水灰比达到 0.6 以上时,混凝土的抗渗性能急剧下降。为了保证混凝土具有足够的密实度,并使钢筋与混凝土黏结牢固,增强对钢筋的保护能力,混凝土中应有足够的水泥浆量。为此,我国《普通混凝土配合比设计规程》(JGJ 55—2011)对混凝土工程最大水胶比和胶凝材料最小用量进行了限制,见表 3.19,但为了减少混凝土的干缩和水化热,混凝土的最大水泥用量不宜大于 550 kg/m³。

表 3.19 混凝土的最大水胶比和胶凝材料最小用量(JGJ 55—2011)

环境等级	最大水胶比	混凝土中胶凝材料最小用量(kg/m³)		
		素混凝土	钢筋混凝土	预应力混凝土
一	0.60	250	280	300
二 a	0.55	280	300	300
二 b	0.50	320		
三 a	0.45	330		
三 b	0.40	330		

②骨料含泥量和级配:骨料含泥量高,则总表面积增大,混凝土达到同样流动性所需用水量增加;另一方面,含泥量大的骨料界面黏结强度低,也将降低混凝土的抗渗性能。若骨料级配差,则骨料空隙率大,填满空隙所需水泥浆增大,同样导致毛细孔增加,影响抗渗性能。如水泥浆不能完全填满骨料空隙,则混凝土抗渗性能更差。

③施工质量和养护条件:搅拌均匀、振捣密实是混凝土抗渗性能的重要保证。适当的养护温度和浇水养护是保证混凝土抗渗性能的基本措施。如果振捣不密实留下蜂窝、空洞,抗渗性能就严重下降,如果温度过低产生冻害或温度过高产生温度裂缝,抗渗性能严重降低。如果浇

水养护不足,混凝土产生干缩裂缝,也严重降低混凝土抗渗性能。因此,要保证混凝土良好的抗渗性能,施工养护是一个极其重要的环节。

此外,选择适宜的水泥品种,保证混凝土具有良好的和易性、掺入引气剂或引气减水剂等,均可显著提高混凝土的抗渗性能。

3. 混凝土的抗冻性

混凝土的抗冻性是指混凝土在吸水饱和状态下,能经受多次冻融循环而不破坏,同时也不严重降低强度的性能。

混凝土冻融破坏机理,主要是内部毛细孔中的水结冰时产生 9% 左右的体积膨胀,在混凝土内部产生膨胀应力。当这种膨胀应力超过混凝土局部的抗拉强度时,就可能产生微细裂缝。在反复冻融作用下,混凝土内部的微细裂缝逐渐增多和扩大,最终导致混凝土强度下降,或混凝土表面(特别是棱角处)产生酥松剥落,直至完全破坏。

混凝土抗冻性的试验评价方法有慢冻法、快冻法和单面冻融法三种。

①慢冻法。测定混凝土试件在气冻水融反复作用下所能经受的冻融循环次数,作为混凝土抗冻性能的评价指标。

根据《普通混凝土长期性能和耐久性能试验方法标准》(GB/T 50082—2009)规定采用 100 mm×100 mm×100 mm 的试件在标准条件养护至 24 d 后置于 (20±2) ℃的水中浸泡 4 d,在 28 d 时将混凝土试件在 −20~−18 ℃条件下冷冻不少于 4 h,再在 18~20 ℃水中融化不少于 4 h 作为一个循环,以抗压强度损失率不超过 25%,质量损失率不超过 5% 时,混凝土所能承受的最大冻融循环次数来表示混凝土抗冻标号。混凝土的抗冻标号分为 D50、D100、D150、D200、D250、D300 和 D300 以上七个标号,其中的数字表示混凝土能经受的最大冻融循环次数。如 D200,即表示该混凝土能承受 200 次冻融循环,且强度损失小于 25%,质量损失小于 5%。

显然,混凝土的抗冻标号越高,其抗冻性能越好。

②快冻法。测定混凝土试件在水冻水融条件下能经受的快速冻融循环次数或抗冻耐久性系数来表示的混凝土抗冻性能。

根据《普通混凝土长期性能和耐久性能试验方法标准》(GB/T 50082—2009)规定采用 100 mm×100 mm×400 mm 的棱柱体试件,在标准条件养护至 24 d 后置于 (20±2) ℃的水中浸泡 4 d,在 28 d 时将混凝土试件放入自动控制的快速冻融箱内的试件盒中进行快速冻融循环,每个循环时间为 2~4 h,每隔 25 次冻融循环,测量并计算试件的相对动弹模量 P 和质量损失率。按下式计算混凝土的抗冻耐久性系数:

$$K_n = PN/300 \tag{3.10}$$

式中　K_n——经 N 次冻融循环后混凝土试件的抗冻耐久性系数;

　　　N——混凝土试件经冻融循环试验至相对动弹性模量下降到 60% 以下时的冻融循环次数,或质量损失率达 5% 时的冻融循环次数,或已达到 300 次冻融循环;

　　　P——经 N 次冻融循环后试件的相对动弹性模量。

一般认为 $K_n < 0.4$ 的混凝土抗冻性较差;$K_n = 0.4~0.6$ 的混凝土抗冻性一般;$K_n > 0.6$ 的混凝土抗冻性较好。

把相对动弹性模量 P 下降至初始值的 60% 或者质量损失率达 5% 时的最大冻融循环次数,作为混凝土抗冻等级,用 F 表示。依次划分为:F50、F100、F150、F200、F250、F300、F350、F400 以及 F400 以上九个混凝土抗冻等级。

③单面冻融法(或称盐冻法)。该方法是测定混凝土试件在大气环境中且与盐接触的条件下,以能够经受的冻融循环次数或者表面剥落质量或超声波相对动弹性模量来表示的混凝土抗冻性能。该方法适用于既有盐或其他腐蚀介质的侵蚀破坏又有冻融循环破坏的特殊条件,具体试验方法及评价指标可按《普通混凝土长期性能和耐久性能试验方法标准》(GB/T 50082—2009)规定执行。

影响混凝土抗冻性的主要因素有:①水灰比或孔隙率。水灰比大,则孔隙率大,导致吸水率增大,冰冻破坏严重,抗冻性差。②孔隙特征。连通毛细孔易吸水饱和,冻害严重。若为封闭孔,则不易吸水,冻害就小。故加入引气剂能提高抗冻性。若为粗大孔洞,则混凝土一离开水面水就流失,冻害就小。故无砂大孔混凝土的抗冻性较好。③吸水饱和程度。若混凝土的孔隙非完全吸水饱和,冰冻过程产生的压力促使水分向孔隙处迁移,从而降低冰冻膨胀应力,对混凝土破坏作用就小。④混凝土的自身强度。在相同的冰冻破坏应力作用下,混凝土强度越高,冻害程度也就越低。此外还与降温速度和冰冻温度有关。

从上述分析可知,要提高混凝土抗冻性,关键是提高混凝土的密实性,即降低水灰比;加强施工养护,提高混凝土的强度和密实性,同时也可掺入引气剂等改善内部结构。

4. 混凝土的抗碳化性能

(1)混凝土碳化机理

混凝土碳化是指水泥水化产物 $Ca(OH)_2$ 与空气中的 CO_2 在一定湿度条件下发生化学反应,产生 $CaCO_3$ 和水的过程。反应式如下:

$$Ca(OH)_2 + CO_2 + H_2O \longrightarrow CaCO_3 + 2H_2O$$

碳化使混凝土的碱度下降,故也称混凝土中性化。碳化过程是由表及里逐步向混凝土内部发展的,碳化深度大致与碳化时间的平方根成正比,可用下式表示:

$$L = K\sqrt{t} \tag{3.11}$$

式中 L——碳化深度,mm;

  t——碳化时间,d;

  K——碳化速度系数。

碳化速度系数与混凝土的原材料、孔隙率和孔隙构造、CO_2 浓度、温度、湿度等条件有关。在外部条件(CO_2 浓度、温度、湿度)一定的情况下,它反映混凝土的抗碳化能力强弱。K 值越大,混凝土碳化速度越快,抗碳化能力越差。

(2)碳化对混凝土性能的影响

碳化作用对混凝土的负面影响主要有两方面。一是碳化作用使混凝土的收缩增大,导致混凝土表面产生拉应力,从而降低混凝土的抗拉强度和抗折强度,严重时直接导致混凝土开裂。由于开裂降低了混凝土的抗渗性能,使得 CO_2 和其他腐蚀介质更易进入混凝土内部,加速碳化作用,降低耐久性。二是碳化作用使混凝土的碱度降低,失去混凝土强碱环境对钢筋的保护作用,导致钢筋锈蚀膨胀,严重时,使混凝土保护层沿钢筋纵向开裂,直至剥落,进一步加速碳化和腐蚀,严重影响钢筋混凝土结构的力学性能和耐久性能。

碳化作用生成的 $CaCO_3$ 能填充混凝土中的孔隙,使密实度提高;另一方面,碳化作用释放出的水分有利于促进未水化水泥颗粒的进一步水化。因此,碳化作用能适当提高混凝土的抗压强度,但对混凝土结构工程而言,碳化作用造成的危害远远大于抗压强度的提高。

(3)影响混凝土碳化速度的主要因素

混凝土的抗碳化性能主要与下列因素有关:

①混凝土的水灰比:水灰比大小主要影响混凝土孔隙率和密实度。水灰比大,混凝土的碳化速度就快。这是影响混凝土碳化速度的最主要因素。

②水泥品种和用量:普通水泥水化产物中 $Ca(OH)_2$ 含量高,碳化同样深度所消耗的 CO_2 量要求多,相当于碳化速度减慢。而矿渣水泥、火山灰水泥、粉煤灰水泥、复合水泥以及高掺量混合材料配制的混凝土,$Ca(OH)_2$ 含量低,故碳化速度相对较快。水泥用量大,碳化速度慢。

③施工养护:搅拌均匀、振捣成型密实、养护良好的混凝土碳化速度较慢。蒸汽养护的混凝土碳化速度相对较快。

④环境条件:空气中 CO_2 的浓度大,碳化速度加快。当空气相对湿度为 50%～75% 时,碳化速度最快。当相对湿度小于 20% 时,由于缺少水环境,碳化终止;当相对湿度达 100% 或水中混凝土,由于 CO_2 不易进入混凝土孔隙内,碳化也将停止。

(4)提高混凝土抗碳化性能的措施

从前述影响混凝土碳化速度的因素分析可知,提高混凝土抗碳化性能的关键是提高混凝土的密实性,降低孔隙率,阻止 CO_2 向混凝土内部渗透。绝对密实的混凝土碳化作用也就自然停止。因此提高混凝土碳化性能的主要措施为:尽可能降低混凝土的水灰比,提高密实度;加强施工养护,保证混凝土均匀密实,水泥水化充分;根据环境条件合理选择水泥品种;用减水剂、引气剂等外加剂降低水灰比或引入封闭气孔改善孔结构;必要时还可以采用表面涂刷石灰水等方法加以保护。

5. 混凝土的抗化学侵蚀性

当混凝土结构物暴露于含有侵蚀介质的环境中时,混凝土便会遭受这些腐蚀性介质的侵蚀作用,而且主要是对其中的水泥石的侵蚀,如软水侵蚀、硫酸盐侵蚀、镁盐侵蚀、碳酸侵蚀、一般酸的侵蚀和强碱侵蚀等,其侵蚀机理与水泥石的化学侵蚀相同。但是对海岸、海洋工程中的混凝土,除了硫酸盐侵蚀外,还有反复干湿的物理作用,盐分在混凝土内部的结晶与聚集、海浪的冲击磨损、海水中氯离子对钢筋的锈蚀作用等。这些综合侵蚀作用将会加剧混凝土的破坏速度。

在大多数的自然环境中,混凝土的化学侵蚀破坏主要来自硫酸盐或酸性硫酸盐的侵蚀,混凝土抗硫酸盐侵蚀指标以能够经受的最大干湿循环次数(即抗硫酸盐等级)来表示,符号为 KS。根据混凝土能经受的最大干湿循环次数,划分为 KS15、KS30、KS60、KS90、KS120、KS150 和 KS150 以上七个等级。混凝土抗硫酸盐侵蚀等级的试验方法请根据《普通混凝土长期性能和耐久性能试验方法标准》(GB/T 50082—2009)中的规定执行。

混凝土的抗化学侵蚀性与所用的水泥品种、混凝土的密实度和孔隙特征有关。密实和封闭孔隙的混凝土,环境中侵蚀介质不易渗入混凝土内部,故其抗化学侵蚀性较强。因此,提高混凝土抗化学侵蚀性能的主要措施,主要是合理选用水泥品种,降低水灰(胶)比,提高密实度,改善孔隙结构,掺入合适的掺合料等。工程中也可采用外部保护措施来隔离侵蚀介质与混凝土的接触,避免发生侵蚀破坏。

6. 混凝土的碱—骨料反应

碱—骨料反应是指混凝土内水泥中所含的碱(K_2O 和 Na_2O)与骨料中的活性 SiO_2(或活性碳酸盐)发生化学反应。这一反应在骨料表面形成碱—硅酸盐凝胶(或碱—碳酸盐凝胶),吸水后将产生 3 倍以上的体积膨胀,从而导致混凝土膨胀开裂而破坏。碱—骨料反应引起的破坏,一般要经过若干年后才会发现,而一旦发生则很难修复。因此,对水泥中碱含量大于 0.6%,骨料中含有活性 SiO_2(或活性碳酸盐)且在潮湿环境或水中使用的混凝土工程,必须加以重视。大型水工结构、桥梁结构、高等级公路、机场跑道一般均要求对骨料进行碱活性试验或对水泥的碱含量加以限制。

碱—骨料反应导致混凝土结构破坏的主要特征：

(1)开裂破坏，一般发生在混凝土浇筑后两三年或更长时间；

(2)常呈现沿钢筋开裂或网状龟裂；

(3)裂缝边缘出现凸凹不平现象；

(4)越潮湿的部位反应越强烈，膨胀和开裂破坏越严重；

(5)常有透明、淡黄色、褐色凝胶从裂缝中析出。

防止混凝土碱—骨料反应的措施：

(1)不使用含碱活性的骨料；

(2)采用低碱水泥或控制水泥的碱含量小于其质量的 0.6%；严格控制混凝土中总的碱含量不大于 3.0 kg/m³；

(3)选用适量优质的矿物掺合料(如粉煤灰、硅灰、磨细矿渣等)代替部分水泥；

(4)当使用含钾、钠离子的外加剂时，必须进行专门的试验，并严格控制其用量；

(5)在混凝土中适当掺入引气剂或引气减水剂等外加剂，使混凝土内部形成许多微小气孔，可吸收膨胀作用，以缓冲膨胀破坏压力；

(6)保持混凝土在整个服役过程中处于干燥状态。

7. 混凝土的耐磨性

耐磨性是路面、机场跑道和桥梁混凝土的重要性能指标之一。作为高等级路面的水泥混凝土，必须具有较高的耐磨性能。桥墩、溢洪道面、管渠、河坝等均要求混凝土具有较好的抗冲刷耐磨性能。根据现行标准《公路工程水泥及水泥混凝土试验规程》(JTG E 30—2005)，混凝土的耐磨性采用 150 mm×150 mm×150 mm 的立方体试块，标准养护至 27 d，在 60 ℃条件下烘干恒重，然后在带有花轮磨头的混凝土磨耗试验机上，外加 200 N 负荷磨削 50 转，按下式计算磨损量：

$$G = \frac{m_0 - m_1}{0.0125} \tag{3.12}$$

式中　G——单位面积磨损量，kg/m^2；

m_0——试件的原始重量，kg；

m_1——试件磨损后的重量，kg。

显然，混凝土的单位面积磨损量越小，其耐磨性能越好。

8. 提高混凝土耐久性的措施

虽然混凝土工程因所处环境和使用条件不同，要求有不同的耐久性，但就影响混凝土耐久性的因素来说，良好的混凝土密实度是关键，因此提高混凝土的耐久性可以从以下几方面进行：

(1)控制混凝土最大水灰比和最小水泥用量；

(2)合理选择水泥品种；

(3)选用良好的骨料质量和级配；

(4)加强施工质量控制；

(5)采用适宜的外加剂；

(6)掺入粉煤灰、矿粉、硅灰或沸石粉等活性混合材料。

3.4 混凝土质量控制与评定

为保证结构的可靠性,必须进行混凝土的生产控制和合格性评定,它对保证混凝土工程质量,提高混凝土生产的质量管理水平,以及提高企业经济效益等都具有重大作用。

混凝土是世界上最大宗的建筑结构材料,为了保证混凝土质量,国家颁布了系列标准规范,如《混凝土质量控制标准》(GB/T 50164)、《混凝土结构工程施工规范》(GB 50666)、《混凝土结构工程施工质量验收规范》(GB 50204)、《混凝土强度检验评定标准》(GB/T 50107)、《预拌混凝土》(GB/T 14902)、《普通混凝土配合比设计规程》(JGJ 55)和《早期推定混凝土强度试验方法标准》(JGJ/T 15)等,对混凝土生产、施工和质量验收等作出了明确规定,各地区也根据实际情况制定了相关的地方标准,旨在进一步规范混凝土生产和施工行为。

3.4.1 混凝土质量控制

混凝土质量控制分为初步控制、生产控制及合格控制。

1. 混凝土质量的初步控制

混凝土质量的初步控制也称前期控制,包括组成材料的质量检验与控制和混凝土配合比的合理确定。

(1)组成材料的质量控制

合格的混凝土工程质量是指达到处于具体环境的具体工程所要求的各项性能指标和匀质性,并且体积稳定,这首先依靠原材料的质量来保证。

①水泥

水泥质量控制项目:凝结时间、安定性、胶砂强度、氧化镁、三氧化硫、烧失量、不溶物和氯离子含量。低碱水泥还包括碱含量。中、低热水泥还包括水化热。

宜采用旋窑或新型干法窑生产的水泥。水泥中的混合材品种和掺量应得到明示。用于生产混凝土的水泥温度不宜高于60 ℃。细度为选择性指标,没有列入主要控制项目,但水泥出厂检验报告中有细度检验内容。三氧化硫、烧失量和不溶物等化学项目可在选择水泥时检验,工程质量控制可以出厂检验为依据。《通用硅酸盐水泥》(GB 175—2007)规定检验报告内容应包括混合材品种和掺加量,落实这一规定对混凝土质量控制很重要。每批进场的水泥必须附有出厂合格证,且均应进行进场检测。对因存放不当引起质量明显降低或存放时间超过3个月的水泥,应在使用前进行复验,并按复验的结果使用。整个工程中严禁使用废品水泥。

②细骨料

优先选用低碱活性Ⅱ区中砂,其各项指标应符合现行国家标准中的有关规定。

③粗骨料

质量控制内容包括颗粒级配、针片状含量、含泥量、泥块含量、压碎指标和坚固性;用于高强混凝土的粗骨料还包括岩石抗压强度(没有列有害物质含量,进场时根据情况需要才检验)。

连续级配粗骨料堆积紧密,空隙率较小,可节约其他原材料。坚固性是保证粗骨料性能稳定的重要指标。粗骨料粒径太大或针片状颗粒含量较多,不利于混凝土骨料合理堆积和应力分布,直接影响混凝土强度,含泥(泥块)明显影响高强混凝土强度;岩石抗压强度应比混凝土设计强度高30%。砂石在生产、采集、运输与存储过程中,严禁混入影响混凝土性能的有害物质,并应按品种、规格分别堆放,不得混杂。

④水

拌制混凝土的用水应符合国家现行标准《混凝土拌合用水标准》(JGJ 63—2006)的规定。

⑤掺合料

用于混凝土中的掺合料,应符合现行国家标准。工程质量控制可以出厂检验为依据。硅酸盐水泥和普通硅酸盐水泥中混合材掺量较少,有利于掺加矿物掺合料,其他通用硅酸盐水泥中混合材掺量较多,再掺加矿物掺合料易于过量。矿物掺合料品种多,掺量范围宽,使用时需经过试验验证,其取代水泥的最大取代量应符合有关标准的规定。掺合料在运输与存储中应有明显标志。严禁与水泥等其他粉状材料混淆。

⑥外加剂

用于混凝土的外加剂的质量应符合现行国家标准的规定,工程质量控制可以出厂检验为依据。外加剂品种多,掺量范围较宽,用于混凝土时只有经过试验验证才能实施混凝土质量控制。含有氯盐的外加剂易引起钢筋锈蚀。液态外加剂易于在混凝土中均匀分布。不同品种外加剂应分别存储,做好标记,在运输与存储时不得混入杂物和遭受污染。

(2)混凝土配合比的确定与控制

混凝土配合比应按标准《普通混凝土配合比设计规程》(JGJ 55—2011)和《混凝土强度检验评定标准》(GB/T 50107—2010)的规定,通过设计计算和试配确定。在施工中不得随意改变配合比。混凝土配合比在使用过程中,应根据混凝土质量的动态信息,及时进行调整。

2. 混凝土质量的生产控制

混凝土质量的生产控制应包括混凝土组成材料的计量和混凝土拌和物的搅拌、运输、浇筑、养护等工序的控制。

(1)计量

混凝土企业应重视计量设备的自检和零点校准,保证计量设备准确。水泥、掺合料允许偏差为 2%,粗、细骨料允许偏差为 3%。配合比计量时,粗、细骨料计量中包含骨料含水,计量拌合水时应把骨料含水扣除。

(2)搅拌

预拌混凝土采用强制式搅拌机。拌合速度和时间要保证混凝土搅拌均匀。冬期施工时注意水泥不能和热水直接接触,应先投入骨料和热水搅拌使热水降温后,再加入水泥等胶凝材料搅拌。

(3)运输

搅拌罐车是控制混凝土拌和物性能稳定的重要运输工具。因要控制混凝土拌和物入模温度不低于 5 ℃,所以冬期对搅拌罐车应采取保温措施。

(4)浇筑前的检查

浇筑混凝土前,应检查和控制模板平面位置、高程、支撑的稳定性及接缝的密合情况。如有钢筋、预埋件还应检查其尺寸、规格、数量和位置。模板和隐蔽项目应分别进行预检和隐检验收,符合要求后,方可进行浇筑。

(5)浇筑

混凝土浇筑质量控制目标为浇筑的均匀性、密实性和整体性。表面干燥的地基土、垫层、木模板具有吸水性,会造成混凝土表面失水过多,容易产生外观质量问题。

混凝土拌和物入模温度过高,对混凝土硬化过程有影响,加大了控制难度,因此,应避免高温环境浇筑混凝土。混凝土拌和物入模温度过低,对水泥水化和混凝土强度发展不利。

(6)养护

养护应同时注意湿度和温度,原则是:湿度要充分,温度应适宜。

混凝土成型后立即用塑料薄膜覆盖可预防混凝土早期失水和被风吹,是比较好的养护措施。对于难以潮湿覆盖的结构混凝土,可采用涂养护剂进行养护,但养护效果应通过试验验证。

粉煤灰硅酸盐水泥、火山灰水泥和复合水泥配制的混凝土,或掺加缓凝剂的混凝土以及大掺量矿物掺合料的混凝土,其胶凝材料水化速度慢,相应需要的养护时间也长。

采用蒸汽养护时,混凝土成型后的静停时间长一些有利于减少混凝土在蒸养过程中的内部损伤;控制升温速度和降温速度,可减少温度应力对混凝土内部结构的不利影响;控制最高温度不超过 80 ℃,恒温温度不超过 65 ℃ 比较合适。

对大体积混凝土进行温度控制,可有效控制混凝土内部温度应力对混凝土浇筑体结构的不利影响,减少裂缝产生的可能性。

对于冬期施工的混凝土,同样应注意避免混凝土内外温差过大,有效控制混凝土温度应力的不利影响。混凝土强度达到 5 MPa 即具有了一定的非冻融循环大气条件下的抗冻能力,这个强度也称为抗冻临界强度。

3. 混凝土质量的合格控制

混凝土质量的合格控制是指为了保证混凝土的实际质量达到合格质量水平,除切实做好前述初步控制和生产控制外,还应在交付使用前,根据规定的质量验收标准,进行检验评定。符合规定的质量验收标准,即予验收;不符合验收标准的,即予拒收。

(1)混凝土质量的检验评定

虽然强度试验结果不能直接用来衡量混凝土的耐久性和尺寸稳定性,但它与水灰比密切相关,水灰比直接影响混凝土的强度、耐久性、耐磨性、尺寸稳定性和混凝土其他性能,强度试验可用来量度混凝土质量的差异。因此混凝土抗压强度被视为评价混凝土质量的总指标,强度试验结果被认为是衡量混凝土工程质量的最重要的标准。

混凝土强度的分布规律,不但与统计对象的生产周期和生产工艺有关,而且与统计总体的混凝土配制强度和试验龄期等因素有关,大量的统计分析和试验研究表明:同一等级的混凝土,在龄期相同、生产工艺和配合比基本一致的条件下,其强度的概率分布可用正态分布来描述。因此,检验批应由试件强度等级和试验龄期相同、生产工艺条件和配合比基本相同的混凝土组成,以保证所评定的混凝土的强度基本符合正态分布。这是由于抽样检验方案是基于检验数据服从正态分布而制定的。其中的生产工艺条件包括了养护条件。

混凝土强度有两种评定方法:统计方法评定和非统计方法评定。有条件的混凝土生产单位以及样本容量不少于 10 组时,均应采用统计法进行混凝土强度的检验评定。统计法由于样本容量大,能够更加可靠地反映混凝土的强度信息。

①统计方法评定

当连续生产的混凝土,生产条件在较长时间内保持一致,且同一品种、同一强度等级混凝土的强度变异性保持稳定时,按照下述规定Ⅰ进行评定;其他情况按照规定Ⅱ进行评定。

Ⅰ. 一个检验批的样本容量应为连续的 3 组试件,其强度应同时符合下列规定:

$$m_{f_{cu}} \geqslant f_{cu,k} + 0.7\sigma_0 \tag{3.13}$$

$$f_{cu,min} \geqslant f_{cu,k} - 0.7\sigma_0 \tag{3.14}$$

检验批混凝土立方体抗压强度的标准差应按下式计算:

$$\sigma_0 = \sqrt{\frac{\sum_{i=1}^{n} f_{cu,i}^2 - nm_{f_{cu}}^2}{n-1}} \tag{3.15}$$

当混凝土强度等级不高于 C20 时,其强度的最小值尚应满足下式要求:

$$f_{cu,min} \geqslant 0.85 f_{cu,k} \tag{3.16}$$

当混凝土强度等级高于 C20 时,其强度的最小值尚应满足下列要求:

$$f_{cu,min} \geqslant 0.90 f_{cu,k} \tag{3.17}$$

式中 $m_{f_{cu}}$ ——同一检验批混凝土立方体抗压强度的平均值,N/mm²,精确到 0.1;

$f_{cu,k}$ ——混凝土立方体抗压强度标准值,N/mm²,精确到 0.1;

σ_0 ——检验批混凝土立方体抗压强度的标准差,N/mm²,精确到 0.01;当检验批混凝土强度标准差 σ_0 计算值小于 2.5 N/mm² 时,应取 2.5 N/mm²;

$f_{cu,i}$ ——前一个检验期内同一品种、同一强度等级的第 i 组混凝土试件的立方体抗压强度代表值,N/mm²,精确到 0.1;该检验期不应少于 60 d,也不得大于 90 d;

n ——前一检验期内的样本容量,在该期间内样本容量不应少于 45;

$f_{cu,min}$ ——同一检验批混凝土立方体抗压强度的最小值,N/mm²,精确到 0.1。

Ⅱ. 当样本容量不少于 10 组时,其强度应同时满足下列要求:

$$m_{f_{cu}} \geqslant f_{cu,k} + \lambda_1 S_{f_{cu}} \tag{3.18}$$

$$f_{cu,min} \geqslant \lambda_2 f_{cu,k} \tag{3.19}$$

同一检验批混凝土立方体抗压强度的标准差应按下式计算:

$$S_{f_{cu}} = \sqrt{\frac{\sum\limits_{i=1}^{n} f_{cu,i}^2 - n m_{f_{cu}}^2}{n-1}} \tag{3.20}$$

式中 $S_{f_{cu}}$ ——同一检验批混凝土立方体抗压强度的标准差,N/mm²,精确到 0.01;当检验批混凝土强度标准差 $S_{f_{cu}}$ 计算值小于 2.5 N/mm² 时,应取 2.5 N/mm²;

λ_1, λ_2 ——合格评定系数,按表 3.20 取用;

n ——本检验期内的样本容量。

表 3.20 混凝土强度的合格评定系数

试件组数	10~14	15~19	≥20
λ_1	1.15	1.05	0.95
λ_2	0.90	0.85	

②非统计方法评定

当用于评定的样本容量小于 10 组时,应采用非统计方法评定混凝土强度,其强度应同时符合下列规定:

$$m_{f_{cu}} \geqslant \lambda_3 f_{cu,k} \tag{3.21}$$

$$f_{cu,min} \geqslant \lambda_4 f_{cu,k} \tag{3.22}$$

式中 λ_3, λ_4 ——合格评定系数,应按表 3.21 取用。

表 3.21 混凝土强度的非统计法合格评定系数

混凝土强度等级	<C60	≥C60
λ_3	1.15	1.10
λ_4	0.95	

当检验结果满足上述规定时,则该批混凝土强度应评定为合格;当不能满足上述规定时,该批混凝土强度应评定为不合格。

由不合格批混凝土制成的结构或构件,应进行鉴定。对评定为不合格批的混凝土,可按国家现行的有关标准进行处理。当对混凝土试件强度的代表性有怀疑时,可采用从结构或构件中钻取试件的方法或采用非破损检验方法,按有关标准的规定对结构或构件中混凝土的强度进行推定。

3.5　混凝土配合比设计

普通混凝土的配合比是指混凝土的各组成材料数量之间的质量比例关系。确定比例关系的过程叫配合比设计。混凝土配合比常用的表示方法有两种:一种以 1 m³ 混凝土中各项材料的质量表示,如水泥 300 kg、水 182 kg、砂 680 kg、石子 1 310 kg;另一种表示方法是以水泥、砂、石之间的相对质量比及水灰比表达,并以水泥质量为 1。如前例可表示为水泥∶砂∶石＝1∶2.26∶4.37,$W/C=0.61$,我国目前采用的是质量比。

混凝土配合比是生产施工的关键环节之一,对于保证混凝土工程质量和节约资源具有重要意义。混凝土配合比设计不仅仅应满足配制强度要求,还应满足施工性能和耐久性能的要求。本节普通混凝土配合比设计的适用范围非常广泛,除一些专业工程以及特殊构筑物的混凝土外,一般混凝土工程都可以采用。

3.5.1　混凝土配合比设计的基本要求

配合比设计的任务,就是根据原材料的技术性能及施工条件,确定出能满足工程所要求的技术经济指标的各项组成材料的用量。其基本要求是:

(1)达到混凝土结构设计要求的强度等级。

(2)满足混凝土施工所要求的和易性要求。

(3)满足工程所处环境和使用条件对混凝土耐久性的要求。

(4)符合经济原则,节约水泥,降低成本。

3.5.2　混凝土配合比设计的步骤

混凝土配合比设计是一个计算、试配、调整的复杂过程,大致可分为初步配合比、基准配合比、试验室配合比、施工配合比设计 4 个设计阶段。第一步按照已选择的原材料性能及对混凝土的技术要求进行初步计算,得出初步配合比;第二步是在初步配合比的基础上,通过试配、测试、进行工作性的调整、修正,得到满足和易性要求的基准配合比;第三步根据基准配合比进行试配,通过对水灰比的微量调整,经强度检验确定试验室配合比;第四步考虑砂、石的实际含水率对配合比的影响,对配合比做最后的修正,得到施工配合比。配合比设计的过程是逐一满足混凝土的强度、工作性、耐久性、节约水泥等要求的过程。

1. 计算初步配合比

(1)混凝土配制强度的确定

混凝土配制强度对生产施工的混凝土强度应具有充分的保证率,规范规定强度保证率为 95%。

①当混凝土的设计强度等级小于 C60 时,配制强度应按下式计算:

$$f_{cu,0} \geqslant f_{cu,k} + 1.645\sigma \tag{3.23}$$

式中　$f_{cu,0}$——混凝土配制强度,MPa;

$f_{cu,k}$——混凝土设计强度等级值,MPa;

σ——混凝土强度标准差,MPa。

②当设计强度等级大于或等于 C60 时,配制强度应按下式计算:

$$f_{cu,0} \geqslant 1.15 f_{cu,k} \tag{3.24}$$

混凝土强度标准差应按下列规定确定:

①当具有近 1～3 个月的同一品种、同一强度等级混凝土的强度资料时,其混凝土强度标准差 σ 应按下式计算:

$$\sigma = \sqrt{\frac{\sum\limits_{i=1}^{n} f_{cu,i}^2 - n m_{f_{cu}}^2}{n-1}} \tag{3.25}$$

式中　$f_{cu,i}$——第 i 组的试件强度,MPa;

$\quad\quad m_{f_{cu}}$——n 组试件的强度平均值,MPa;

$\quad\quad n$——试件组数,n 值应大于或者等于 30。

对于强度等级不大于 C30 的混凝土:当 σ 计算值不小于 3.0 MPa 时,应按照计算结果取值;当 σ 计算值小于 3.0 MPa 时,σ 应取 3.0 MPa。对于强度等级大于 C30 且小于 C60 的混凝土:当 σ 计算值不小于 4.0 MPa 时,应按照计算结果取值;当 σ 计算值小于 4.0 MPa 时,σ 应取 4.0 MPa。

②当没有近期的同一品种、同一强度等级混凝土强度资料时,其强度标准差 σ 可按表 3.22 取值。

表 3.22　标准差 σ 值(MPa)

混凝土强度标准值	≤C20	C25～C45	C50～C55
σ	4.0	5.0	6.0

(2)水胶比确定

混凝土强度等级小于 C60 时,混凝土水胶比宜按下式计算:

$$\frac{W}{B} = \frac{\alpha_a f_b}{f_{cu,0} + \alpha_a \alpha_b f_b} \tag{3.26}$$

式中　α_a, α_b——回归系数,可根据工程所使用的原材料,通过试验建立的水胶比与混凝土强度关系式来确定,当不具备上述试验统计资料时,可按表 3.23 采用;

$\quad\quad f_b$——胶凝材料(水泥与矿物掺合料按使用比例混合)28 d 胶砂实测强度,MPa。

表 3.23　回归系数 α_a、α_b 选用表

系数 ＼ 粗骨料品种	碎　石	卵　石
α_a	0.53	0.49
α_b	0.20	0.13

f_b 的试验方法应按现行国家标准《水泥胶砂强度检验方法》(ISO 法)GB/T 17671—1999 执行;当无实测值时,可按下列规定执行:

①根据 3 d 胶砂强度或快测强度推定 28 d 胶砂强度 f_b 值;

②当矿物掺合料为粉煤灰和粒化高炉矿渣粉时,可按下式推算 f_b 值:

$$f_b = \gamma_f \gamma_s f_{ce} \tag{3.27}$$

式中　γ_f, γ_s——粉煤灰影响系数和粒化高炉矿渣粉影响系数,可按表 3.24 选用;

$\quad\quad f_{ce}$——水泥 28 d 实测胶砂强度值,MPa。

表 3.24　粉煤灰影响系数 γ_f 和粒化高炉矿渣粉影响系数 γ_s

掺量(%)	粉煤灰影响系数 γ_f	粒化高炉矿渣粉影响系数 γ_s
0	1.00	1.00
10	0.85~0.95	1.00
20	0.75~0.85	0.95~1.00
30	0.65~0.75	0.90~1.00
40	0.55~0.65	0.80~0.90
50		0.70~0.85

注:(1)本表应以 P·O 42.5 水泥为准;如采用普通硅酸盐水泥以外的通用硅酸盐水泥,可将水泥混合材掺量 20% 以上部分计入矿物掺合料。

　　(2)采用Ⅰ级或Ⅱ级粉煤灰宜取上限值。

　　(3)采用 S75 级粒化高炉矿渣粉宜取下限值,采用 S95 级粒化高炉矿渣粉宜取上限值,采用 S105 级粒化高炉矿渣粉可取上限值加 0.05。

　　(4)当超出表中的掺量时,粉煤灰和粒化高炉矿渣粉影响系数应经试验确定。

(3)用水量和外加剂用量确定

①每 $1m^3$ 干硬性或塑性混凝土的用水量(m_{w0})应符合表 3.25 和表 3.26 的规定。

表 3.25　干硬性混凝土的用水量(kg/m^3)

拌和物稠度		卵石最大公称粒径(mm)			碎石最大粒径(mm)		
项目	指标	10.0	20.0	40.0	16.0	20.0	40.0
维勃稠度 (s)	16~20	175	160	145	180	170	155
	11~15	180	165	150	185	175	160
	5~10	185	170	155	190	180	165

注:(1)混凝土水胶比在 0.40~0.80 范围时,可按表 3.25 和表 3.26 选取。

　　(2)混凝土水胶比小于 0.40 时,可通过试验确定。

表 3.26　塑性混凝土的用水量(kg/m^3)

拌和物稠度		卵石最大粒径(mm)				碎石最大粒径(mm)			
项目	指标	10.0	20.0	31.5	40.0	16.0	20.0	31.5	40.0
坍落度 (mm)	10~30	190	170	160	150	200	185	175	165
	35~50	200	180	170	160	210	195	185	175
	55~70	210	190	180	170	220	205	195	185
	75~90	215	195	185	175	230	215	205	195

注:(1)本表用水量系采用中砂时的平均值。采用细砂时,每 $1\,m^3$ 混凝土用水量可增加 5~10 kg;采用粗砂时,可减少5~10 kg。

　　(2)掺用矿物掺合料或外加剂时,用水量应相应调整。

②掺外加剂时,每 $1\,m^3$ 流动性或大流动性混凝土的用水量(m_{w0})可按下式计算:

$$m_{w0}=m'_{w0}(1-\beta) \tag{3.28}$$

式中　m_{w0}——计算配合比每 $1\,m^3$ 混凝土用水量,kg/m^3;

　　　m'_{w0}——未掺外加剂时推定的满足实际坍落度要求的每 $1\,m^3$ 混凝土用水量,kg,以

表 3.26 中 90 mm 坍落度的用水量为基础,按每增大 20 mm 坍落度相应增加 5 kg 用水量来计算;

β——外加剂的减水率(%),应经混凝土试验确定。

③每 1 m³ 混凝土中外加剂用量应按下式计算:

$$m_{a0} = m_{b0}\beta_a \qquad (3.29)$$

式中　m_{a0}——计算配合比每 1 m³ 混凝土中外加剂用量,kg;

　　　m_{b0}——计算配合比每 1 m³ 混凝土中胶凝材料用量,kg;

　　　β_a——外加剂掺量,%,应经混凝土试验确定。

(4)胶凝材料、矿物掺合料和水泥用量

①每 1 m³ 混凝土的胶凝材料用量(m_{b0})应按公式(3.30)计算,计算值应满足表 3.19 规定,不满足时取表 3.19 的下限值。

$$m_{b0} = \frac{m_{w0}}{W/B} \qquad (3.30)$$

②每 1 m³ 混凝土的矿物掺合料用量(m_{f0})应按下式计算:

$$m_{f0} = m_{b0}\beta_f \qquad (3.31)$$

式中　m_{f0}——计算配合比每 1 m³ 混凝土中矿物掺合料用量,kg;

　　　β_f——计算水胶比过程中确定的矿物掺合料掺量,%,矿物掺合料最大掺量应符合表 3.27 的规定。

表 3.27　矿物掺合料最大掺量

矿物掺合料种类	水胶比	最大掺量(%)			
		钢筋混凝土		预应力混凝土	
		硅酸盐水泥	普通硅酸盐水泥	硅酸盐水泥	普通硅酸盐水泥
粉煤灰	≤0.40	45	35	35	30
	>0.40	40	30	25	20
粒化高炉矿渣粉	≤0.40	65	55	55	45
	>0.40	55	45	45	35
钢渣粉	—	30	20	20	10
磷渣粉	—	30	20	20	10
硅灰	—	10	10	10	10
复合掺合料	≤0.40	65	55	55	45
	>0.40	55	45	45	35

注:①采用其他通用硅酸盐水泥时,宜将水泥混合材掺量 20% 以上的混合材量计入矿物掺合料;

　　②复合掺合料中各组分的掺量不宜超过任一组分单掺时的最大掺量;

　　③在混合使用两种或两种以上矿物掺合料时,矿物掺合料总掺量应符合表中复合掺合料的规定。

③每 1 m³ 混凝土的水泥用量(m_{c0})应按下式计算:

$$m_{c0} = m_{b0} - m_{f0} \qquad (3.32)$$

式中　m_{c0}——每 1 m³ 混凝土中水泥用量,kg。

(5)砂率

当无历史资料可参考时,混凝土砂率的确定应符合下列规定:

①坍落度小于 10 mm 的混凝土,其砂率应经试验确定。

②坍落度为 10~60 mm 的混凝土,可根据粗骨料品种、最大公称粒径及水胶比按表 3.28 选取。

③坍落度大于 60 mm 的混凝土,砂率可经试验确定,也可在表 3.28 的基础上,按坍落度每增大 20 mm,砂率增大 1% 的幅度予以调整。

表 3.28 混凝土的砂率(%)

水胶比(W/B)	卵石最大公称粒径(mm)			碎石最大粒径(mm)		
	10.0	20.0	40.0	16.0	20.0	40.0
0.40	26~32	25~31	24~30	30~35	29~34	27~32
0.50	30~35	29~34	28~33	33~38	32~37	30~35
0.60	33~38	32~37	31~36	36~41	35~40	33~38
0.70	36~41	35~40	34~39	39~44	38~43	36~41

注:(1)本表数值系中砂的选用砂率,对细砂或粗砂,可相应地减少或增大砂率;

(2)采用人工砂配制混凝土时,砂率可适当增大;

(3)只用一个单粒级粗骨料配制混凝土时,砂率应适当增大;

(4)对薄壁构件,砂率宜取偏大值。

(6)粗、细骨料用量

①采用质量法计算粗、细骨料用量时,应按下列公式计算:

$$m_{f0}+m_{c0}+m_{g0}+m_{s0}+m_{w0}=m_{cp} \tag{3.33}$$

$$\beta_s=\frac{m_{s0}}{m_{g0}+m_{s0}}\times100\% \tag{3.34}$$

式中　m_{g0}——每 1 m³ 混凝土的粗骨料用量,kg;

m_{s0}——每 1 m³ 混凝土的细骨料用量,kg;

m_{w0}——每 1 m³ 混凝土的用水量,kg;

β_s——砂率,%;

m_{cp}——每 1 m³ 混凝土拌和物的假定质量,kg,可取 2 350~2 450 kg。

②采用体积法计算粗、细骨料用量时,应结合式(3.34)和式(3.35)按下式计算:

$$\frac{m_{c0}}{\rho_c}+\frac{m_{f0}}{\rho_f}+\frac{m_{g0}}{\rho_g}+\frac{m_{s0}}{\rho_s}+\frac{m_{w0}}{\rho_w}+0.01\alpha=1 \tag{3.35}$$

式中　ρ_c——水泥密度,kg/m³,应按《水泥密度测定方法》(GB/T 208—2014)测定,也可取 2 900 kg/m³~3 100 kg/m³;

ρ_f——矿物掺合料密度,kg/m³,可按《水泥密度测定方法》(GB/T 208—2014)测定;

ρ_g——粗骨料的表观密度,kg/m³,应按现行行业标准《普通混凝土用砂、石质量及检验方法标准》(JGJ 52—2006)测定;

ρ_s——细骨料的表观密度,kg/m³,应按现行行业标准《普通混凝土用砂、石质量及检验方法标准》(JGJ 52—2006)测定;

ρ_w——水的密度,kg/m³,取 1 000 kg/m³;

α——混凝土的含气量百分数,在不使用引气型外加剂时,α 可取为 1。

至此,根据所选原材料的性能、混凝土拌和物设计坍落度、混凝土设计强度及其保证率和使用环境耐久性要求,通过上述步骤计算,得出了 1 m³ 混凝土所用胶凝材料、砂、石、水及外加剂用量,即初始配合比。通常,采用质量法计算初始配合比简便,而体积法计算结果比较精确,但两种方法的计算结果偏差不大。

2. 确定基准配合比

由于初始配合比是基于一些经验公式或试验得出的规律计算所得,因此,如直接按初始配合比来拌制混凝土,其性能不一定能满足设计和施工要求。所以,需通过试验室试拌及混凝土拌和物性能的实测来验证和调整,以确定满足混凝土拌和物和易性的基准配合比。其方法和步骤如下:

(1)试拌与测试

按初始配合比进行试拌,每盘混凝土最小搅拌量应符合表 3.29 的规定,并不应小于搅拌机额定搅拌量的 1/4,混凝土试配应采用强制式搅拌机,搅拌机应符合《混凝土试验用搅拌机》(JG 244—2009)的规定,并宜与施工采用的搅拌方法相同。混凝土搅拌均匀后进行坍落度试验,测试混凝土拌和物的坍落度,并观察其黏聚性和保水性。

表 3.29　混凝土试配的最小搅拌量

粗骨料最大公称粒径(mm)	最小搅拌的拌和物量(L)
≤31.5	20
40.0	25

(2)调整

如果混凝土拌和物的流动性、黏聚性和保水性均满足要求,则初始配合比即为基准配合比。

如果坍落度小于设计值,则应保持水胶比不变,适当增加浆体用量(水与胶凝材料用量);如果坍落度大于设计值,则应保持砂率不变,适当增加粗细骨料用量;如果黏聚性差,混凝土拌和物离析或泌水,则应适当增大砂率。经过多次调整、试拌与测试,直到拌和物的和易性满足要求,再由调整后的各材料用量,计算出调整后的混凝土基准配合比。

3. 确定试验室配合比

基准配合比只是满足混凝土拌和物和易性要求,还需进行混凝土强度和耐久性的检验。应在基准配合比的基础上,进行混凝土强度和耐久性检验,验证其满足设计要求后,才能确定试验室配合比。

(1)检验混凝土强度时,应至少采用三个不同的配合比:当采用三个不同的配合比时,其中一个应为已确定的基准配合比,另外两个配合比的水胶比宜比基准配合比分别增加和减少0.05,砂率比基准配合比分别增加和减少 1%,但用水量应与基准配合比相同。分别计算 3 个配合比的材料用量,试拌混凝土,分别测试混凝土拌和物的和易性和表观密度,并按照《普通混凝土力学性能试验方法标准》(GB/T 50081—2002)成型立方体试块,标准养护 28 d 后进行抗压强度测试。

①试验室配合比计算步骤

a. 根据混凝土强度试验结果,绘制强度和胶水比的线性关系图,用图解法或插值法求出略大于配制强度对应的胶水比;

b. 用水量(m_w)即基准配合比中的用水量值;

c. 胶凝材料用量(m_b)应以用水量乘以图解法或插值法求出的胶水比计算得出;

d. 粗骨料和细骨料用量(m_g 和 m_s)应在用水量和胶凝材料用量调整的基础上,进行相应调整。

②配合比应按以下规定进行校正

a. 应根据调整后的配合比按下式计算混凝土拌和物的表观密度值 $\rho_{c,c}$：

$$\rho_{c,c} = m_c + m_f + m_g + m_s + m_w \qquad (3.36)$$

b. 应按下式计算混凝土配合比校正系数 δ：

$$\delta = \frac{\rho_{c,t}}{\rho_{c,c}} \qquad (3.37)$$

式中　$\rho_{c,t}$——混凝土拌和物表观密度实测值(kg/m³)；

　　　$\rho_{c,c}$——混凝土拌和物表观密度计算值(kg/m³)。

c. 当混凝土拌和物表观密度实测值与计算值之差的绝对值不超过计算值的 2% 时,上述确定的试验室配合比可维持不变;当二者之差超过 2% 时,应将上述配合比中每项材料用量均乘以校正系数 δ 即为最终试验室配合比。

③配合比调整后,应测定拌和物水溶性氯离子含量,满足《普通混凝土配合比设计规程》(JGJ 55—2011)规定的氯离子含量要求,方可确定为试验室配合比。

④生产单位可根据常用材料设计出常用的混凝土配合比备用,并应在使用过程中予以验证或调整。遇有下列情况之一时,应重新进行配合比设计:

a. 对混凝土性能有特殊要求时;

b. 水泥外加剂或矿物掺合料品种质量有显著变化时;

c. 该配合比的混凝土生产间断半年以上时。

(2)对耐久性有设计要求的混凝土应进行相关耐久性试验验证。

4. 确定施工配合比

试验室配合比是以干燥材料为基准的,即砂子含水率<0.5%,石子含水率<0.2%。而工地存放的砂石都含有一定的水分,且随着气候的变化而经常变化。所以,现场材料的实际称量应按施工现场砂石的含水情况进行修正,修正后的配合比称为施工配合比。

假定工地存放的砂的含水率 a%,石子的含水率 b%,试验室配合比中的水泥、砂、石和水的用量依次为 m_{c0}、m_{s0}、m_{g0}、m_{w0},则砂、石、水的施工时的实际用量 m_s、m_g、m_w 按下式计算:

$$m_s = m_{s0}(1+a\%)$$
$$m_g = m_{g0}(1+b\%)$$
$$m_w = m_{w0} - m_{s0} \times a\% - m_{g0} \times b\%$$

m_{c0}、m_s、m_g、m_w 为调整后的施工配合比中每 1 m³ 混凝土中的水泥、水、砂和石子的用量(kg)。应注意,进行混凝土配合计算时,其计算公式中有关参数和表格中的数值均系以干燥状态骨料为基准。当以饱和面干骨料为基准进行计算时,则应做相应的调整,即施工配合比公式中的 a、b 分别表示现场砂石含水率与其饱和面干含水率之差。

【例 3.1】混凝土配合比设计实例。

(1)工程条件:某工程的预应力钢筋混凝土梁(不受风雪影响)。混凝土设计强度等级为 C25。施工要求坍落度为 30～50 mm(混凝土由机械搅拌、机械振捣)。该单位无历史统计资料。

(2)材料:混凝土拌和用水采用自来水。

水泥:32.5 级粉煤灰硅酸盐水泥,实测 28 d 强度为 35.0 MPa,表观密度 $\rho_c = 3.1$ g/cm³。

中砂:表观密度 $\rho_s = 2.65$ g/cm³,堆积密度 $\rho'_s = 1\ 500$ kg/m³。

碎石:表观密度 $\rho_g = 2.70 \text{ g/cm}^3$,堆积密度 $\rho_g' = 1\,550 \text{ kg/m}^3$,最大粒径为 20 mm。

(3)设计要求:设计该混凝土的配合比(按干燥材料计算);若施工现场砂含水率 3%,碎石含水率 1%,求施工配合比。

【解】　(1)计算初步配合比

①计算配制强度 $f_{cu,0}$

由式(3.23)知,$f_{cu,0} = f_{cu,k} + 1.645\sigma$。查表 3.22,当混凝土强度等级为 C25 时,$\sigma = 5.0$ MPa,则配制强度为:

$$f_{cu,0} = 25 + 1.645 \times 5.0 = 33.2 \text{(MPa)}$$

②计算水灰比(W/C)

已知水泥实际强度 $f_{ce} = 35.0$ MPa。所用粗骨料为碎石,查表 3.23,回归系数 $\alpha_a = 0.53$,$\alpha_b = 0.20$。按公式(3.26)计算水灰比。

$$W/C = \frac{\alpha_a f_{ce}}{f_{cu,0} + \alpha_a \alpha_b f_{ce}} = \frac{0.53 \times 35}{33.2 + 0.53 \times 0.20 \times 35} = 0.50$$

查表 3.19 最大水灰比规定为 0.60,所以可取 $W/C = 0.50$。

③确定用水量 m_{w0}

该混凝土碎石最大粒径为 20 mm,坍落度要求为 30~50 mm,查表 3.26 取 $m_{w0} = 195$ kg。

④计算水泥用量 m_{c0}

由式(3.30)知,水泥用量为

$$m_{c0} = \frac{m_{w0}}{W/C} = \frac{195}{0.50} = 390 \text{ kg}$$

查表 3.19 最小水泥用量规定为 300 kg,所以可取 $m_{c0} = 390$ kg。

⑤确定砂率

该混凝土所用碎石最大粒径为 20 mm,计算出水灰比为 0.50,查表 3.28 取 $\beta_s = 34\%$。

⑥计算粗、细骨料用量 m_{g0} 及 m_{s0}

a. 质量法。假定每 1m^3 混凝土重量 $m_{cp} = 2\,400$ kg,则根据式(3.33)和式(3.34)有

$$390 + m_{g0} + m_{s0} + 195 = 2\,400$$

$$\frac{m_{s0}}{m_{s0} + m_{g0}} = 0.34$$

解得砂、石用量分别为 $m_{s0} = 617.1$ kg,$m_{g0} = 1\,197.9$ kg。

用质量法计算的初始配合比 为 $m_{c0} : m_{s0} : m_{g0} : m_{w0} = 1 : 1.58 : 3.07 : 0.50$。

b. 体积法。代入砂、石、水泥、水的表观密度数据,取 $\alpha = 1$,则根据式(3.35)有

$$\frac{390}{3\,100} + \frac{m_{g0}}{2\,700} + \frac{m_{s0}}{2\,650} + \frac{195}{1\,000} + 0.01 \times 1 = 1$$

$$\frac{m_{s0}}{m_{s0} + m_{g0}} = 0.34$$

解得 $m_{s0} = 610.6$ kg,$m_{g0} = 1\,185.2$ kg。

用体积法计算的初始配合比为 $m_{c0} : m_{s0} : m_{g0} : m_{w0} = 1 : 1.57 : 3.04 : 0.50$。

由此可以看出,用质量法与体积法计算得到的初始配合比相差不大,均可采用,本例题采用质量法计算的初始配合比。

(2)确定基准配合比

按初步配合比试拌 15 L 混凝土,其材料用量分别为:

水泥　$0.015 \times 390 = 5.85 \text{(kg)}$

水　　0.015×195＝2.93(kg)

砂　　0.015×617.1＝9.26(kg)

碎石　0.015×1 197.9＝17.97(kg)

搅拌均匀后,做坍落度试验,测得坍落度值为 20 mm。增加水泥浆用量5％,即水泥用量增加到 6.14 kg,水用量 3.08 kg,坍落度测定为 40 mm,黏聚性、保水性均良好。经调整后各项材料用量为水泥 6.14 kg,水 3.08 kg,砂 9.26 kg,碎石 17.97 kg,因此其总量为 $m_{拌}＝36.45$ kg。实测混凝土的表观密度 $\rho_{c,t}$ 为 2 420 kg/m³,则 1 m³ 混凝土中各组成材料的基准配合比为:

水泥(m_{c0})　6.14×2 420/36.45＝407.6(kg)

砂(m_{s0})　　9.26×2 420/36.45＝614.8(kg)

石(m_{g0})　　17.97×2 420/36.45＝1 193.1(kg)

水(m_{w0})　　3.08×2 420/36.45＝204.5(kg)

(3)确定试验室配合比

采用水灰比为 0.45、0.50、0.55 配制三组混凝土,并分别测定三组混凝土拌和物的表观密度为 2 415 kg/m³、2 420 kg/m³、2 425 kg/m³,三组混凝土标准养护条件下标准立方体试件的 28 d 实测抗压强度分别为 38.6 MPa、35.6 MPa 及 32.6 MPa。对三组混凝土的 28 d 实测标准立方体抗压强度与灰水比作图,如图 3.17 所示。

从图 3.17 可判断,混凝土配制强度 33.2 MPa 对应的灰水比为 1.85,即水灰比为 0.54,则计算试验室配合比为:

$$m_{w0}＝204.5 \text{ kg}$$

$$m_{c0}＝204.5/0.54＝378.7 \text{ kg}$$

$$m_{s0}＝614.8 \text{ kg}$$

$$m_{g0}＝1 193.1 \text{ kg}$$

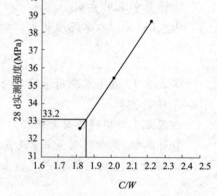

图 3.17　混凝土实测强度与灰水比关系

根据式(3.36)计算该混凝土的表观密度:

$$\rho_{c,c}＝204.5＋378.7＋614.8＋1 193.1$$
$$＝2 391.1(\text{kg/m}^3)$$

重新按计算的试验室配合比配制混凝土并测得其表观密度 $\rho_{c,t}＝2 412$ kg/m³。

其校正系数为 $\delta＝\rho_{c,t}/\rho_{c,c}＝2 412/2 391.1＝1.009$。

$\dfrac{|\rho_{c,c}－\rho_{c,t}|}{\rho_{c,c}}×100\%＝\dfrac{|2 391.1－2 412|}{2 391.1}×100\%≈0.87\%<2\%$,由于混凝土表观密度的实测值与计算值之差不超过计算值的 2％,则上述确定的配合比即为试验室配合比,即

$$m_c:m_s:m_g:m_w＝378.7:614.8:1 193.1:204.5＝1:1.62:3.15:0.54$$

(4)计算施工配合比

将试验室配合比换算为现场施工配合比,用水量应扣除砂、石所含水量,而砂石则应增加砂、石的含水量。施工配合比计算如下:

$$m_c'＝m_c＝378.7(\text{kg})$$

$$m_s'＝m_s(1＋W_s)＝614.8×(1＋3\%)＝633.2(\text{kg})$$

$$m_g'＝m_g(1＋W_g)＝1 193.1×(1＋1\%)＝1 205(\text{kg})$$

$$m_w'＝m_w－m_s W_s－m_g W_g＝204.5－614.8×3\%－1 193.1×1\%＝174.1(\text{kg})$$

3.6 轻混凝土

3.6.1 轻混凝土的分类

1. 轻混凝土所用骨料品种

轻混凝土所用的主要轻骨料品种主要有以下三类：

(1)工业废渣轻骨料：以工业废渣为原料，经加工而成的轻骨料，如粉煤灰陶粒、自然煤矸石、膨胀矿渣珠、煤渣及其轻砂。

(2)天然轻骨料：天然形成的多孔岩石，经加工而成的轻骨料，如浮石[图 3.18(a)]、火山渣及其轻砂。

(3)人造轻骨料：以地方材料为原料，经加工而成的轻骨料。如页岩陶粒[图 3.18(b)]、黏土陶粒、膨胀珍珠岩[图 3.18(c)]骨料及其轻砂。

(a) 浮石　　　　　　　　(b) 陶粒　　　　　　　(c) 膨胀珍珠岩

图 3.18　轻骨料

2. 轻混凝土的分类

(1)按所用原材料和配制方法不同可分为三种：

①轻骨料混凝土(light weight aggregate concrete)：用轻粗骨料、轻砂(或普通砂)、胶凝材料、外加剂和水配制而成的干表观密度不大于 1 950 kg/m³ 的混凝土。

②大孔轻骨料混凝土(hollow light weight aggregate concrete)：用轻粗骨料，水泥、矿物掺合料、外加剂和水配制而成的无砂或少砂混凝土。

③次轻混凝土(specified density concrete)：在轻粗骨料中掺入适量普通粗骨料，干表观密度大于 1 950 kg/m³，小于或等于 2 300 kg/m³ 的混凝土。

轻骨料混凝土按细骨料品种可划分为：

a. 全轻混凝土(full light weight aggregate concrete)：由轻砂做细骨料配制而成的轻骨料混凝土。

b. 砂轻混凝土(sand light weight concrete)：由普通砂或部分轻砂做细骨料配制而成的轻骨料混凝土。

(2)轻骨料混凝土根据其用途可分为三大类，见表 3.30。

表 3.30　轻骨料混凝土按用途分类

类别名称	混凝土强度等级的合理范围	混凝土密度等级的合理范围(kg/m³)	用　　途
保温轻骨料混凝土	LC 5.0	≤800	主要用于保温的围护结构或热工构筑物
结构保温轻骨料混凝土	LC 5.0～LC 15	800～1 400	主要用于既承重又保温的围护结构
结构轻骨料混凝土	LC 15～LC 60	1 400～1 900	主要用于承重构件或构筑物

3.6.2　轻骨料混凝土的强度等级

依据《轻骨料混凝土应用技术标准》(JGJ/T 12)的基本规定,轻骨料混凝土的强度等级是按其立方体抗压强度标准值来确定的。轻骨料混凝土的强度等级应划分为:LC 5.0、LC 7.5、LC 10、LC 15、LC 20、LC 25、LC 30、LC 35、LC 40、LC 45、LC 50、LC 55、LC 60。

3.6.3　轻混凝土特点

轻骨料与普通混凝土骨料的不同之处在于骨粒中存在大量孔隙,质轻、吸水率大、强度低、表面粗糙等,轻骨料的技术性质直接影响到所配制混凝土的性质。

由于轻骨料质轻,且表面粗糙,轻骨料混凝土拌和物的和易性往往较普通混凝土的差,或达到相同流动性时,水泥浆用量较多。

轻骨料的强度虽低于普通骨料,但仍能用其配制出较高强度的混凝土。这是由于轻骨料内部多孔,它的吸水作用使其周围的水泥石的水灰比较低,密实度提高,同时骨料表面粗糙,提高了骨料与水泥石界面的黏结强度,因此骨料界面不再是受力时的薄弱环节。混凝土受力破坏时,裂纹不是先发生在轻骨料与水泥石的界面,而是水泥石或轻骨料本身先遭破坏,或水泥石和骨料同时破坏。

由于轻骨料的刚性较普通骨料的小,阻止水泥石收缩的作用小,故轻骨料混凝土的应变值较普通混凝土的大。其干缩和徐变比普通混凝土分别大 20%～50% 和 30%～60%,其弹性模量较普通混凝土的低 25%～60%,热膨胀系数比普通混凝土小 20% 左右。由于轻骨料混凝土的弹性模量较低,故其抗震性较好。

由于轻骨料内部含有大量孔隙,在常压下很难达到饱和状态,当孔隙内水分结冰时,有足够的空间供缓冲之用,故轻骨料本身具有较好的抗冻性。轻骨料混凝土的抗冻性往往比普通混凝土的好。

由于轻骨料质轻、多孔,用其配制混凝土具有良好的保温隔热性能。随着其表观密度的增大,导热系数也增大,但保温隔热性有所降低。由于轻骨料混凝土既具有一定的强度,又具有良好的保温隔热性能,故可用作保温材料、结构保温材料或结构材料。

轻骨料混凝土的导热系数小,保温隔热性好,热膨胀系数小,具有不可燃性,在较长时间高温作用下强度下降少,比普通混凝土的耐火性好。

3.6.4　轻骨料混凝土的配合比设计

轻骨料混凝土配合比设计应符合配制强度、密度、拌和物性能、耐久性能的规定,并应满足设计对轻骨料混凝土的其他性能要求。轻骨料混凝土配合比设计应采用工程实际使用的原材料,并应以合理使用材料和节约水泥等胶凝材料为原则。轻骨料混凝土配合比中的轻粗骨料宜采用同一品种的轻骨料;当掺用另一品种轻粗骨料时,其掺用比例应通过试验确定。

在轻骨料混凝土中加入外加剂和矿物掺合料时,外加剂的品种和掺量应通过试验确定,与水泥等胶凝材料的适应性应满足设计与施工对混凝土性能的要求;矿物掺合料的品种和掺量应通过试验确定。

轻骨料混凝土配制强度应按下式计算:

$$f_{cu,0} \geqslant f_{cu,k} + 1.645\sigma \tag{3.38}$$

式中　$f_{cu,0}$——轻骨料混凝土的配制强度(MPa);

　　　$f_{cu,k}$——轻骨料混凝土立方体抗压强度标准值(即强度等级)(MPa);

　　　σ——轻骨料混凝土强度标准差(MPa)。

混凝土强度标准差应根据同品种、同强度等级轻骨料混凝土统计资料计算确定。计算时,强度试件组数不应少于 30 组。

当无统计资料时,强度标准差可按表 3.31 取值。

表 3.31　强度标准差(MPa)

混凝土强度等级	低于 LC 20	LC 20~LC 35	高于 LC 35
σ(MPa)	4.0	5.0	6.0

轻骨料混凝土配合比设计应将工程设计文件提出的耐久性能和长期性能要求作为设计目标;工程设计文件未提出轻骨料混凝土耐久性能要求时,轻骨料混凝土配合比设计应结合工程具体情况根据现行国家标准《混凝土结构耐久性设计规范》(GB/T 50476)中对混凝土耐久性能的要求作为设计目标。

不同配制强度的轻骨料混凝土的胶凝材料用量可按表 3.32 选用,胶凝材料中的水泥宜为42.5 级普通硅酸盐水泥;轻骨料混凝土最大胶凝材料用量不宜超过 550 kg/ m³;对于泵送轻骨料混凝土,胶凝材料用量不宜小于 350 kg/ m³。

表 3.32　轻骨料混凝土的胶凝材料用量(kg/ m³)

混凝土试配强度(MPa)	轻骨料密度等级						
	400	500	600	700	800	900	1 000
<5.0	260~320	250~300	230~280				
5.0~7.5	280~360	260~340	240~320	220~300			
7.5~10		280~370	260~350	240~320			
10~15			280~350	260~340	240~330		
15~20			300~400	280~380	270~370	260~360	250~350
20~25				330~400	320~390	310~380	300~370
25~30				380~450	370~440	360~430	350~420
30~40				420~500	390~490	380~480	370~470
40~50					430~530	420~520	410~510
50~60					450~550	440~540	430~530

注:表中下限值适用于圆球型和普通型轻粗骨料,上限值适用于碎石型轻粗骨料和全轻混凝土。

钢筋混凝土中矿物掺合料最掺量宜符合表 3.33 的规定;预应力混凝土中矿物掺合料最大掺量宜符合表 3.34 的规定。对于大体积混凝土,粉煤灰、粒化高炉矿渣粉和复合掺合料的最大掺量可增加 5%。采用掺量大于 30%的 C 类粉煤灰的混凝土应以实际使用的水泥和粉煤灰掺量进行安定性检验。采用其他通用硅酸盐水泥时,宜将水泥混合材掺量 20%以上的部分计入矿物掺合料。复合掺合料各组分的掺量不宜超过单掺时的最大掺量。矿物掺合料最终掺量应通过试验确定。

表 3.33　钢筋混凝土中矿物掺合料最大掺量

矿物掺合料种类	净水胶比	最大掺量(%)	
		采用硅酸盐水泥时	采用普通硅酸盐水泥时
粉煤灰	≤0.40	45	35
	>0.40	40	30
粒化高炉矿渣粉	≤0.40	65	55
	>0.40	55	45

续上表

矿物掺合料种类	净水胶比	最大掺量（%）	
		采用硅酸盐水泥时	采用普通硅酸盐水泥时
钢渣粉	—	30	20
磷渣粉	—	30	20
硅灰	—	10	10
复合掺合料	≤0.40	65	55
	>0.40	55	45

表 3.34　预应力混凝土中矿物掺合料最大掺量

矿物掺合料种类	净水胶比	最大掺量（%）	
		采用硅酸盐水泥时	采用普通硅酸盐水泥时
粉煤灰	≤0.40	35	30
	>0.40	30	20
粒化高炉矿渣粉	≤0.40	55	45
	>0.40	45	35
钢渣粉	—	20	10
磷渣粉	—	20	10
硅灰	—	10	10
复合掺合料	≤0.40	55	45
	>0.40	45	35

　　轻骨料混凝土的净用水量可按表 3.35 选用，并应根据采用的外加剂，对其性能经试验调整后确定。

表 3.35　轻骨料混凝土的净用水量

轻骨料混凝土用途		拌和物性能要求		净用水量（kg/m³）
		维勃稠度（s）	坍落度（mm）	
预制构件及制品	振动加压成型	10～20	—	45～140
	振动台成型	5～10	0～10	140～160
	振捣棒或平板振动器振实	—	30～80	160～180
现浇混凝土	机械振捣	—	150～200	140～170
	人工振捣或钢筋密集	—	≥200	145～180

　　轻骨料混凝土的砂率应以体积砂率表示。体积可用绝对体积或松散体积表示，对应的砂率应为绝对体积砂率或松散体积砂率。轻骨料混凝土的砂率可按表 3.36 选用。当混合使用普通砂和轻砂作为细骨料时，宜取表 3.36 中的中间值，并按普通砂和轻砂的混合比例进行插值计算；当采用圆球型轻粗骨料时，宜取表 3.36 中的下限值；当采用碎石型轻粗骨料时，宜取表 3.36 中的上限值。对于泵送现浇的轻骨料混凝土，砂率宜取表 3.36 中的上限值。

表 3.36　轻骨料混凝土的砂率

施工方式	细骨料品种	砂率（%）
预制	轻砂	35～50
	普通砂	30～40
现浇	轻砂	40～55
	普通砂	35～45

轻骨料混凝土配合比计算可采用松散体积法,也可采用绝对体积法。配合比计算中粗细骨料用量均以干燥状态为基准。

3.6.5 轻骨料混凝土的施工特点

轻骨料混凝土施工方法基本上与普通混凝土相同,但需注意几个特殊问题。

(1)轻骨料吸水率大,故一般在拌和前应对骨料进行预湿处理。若采用干燥骨料时则需考虑骨料的附加水量,并随时测试骨料的实际含水率以调整加水量。

(2)外加剂最好溶解在有效拌合水中。先加附加水使骨料吸水,然后再加入含有外加剂的有效拌合水,以免外加剂被轻骨料吸收而失去作用。

(3)为防止轻骨料上浮,轻骨料混凝土应采用强制式搅拌机,并应搅拌均匀。

(4)轻骨料混凝土宜采用泵送方式,并在泵送施工前应进行试泵。

(5)浇筑成型结束后,宜采用拍板、刮板、辊子或振动抹子等工具及时将浮在表层的轻粗骨料颗粒压入混凝土内,颗粒上浮面积较大时,可采用表面振动器复振,使砂浆返上,然后再作抹面。

(6)须核定拌和物的表观密度是否达到要求,拌和物表观密度检验频率应与坍落度检验频率一致。

3.7　高强高性能混凝土

混凝土技术自运用以来为人类社会的发展做出了巨大贡献,但随着社会的不断进步,混凝土技术在其运用过程中也暴露出了不少弊端,主要体现在以下几方面:

(1)当代工程结构的跨度、高度和承载要求越来越大,所处的环境也更为严酷,混凝土必须具备更优良的性能才能满足工程建设需要。

(2)已建混凝土工程的维修或更新不仅耗资巨大,而且严重制约人们的生产生活。传统混凝土的耐久性没有达到人们期望的要求。

(3)混凝土的大规模使用对资源的可持续发展和生态环境的影响越来越严重,生态环境恶化的现状到了难以承受的地步。

基于上述现状,未来混凝土必须考虑混凝土性能的进一步改善和提高。高强混凝土和高性能混凝土技术就是在这一背景下发展起来的。高强高性能混凝土作为建设部推广应用的十大新技术之一,是建设工程发展的必然趋势。发达国家早在20世纪50年代即已开始研究应用。我国约在20世纪80年代初首先在轨枕和预应力桥梁中得到应用。高层建筑中应用则始于80年代末,进入90年代以来,研究和应用增加,北京、上海、广州、深圳等许多大中城市已建起了多幢高强高性能混凝土建筑。

3.7.1 高强混凝土

1. 定义

高强混凝土是以混凝土的抗压强度指标为特征而命名的,《普通混凝土配合比设计规范》(JGJ 55—2011)中将强度等级大于等于C60的混凝土称为高强混凝土;将具有良好的施工和易性和优异耐久性,且均匀密实的混凝土称为高性能混凝土;同时具有上述各性能的混凝土称为高强高性能混凝土。高强混凝土是为适应建筑技术发展要求而产生的,是混凝土技术进步的结果。在大跨度、高耸建筑结构等工程中应用高强混凝土具有显著的优越性。

2. 性能特点

与普通混凝土相比,高强混凝土除了具有高的抗压强度外,还有其他一系列优良性质。例如,早期强度、弹性模量以及密实性、抗渗性、抗冻性等,都会随着混凝土的抗压强度提高而有所改善,而徐变性能则随之减小。但高强混凝土的拉压比较普通混凝土的小,为 1/20～1/16,普通混凝土的拉压比则为 1/13～1/10。素混凝土的强度愈高,材质愈脆,延塑性愈小。

3. 高强混凝土的主要技术性质

(1)高强混凝土的早期强度高,但后期强度增长率一般不及普通混凝土。故不能用普通混凝土的龄期—强度关系式推算后期强度。如 C60～C80 混凝土,3 d 强度为 28 d 的 60%～70%;7 d 强度为 28 d 的 80%～90%。

(2)由于混凝土强度高,因此构件截面尺寸可大大减小,减轻建筑物自重,并使高强钢筋的应用和效能得以充分利用。

(3)高强混凝土的抗拉强度增长幅度往往小于抗压强度,即拉压比相对较低,且随着强度等级提高,脆性增大,韧性下降。

(4)高强混凝土的弹性模量高,徐变小,可大大提高构筑物的结构刚度,大大减小预应力损失。

(5)高强混凝土由于非常致密,故抗渗、抗冻、抗碳化、抗腐蚀等耐久性指标均十分优异,可极大地提高混凝土结构物的使用年限。

(6)高强混凝土的水泥用量较大,故水化热大,自收缩大,干缩也较大,较易产生裂缝。

4. 原材料基本要求

相对于普通混凝土而言,高强混凝土对原材料性质提出了更高的要求。

(1)水泥

应选用硅酸盐水泥或普通硅酸盐水泥,其强度等级不宜低于 42.5 级。强度等级选择一般为:C50～C80 混凝土宜用强度等级为 42.5 的水泥;C80 以上选用更高强度的水泥。1 m³ 混凝土中的水泥用量要控制在 500 kg 以内,且尽可能降低水泥用量。

(2)骨料

细骨料宜采用偏粗的中砂,其细度模数宜大于 2.6,含泥量不应超过 1.5%,泥块含量不应大于 1%。C70 以上等级的混凝土,砂的含泥量不应超过 1.0%,不允许有泥块存在。有害杂质的含量控制在国家标准以内。

粗骨料的性能对高强混凝土的强度及弹性模量起制约作用。因此,应选用具有高强度的硬质骨料,优先选用碎石,强度宜大于混凝土强度的 1.20 倍,且颗粒级配良好,针状与片状颗粒含量不宜超过 5%,含泥量不应超过 1%。C80 以上等级的混凝土,含泥量不应大于 0.5%。粗骨料的最大粒径需随着混凝土配制强度的提高而减小,且一般不宜超过 25 mm。

(3)外加剂

宜选用坍落度损失小的非引气型高效减水剂。高效减水剂是高强混凝土最常用的外加剂品种,掺量一般为水泥用量的 1%～2.5%,也可根据品种和要求的不同来选取。减水率一般要求大于 20%,以最大限度降低水胶比,提高强度。采用高效减水剂是实现混凝土低水胶比,满足良好施工和易性要求的最有效措施。为改善混凝土的施工和易性及提供其他特殊性能,也可同时掺入引气剂、缓凝剂、防水剂、膨胀剂、防冻剂等。

(4)矿物掺合料

在混凝土中掺入硅粉、磨细矿渣或优质粉煤灰等矿物掺合料,可减少每立方米混凝土的水泥用量,改善水化产物的品质,强化水泥石与骨料间界面,减小孔隙率和细化孔径,是配制 C70 及其以上等级高强混凝土的有效措施。

硅粉，是生产硅铁时产生的烟灰，故也称硅灰，是高强混凝土配制中应用最早、技术最成熟、应用较多的一种掺合料。硅粉中活性 SiO_2 含量达 90% 以上，比表面积达 15 000 m^2/kg 以上，火山灰活性高，且能填充水泥的空隙，从而极大地提高混凝土密实度和强度。硅灰的适宜掺量为水泥用量的 5%～10%。研究表明，硅粉对提高混凝土强度十分显著，当外掺 6%～8% 的硅灰时，混凝土强度一般可提高 20% 以上，同时可提高混凝土的抗渗、抗冻、耐磨、耐碱—骨料反应等耐久性能。但硅灰给混凝土也带来不利影响，如增大混凝土的收缩值，降低混凝土的抗裂性，减小混凝土流动性，加速混凝土的坍落度损失等。

磨细矿渣（矿粉），通常将矿渣磨细到比表面积 350 m^2/kg 以上，从而具有优异的早期强度和耐久性。掺量一般控制在 20%～50% 之间。磨细矿渣的细度越大，其活性越高，增强作用越显著，但粉磨成本也大大增加。与硅粉相比，增强作用略逊，但其他性能优于硅粉。

优质粉煤灰，一般选用Ⅰ级灰，利用其内含的玻璃微珠润滑作用、细粉末填充效应和火山灰活性效应，可提高混凝土强度和改善综合性能。掺量一般控制在 20%～30% 之间。Ⅰ级粉煤灰的作用效果与矿粉相似，且抗裂性优于矿粉。

沸石粉，天然沸石含大量活性 SiO_2 和微孔，磨细后作为混凝土掺合料能起到微粉和火山灰活性功能，比表面积在 500 m^2/kg 以上时，能有效改善混凝土黏聚性和保水性，并增强内养护，从而提高混凝土后期强度和耐久性，掺量一般为 5%～15%。

偏高岭土，偏高岭土是由高岭土（$Al_2O_3 \cdot 2SiO_2 \cdot 2H_2O$）在 700～800 ℃ 条件下脱水制得的白色粉末，平均粒径 1～2 μm，SiO_2 和 Al_2O_3 含量 90% 以上，特别是 Al_2O_3 较高。掺入偏高岭土能显著提高混凝土的早期强度和长期抗压强度、抗弯强度及劈裂抗拉强度。同时，由于高活性偏高岭土对钾、钠和氯离子的强吸附作用和对水化产物的改善作用，因而能有效抑制混凝土的碱—骨料反应和提高抗硫酸盐腐蚀能力。有关的研究结果表明，随着偏高岭土掺量的提高，混凝土的坍落度将有所下降；混凝土中掺入高活性偏高岭土能有效改善混凝土的冲击韧性和耐久性。

5. 配合比设计

高强及高性能混凝土配合比设计理论尚不完善，目前其配合比都是经试配来确定，已有的工程实践和试验研究结果可作为试配依据，一般可遵循下列原则进行。

（1）水胶比 W/B

普通混凝土配合比设计中的鲍罗米公式对 C60 以上的混凝土已不尽适用，但水胶比仍是决定混凝土强度的主要因素，目前尚无完善的公式可供选用，配制高强混凝土所用水胶比宜控制在 0.38 以下，试配时选用的水胶比间距宜为 0.02～0.03，而不是 0.5。

（2）用水量与胶结材料用量

高强度高性能混凝土可参考普通混凝土中用水量的要求，根据坍落度、骨料品种、粒径来确定。当由此确定的用水量导致胶凝材料总用量过大时，可通过调整减水剂品种或掺量来降低用水量或胶凝材料用量。也可以根据强度和耐久性要求，首先确定水泥或胶凝材料用量，再由水胶比计算用水量，当流动性不能满足设计要求时，再通过调整减水剂品种或掺量加以调整。水泥用量不宜超过 550 kg/m^3，胶凝材料总量不宜超过 600 kg/m^3。配制高强混凝土时，水泥用量的增加必须适当，因为它只能在一定范围内提高混凝土的强度，但是增加水泥用量不仅会增加混凝土成本，还会产生较大的水化热，增加混凝土开裂的风险。因此可采用掺入高效减水剂和矿物掺合料来减少水和水泥用量。

（3）砂率

在满足施工工艺和施工和易性要求时宜选择较低的砂率，以降低水泥用量。虽然砂率在一定范围内对混凝土强度的影响不大，但对混凝土拌和物和易性及硬化混凝土的弹性模量有较大影响,从原则上来说,应通过试验确定合理砂率值。

（4）外加剂掺量

通过混凝土强度及拌和物和易性等试验,确定外加剂品种和合理掺量。其中高效减水剂的品种选择原则,除了考虑减水率大小外,尚要考虑对混凝土坍落度损失、保水性和黏聚性的影响,更要考虑对强度、耐久性和收缩的影响。

通过试验确定高强混凝土设计配合比后,还应针对该配合比重复进行 6～10 次的试拌、测试和调整等试验进行验证,最终确定可实际应用的混凝土配合比。

6. 施工技术

由于高强混凝土的性能对原材料性质、配合比参数以及施工养护等因素更为敏感,因此,在高强混凝土的工程应用中,必须加强施工管理,确保工程质量。下列工艺措施可显著提高混凝土的强度。

（1）搅拌和振捣。因水胶比较小,胶凝材料用量较大,因此,高强混凝土拌和物应采用卧轴强制式搅拌机拌和,以使混凝土拌和物在强剪切力作用下,充分混合均匀。因高强混凝土拌和物的黏稠度较大,夹入的气泡不易排除,因此,灌注后应采用合适频率的振捣器具进行振动捣实,以获得预期强度的混凝土。

（2）加压成型。在混凝土硬化前进行加压,可提高水泥石强度,从而获得优质的高强混凝土。

（3）离心成型。成型时,利用离心力排出混凝土拌和物中的多余水分,降低水胶比,提高成型后混凝土的密实性和强度。

应该指出,在实际应用中往往采用几种措施综合并用,这样可以显著而合理地获得高强效果。此外,在混凝土中采用纤维增强或用聚合物浸渍等方法,也能获得高强混凝土。

高性能混凝土是由高强混凝土发展而来的,但仅以抗压强度作为验收与评价指标,不足以保证混凝土的长期耐久性。迄今各国对其要求和定义不完全相同,较为一致的观点是:高耐久性;高体积稳定性;适当的高抗压强度;良好的工作性。因此,高性能混凝土配合比设计的侧重点并不仅限于强度,一般来讲更侧重于其工作性和耐久性。高性能混凝土必须具有高抗渗性和良好的尺寸稳定性。高性能混凝土的抗渗性一般以氯离子在混凝土中的渗透速度来表示,氯离子渗透迁移系数小于 5×10^{-8} cm^2/s,或者 6 h 氯离子渗透扩散电量不大于 500C 的混凝土认为是不渗透的;混凝土良好尺寸稳定性的主要特征是高弹性模量、低干燥收缩、低徐变及温度应变率小等。一般认为现代高强混凝土就是高性能混凝土(即依靠高效减水剂和矿质掺合料来降低混凝土的水胶比和水泥用量,改善混凝土微观结构,使混凝土更加致密高强)。但高性能混凝土是否必须高强,还存在不同的看法。

虽然对高性能混凝土有不同的看法,但一致认同高耐久性是高性能混凝土的显著特点。

高性能混凝土的微观结构特征为孔隙率低且孔径小,连通的毛细孔很少,这也是实现混凝土高性能化的基本要求。因此,可以将高性能混凝土视为以耐久性为基本要求并满足工业化预拌生产和机械化泵送施工、甚至能达到自密实的混凝土。从这个意义上来说,高性能混凝土并不是一种特种混凝土,而是根据工程所处环境和施工要求对混凝土性能与组成的一种优化设计。

高性能混凝土配合比的特点是:采用低水胶比和较低水泥用量,除水泥、水和骨料外,还掺加外加剂与矿物掺合料(特别是超细矿物掺合料,如硅灰、磨细粒化高炉矿渣、粉煤灰和沸石粉等)作为基本组成材料,这些特点使得高性能混凝土微观结构得到了显著改善。

高性能混凝土中大量使用粉煤灰和磨细粒化高炉矿渣等矿物掺合料取代部分水泥,既改善了混凝土的性能,又利用了工业废料,降低水泥用量,减少生产水泥带来的能源消耗与 CO_2 排放量。在这种意义上,高性能混凝土是一种环保型和可持续发展型的新型混凝土材料。

高性能混凝土的相关应用技术可参考《高性能混凝土应用技术规程》(CECS 2007—2006)。

3.8　其他混凝土

3.8.1　大体积混凝土

日本建筑学会标准(JASS5)规定:"结构断面最小厚度在 80 cm 以上,同时水化热引起混凝土内部的最高温度与外界气温之差预计超过 25 ℃的混凝土,称为大体积混凝土"。

我国《大体积混凝土施工规范》(GB 50496—2018)规范:混凝土结构物实体最小几何尺寸不小于 1 m 的大体量混凝土,或预计会因混凝土中胶凝材料水化引起的温度变化和收缩而导致有害裂缝产生的混凝土,典型的工程实例见图 3.19。

图 3.19　大坝和桥梁工程中的大体积混凝土

1. 大体积混凝土裂缝产生的原因

大体积混凝土结构裂缝的产生是由多种因素引起的。

(1)水泥水化热的影响

大体积混凝土结构较大,在混凝土浇筑完成后,水泥水化作用产生大量水化热而使混凝土内部温度升高,而由于大体积混凝土截面厚度大,水化热聚集在结构内部不易散失,造成较大的内外温差,温差越大,由此产生的温度应力也越大;加之混凝土早期抗拉强度较低,所以当混凝土的抗拉强度不足以抵抗该温度应力时,便开始产生温度裂缝。这就是大体积混凝土容易产生裂缝的最主要原因。

(2)混凝土收缩的影响

混凝土在空气中硬化时体积减小的现象称为混凝土收缩。混凝土在不受外力情况下的这种自发变形,受到外部约束时(支承条件、钢筋等),将在混凝土中产生拉应力,使得混凝土开裂。在硬化初期主要是水泥石在水化凝固结硬过程中产生的体积变化,后期主要是混凝土内部自由水分蒸发而引起的干缩变形。

在大体积混凝土中,混凝土收缩变形引起的应力变化也是不可忽视的问题。根据有关工程测试资料和计算分析结果,大体积混凝土中由于收缩变形而引起的混凝土拉应力占温度应力的 30% 以上。

(3)外界气温与湿度变化的影响

大体积混凝土结构在施工期间,外界气温的变化对大体积混凝土裂缝的产生起着很大的影响。混凝土内部的温度由浇筑温度、水泥水化热的绝热温升和结构的散热温度等各种温度叠加之和组成。浇筑温度与外界气温有着直接关系,外界气温愈高,混凝土的浇筑温度也就会愈高;如果外界温度降低则又会增加大体积混凝土的内外温度梯度。如果外界温度的下降过快,会造成很大的温度应力,极易引发混凝土的开裂。另外外界的湿度对混凝土的裂缝也有很大的影响,外界湿度的降低会加速混凝土的干缩,也会导致混凝土裂缝的产生(图3.20)。因此控制混凝土表面温度与外界气温温差,也是防止裂缝的重要一环。

图 3.20 大体积混凝土的开裂问题

2. 大体积混凝土温度控制的方法

大体积混凝土的裂缝破坏了结构的整体性、耐久性、防水性,危害严重,必须加以控制。大体积开裂主要是水化热使混凝土温度升高引起的,所以采用适当措施控制混凝土温度升高和温度变化速度,在一定范围内,就可避免出现裂缝。这些措施贯穿了大体积混凝土制备、施工和养护的全过程,包括选择混凝土组成材料、施工安排、浇筑前后降低混凝土温度的措施和养护保温等。

(1)采用水化热较低的水泥,降低水化热。

由于温差主要是由水化热产生的,所以为了减小温差就要尽量降低水化热,为了降低水化热,要尽量采取早期水化热低的水泥。由于水泥的水化热是矿物成分与细度的函数,要降低水泥的水化热,主要是选择适宜的矿物组成和调整水泥的细度模数。硅酸盐水泥的矿物组成主要有:C_3S、C_2S、C_3A 和 C_4AF。试验表明:水泥中铝酸三钙(C_3A)和硅酸三钙(C_3S)含量高的,水化热较高,所以,为了减少水泥的水化热,必须降低熟料中 C_3A 和 C_3S 的含量。在施工中一般采用低热水泥、矿渣硅酸盐水泥等。在不影响水泥活性的情况下,可适当选择细度较大的水泥,以减小水化热对大体积混凝土的影响。因为水泥颗粒过细,早期水化热过分集中,水化放热速率过大,导致混凝土结构易在早期产生温度差异裂缝。另外,水泥颗粒过细,需水量大,使得混凝土早期干燥收缩变形趋大,容易产生塑性收缩裂缝。

(2)采用能降低早期水化热的混凝土外加剂,如缓凝剂、缓凝型减水剂等。

减水剂的主要作用是改善混凝土的和易性,降低水胶比,提高混凝土强度或在保持混凝土一定强度时减少水泥用量。而水胶比的降低和水泥用量的减少对防止开裂是十分有利的。

缓凝剂的作用一是延缓混凝土放热峰值出现的时间,由于混凝土的强度会随龄期的增长而增大,所以等放热峰值出现时,混凝土强度也增大了,从而减小裂缝出现的机率;二是改善和易性,减少运输过程中的坍落度损失。

(3)采用掺合料,如粉煤灰、磨细矿渣、磨细石灰等,降低水泥用量,减小水化热。

为了减少水泥用量,降低水化热并提高和易性,可以把部分水泥用粉煤灰代替。掺入粉煤灰主要有以下作用:①由于粉煤灰中含有大量的硅、铝氧化物(其中 SiO_2 含量 $40\%\sim60\%$,Al_2O_3 含量 $17\%\sim35\%$,这些硅、铝氧化物能够与水泥的水化产物进行二次水化反应),是其活性的来源,可以取代部分水泥,从而减少水泥用量,降低混凝土的热胀;②由于粉煤灰颗粒较细,能够参加二次水化反应的界面相应增加,同时在混凝土中分散更加均匀;③粉煤灰的火山灰反应进一步改善了混凝土内部的孔结构,使混凝土中总的孔隙率降低,孔结构进一步细化,分布更加合理,使硬化后的混凝土更加致密,相应收缩值也减少。

值得一提的是:由于粉煤灰的相对密度较水泥小,混凝土振捣时相对密度小的粉煤灰容易浮在混凝土的表面,使上部混凝土中的掺合料较多,强度较低,表面容易产生塑性收缩裂缝。因此,粉煤灰的掺量不宜过多,在工程中应根据具体情况确定粉煤灰的掺量。

(4)采用补偿收缩混凝土,提高早期抗拉强度。

用混凝土膨胀剂拌制的微膨胀混凝土称为补偿收缩混凝土。补偿收缩混凝土是一种微膨胀混凝土,混凝土的膨胀相应推迟了混凝土收缩的产生过程,使混凝土的抗拉强度在此期间得到较大的增长,当混凝土开始收缩时,其抗拉强度已增长到足以抵抗收缩产生的拉应力,从而防止和大大减轻混凝土的收缩开裂,达到抗裂防渗的目的。

(5)采用合理的施工工艺,对浇筑成型后的大体积混凝土采用合理的养护方法。

控制浇筑层厚度和进度,控制混凝土入模时间,浇筑混凝土时投入适量的毛石,预埋循环冷却水管散热,通水冷却,埋设测温装置,加强观测等。

3.8.2　透水混凝土(多孔混凝土)

1. 透水混凝土的定义

透水混凝土是由骨料、水泥和水拌制而成的一种多孔轻质混凝土,它不含或仅含有少量细骨料,由粗骨料表面包覆一薄层水泥浆相互黏结而形成孔穴均匀分布的蜂窝状结构,故具有透气、透水和重量轻的特点,是一种环境友好的具有多连通孔隙的开级配混合料,如图3.21所示。

透水混凝土

普通混凝土

图3.21　透水混凝土

透水混凝土通常具有15%~25%的有效孔隙率(连通孔隙率)和0.5~20 mm/s的透水系数,这赋予了透水混凝土透水、透气、净化水体、吸声降噪、保护地下水资源、缓解城市热岛效应和改善土壤生态环境等众多优良的使用性能。在可持续发展与保持生态平衡等战略思想的指导下,日韩、欧美等一些发达国家在50多年前就开始了对透水混凝土的设计研究与开发。目前,透水混凝土在道路路面材料中的应用最为广泛。

2. 透水混凝土路面的基本性能

透水混凝土路面是采用透水混凝土混合料,通过特定的施工工艺形成的既有均匀分布的连通孔隙,又具有一定的路用性能和耐久性的路面铺装结构。与普通混凝土路面相比,透水混凝土路面具有以下一些优点:①表面粗糙,可提供舒适抗滑的行车表面;②可以迅速排出路表水以及其他洒落在路面上的液体污染物;③由于透水混凝土表面的蜂窝式结构,所以它还能有效地吸收路面车辆行驶时产生的噪声,改善道路附件居民的居住环境;④由于多孔材料的骨架空隙结构,它还能够较好的吸附汽车尾气,降低大气污染;⑤可以改善轮胎和路面的附着力,减轻潮湿路面对灯光的反射,提高行车安全性(图3.22)。

图3.22　普通混凝土路面与透水混凝土路面对比

　　随着我国城市现代化建设进程的发展,许多城镇逐步被各种硬性(不透水)场地和道路所覆盖,这就使得降水大部分需要通过城市的排水系统排出,不仅增加了城市排水系统的负担,还容易造成城市道路的积水问题,给人们的日常生活带来极大的不便。同时,由于城市地下水位得不到应有的补充,造成地下水位下降,严重影响了我国城市水环境的平衡。不透水硬性地面的增加与扩大一直被认为是破坏自然水循环体系的元凶,而使用透水混凝土路面结构,使降雨直接、迅速地进入水循环系统来还原地下水,创造其与自然环境的衔接点,不仅可以缓解城市排水系统的压力,改善城市的水循环和居民的生活环境,还可以保持土壤湿度,提高城市植被的存活和生长率。

　　3. 常用的透水混凝土

　　透水混凝土按照其组成材料可分为:透水水泥混凝土、透水沥青混凝土、聚合物透水混凝土等;按照其铺装的外观效果可分为:普通透水混凝土路面、彩色透水混凝土路面、露骨料透水混凝土路面和透水混凝土预制块铺装路面等;按照其使用功能可分为普通透水混凝土路面(即以透水为目的的路面)、景观透水混凝土路面、承载透水混凝土路面和透水混凝土预制块路面等。

　　(1)透水水泥混凝土

　　以水泥为主要胶结材料制成的透水混凝土称透水水泥混凝土,一般情况下所指的透水混凝土就是透水水泥混凝土。目前国内外应用的透水水泥混凝土通常具有15%～25%的孔隙率,28 d抗压强度在10～30 MPa。

　　透水水泥混凝土的结构特征与普通混凝土截然不同:从主要组成材料上看,透水水泥混凝土拌和物中仅有少量或不含细骨料,所以透水混凝土中用以包裹骨料的水泥(砂)浆较少,骨料颗粒之间通常是通过接触的摩擦力来相互咬合在一起,而不是像普通水泥混凝土中的骨料那样被嵌挤和握裹在水泥砂浆中,如图3.23(a)所示;从材料本身的各相黏结情况来看,由水泥(砂)浆或增强材料组成的胶凝材料薄层包裹在骨料颗粒表面形成骨料颗粒间的胶结层,骨料颗粒之间通过硬化的胶结层形成多孔"桥架"结构,并在其内部形成了大量的连通孔隙,如图3.23b所示,所以透水混凝土主要是依靠包裹在粗骨料表面的胶凝材料薄层来提供整个结构的强度,而对于这种骨架结构,在外部荷载的作用下胶结层很容易在骨料的黏结界面处出现应力集中而破坏,如图3.23(c)所示。而普通混凝土则是依靠胶凝材料与骨料混合而形成的密实复合结构来共同抵抗外部荷载的作用。所以,与普通混凝土不同,为了保证透水混凝土的使用功能,透水混凝土中胶凝材料的用量需要严格控制,所以在结构中所形成的水泥(砂)浆凝胶层较薄,骨料界面之间的胶结面积较小,骨料之间的嵌挤咬合作用点也较少,其破坏特征也主要表现为骨料之间黏结处的破坏。

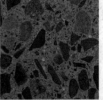

（a）透水水泥混凝土　　　　（b）试件切面　　　　（c）透水混凝土和普通混凝土对比

图 3.23　透水水泥混凝土的结构特征

由于透水水泥混凝土的结构特征与普通水泥混凝土不同,所以在路面施工时采用的施工工艺也有所不同。透水水泥混凝土属于干硬型混凝土,混合料的坍落度很小,一般不超过50 mm,为了同时保证孔隙率和强度,不能采用强力振捣的普通水泥混凝土的密实成型方法,主要可采用刮平、微振、碾压整平和表面修整等方法;由于透水水泥混凝土坍落度很小,工作性能损失快,从混凝土搅拌出料到现场摊铺间隔的时间要尽可能短,夏天不宜超过 30 min,冬天不宜超过 50 min。在铺装施工后,由于透水混凝土路面多孔结构失水较快,所以要对其进行及时和充分的养护,以保证其性能。

（2）透水沥青混凝土

透水沥青混凝土是以沥青为胶结料,以开级配的天然石子为粗骨料,并加入少量的细骨料拌和而成的兼具透水性和稳定性的路面铺装材料(图 3.24)。在透水沥青混凝土的组成材料中主要靠粗骨料形成骨架支撑结构,同时通过掺入少量的细骨料来调节混合料的黏结性能,沥青黏附在骨料表面形成黏结层,将骨料颗粒黏结在一起。

普通沥青混凝土　　　　透水沥青混凝土

图 3.24　透水沥青混凝土

由透水沥青混凝土制作成的沥青路面开级配抗滑磨耗层(OGFC)具有良好的透水性、吸声降噪性、雨天防水雾性、抗滑性和抗车辙性。设计空隙率通常大于 18%,具有较强的结构排水能力,适用于多雨地区修筑沥青路面的表层或磨耗层。近年来我国城市开始修筑降噪排水路面,以提高城市道路的使用功能和减少城市交通噪声,在沥青路面结构组合选用上就使用了OGFC 作为上面(磨耗层),中面层、下(底)面层等采用密级配沥青混合料,既满足沥青路面的路用性能,又实现了城市道路降噪排水的环保的使用功能。

透水沥青混凝土路面容易出现的问题是:在炎热的夏天,路面温度较高,这时路面的沥青会软化而向下流动直到与下边较冷的层面相遇,随后凝固,长期积累会逐渐造成路面孔隙堵塞,使其透水性能下降,使用功能退化。由于透水沥青混凝土路面表面的多孔结构,所以它对温度和湿度变化的敏感性强,耐候性差,因路面受到阳光照射和空气的氧化作用,易老化。

（3）聚合物透水混凝土

聚合物透水混凝土是以树脂为胶结材料，靠树脂聚合硬化将骨料胶结成的多孔混凝土。由于树脂对骨料的包裹层较薄，所以可以利用堆积空隙率较低的骨料，甚至用连续级配的骨料。

聚合物透水混凝土多用于景观广场，由于树脂透明，石子可采用彩色石子，以显露石子的本色，增加景观效果。但聚合物透水混凝土的树脂硬化后会变得较脆，耐冲击性能较差，且易老化。

（4）透水混凝土预制块（砖）

透水混凝土预制块（砖）是以水泥作为胶凝材料，天然石子作为骨料，必要时添加外加剂，由工厂预制而成的。在施工现场直接铺设在透水基层之上可形成透水性铺装路面，如图 3.25 所示。通常为了增加装饰效果，还可以将其预制成各种形状，表面装饰有各种纹理和不同的颜色。

图 3.25　透水混凝土预制块（砖）

4. 透水混凝土在工程中的应用

近几年，随着新型工程材料的不断出现和环境保护意识的不断加强，透水混凝土以其环境友好的特点被誉为"绿色混凝土"，并因此受到了广泛的重视，其配合比设计方法、施工、养护、管理等已形成国家级的标准规范，现已广泛的应用在市政工程、园林工程、环境工程和生态环保工程等多个领域，取得了良好的社会效果，如图 3.26～图 3.28 所示。

图 3.26　透水混凝土休闲广场和人行道路

图 3.27　透水混凝土停车场

图 3.28　透水混凝土道路

3.8.3　防水(抗渗)混凝土

防水混凝土,亦称为抗渗混凝土,是指采取一定技术手段调整配合比或掺入少量外加剂,以改善混凝土孔结构及内部各界面间的密实性,或补偿混凝土的收缩以提高混凝土结构的抗裂和抗渗性能,使其满足抵抗一定水渗透压力(大于 0.6 MPa),具有一定防水功能的混凝土。

防水混凝土的防水性能可采用抗渗等级或渗透系数等表示,我国标准采用抗渗等级来表现防水混凝土的抗渗性能。抗渗等级是以 28 d 龄期的标准试件,按标准试验方法进行试验时用每组 6 个试件中 4 个试件未出现渗水时的最大水压力来表示的。防水混凝土抗渗等级的符号用字母 P 和抗渗压力表示,可分为 P6、P8、P10、P12 四个等级,如 P8 表示试件能在0.8 MPa水压下不渗水,所以防水混凝土就是抗渗等级大于 P6 的一种混凝土。

1. 防水混凝土的种类

防水混凝土按照其制备方法的不同,可分为普通防水混凝土、外加剂防水混凝土、骨料级配法防水混凝土和采用特种水泥的防水混凝土。

(1)普通防水混凝土。

所用原材料与普通混凝土基本相同,但两者的配制原则不同。普通防水混凝土主要借助于采用较小的水胶比(不大于 0.6)以减少毛细孔的数量和孔径;适当提高水泥用量(不小于320 kg/m³)、砂率(35%～40%)及灰砂比(1:2～1:2.5),在粗骨料周围形成品质良好的和足够数量的砂浆包裹层,使粗骨料彼此隔离,以隔断沿粗骨料与砂浆界面的互相连通的渗水孔网;采用较小的骨料粒径(不大于 40 mm)以减小沉降孔隙;保证搅拌、浇筑、振捣和养护的施工质量,以抑制或减少混凝土孔隙率,改变孔隙特征,提高砂浆及其与粗骨料界面之间的密实性和抗渗性。普通防水混凝土的一般抗渗压力可达0.6～2.5 MPa,施工简便,造价低廉,质量可靠,适用于地上和地下防水工程。

(2)减水剂防水混凝土

在混凝土中掺入常用的普通减水剂和高效减水剂,在和易性相同的情况下,可大幅度地减少拌合水的用量,从而降低水胶比,大大减少由于早期蒸发水和泌水形成的毛细孔通道,并细化孔径,改善孔结构,提高混凝土的密实性和抗渗性。如采用引气型减水剂(如木质素磺酸钙)则防水效果更佳,是配制高抗渗性混凝土的有效途径。

(3)引气剂防水混凝土

引气剂是一种具有憎水作用的表面活性物质,它可以显著降低混凝土拌和用水的表面张力,通过搅拌在混凝土拌和物中产生大量稳定、微小、均匀、密闭的气泡。这些气泡在拌和物中可以起到类似滚珠的作用,从而改善混凝土拌和物的和易性,使混凝土拌和物泌水性减小,泌水通道的毛细管也相应减少。同时,大量封闭的微气小泡的存在,堵塞或隔断了砂浆中毛细管渗水通道,改变了砂浆的孔结构,使混凝土的抗渗性能得到提高。

引气剂的掺量要严格控制,应保证混凝土既能满足抗渗性能的要求,同时又能满足强度的要求。通常以控制混凝土的含气量在 3%～6% 为宜。搅拌是生成气泡的必要条件,搅拌时间对混凝土含气量有明显的影响。搅拌时间过短,则不能形成均匀、分散的微小气泡;搅拌时间过长,则气泡壁越来越薄,易使微小气泡破坏而产生大气泡。搅拌时间过短和过长都会降低混凝土的渗透性,一般搅拌时间在 2～3 min 为宜。

(4)三乙醇胺防水混凝土

三乙醇胺是一种混凝土早强防水剂,可以加速水泥水化,使早期生产的水化产物增多,相应地减少了混凝土的毛细孔率,从而提高了混凝土的抗渗性。如与氯化钠、亚硝酸钠等无机盐复合使用,这些无机盐在水泥水化过程中,会分别生成氯铝酸盐和亚硝酸铝酸盐类络合物,这些络合物生成时会发生体积膨胀,从而堵塞混凝土内部的孔隙,切断毛细管通道,有利于提高混凝土的密实度、抗渗性能和早期强度。

(5)密实剂防水混凝土

密实剂混凝土是在混凝土拌和物中加入一定量的密实剂(氯化铁、氢氧化铁和氢氧化铝的溶液)拌和制成的。其技术效果是显著提高抗渗性和减少收缩、防止开裂,能有效阻止水分子渗透,显著提高混凝土强度。密实剂易溶于水,搅拌后在混凝土中均匀分布,与水泥水化析出物发生化学反应,生成结晶体和凝胶体,减小了混凝土的体积收缩,提高了混凝土的抗裂性。同时,凝胶体在生长过程中,将水泥石中的孔隙填充和堵塞,切断毛细管道的连通,使混凝土内部的孔隙率变小,密实度和抗渗性提高。密实剂防水混凝土不仅大量用于水池、水塔、地下室以及一些水下工程中,而且还广泛用于地下防水工程的砂浆抹面和大面积的修补堵漏。另外,密实剂防水混凝土还可以代替金属制作煤气罐和油罐等。

(6)特种水泥防水混凝土

采用膨胀水泥、收缩补偿水泥、硫铝酸盐水泥等特种水泥配制的防水混凝土,其原理是依靠早期形成的大量钙矾石、氢氧化钙等晶体和大量凝胶,填充孔隙空间,形成致密结构,并改善混凝土的收缩变形性能,从而提高混凝土的抗裂和抗渗性能。

由于特种水泥生产量小,价格高,目前直接采用特种水泥配制防水混凝土的方法尚不普遍。施工现场常采用普通水泥加膨胀剂(如 UEA)的方法来制备防水混凝土。掺膨胀剂的混凝土需适当延长搅拌时间,并加强混凝土 14 d 内的湿养护。

2. 防水混凝土的设计原则

水在混凝土中的渗透过程可用达西定律来描述,达西定律指出,水的渗透是毛细孔吸水饱和压力水透过的连续过程,认为水在混凝土内渗透的快慢与混凝土孔隙率及其组分的比表面积(组成材料的颗粒表面积与体积的比值)有关。混凝土是一种非均质多孔材料,普通混凝土内孔及微裂缝随机分布并相互连通,形成一个贯穿整个空间的孔隙网络,成为水进入混凝土内部的通道,因而普通混凝土通常是渗水的,不具备防水功能。要配制防水混凝土,必须控制混凝土的孔隙率及孔微结构特征,以阻碍混凝土内渗水通道的形成,从而提高混凝的抗渗性能。

水泥混凝土中的孔隙网络是由水化产物对原始充水空间填充不足而留下的孔洞,水泥浆体在水化过程中因温度、湿度变化产生收缩而形成的微裂缝,以及水化硅酸钙凝胶本身固有的孔隙(凝胶孔)等连通形成的。孔隙网络主要分布于水泥浆体和骨料间的界面过渡区以及水泥浆体内部,且界面过渡区分布相对多。因此,在设计防水混凝土时可从材料配制和施工两方面着手,通过降低水胶比、掺入一定外加剂,以及适当增加水泥用量和调整砂率等手段,减少混凝土内部毛细孔的生成,抑制硬化浆体中微裂缝的产生,来抑制混凝土内部孔隙网络的发育,堵塞混凝土内部的渗水路径,从而使混凝土具备防水抗渗的功能。

3. 防水混凝土的配合比设计

同普通混凝土一样,防水混凝土的配合比设计的关键也在于确定水胶比、用水量及水泥用量、外加剂品种及掺量、砂率等参数。

(1)水胶比

水胶比是防水混凝土配合比设计最重要的技术参数,它对硬化混凝土中孔的体积含量及孔径大小起着决定性作用,直接影响混凝土的抗渗性能。防水混凝土的水胶比主要是根据工程要求的抗渗性与施工和易性确定,其次才考虑混凝土的强度。这是由于抗渗性对水胶比的要求要高于强度对水胶比的要求,因此防水混凝土的强度往往会超过设计要求。防水混凝土水胶比的选择可参照表 3.37 进行。一般来说,水胶比超过 0.65 后混凝土的抗渗性会急剧下降,所以防水混凝土的最大水胶比以不超过 0.6 为宜。

表 3.37　防水混凝土最大水胶比的要求

抗渗等级	最大水胶比	
	C20～C30 混凝土	C30 以上混凝土
P6	0.60	0.55
P8～P12	0.55	0.50
>P12	0.50	0.45

(2)用水量及水泥用量

用水量的选择取决于防水混凝土流动性要求和原材料中骨料最大粒径。同普通混凝土一样,应根据混凝土结构条件(如结构截面的大小、钢筋布置的疏密等)和施工方法(运输、浇捣方法等)所需的混凝土和易性,通过经验和试拌确定用水量。当水胶比确定后,用水量决定了水泥用量,对混凝土抗渗性有比较明显的影响。若水泥用量过少,则使混凝土拌和物干涩,会降低硬化混凝土的密实度,致使其抗渗性降低。普通防水混凝土的抗渗性随着水泥用量的增加而提高,其水泥用量以不小于 320 kg/m³ 为宜。

(3)外加剂品种及掺量

外加剂的掺入对混凝土的微结构特征有重要影响。不同品种微量外加剂的掺入会影响到混凝土的孔隙率大小、孔径分布情况、界面过渡区的连通性以及硬化混凝土内微裂缝的形成。外加剂不仅可改善新拌混凝土的流动性,使混凝土更易成型密实,还可减少混凝土内收缩裂缝等微观缺陷的生成。通过选择不同的外加剂品种并控制其掺量,使防水混凝土微结构更加密实,可制备不同品种的防水混凝土,如微膨胀防水混凝土、引气剂防水混凝土、密实剂防水混凝土等。

(4)砂率

防水混凝土的砂率不同于普通混凝土,应采用与砂石粒径、石子空隙率相适应的相对较高的砂率。防水混凝土的砂率应高于 35%。足够的水泥用量和合适的砂率可在混凝土粗骨料表面形成足够数量和优质的砂浆包裹层,有效阻隔沿粗骨料表面的相互连通的界面过渡区,削弱混凝土内的渗水网络,使混凝土具有良好的抗渗性。

(5)灰砂比

灰砂比是防水混凝土配合比中一个重要的参数,在已确定水泥用量和砂率的情况下,还应对灰砂比进行验证。灰砂比可直接反映水泥砂浆的浓度以及水泥包裹砂粒的情况。若灰砂比过大,混凝土易出现不均匀收缩和较大收缩现象,使混凝土抗渗性降低;灰砂比过小,新拌混凝土显得干涩而缺乏黏性,同样使混凝土密实性不良。只有选用适宜的灰砂比才对提高防水混凝土的抗渗性有利。防水混凝土灰砂比以 1∶2～1∶2.5 为宜。

防水混凝土的配制技术要求见表 3.38。

表 3.38　防水混凝土配制技术要求

项　目	技术要求
水胶比	≤0.6
水泥用量	≥320 kg/m³;掺活性掺合料时≥280 kg/m³
坍落度	≤50 mm;如掺外加剂或采用泵送混凝土时不受此限制
灰砂比	1∶2～1∶2.5
砂率	≥35%;对于厚度较小,钢筋稠密、埋设件较多等不易浇筑和捣实施工的工程可提高到40%
骨料	细骨料采用中砂或细砂,含泥量≤3.0%,泥块含量≤1.0%;粗骨料最大粒径≤40 mm,连续级配,含泥量≤1.0%,泥块含量≤0.5%

4. 防水混凝土在工程中的应用

防水混凝土集承重、围护和防水功能于一体,还可满足一定的耐久性要求,适用于一般工业及民用建筑的地下室、水池、大型设备基础、沉箱等防水建筑,以及地下通廊、隧道、桥墩、水坝等构筑物(图 3.29)。不同的防水混凝土各自具有不同特点,可根据不同工程要求加以选择使用(见表 3.39)。

(a) 大坝　　　　　　　　　　(b) 隧道　　　　　　　　　　(c) 储水仓

图 3.29　防水(抗渗)混凝土在工程中的应用

表 3.39　防水混凝土的适用范围

种　类		最高抗渗压力(MPa)	特　点	使用范围
普通防水混凝土		>3.0	施工简便,材料来源广泛	适用于一般工业与民用建筑的地下防水工程
外加剂防水混凝土	引气剂防水混凝土	>2.2	抗冻性好	适用于北方高寒地区抗冻性要求较高的防水工程及一般防水工程,不适用与抗压强度>20 MPa或耐磨性能要求较高的防水工程
	减水剂防水混凝土	>2.2	新拌混凝土流动性好	适用于钢筋密集或振捣困难的薄壁型防水构筑物,也适于对混凝土凝结时间(缓凝或促凝)和流动性有特殊要求(如泵送混凝土)的防水工程

种　类		最高抗渗压力 （MPa）	特　点	使用范围
外加剂防水混凝土	密实剂防水混凝土	＞3.8	密实性好，抗渗等级高	广泛适用于各类建筑防水工程，如：水池、储仓、地铁、隧道等
	补偿收缩防水混凝土	＞3.6	密实性高，抗渗、抗裂性能好	屋面及地下防水、堵漏、基础后浇带、混凝土构件补强等
	聚合物水泥防水混凝土	＞3.8	抗裂性能好，抗渗等级高，耐久性好，价格较高	可应用于各类耐久性要求较高的防水工程

3.8.4　道路混凝土

道路路面或机场路面所用的水泥混凝土一般称为道路混凝土（图 3.30）。

图 3.30　道路混凝土

1. 道路混凝土的基本性能

道路混凝土在原材料、技术性质的规律及质量控制等方面与普通混凝土基本一致。但是，由于道路混凝土的受力特点及所使用环境的不同，道路混凝土在组成材料的选用、配合比设计、施工等方面与普通混凝土又不尽相同。在道路和机场工程中，混凝土抗折强度（抗弯拉强度）是结构设计和质量控制的重要指标，而抗压强度仅作为参考强度指标。根据道路材料的受力特点和使用特性，道路混凝土必须具备以下工程性能：①抗折强度高；②表面致密，有良好的耐磨性能；③有良好的承受气候作用的耐久性；④在温度和湿度的影响下体积变化不大；⑤表面易于修整。

2. 道路混凝土的配合比设计

因为道路混凝土需要具备凝结硬化快、早期强度高、收缩性小、耐磨性能好、抗冻性能好的要求，所以其原材料及配合比设计应该满足以下要求：①水泥强度等级不宜低于 32.5 级，水泥用量不应小于 300 kg/m³；②粗骨料的质量是影响道路混凝土耐久性的重要因素，必须选用具有较高抗压强度和耐磨性能好的粗骨料，最大粒径不宜大于 40 mm，需要根据道路路面板的设计厚度决定；③细骨料宜选用级配良好的中、粗砂，砂的质量应符合 C30 以上普通混凝土的用砂要求；④根据需要，道路混凝土常用的外加剂有减水剂、引气剂、早强剂和缓凝剂；⑤道路混凝土的配合比设计应使混凝土的抗压强度不应低于 30 MPa，抗折强度和抗压强度的比值一般在 1∶5.5～1∶7.0 之间;⑥各交通等级道路路面要求的水泥混凝土设计抗折强度为5.0 MPa(特重和重交通量)、4.5 MPa(中等交通量)、4.0 MPa(轻交通量)。

需要指出的是,由于道路混凝土和普通混凝土两者之间的技术指标不同,在配合比设计时的出发点也迥然不同。道路混凝土的抗折强度要求指标要高于抗压强度指标,因为抗折强度和抗压强度的试验方法不同,所以一些满足抗压强度值的道路混凝土不一定能满足抗折强度要求,而抗折强度对粗骨料的粒径和强度及细骨料的含泥量和级配的要求均高于抗压强度。道路混凝土与普通混凝土配合比设计参数对抗折强度与抗压强度影响不同的根本原因,在于混凝土材料对不同加载方式的敏感性差异,抗折强度的大小取决于抗拉(弯拉)强度,而抗拉强度主要依赖混凝土材料的均匀性及其骨料与胶凝材料界面的黏结强度。而抗压强度不同,混凝土受压破坏的主要形式是剪压破坏,它对混凝土均匀性和界面结合强弱的敏感性要相对小一些。由于抗折强度各项配合比参数的影响规律与抗压强度不同,所以单单采用提高混凝土抗压强度的措施来增加其抗折强度,不一定有明显效果。

3.8.5 喷射混凝土

喷射混凝土是用喷射法施工的混凝土。喷射混凝土有干拌和湿拌两种施工法。干拌法是将水泥、砂、石按一定比例拌和后,装入喷射机,用压缩空气将干混合料沿管路输送至喷头处,与水混合后以 40～60 m/s 的高速喷射至作业面上。湿拌法则是将原材料预先加水拌和后再喷射。

喷射混凝土施工时,由于水泥颗粒与骨料互相撞击,连续挤压,以及采用较小的水灰比,从而使混凝土具有足够的密实性、较高的强度和较好的耐久性。喷射混凝土的强度和密实度均较高,抗压强度为 25～40 MPa,抗拉强度为 2～2.5 MPa,与岩石的黏结力为 1～1.5 MPa,抗渗等级在 P8 以上。喷射混凝土常用于隧道衬砌的施工,此外在基坑和矿井支护工程以及混凝土结构的修补中也有广泛的应用。

1. 喷射混凝土的原材料及其要求

由于喷射混凝土工艺的特殊性,对原材料的性能、规格要求及其配比,也和普通混凝土有所不同。

(1)水泥

水泥的品种和规格应根据工程性质(如巷道支护工程)的要求、水泥对所用速凝剂的适用性,以及现场供应条件而定。应优先选用普通硅酸盐水泥(因其特点是凝结硬化快,保水性好,早期强度增长快),也可以根据实际情况选用矿渣硅酸盐水泥或火山灰硅酸盐水泥。矿渣硅酸盐水泥凝结较慢,早期强度增长迟缓,而且对滴水和低温特别敏感,凝结硬化效果明显降低。火山灰硅酸盐水泥虽然黏着,有利于降低回弹,但早期硬化慢,吸水性强,需较长时期养护,否则容易因迅速干燥而使水分过早蒸发,导致喷射混凝土产生较大收缩而开裂。因此,采用矿渣硅酸盐水泥和火山灰质硅酸盐水泥作喷射混凝土用料时要慎重,一般在喷射工作面无水或岩体较稳定时采用。若矿山水流中硫酸根离子含量高,设计规定混凝土要有防腐蚀要求时,应选用抗硫酸盐水泥。若采用碱性速凝剂时,不得使用矾土水泥。水泥强度一般不得低于32.5 级。

(2)砂子

应采用坚硬耐久的中砂或粗砂,细度模数应大于 2.5,含水率宜控制在 5%～7%,含泥量不得大于 3%。细砂会增加喷射混凝土的干缩变形,而且过细的粉砂中小于 5 μm 的颗粒和游离二氧化硅的含量较大,易产生大量粉尘,影响操作人员的身体健康。

喷射混凝土用砂的技术要求见表 3.40。

表 3.40　喷射混凝土用砂技术要求

颗粒级配	筛孔尺寸(mm)	0.15	0.30	1.2	5.0
	累计筛余(以重量%计)	95～100	70～95	20～55	0～10
泥土质含量(用冲洗法试验)按质量计不大于(%)		3			
硫化物和硫酸盐含量(折算为 SO_3)按质量计,不大于(%)		1			
有机质含量(用比色法试验)		颜色不深于标准色,如深于标准色,则对混凝土进行强度对比试验加以复核			

（3）石子

应采用坚硬耐久的卵石或碎石,粒径不应大于 25 mm 或 20 mm,其中粒径大于 15 mm 的石子应控制在 20% 以内。应尽量采用卵石,因为其光滑干净,对喷射机和输料管路磨损少,有利于远距离输料和减少堵管故障。碎石混凝土比卵石混凝土强度高,喷射作业中回弹率也较低,但碎石有棱角,表面粗糙,对喷射机和输料管路磨损严重,应尽量少用。当使用碱性速凝剂时,不得使用含有活性二氧化硅的石材。

（4）水

凡能饮用的自来水及洁净的天然水都可以作为喷射混凝土混合用水。混合水中不应含有影响水泥正常凝结与硬化的有害物质,不得使用污水以及 pH<4 的酸性水和含硫酸盐量按 SO_3 计算超过水重的 1% 的水。

（5）速凝剂

速凝剂按成分可分为两类:一类是以铝酸盐和碳酸盐为主,再复合一些其他无机盐类组成;另一类则以水玻璃为主要成分,再与其他无机盐类复合组成。按形状又可分为粉状和液状两类。

速凝剂能使喷射混凝土凝结速度快,早期强度高,后期强度损失小,干缩变形增加不大,对金属腐蚀小,在低温(5 ℃左右)下不失效。使用速凝剂前,应做与水泥的相容性试验及水泥净浆凝结效果试验。初凝应在 3～5 min 范围内,终凝不应大于 10 min。速凝剂掺量应根据水泥性能、相容性试验、施工现场环境温度、速凝剂出厂说明书要求进行水泥净浆凝结试验,一般约为水泥质量的 2.5%～4.0%。

速凝剂的运输存放必须保持干燥,不得损坏包装品,以防受潮变质,影响使用效果和工程质量。过期的、变质结块的速凝剂不得在重要工程使用。一般工程使用前必须重做试验,决定掺量后酌情使用。

2. 喷射混凝土的配合比设计

由于喷射混凝土施工工艺的特点,在选择喷射混凝土配合比时,既要满足支护结构对喷射混凝土的物理力学性能方面的要求,又要考虑喷射混凝土施工工艺方面的要求,从而使喷射混凝土具有足够的抗压、抗拉、黏结强度,又使喷射混凝土收缩变形值保持最小,喷射作业时的回弹率也最低。

混合料配合比中水泥用量大,喷射混凝土的收缩也大,容易开裂,而且费用增加。为了减少喷射时的回弹物,喷射混凝土与普通混凝土相比,其石子用量要少得多,而砂子用量则相应增大,甚至达50%。砂率高了,骨料总表面积就增大,也就势必要求更多的水泥浆包裹骨料表面,以满足喷射混凝土强度的要求。

喷射混凝土的常用配比为水泥:砂:石=1:2:2或1:2.5:2(质量比),水泥用量一般为300～400 kg/m³,水灰比通常在0.4～0.5之间。

3.8.6 耐热混凝土

耐热混凝土是指能够长时间承受200～1 300 ℃温度作用,并在高温下保持所需要的物理力学性质的特种混凝土。

普通混凝土在低于300 ℃时,温度升高对其强度的影响较小;但在高于300 ℃之后,首先是普通混凝土中的氢氧化钙分解及石英岩骨料膨胀,而后是水化硅酸钙脱水及石灰岩分解,使得混凝土强度几乎完全丧失。因此,普通混凝土不能长期在高温环境下使用。

耐热混凝土常用于热工设备、工业窑炉和受高温作用的结构物,如炉墙、炉坑、烟囱内衬及基础等,具有生产工艺简单、施工效率高、易满足异形部位施工和热工要求,维修费用少、使用寿命长、成本低廉等优点。如图3.31为普通混凝土与耐热混凝土的区别。

耐热混凝土按其胶凝材料的不同,一般可分为水泥耐热混凝土和水玻璃耐热混凝土。

图3.31 普通混凝土与耐热混凝土

1. 水泥耐热混凝土

(1)普通硅酸盐水泥耐热混凝土

普通硅酸盐水泥耐热混凝土是由普通硅酸盐水泥、磨细掺和料、粗骨料和水调制而成。这种混凝土的耐热度为700～1 200 ℃,强度等级为C10～C30,高温强度为3.5～20 MPa,最高使用温度达1 200 ℃或更高。适用于温度较高,但无酸碱侵蚀的工程。

(2)矿渣硅酸盐水泥耐热混凝土

矿渣硅酸盐水泥耐热混凝土是由矿渣硅酸盐水泥、粗细骨料,有时掺加磨细掺和料和水调制而成。这种混凝土耐热度为700～900 ℃,强度等级为C15以上,最高使用温度可达900 ℃,适用于温度变化剧烈,但无酸碱侵蚀的工程。

(3)高铝水泥耐热混凝土

高铝水泥耐热混凝土是由高铝水泥或低钙铝酸盐水泥、耐热度较高的掺和材料以及耐热骨料和水调制而成的。这种混凝土耐热度为1 300～1 400 ℃,强度等级为C10～C30,高温强度为3.5～10 MPa,最高使用温度可达1 400 ℃,适用于厚度小于400 mm的结构及无酸、碱、盐侵蚀的工程。

高铝水泥耐热混凝土虽然在300～400 ℃时强度会剧烈降低,但此后,残余部分的强度都能保持不变。而在1 100 ℃以后,结晶水全部脱出而烧结成陶瓷材料,其强度又重新提高。因高铝水泥的熔化温度高于其极限使用温度,使用时,是不会被熔化而降低强度的。

2. 水玻璃耐热混凝土

水玻璃耐热混凝土是由水玻璃、氟硅酸钠、磨细掺和料及粗细骨料按一定配合比例组成的。这种混凝土耐热度为600～1 200 ℃,强度等级为C10～C20,高温强度为9.0～20 MPa,

最高使用温度可达 1 000~1 200 ℃。

水玻璃耐热混凝土,因掺和材料、粗细骨料及最高使用温度不同,其使用范围集中于两方面:

①当设计最高使用温度为 600~900 ℃时,采用黏土熟料或黏土砖、安山岩、玄武岩等骨料配制的耐热混凝土,可用于同时受酸(HF 除外)作用的工程,但不得用于经常有水蒸气及水作用的部位。

②当设计最高使用温度为 1 200 ℃时,采用一等冶金镁砂或镁砖配制的耐热混凝土,可适用于受钠盐溶液作用的工程,但不得用于受酸、水蒸气及水作用的部位。

3.8.7　耐酸混凝土

耐酸混凝土通常是以水玻璃为胶凝材料,以氟硅酸钠作为促硬剂,掺入磨细的耐酸掺合料(如石英粉或辉绿岩粉)以及耐酸的粗细骨料(如石英石、石英砂),按一定比例配制而成的。

在工业建筑中,混凝土的腐蚀多数为酸性介质腐蚀,而普通混凝土的耐酸性腐蚀能力较差。耐酸混凝土是根据工程需要配制的在酸性介质作用下具有抗腐蚀能力的混凝土。耐酸混凝土被广泛用于储油器、输油管、储酸槽、电镀槽、耐酸地坪、耐酸器材等。

图 3.32 所示为普通混凝土和耐酸混凝土在酸性溶液中随着浸泡时间的增长其外观逐渐变化的过程。从图中可以看出,普通混凝土随着浸泡时间的延长其质量损失严重,而耐酸混凝土基本没有变化。

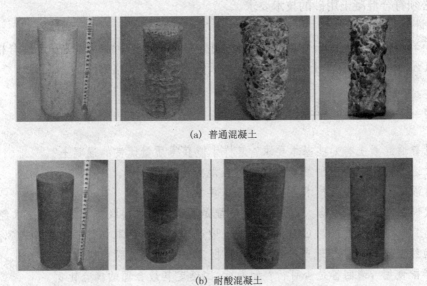

(a) 普通混凝土

(b) 耐酸混凝土

图 3.32　酸性环境下普通混凝土与耐酸混凝土对比

1. 水玻璃耐酸混凝土的性能

(1)耐酸性强。能耐各种浓度的硫酸、盐酸、硝酸、铬酸、醋酸(除氢氟酸、热磷酸、氟硅酸外)及有机溶剂等介质的腐蚀。

(2)机械强度高。抗压强度达 20 MPa 左右。

(3)耐高温(600~800 ℃)和冷热急变作用。

(4)不耐碱液浸蚀。

2. 水玻璃耐酸混凝土的原材料及其要求

拌制耐酸混凝土的各种原材料,除必须满足物理力学性能的各项技术要求外,还必须具有受酸性介质浸蚀的化学稳定性。

(1)水玻璃

水玻璃在耐酸混凝土中使用时,以模数为 2.6～2.8,相对密度为 1.38～1.4 为宜。允许采用可溶性硅酸钠做成的水玻璃。水玻璃的相对密度过大或过小都会影响混凝土的强度、耐酸性、抗渗性和收缩性。当相对密度过小时,可加热脱水调整,当相对密度过大时,可在常温下加温水调整。水玻璃模数过低,会延缓混凝土的硬化时间,耐酸性也差;模数过大,会使混凝土硬化过快,特别是气温较高时更加显著,这样会造成施工操作上的困难。模数过高时,可加入清水在常温下混合,并不断搅拌至均匀为止。

(2)氟硅酸钠

耐酸混凝土常用工业氟硅酸钠作固化剂,其质量要求是:纯度不应小于 95%,含水率不得大于 1%,其颗粒通过 0.125 mm 筛孔的筛余量不应大于 10%,不能受潮结块。

(3)掺合料(耐酸粉料)

常用石英粉、辉绿岩粉(又叫铸石粉)、瓷料等,其中以铸石粉为最好,粉料的耐酸率不小于 94%,含水率不应大于 1%,并不得含有泥土及有机杂质,细度要求 1 600 孔/cm² 筛余不大于 5%,4 900 孔/cm² 筛余为 10%～30%。

(4)细骨料

耐酸混凝土用石英砂,其耐酸率不应小于 94%,含水率不应小于 1%,不得含有泥土,有机杂质含量必须符合混凝土用砂的技术要求。

(5)粗骨料

用石英岩、玄武岩、花岗岩等制成的碎石,耐酸率不应小于 94%,浸酸安定性合格,含水率不应大于 1%,并不得含有泥土,用符合要求的天然石子须经严格筛洗。

 复习思考题

3.1 对普通混凝土有哪些基本要求?怎样才能获得质量优良的混凝土?

3.2 试述混凝土中的四种基本组成材料在混凝土中的作用。

3.3 对混凝土用骨料在技术上有哪些基本要求?为什么?

3.4 试说明骨料级配的含义,怎样评定级配是否合格?骨料级配良好有何技术经济意义?

3.5 某工地打算大量拌制 C40 混凝土,当地产砂(甲砂)的取样筛分结果如表 3.41 所示,判定其颗粒级配不合格。外地产砂(乙砂),根据筛分结果,其颗粒级配也不合格。因此打算将两种砂掺配使用,请回答是否可行?如果行,试确定其最合理的掺合比例。

表 3.41　筛分记录

筛孔尺寸(mm)	累计筛余率(%)		筛孔尺寸(mm)	累计筛余率(%)	
	甲砂	乙砂		甲砂	乙砂
4.75	0	0	0.60	50	90
2.35	0	40	0.30	70	95
1.18	4	70	0.15	100	100

3.6 现有两种砂子,若细度模数相同,其级配是否相同? 若两者的级配相同,其细度模数是否相同?

3.7 试比较碎石和卵石拌制混凝土的优缺点。

3.8 什么是混凝土拌和物的和易性? 影响和易性的主要因素有哪些? 如何改善混凝土拌和物的和易性?

3.9 试述泌水对混凝土质量的影响。

3.10 和易性与流动性之间有何区别? 混凝土试拌调整时,发现坍落度太小,如果单纯增加用水量去调整,混凝土的拌和物会有什么变化? 对硬化后的混凝土性质又会有怎样的影响?

3.11 影响混凝土强度的内在因素有哪些? 试结合强度公式加以说明。

3.12 某工地施工人员采取下述几个方案提高混凝土拌和物的流动性,试问下面哪个方案可行? 哪个方案不可行? 并说明理由。

(1)多加水;

(2)保持 W/C 不变,增加水泥浆用量;

(3)加入 $CaCl_2$;

(4)加入减水剂;

(5)加强振捣。

3.13 试简单分析下述不同的试验条件测得的抗压强度有何不同和为何不同?

(1)试件形状不同(同横截面的棱柱体试件和立方体试件);

(2)试件尺寸不同;

(3)加荷速度不同;

(4)试件与压板之间的摩擦力大小不同(涂油和不涂油)。

3.14 混凝土的弹性模量有几种表示方法? 常用的是哪一种? 怎样测定?

3.15 试结合混凝土的应力—应变曲线说明混凝土的受力破坏过程。

3.16 何谓混凝土的塑性收缩、干缩、自收缩和徐变? 其影响因素有哪些? 收缩与徐变对混凝土的抗裂性有何影响?

3.17 试从混凝土的组成材料、配合比、施工、养护等几个方面考虑,提出提高混凝土强度的措施。

3.18 何谓减水剂? 试述减水剂的作用机理。在混凝土中加减水剂有何技术经济意义? 目前常用的减水剂有哪几种?

3.19 何谓引气剂? 在混凝土中掺入引气剂会有何技术经济意义?

3.20 混凝土的强度为什么会有波动? 波动的大小如何评定?

3.21 当前土木工程用混凝土在耐久性方面主要存在哪些问题? 如何提高混凝土的耐久性?

3.22 在测定新拌混凝土的和易性时,可能会出现以下四种情况:①流动性比所要求的较小;②流动性比所要求的较大;③流动性比所要求的较小,而且黏聚性也较差;④流动性比所要求的较大,且黏聚性、保水性也较差。试问对这四种情况应分别采取哪些措施来解决或调整才能满足要求?

3.23 A、B 两种砂样(各 500 g)经筛分试验,各筛上的筛余量见表 3.42。试分别计算其细度模数并评定其级配。若将这两种砂样按各占 50% 混合,试计算混合砂的细度模数并评定其级配。

表 3.42　筛余量记录

筛孔尺寸		4.75 mm	2.36 mm	1.18 mm	600 μm	300 μm	150 μm	筛底
筛余量(g)	A砂	0	0	20	230	120	125	2
	B砂	50	150	150	50	50	35	10

3.24 已知混凝土试验室配合比为 1:2.5:4,W/C=0.60,混凝土拌和物的表观密度 ρ_0 = 2 400 kg/m³,工地采用 800 L 搅拌机,当日实际测得卵石含水率为 2.5%,砂含水率为 4%。问每次投料量应为多少?

3.25 某试验室按初步配合比称取 15 L 混凝土的原材料进行试拌,水泥 5.2 kg,砂 8.9 kg,石子 18.1 kg,W/C=0.6。试拌结果坍落度小,于是保持 W/C 不变,增加 10% 的水泥浆后,坍落度合格,测得混凝土拌和物表观密度为 2 380 kg/m³,试计算调整后的基准配合比。

3.26 在标准条件下养护一定时间的混凝土试件,能否真正代表同龄期的相应结构物中的混凝土强度?在现场同条件下养护的混凝土又如何呢?

3.27 为什么要在混凝土施工中进行质量控制,通常要进行哪些检验工作?

3.28 有下列混凝土工程及制品,一般选用哪一种外加剂较为合适?并说明理由。

(1)大体积混凝土;

(2)高强度混凝土;

(3)C35 混凝土;

(4)混凝土预制构件;

(5)抢修及喷锚支护的混凝土;

(6)有抗冻要求的混凝土。

3.29 某工程配置的 C30 混凝土,施工中连续抽取 34 组试件(试件为标准试件)检测 28 天强度,结果见表 3.43。试求 $m_{f_{cu}}$、σ、强度保证率。

表 3.43　强度检测记录

试件组号	1	2	3	4	5	6	7	8	9	10	11	12
f_{cu}(MPa)	32.1	37.5	38.1	39.3	38.2	40.2	43.1	45.3	40.1	30.1	28.3	29.2
试件组号	13	14	15	16	17	18	19	20	21	22	23	24
f_{cu}(MPa)	32.5	40.1	37.4	38.1	36.4	33.3	38.4	36.7	35.7	31.6	36.2	37.9
试件组号	25	26	27	28	29	30	31	32	33	34		
f_{cu}(MPa)	38.5	32.5	39.5	32.1	30.2	35.6	36.8	37.5	35.2	39.1		

3.30 普通混凝土为何强度愈高愈易开裂,试提出提高其抗裂性的措施。

3.31 与普通混凝土相比,轻骨料混凝土在物理力学和变形性质上有何特点?

3.32 今欲配制某结构用轻骨料混凝土,混凝土的强度等级为 CL25,坍落度要求 30~50 mm。原材料如下:32.5 级矿渣水泥;黏土陶粒,堆积密度 760 kg/m³,颗粒表观密度 1 429 kg/m³,1 h 吸水率 8.1%;普通中砂,堆积密度 1 470 kg/m³,视密度 2.50 g/cm³。试设计该轻骨料混凝土的配合比。

3.33 防水混凝土的配制原则是什么?

3.34 配制耐热混凝土、耐酸混凝土的原理是什么?它们在选用材料时有何区别?

3.35 某住宅楼工程构造柱用碎石混凝土,设计强度等级为 C20,配制混凝土所用水泥28 d

抗压强度实测值为 35.0 MPa,已知混凝土强度标准差为 4.0 MPa,试确定混凝土的配制强度 $f_{cu,0}$ 及满足强度要求的水灰比值 W/C。

3.36 某试验室欲配制 C20 碎石混凝土,经计算按其初步配合比试配 25 L 混凝土拌和物,需各材料用量分别为:水泥 4.50 kg、砂 9.20 kg、石子 17.88 kg、水 2.70 kg。经试配调整,在增加 10% 水泥浆后,新拌混凝土的和易性满足了设计要求。经测定新拌混凝土的实际表观密度为 2 450 kg/m³,试确定混凝土的基准配合比(以每 1 m³ 混凝土中各材料用量表示)。就此配合比制作边长 100 mm 立方体试件一组,经 28 d 标准养护,测得其抗压强度值分别为 26.8 MPa,26.7 MPa,27.5 MPa。试分析该混凝土强度是否满足设计要求(已知混凝土强度标准差为 4.0 MPa)。

3.37 某工程基础用碎石混凝土的设计强度等级为 C30,配制混凝土所用水泥 28 d 抗压强度实测值为 48.0 MPa,已知混凝土强度标准差为 4.8 MPa,初步计算配合比选定的水灰比为 0.54。试校核混凝土的强度。

3.38 某结构工程中的现浇梁用碎石混凝土,设计强度等级为 C25,已知混凝土设计配合比为每 1 m³ 混凝土中水泥 360 kg、砂 680 kg、石子 1 280 kg、水 180 kg。经对施工现场砂、石取样检验,测得其含水率分别为 3% 和 1%,试换算施工配合比。就此混凝土施工配合比在施工现场成型 150 mm 立方体试件一组,送至试验室标准养护 28 d,测得其抗压强度值分为 25.8 MPa,27.1 MPa 和 26.3 MPa。试评定该组混凝土强度是否达到设计要求。

3.39 混凝土配合比设计作业。在任课教师指导下:①根据本校材料试验室所提供的原材料品种及在水泥、砂石试验课中所获取的有关技术资料、数据,设计某强度等级混凝土的初步计算配合比;②按规定数量进行混凝土拌和物的试配与调整,确定混凝土基准配合比;③进行强度检验,确定混凝土设计配合比;④根据砂石含水率,进行施工配合比的换算。

4 砌筑材料

砌筑材料包括砌体材料及用于黏结砌体的建筑砂浆。砌体材料在建筑中起承重、维护或分隔作用,其品种较多,但主要有砖、砌块、石材三大类。建筑砂浆由胶凝材料、砂子、掺合料、外加剂和水按适当比例配制而成,在土木工程中用途广、用量大,主要用于胶结建筑工程中的砌筑材料或墙面、地面、柱面等结构表面的抹面与装饰,还用于砌体勾缝及天然岩石板材和陶瓷墙、地砖及板材的胶结等,起到黏结、衬垫、传递应力、保护主体结构、装饰装修的作用。

4.1 砖

砖的种类有很多,按所用原材料分,有黏土砖、页岩砖、煤矸石砖、粉煤灰砖、灰砂砖和炉渣砖等;按生产工艺可分为烧结砖和非烧结砖,其中非烧结砖又可分为压制砖、蒸养砖和蒸压砖等;按有无孔洞可分为空心砖和实心砖。

4.1.1 烧结砖

从 2000 年开始,实心黏土砖就因其对能源的耗费、土地的破坏和对环境的污染等原因被国家明令禁止。取消实心黏土砖乃是大势所趋,是社会可持续发展的需要。近年来,我国普遍采用内燃烧砖法,就是将煤渣、粉煤灰等可燃工业废渣以适量比例掺入制坯黏土原料中作为内燃料,当砖焙烧到一定温度时,内燃料在坯体内进行燃烧,这样烧成的内燃砖可节省大量燃煤和 5%~10% 的黏土原料。内燃砖燃烧均匀,表观密度小,导热系数低,且强度可提高约 20%。

1. 烧结普通砖

烧结普通砖是指以黏土、页岩、煤矸石或粉煤灰为主要原料,经焙烧而成的普通实心砖。包括黏土砖(N)、页岩砖(Y)、煤矸石砖(M)、粉煤灰砖(F)等多种。

(1)生产工艺

烧结普通砖的生产工艺主要包括取土、炼泥、制坯、干燥、焙烧等。焙烧是制砖工艺的关键环节。一般是将焙烧温度控制在 900~1 000 ℃ 之间,使砖坯烧至部分熔融而烧结。如果焙烧温度过高或时间过长,则易产生过火砖。过火砖的特点为色深、敲击声脆、变形大等。如果焙烧温度过低或时间不足,则易产生欠火砖。欠火砖的特点为色浅、敲击声哑、强度低、吸水率大、耐久性差等。

当以黏土砖为原料时,砖坯在氧化环境中焙烧并出窑时,生产出红砖。如果砖坯先在氧化环境中焙烧,然后再浇水闷窑,使窑内形成还原气氛,会使砖内的红色高价的三氧化铁还原为低价的一氧化铁,制得青砖。一般来说,青砖的强度比红砖高,耐久性比红砖强,但价格较贵,一般在小型的土窑内生产。

（2）主要技术性质

根据国家标准 GB/T 5101—2003《烧结普通砖》的规定，普通黏土砖的技术要求包括形状、尺寸、外观质量、强度等级和耐久性等方面。根据尺寸偏差和外观质量分为优等品、一等品和合格品 3 个等级。

①形状尺寸。烧结普通砖的标准尺寸为 240 mm×115 mm× 53 mm，加上砌筑用灰缝的厚度，则 4 块砖的长、8 块砖的宽、16 块砖的厚均为 1 m，则 1 m³ 砖砌体需用砖 512 块。

②强度等级。烧结普通砖的强度等级根据 10 块砖的抗压强度平均值、标准值或最小值划分，共分为 MU30、MU25、MU20、MU15、MU10 五个等级，其具体要求见表4.1。

表 4.1　烧结普通砖的强度等级（MPa）

强度等级	抗压强度 平均值 $\overline{f} \geqslant$	变异系数 $\delta \leqslant 0.21$ 强度标准值 $f_k \geqslant$	变异系数 $\delta > 0.21$ 单块最小值 $f_{min} \geqslant$
MU30	30.0	22.0	25.0
MU25	25.0	18.0	22.0
MU20	20.0	14.0	16.0
MU15	15.0	10.0	12.0
MU10	10.0	6.5	7.5

烧结普通砖的抗压强度标准值按下式计算：

$$f_k = \overline{f} - 1.8S \tag{4.1}$$

$$S = \sqrt{\frac{1}{9} \sum_{i=1}^{10} (f_i - \overline{f})^2} \tag{4.2}$$

式中　f_i——单块砖样的抗压强度测定值，MPa，精确至 0.01；

　　　$\overline{f}$——10 块砖样的抗压强度平均值，MPa，精确至 0.01；

　　　f_k——砖样的抗压强度标准值，MPa，精确至 0.01；

　　　S——10 块砖样的抗压强度标准差，MPa，精确至 0.01。

强度变异系数 δ 按下式计算（精确至 0.1）：

$$\delta = \frac{S}{\overline{f}} \tag{4.3}$$

③抗风化性能。抗风化性能是指在干湿变化、温度变化、冻融变化等物理因素作用下，材料不破坏并长期保持其原有性质的能力，通常以抗冻性、吸水率和饱和系数（砖在浸水 24 h 后的吸水率与 5 h 沸煮吸水率之比）等指标评定。

抗风化性能是烧结普通砖重要的耐久性指标之一，对砖的抗风化性能要求应根据各地区的风化程度而定，见表4.2。用于严重风化区 1、2、3、4、5 类地区的普通砖必须做冻融试验，经冻融试验的砖样不允许出现裂纹、分层、掉皮、缺棱、掉角等冻坏现象，质量损失不得大于 2%；用于其他地区的普通砖的抗风化性能应符合表4.3 的要求，否则应进行冻融试验。

表4.2　全国风化区划分表

严重风化区		非严重风化区		
1. 黑龙江	8. 青海	1. 山东	8. 四川	15. 海南
2. 吉林	9. 陕西	2. 河南	9. 贵州	16. 云南
3. 辽宁	10. 山西	3. 安徽	10. 湖南	17. 广东
4. 内蒙古	11. 河北	4. 江苏	11. 福建	18. 上海
5. 新疆	12. 北京	5. 湖北	12. 台湾	19. 重庆
6. 宁夏	13. 天津	6. 江西	13. 西藏	
7. 甘肃		7. 浙江	14. 广西	

表4.3　烧结普通砖抗风化性能

种　类	严重风化区				非严重风化区			
	5 h沸煮吸水率(%)≤		饱和系数≤		5 h沸煮吸水率(%)≤		饱和系数≤	
	平均值	单块最大值	平均值	单块最大值	平均值	单块最大值	平均值	单块最大值
黏土砖	18	20	0.85	0.87	19	20	0.88	0.90
粉煤灰砖	21	23			23	25		
页岩砖	16	18	0.74	0.77	18	20	0.78	0.80
煤矸石砖								

注：粉煤灰掺入量(体积比)小于30%时,按黏土砖规定判定。

④石灰爆裂。原料中若含有石灰或内燃料(粉煤灰、炉渣)中带入 CaO,在高温焙烧过程中会生成过火石灰。过火石灰在砖体内吸水膨胀,导致砖体膨胀破坏,这种现象称为石灰爆裂。GB/T 5101—2003《烧结普通砖》规定,优等品不允许出现最大破坏尺寸大于 2 mm 的爆裂区域;一等品不允许出现最大破坏尺寸大于 10 mm 以上的爆裂区域,最大破坏尺寸大于 2 mm 且小于等于 10 mm 的爆裂区域,每组砖样不得多于 15 处;合格品中每组砖样大于 2 mm 且小于等于 15 mm 的爆裂区不得大于 15 处,其中 10 mm 以上的区域不多于 7 处,且不得出现大于 15 mm 的爆裂区。

此外,GB/T 5101—2003 还规定,优等品不允许有泛霜现象;一等品不允许出现中等泛霜现象;合格品中不允许出现严重泛霜,且不得夹杂欠火砖、酥砖和螺旋纹砖。

（3）工程应用

烧结普通砖既有较高的强度,又有较好的隔热、隔声性能,耐久性较好,是建筑工程中的常用墙体材料,特别是砌筑柱、拱、烟囱、窑身、沟道及基础等不可缺少的砌筑材料。优等品可用于清水墙和墙体装饰;一等品、合格品可用于混水墙,中等泛霜的砖不能用于处于潮湿工程部位。

目前,实心黏土砖因大量消耗资源与能源,已经限制使用,取而代之的是工业废渣砖、空心砖、砌块等,弥补了烧结普通砖尺寸小、自重大、施工效率低等缺点。这也是发展新型墙体材料的必然趋势。

2. 烧结空心砖和烧结多孔砖

（1）烧结空心砖

烧结空心砖以黏土、页岩、煤矸石、粉煤灰、建筑石渣及其他固体废弃物等为主要原料,经焙烧而成。烧结空心砖的特点是:孔洞个数较少但洞腔大,孔洞垂直于顶面,平行于大面,孔洞率一一般在 35% 以上。使用时大面受压,所以这种砖的孔洞与承压面平行,其外观形状见图 4.1。

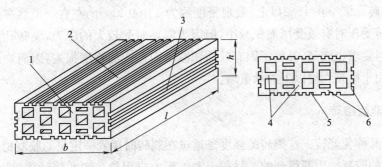

1—顶面;2—大面;3—条面;4—肋;5—壁;6—外壁

l—长度;b—宽度;h—高度。

图 4.1 烧结空心砖示意图

烧结空心砖自重较轻,可减轻墙体自重,改善墙体的热工性能等,但强度不高,因而多用作非承重墙,如多层建筑内隔墙或框架结构的填充墙等。GB/T 13545—2014《烧结空心砖和空心砌块》根据抗压强度分为 MU10.0、MU7.5、MU5.0、MU3.5 四个强度等级;根据体积密度分为 800 级、900 级、1 000 级、1 100 级四个密度等级。

(2)烧结多孔砖

烧结多孔砖是以黏土、页岩、煤矸石、粉煤灰等为主要原料经焙烧而成,主要用于承重部位。烧结多孔砖按主要原材料可分为黏土砖(N)、页岩砖(Y)、煤矸石砖(M)和粉煤灰砖(F)。烧结多孔砖规格尺寸有:290 mm、240 mm、190 mm、180 mm、140 mm、115 mm、90 mm。图 4.2 为砖孔洞排列示意图。

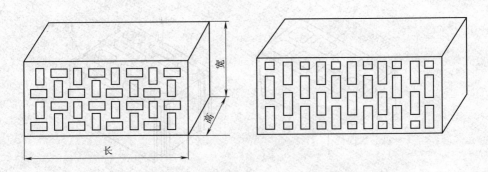

图 4.2 烧结多孔砖孔洞排列示意图

烧结多孔砖根据抗压强度分为 MU30、MU25、MU20、MU15、MU10 五个强度等级。

砖的产品标记按产品名称、品种、规格、强度等级、密度等级和标准编号顺序编写。标记示例:规格尺寸 290 mm×140 mm×90 mm,强度等级 MU25、密度 1200 级的黏土烧结多孔砖,其标记为:烧结多孔砖 N 290×140×90 MU25 1200 GB 13544—2011。

国家标准 GB 13544—2011《烧结多孔砖和多孔砌块》对烧结多孔砖的尺寸允许偏差、外观质量、强度等级、密度等级、孔型及孔洞率、泛霜、石灰爆裂、抗风化性能、放射性核素限量等作出了相关规定。其规定内容与 GB/T 5101—2003《烧结普通砖》基本一致,其中强度等级及风化区划分可参照表 4.1、表 4.2。

烧结多孔砖孔洞率在 15% 以上,表观密度约为 1 400 kg/m³ 左右。虽然多孔砖具有一定的孔洞率,使砖受压时有效受压面积减小,但因为制坯时受较大的压力,使砖孔壁致密程度提高,且对原材料要求也较高,补偿了因有效面积减小而造成的强度损失,因而烧结多孔砖的强度仍很高,可用于砌筑六层以下的承重墙。

4.1.2 非烧结砖

非烧结砖又称免烧砖。这类砖的强度是通过在制砖时掺入一定量的胶凝材料或在生产过程中形成一定的胶凝物质而得到的。目前土木工程中应用较多的非烧结砖是以石灰、电石渣等钙质材料和砂、粉煤灰、炉渣等硅质材料经压制成型,蒸汽蒸压养护而制成的砖,其主要品种有灰砂砖(《蒸压灰砂砖》GB 11945—1999)、粉煤灰砖(《粉煤灰砖》JC 239—2001)、炉渣砖(《炉渣砖》JC 525—2007)等;还有一种是采用混凝土材料制成的混凝土多孔砖(《混凝土多孔砖》JC 943—2004)。

1. 混凝土多孔砖

混凝土多孔砖是以水泥为胶结材料,以砂、石等为主要集料,加水搅拌、成型、养护制成的一种多排小孔的砖,具有制作简单、强度高、耐久性好的优点,得到广泛应用。但也存在自重大、表面不够平整、尺寸误差较大、干燥收缩大等缺陷。

根据《混凝土多孔砖》JC 943—2004 规定,混凝土多孔砖的孔洞率应不小于 30%,其长度、宽度、高度应符合 290、240、190、180;240、190、115、90;115、90(mm)的尺寸要求,并且最小外壁厚不应小于 15 mm,最小肋厚不应小于 10 mm。其外观形状见图 4.3。

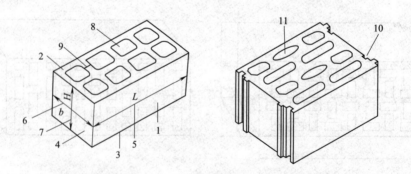

1—条面;2—坐浆面(外壁、肋的厚度较小的面);3—铺浆面(外壁、肋的厚度较小的面);4—顶面;
5—长度(L);6—宽度(b);7—高度(H);8—外壁;9—肋厚;10—槽;11—手抓孔。

图 4.3　混凝土多孔砖示意图

混凝土多孔砖按尺寸偏差、外观质量分一等品(B)和合格品(C)二个质量等级。产品标记按产品名称(代号 CPB)、强度等级、外观质量等级和标准编号顺序编写。示例:强度等级为 MU10、外观质量为一等品的混凝土多孔砖,标记为:CPB MU10 JC 943—2004。

混凝土多孔砖的强度等级根据 10 块砖的抗压强度划分为 MU10、MU15、MU20、MU25、MU30 五个等级,见表 4.4。

表 4.4　混凝土多孔砖的强度等级(MPa)

强度等级	抗压强度(MPa)	
	平均值 $\bar{f}\geqslant$	单块最小值 $f_{min}\geqslant$
MU30	30.0	24.0
MU25	25.0	20.0
MU20	20.0	16.0
MU15	15.0	12.0
MU10	10.0	8.0

混凝土多孔砖的耐久性指标包括干缩率、相对含水率、抗冻性、抗渗性等。规定干缩率不应大于 0.045%;对于不同地区,混凝土多孔砖的相对含水率要求不同,以混凝土多孔砖三块试样进行试验,其相对含水率应符合表 4.5 的规定,抗冻性应符合表 4.6。用于外墙的混凝土多孔砖,为防止墙体渗漏,其抗渗性应满足表 4.7 规定。另放射性应符合 GB 6566—2010《建筑材料放射性核素限量》的规定。

表 4.5　混凝土多孔砖的相对含水率(%)

干燥收缩率	相对含水率		
	潮湿	中等	干燥
<0.03	45	40	35
0.03~0.045	40	35	30

表 4.6　混凝土多孔砖的抗冻性

使用环境		抗冻标号	指标
非采暖地区		D15	强度损失≤25% 质量损失≤5%
采暖地区	一般环境	D15	
	干湿交替环境	D25	

表 4.7　混凝土多孔砖的抗渗性

项目名称	指标
水面下降高度(mm)	3 块中任一块不大于 10

混凝土多孔砖主要用于工业与民用建筑结构的承重墙,应用时注意运输堆放要采取防雨措施,施工技术要求可以参照普通混凝土小型空心砌块。

2. 蒸压灰砂砖

蒸压灰砂砖是以石灰和砂为主要原料,允许掺入颜料和外加剂,经磨细、混合搅拌、陈化、压制成型和蒸压养护制成的。一般石灰占 10%~20%,砂占 80%~90%。

蒸压养护是在 0.8~1.0 MPa 的压力和温度 175 ℃左右的条件下,经过 6 h 左右的湿热养护,使原来在常温常压下几乎不与 $Ca(OH)_2$ 反应的砂(晶态二氧化硅),产生具有胶凝能力的水化硅酸钙凝胶,水化硅酸钙凝胶与 $Ca(OH)_2$ 晶态共同将未反应的砂粒黏结起来,从而使砖具有强度。

蒸压灰砂砖的尺寸规格与烧结普通砖相同。其表观密度为 1 800~1 900 kg/m³,导热系数约为 0.61 W/(m·K)。根据灰砂砖的颜色分为:彩色灰砂砖(C_o)和本色灰砂砖(N)。灰砂砖产品标记采用产品名称(LSB)、颜色、强度等级、产品等级、标准编号的顺序进行,如强度等级为 MU20、优等品的彩色灰砂砖标记为:LSB C。20A GB 11945。

国家标准 GB 11945—1999《蒸压灰砂砖》规定,根据浸水 24 h 后的抗压强度和抗折强度,灰砂砖分为 MU25、MU20、MU15、MU10 四个强度等级。强度等级大于 MU15 的砖可用于基础及其他建筑部位;MU10 砖可用于砌筑防潮层以上的墙体。

长期使用温度高于 200℃以及承受急冷、急热或有酸性介质侵蚀的建筑部位应避免使用灰砂砖。灰砂砖的表面光滑,与砂浆黏结力差,所以其砌体的抗剪不如黏土砖砌体好,在砌筑时必须采取相应措施,以防止出现渗雨漏水和墙体开裂。刚出釜的灰砂砖不宜立即使用,一般宜存放一个月左右再用。

3. 粉煤灰砖

粉煤灰砖是以粉煤灰、石灰或水泥为主要原料,掺加适量石膏、外加剂、骨料及颜料等,经坯料制备、成型、高压或常压蒸汽养护而制成的实心粉煤灰砖。

粉煤灰砖的尺寸大小与普通烧结砖相同。其表观密度为 1 400～1 500 kg/m³,导热系数约为 0.65 W/(m·K)。根据砖的颜色分为:彩色(C。)和本色(N)。产品标记采用产品名称(FB)、颜色、强度等级、产品等级、标准编号的顺序进行,如强度等级为 MU20、优等品的彩色粉煤灰砖,标记为:FB C。20A JC 239—2001。

JC 239—2001《粉煤灰砖》规定,根据尺寸偏差和外观、强度等级、抗冻性和干燥收缩值,粉煤灰砖分为优等品、一等品和合格品。粉煤灰砖的强度等级分为 MU30、MU25、MU20、MU15、MU10 五级。其强度和抗冻性指标要求如表 4.8 所示,一般要求优等品和一等品干燥收缩值不大于 0.65 mm/m,合格品干燥收缩值不大于 0.75 mm/m。

表 4.8　粉煤灰砖强度指标

强度等级	抗压强度(MPa)≥		抗折强度(MPa)≥		抗冻性
	10 块平均值	单块最小值	10 块平均值	单块最小值	抗压强度(MPa)≥
MU30	30.0	24.0	6.2	5.0	24.0
MU25	25.0	20.0	5.0	4.0	20.0
MU20	20.0	16.0	4.0	3.2	16.0
MU15	15.0	12.0	3.3	2.6	12.0
MU10	10.0	8.0	2.5	2.0	8.0

（抗冻性栏："质量损失率,单块值≤2.0%"）

粉煤灰砖可用于工业与民用建筑的墙体和基础。但用于基础或用于易受冻融和干湿交替作用的建筑部位时,必须采用一等品与优等品。用粉煤灰砖砌筑的建筑物,应适当增设圈梁及伸缩缝或其他措施,以避免或减少收缩裂缝。粉煤灰砖不得用于长期受热(200 ℃以上)、受急冷急热和有酸性介质侵蚀的部位。

4.2　砌　　块

砌块是在建筑工程中用于砌筑墙体且尺寸较大的人造墙体材料。砌块适应性强,应用范围广,制作简单,原材料来源广泛,能耗低,污染小,质量易于控制,施工速度快,可利用大量的工业废渣,是我国大力推广应用的新型墙体材料之一。

砌块按所用的原料分为普通混凝土小型空心砌块、轻骨料混凝土砌块、粉煤灰小型空心砌块、蒸压加气混凝土砌块和石膏砌块;按其尺寸规格分为小型砌块(高度 115～380 mm)、中型砌块(380～980 mm)和大型砌块(高度大于 980 mm);按用途分为承重砌块和非承重砌块;按孔洞设置状况分为空心砌块(空心率≥25％)和实心砌块(空心率＜25％)。目前,我国以中、小型砌块使用较多。

4.2.1 蒸压加气混凝土砌块

蒸压加气混凝土砌块是以钙质材料(水泥、石灰等)、硅质材料(砂、矿渣、粉煤灰等)以及加气剂(铝粉等),经配料、搅拌、浇注、发气、切割和蒸压养护而成的多孔轻质块体材料。

加气混凝土砌块的尺寸规格一般有 A、B 两个系列,见表 4.9。

表 4.9 砌块的尺寸规格

项目	A 系列	B 系列
长度(mm)	600	600
高度(mm)	200、250、300	240、300
宽度(mm)	100、125、150、200…(以 25 递增)	120、180、240、300…(以 60 递增)

根据国家标准《蒸压加气混凝土砌块》(GB/T 11968—2006)的规定,砌块按抗压强度分为 A1.0、A2.0、A2.5、A3.5、A5.0、A7.5、A10 七个强度等级,见表 4.10。按干密度分为 B03、B04、B05、B06、B07、B08 六个级别,见表 4.11。按外观质量、尺寸偏差、干密度、抗压强度和抗冻性分为优等品(A)、合格品(B)二个等级。

表 4.10 蒸压加气混凝土砌块的强度等级

强度等级	立方体抗压强度(MPa)		强度等级	立方体抗压强度(MPa)	
	平均值≥	单块最小值≥		平均值≥	单块最小值≥
A1.0	1.0	0.8	A5.0	5.0	4.0
A2.0	2.0	1.6	A7.5	7.5	6.0
A2.5	2.5	2.0	A10.0	10.0	8.0
A3.5	3.5	2.8			

表 4.11 蒸压加气混凝土砌块的的干密度

干密度级别		B03	B04	B05	B06	B07	B08
干密度 (kg/m³)	优等品(A)	300	400	500	600	700	800
	合格品(B)	325	425	525	625	725	825

蒸压加气混凝土砌块质量轻,具有保温、隔热、隔音性能好,抗震性强、热导率低、传热速度慢、耐火性好、易于加工、施工方便等特点,是应用较多的轻质墙体材料之一。适用于低层建筑的承重墙、多层建筑的间隔墙和高层框架结构的填充墙,作为保温隔热材料也可用于复合墙板和屋面结构中。但砌块干燥收缩较大,在无可靠的防护措施时,该类砌块不得用于处于水中、高湿度、有碱化学物质侵蚀等环境中,也不得用于建筑物的基础和温度长期高于 80 ℃的建筑部位。应用于外墙时,应进行饰面处理或憎水处理,防止因风化、日晒雨淋和冻融使蒸压加气混凝土砌块产生开裂。

4.2.2　混凝土空心砌块

普通混凝土小型空心砌块和轻骨料混凝土小型空心砌块的总称为混凝土小型空心砌块，简称小砌块。在沿厚度方向只有一排孔洞的砌块称为单排孔小砌块，沿厚度方向有双排条形孔洞或多排条形孔洞的砌块为双排孔或多排孔小砌块。

1. 普通混凝土小型空心砌块

该种砌块主要是以普通混凝土拌和物为原料，加水搅拌、振动加压或冲压成型，再经养护制成的空心块体墙材。其有承重砌块和非承重砌块两类。为减轻自重，非承重砌块可用炉渣或其他轻质骨料配制。常用混凝土砌块外形见图4.4。

图4.4　几种混凝土空心砌块外形示意图

（1）尺寸规格

混凝土小型空心砌块主规格尺寸为390 mm×190 mm×190 mm，宽度也可采用90、120、140、240、290 mm，高度也可采用90、140 mm。一般为单排孔，也有双排孔，其空心率为25%～50%。其他规格尺寸可由供需双方协商。

砌块按下列顺序标记：砌块种类、规格尺寸、强度等级（MU）、标准代号。标记示例：规格尺寸395 mm×190 mm×194 mm、强度等级MU5.0、非承重结构用空心砌块，其标记为：NH 395×190×194 MU5.0 GB/T 8239—2014。

（2）强度等级

混凝土空心砌块（代号H）按抗压强度等级分级，非承重砌块（代号N）分为MU5.0、MU7.5、MU10.0三个强度等级；承重砌块（代号L）分为：MU7.5、MU10.0、MU15.0、MU20、MU25.0五个强度等级。具体指标见表4.12。

表4.12　混凝土小型空心砌块的强度等级（GB 8239—2014）

强度等级	抗压强度（MPa）	
	平均值≥	单块最小值≥
MU5.0	5.0	4.0
MU7.5	7.5	6.0
MU10	10.0	8.0
MU15	15.0	12.0

续上表

强度等级	抗压强度(MPa)	
	平均值≥	单块最小值≥
MU20	20.0	16.0
MU25	25.0	20.0

(3)收缩性能及其他性能

干燥收缩是混凝土小型空心砌块的重要特征。普通混凝土小型空心砌块因失水而产生的收缩会导致墙体开裂,为了控制砌块建筑的墙体开裂,根据《普通混凝土小型砌块》GB/T 8239—2014的规定,承重结构用砌块的吸水率应不大于10%,其线性干燥收缩值应不大于0.45 mm/m;非承重结构用砌块的吸水率应不大于14%,其线性干燥收缩值应不大于0.65 mm/m。此外该标准还规定砌块的碳化系数应不小于0.85;其软化系数应不小于0.85;砌块的抗冻性还应符合表4.13的规定;放射性核素限量还应符合GB 6566的规定。

表4.13 普通混凝土小型砌块的抗冻性

使用条件	抗冻指标	质量损失率	强度损失率
夏热冬暖地区	D15	平均值≤5% 单块最大值≤10%	平均值≤20% 单块最大值≤10%
夏热冬冷地区	D25		
寒冷地区	D35		
严寒地区	D50		

注:使用条件应符合GB 50176的规定。

(4)应用

普通混凝土小型空心砌块可用于多层建筑的内、外墙,还适用于高层建筑的填充墙及其他围墙、挡土墙等。普通混凝土小型空心砌块具有良好的耐火性与耐久性、强度高、外表尺寸规整、地震荷载较小等优点,且砌块的空洞便于浇筑配筋芯柱,能提高建筑物的延性。但存在自重大、保温隔热性差、现场不便砍削加工等缺点,尤其干燥收缩大是混凝土小型空心砌块的特征缺陷,砌块砌筑的墙体较易产生裂缝和外墙渗水。为保证砌体强度和施工质量,砌块出厂时的相对含水率必须满足标准要求;施工现场堆放时,必须采取防雨措施;砌筑前不允许浇水预湿。

2.轻集料混凝土小型空心砌块

轻集料混凝土小型空心砌块是以浮石、火山灰、煤渣、自燃煤矸石、陶粒等为粗骨料制作的混凝土小型空心砌块,主要规格尺寸为390 mm×190 mm×190 mm,简称轻集料小砌块。

(1)分类与表观密度

根据《轻集料混凝土小型空心砌块》(GB/T 15229—2011)的规定,砌块按孔的排数分为单排孔、双排孔、三排孔和四排孔等。

轻集料小型砌块依据密度分为八个密度等级,见表4.14。

表4.14 轻集料混凝土小型空心砌块密度等级

密度等级	干表观密度范围(kg/m³)	密度等级	干表观密度范围(kg/m³)
700	≥610,≤700	900	≥810,≤900
800	≥710,≤800	1 000	≥910,≤1 000

密度等级	干表观密度范围(kg/m³)	密度等级	干表观密度范围(kg/m³)
1 100	≥1 010,≤1 100	1 300	≥1 210,≤1 300
1 200	≥1 110,≤1 200	1 400	≥1 310,≤1 400

（2）强度等级

小型砌块按砌块抗压强度划分五个强度等级，见表4.15。混凝土密度越大，砌块的强度越高。

表 4.15 轻集料混凝土小型空心砌块的强度等级

强度等级	砌块抗压强度(MPa)		密度等级范围(kg/m³)
	平均值	最小值	
MU2.5	≥2.5	≥2.0	≤800
MU3.5	≥3.5	≥2.8	≤1 000
MU5.0	≥5.0	≥4.0	≤1 200
MU7.5	≥7.5	≥6.0	≤1 200a ≤1 300b
MU10.0	≥10.0	≥8.0	≤1 200a ≤1 200b

a. 除自然煤矸石掺量不小于砌块质量35%以外的其他砌块；

b. 自然煤矸石掺量不小于砌块质量35%的砌块。

注：当砌块的抗压强度同时满足2个强度等级或2个以上强度等级要求时，应以满足要求的最高强度等级为准。

轻集料混凝土小型空心砌块（LB）按代号、类别（孔的排数）、密度等级、强度等级、标准编号的顺序标记。示例：符合 GB/T 15229，双排孔，800 密度等级，3.5 强度等级的轻集料混凝土小型空心砌块标记为：LB 2 800 MU3.5 GB/T 15229—2011。

（3）耐久性能

轻集料混凝土小砌块吸水率比普通混凝土大，GB/T 15229—2011《轻集料混凝土小型空心砌块》规定：轻集料小砌块吸水率不应大于18%，并且明确提出了不同环境条件下的干缩率和相对含水率（表4.16）及轻集料混凝土小型空心砌块的抗冻性指标（表4.17）。

表 4.16 轻集料混凝土小型空心砌块的干缩率及相对含水率

干缩率(%)	相对含水率(%)		
	潮湿环境	中等湿度	干燥环境
<0.03	≤45	≤40	≤35
≥0.03,≤0.045	≤40	≤35	≤30
>0.045,≤0.055	≤35	≤30	≤25

表 4.17 轻集料混凝土小型空心砌块的抗冻性

环境条件	抗冻标号	质量损失率（%）	强度损失率（%）
温和与夏热冬暖地区	D25		
夏热冬冷地区	D25	≤5	≤25
寒冷地区	D35		
严寒地区	D50		

注：环境条件应符合 GB 50176 的规定。

　　小砌块相对含水率越大，砌筑上墙后的收缩越大，越容易产生墙体裂缝。相对含水率还对砌块的强度、耐水性、抗冻性、抗碳化性等性能影响较大。水泥混凝土小砌块的抗碳化性比较稳定，耐水性比较好，可以满足建筑要求。而掺粉煤灰的轻集料混凝土小砌块因受粉煤灰的品质和掺量的影响，耐水性波动较大，抗碳化能力相对较弱。因此，GB/T 15229—2011 规定：掺粉煤灰的轻集料混凝土小砌块的软化系数不应低于 0.8，抗碳化系数不应小于 0.80。碳化系数是指小砌块碳化后的强度与碳化前的强度之比。

　　（4）应用

　　与普通混凝土小型空心砌块相比，轻集料混凝土小型空心砌块重量更轻，保温性能、隔声性能、抗冻性能更好，主要用于非承重结构的围护和框架结构填充墙，但也存在吸水率较大、强度较低等不足。砌块的选用可参照表 4.18。

表 4.18 各类轻集料小砌块的适用范围

强度等级	密度等级范围（kg/m³）	小砌块类别	适用范围
MU2.5	≤800	超轻陶粒混凝土小砌块 膨胀珍珠岩粉煤灰混凝土小砌块 黏土陶粒混凝土小砌块 页岩陶粒混凝土小砌块	非承重保温外墙 框架填充墙、隔墙
MU3.5 MU5.0	≤1 200	火山渣混凝土小砌块 浮石混凝土小砌块 自燃煤矸石混凝土小砌块 煤渣混凝土小砌块	承重保温外墙 框架填充墙
MU7.5 MU10.0	≤1 400	自燃煤矸石混凝土小砌块 火山渣混凝土小砌块	承重外墙或内墙

4.3 天然石材

　　石材是最古老的土木工程材料之一，世界上许多的古建筑都是由石材砌筑而成，如比萨斜塔、金字塔、赵州桥等。天然石材是采自地壳、经加工或未经加工的天然岩石。天然石材一般具有较高的抗压强度，良好的耐久性和耐磨性，但由于脆性大、抗拉强度低、自重大、开采加工较困难等，近代已逐步被混凝土材料所代替。然而，由于石材具有特有的色泽和纹理美，使得其在室内外装饰中得到了更为广泛的应用，如许多商场、宾馆等公共建筑均使用石材作为墙面、地面等装饰材料。

4.3.1 岩石的形成与分类

天然岩石根据其形成地质条件的不同,可分为岩浆岩、沉积岩和变质岩。

1. 岩浆岩

岩浆岩又称火成岩,它是因地壳变动,熔融的岩浆由地壳内部上升后冷却而成的。根据岩浆冷凝情况不同,岩浆岩又可分为深成岩、喷出岩和火成岩三种。

(1)深成岩。深成岩是地壳深处的岩浆在受上部覆盖层压力的作用下经缓慢且较均匀地冷凝而形成的岩石。其特点是矿物结晶完整,晶粒粗大,结构致密,呈块状构造;具有抗压强度高、吸水率小、表观密度大、抗冻性好、耐磨性好、耐久性好等特质。常见的深成岩有花岗岩、正长石、闪长岩、橄榄岩,可用于基础等石砌体及装饰。

(2)喷出岩。喷出岩是熔融的岩浆喷出地表后,在压力降低、迅速冷却的条件下形成的岩石。当喷出的岩浆层厚时,形成的岩石其特性近似深成岩;若喷出的岩浆层较薄时,则形成的岩石常呈多孔结构。常见的喷出岩有玄武岩、辉绿岩、安山岩等,可用于基础、桥梁等石砌体。

(3)火成岩。火成岩又称火山碎屑岩,是火山爆发时岩浆被喷到空中急速冷却后形成的岩石。其特点是呈多孔玻璃质结构,表观密度小。常见的火成岩有火山灰、浮石、火山渣、火山凝灰岩等,浮石可用作轻质骨料,配制轻骨料混凝土用作墙体材料。

2. 沉积岩

沉积岩又称水成岩,是地表的各种岩石经自然风化、风力搬迁、流水冲移等作用后,再沉积而形成的岩石。主要存在于地表及离地表不太深处。其特征是层状构造,外观多层理(各层的成分、结构、颜色、厚度等均不相同),表观密度小,孔隙率和吸水率较大,强度较低,耐久性较差。建筑上常见的沉积岩有:石灰岩、砂岩、页岩等,可用于基础、墙体、挡土墙等石砌体。

3. 变质岩

变质岩是由地壳中原有的岩浆岩或沉积岩,由于地壳变动和岩浆活动产生的温度和压力,使原岩石在固态状态下发生再结晶,使其矿物成分、结构构造以致化学成分部分或全部改变而形成的岩石。其中沉积岩变质后,性能变好,结构变得致密,坚实耐久,如石灰岩变质为大理石;而火成岩经变质后,性质反而变差,如花岗岩变成的片麻岩,易产生分层剥落,使耐久性变差。

建筑上常用的变质岩有:大理岩、片麻岩、石英岩、板岩等。大理岩石质细腻、光泽柔润、绚丽多彩,磨光后具有良好的装饰性;其构造致密、表观密度大,但硬度不大,易于切割、雕琢和磨光,常用于高级建筑物的装饰和饰面工程。石英岩结构均匀致密,抗压强度高(250~400 MPa),耐久性好,但硬度大,加工困难,常用作重要建筑物的贴面、耐磨耐酸的贴面材料,其碎块可用作混凝土的骨料。片麻岩呈片状构造,易剥落分离,故抗冻性差,易于风化,常用作碎石、块石及人行道石板等。

4.3.2 天然石材的主要技术性质

天然石材的技术性质包括物理性质、力学性质、工艺性质。天然石材的技术性质决定于其组成的矿物的种类、特征以及结合状态。由于生产条件各异,又常含有不同种类的杂质,故天然石材即便是同一类岩石,其性质也有差异。因此,使用前都必须进行检验。

1. 物理性质

(1)表观密度

天然石材按表观密度大小分为:轻质石材(表观密度≤1 800 kg/m³)和重质石材(表观密度>1 800 kg/m³)。

石材表观密度与其矿物组成和孔隙率有关,它能间接反映石材的致密程度和孔隙多少,在通常情况下,同种石材的表观密度越大,其抗压强度越高,吸水率越小,耐久性越好。

(2)吸水性

吸水率低于1.5%的岩石称为低吸水性岩石;吸水率介于1.5%~3.0%的岩石称为中吸水性岩石;吸水率高于3.0%的岩石称为高吸水性岩石。

石材的吸水性主要与其孔隙率及孔隙特征有关。深成岩以及许多变质岩,其孔隙率都很小,因而吸水率也很小。例如花岗岩的吸水率通常小于0.5%。沉积岩由于形成条件、胶结情况与密实程度有所不同,因而孔隙率与孔隙特征的变化很大,其吸水率的波动也很大。例如致密的石灰岩,吸水率可小于1.0%,而多孔贝壳石灰岩,吸水率可高达15%。

石材的吸水性对其强度与耐久性有很大影响。石材吸水后,会降低颗粒之间的黏结力,从而使强度降低。有些岩石容易被水溶蚀,因此,吸水性强且易溶蚀的岩石,其耐水性较差。吸水性还影响到其他一些性质,如导热性、抗冻性等。

(3)耐水性

石材的耐水性可用软化系数表示。根据软化系数大小,石材可分为3个等级:高耐水性石材,其软化系数大于0.90;中耐水性石材,其软化系数在0.70~0.90之间;低耐水性石材,其软化系数在0.60~0.70之间。

一般软化系数低于0.60的石材,不允许用于重要建筑。

(4)抗冻性

石材的抗冻性用冻融循环次数来表示,即石材在水饱和状态下能经受规定条件下数次冻融循环,强度降低值不超过25%,重量损失不超过5%时,则认为抗冻性合格。石材的抗冻标号分为D5、D10、D15、D25、D50、D100、D200等。

石材的抗冻性与其矿物组成、晶粒大小及分布均匀性、胶结物的胶结性质等有关。

(5)耐热性

石材的耐热性与其化学成分及矿物组成有关。含有石膏的石材,在100 ℃以上时开始破坏;含有碳酸镁的石材,当温度高于725 ℃时会发生破坏;含有碳酸钙的石材,当温度达到827 ℃时开始破坏;由石英与其他矿物组成的结晶石材,如花岗岩等,温度高于700 ℃以上时,由于石英受热晶型转变发生膨胀,强度迅速下降。

(6)导热性

石材的导热性主要与其表观密度和结构状态有关。重质石材的导热系数可达2.91~3.49 W/m·K;轻质石材的导热系数则在0.23~0.70 W/m·K。相同成分的石材,玻璃态比结晶态的导热系数小,封闭孔隙的导热性差。

2. 力学性质

砌筑石材的力学性能主要是考虑其抗压强度。砌筑石材的强度等级以边长70 mm的立方体为标准试块的抗压强度表示,抗压强度取三个试块破坏强度的平均值。天然石材强度等级分为MU100、MU80、MU60、MU50、MU40、MU30、MU20、MU15、MU10等9个等级,不同尺寸的石材尺寸换算系数见表4.19。

表 4.19　石材的尺寸换算系数

立方体边长(mm)	200	150	100	70	50
换算系数	1.43	1.28	1.14	1	0.86

天然石材抗压强度的大小,取决于岩石的矿物成分、结晶粗细、胶结物质的种类及均匀性,以及荷载和解理方向等因素。从岩石结构角度考虑,具有结晶结构的天然石料,其强度比玻璃质的高,细粒结晶的比中粒或粗粒结晶的强度高,等粒结晶的比斑状的强度高,结构疏松多孔的天然石料,强度远低于构造致密的石料。具有层理、片状构造的石料,其垂直于层理、片理方向的强度较平行于层理、片理的高。对于有层理、片理构造的天然石料,在测定抗压强度时,其受力方向应与石料在砌体中的实际受力方向相同。

砌筑石材的力学性质除了考虑抗压强度外,根据工程需要,还应考虑它的抗剪强度、冲击韧性等。

3. 工艺性质

石材的工艺性质指开采及加工的适应性,包括加工性、磨光性和抗钻性。

(1)加工性。指对岩石进行劈解、破碎与凿琢等加工时的难易程度。强度、硬度较高的石材,不易加工;质脆而粗糙,颗粒交错结构,含层状或片状构造以及已风化的岩石,都难以满足加工要求。

(2)磨光性。指岩石能否磨成光滑表面的性质。致密、均匀、细粒的岩石,一般都有良好的磨光性,可以磨成光滑亮洁的表面。疏松多孔、鳞片状结构的岩石,磨光性均较差。

(3)抗钻性。指岩石钻孔的难易程度。影响抗钻性的因素很复杂,一般与岩石的强度、硬度等性质有关。

4.4　人造石材

人造石材是一种以大理石碎料、石英砂、石渣等为骨料,树脂、聚酯或水泥等为胶结料,经拌和、成型、聚合或养护后,打磨抛光切割而人工合成的装饰材料。人造石材具有天然石材的装饰效果,而且花色、品种、形状等多样化,具有质量轻、强度高、耐腐蚀、耐污染、施工方便等优点;不足之处是色泽、纹理不及天然石材柔和自然。

按照所用黏结剂不同,人造石材可分为有机类人造石材和无机类人造石材两类。按其所用胶结材料、生产工艺过程的不同,人造石材通常可以分为以下四类:树脂型人造大理石、水泥型人造大理石、复合型人造大理石、烧结型人造大理石。

4.4.1　树脂型人造石材

树脂型人造石材是以不饱和聚酯树脂为胶结剂,与天然大理碎石、石英砂、方解石、石粉或其他无机填料按一定的比例配合,再加入催化剂、固化剂、颜料等外加剂,经混合搅拌、固化成型、脱模烘干、表面抛光等工序加工而成。使用不饱和聚酯的产品光泽好,颜色鲜艳丰富,可加工性强,装饰效果好;这种树脂黏度低,易于成型,常温下可固化。成型方法有振动成型、压缩成型和挤压成型。与天然大理石相比,树脂型人造石材便于制作形状复杂的制品,具有强度高、密度小、厚度薄、耐酸碱腐蚀及美观等优点;但其耐老化性能不及天然花岗石。故多用于室内装饰,可用于宾馆、商店、公共砌筑工程和制作各种卫生器具等。

树脂型人造石材主要包括聚酯型人造大理石、聚酯型人造花岗岩、玉石合成饰面板等。

1. 聚酯型人造大理石

聚酯型人造大理石俗称色丽石、富丽石、结晶石等。其主要原料是不饱和聚酯树脂、粉状和粒状填料以及颜料等，胶（树脂）固（填料）比为1∶4～4.5，填料可选用碳酸钙粉或石英粉，填料孔隙率要小。其主要工艺为原材料拌合、成型、固化、细磨、抛光等。其成型工艺主要有三种：浇注成型、压板成型、大块荒料成型。

聚酯型人造大理石色彩花纹仿真性强，装饰性好；容重较小，强度较高，不易碎，耐磨性好；耐腐蚀性、耐污染性好；生产设备简单，工艺不复杂；可加工性好；耐热性、耐候性较差，会老化。

聚酯型人造大理石通常用于制造人造大理石饰面板材，用于室内墙面、柱面等的装饰；也可制作卫生间的卫生洁具，如浴缸、立柱式脸盆、坐便器等；还可以做成人造大理石壁画、匾额、浮雕等工艺品。

2. 聚酯型人造花岗石

聚酯型人造花岗石的生产工艺、技术性质等都与聚酯型人造大理石极为相似。不同之处在于生产人造花岗石时所用的胶固比更高，为1∶6.3～8.0，填料用较硬的天然石质碎粒及深色颗粒；并且，由于生产聚酯型人造花岗石所用的填料、粉料掺量较多，其硬度比聚酯型人造大理石更大，其他的技术性质与聚酯型人造大理石相近。

聚酯型人造花岗石固化后经过抛光，内部的石粒外露，通过不同色粒和颜料的搭配可生产出不同色泽的人造花岗石，其外观极像天然花岗石。由于天然花岗石矿物中云母的强度低、不耐磨，在抛光后表面往往会存在轻微的凹陷；但聚酯型人造花岗石由于硬度大，抛光后表面不会凹陷。聚酯型人造花岗石主要应用于高级装饰工程中。

3. 玉石合成饰面板

玉石合成饰面板亦称人造琥珀石饰面板，以透明不饱和聚酯树脂将天然石粒（如卵石）、各色石块（如均匀玉石、大理石）以及天然的植物、昆虫等浇注成板材。产品具有光洁度高、质感强、强度高、耐酸碱腐蚀等优点，是一种高雅美观的室内墙面、地面装饰材料。

4.4.2 水泥型人造石材

水泥型人造石材是以白色、彩色水泥或硅酸盐、铝酸盐水泥为胶结料，砂为细骨料，碎大理石、碎花岗石或工业废渣等为粗骨料，必要时再加入适量的耐碱颜料配制拌成混合料，经浇捣成型、养护后，再进行磨平抛光而制成。该类产品的规格、色泽、性能等均可根据使用要求制作。水泥型人造石材的主要品种是水磨石板材，近年来，又出现了人造全无机花岗石大理石装饰板材等新品种。

1. 水磨石

水磨石是以水泥、彩色石渣或白色大理石石末为主要原料，按适当比例配料，需要时掺入适量颜料，经过拌匀、浇注成型、捣实、养护、硬化、研磨、抛光等工序制成的一种建筑装饰用人造石材，其制品主要包括水磨石板材、水磨石砖两大类。

按照水磨石制品在建筑中的使用部位可以将其分为：墙面和柱面用水磨石（Q）；地面和楼面用水磨石（D）；踢脚板、立板和三角板类水磨石（T）；隔断板、窗台板和台面板类水磨石（G）四类。按照水磨石制品表面的加工程度可以将其分为：磨面水磨石（M）、抛光水磨石（P）两类。

水磨石既可现场制作，也可在工厂预制。一般预制水磨石板材是以普通水泥混凝土为底层，以添加颜料的白水泥和彩色水泥与各种大理石粉末拌制的混凝土为面层所组成的，在工厂预制水磨石板材时还往往在底层加放钢筋。由于工厂预制操作条件较好,可制得装饰效果优良,且具有华丽花纹的装饰板材。

水磨石板材的常用规格尺寸为 300×300 mm、305×305 mm、400×400 mm、500×500 mm,其他规格尺寸由设计、使用部门与厂家共同商定。按照现行建材行业标准《建筑装饰用水磨石》(JC/T 507—2012),对水磨石制品的质量要求主要包括外观质量、尺寸偏差、出石率、光泽度、吸水率、抗折强度等几个方面,分为优等品(A)、一等品(B)和合格品(C)三种。

水磨石板材具有造价低、美观适用、强度高、耐磨性好、施工方便等特点,颜色根据需要可任意配制,花色品种多,并可在施工时拼铺成各种不同的图案,适用于建筑物的地面、墙面、柱面、窗台、踢脚、台面、楼梯踏步等处,还可以制成桌面、水池、花盆、茶几等。水磨石砖的砖面颜色、纹路与天然花岗石十分逼真,光泽度较高,装饰效果好,适用于宾馆、饭店、办公楼、住宅等建筑的内外墙和地面装饰。国内外许多重要工程,如我国的中国海关、北京西站、北京城乡贸易中心、香港地铁等都选用了水磨石制品;但值得一提的是,随着天然石材和陶瓷墙地砖的大量使用,近年来水磨石制品产量和用量的增长速度不快。

2. 人造全无机花岗石大理石装饰板材

人造全无机花岗石大理石装饰板材属硅酸盐类人造石材,是以高强度水泥、优质石英砂为主要原料,配以高档无机化工颜料,经化学反应塑化后制成的一种新型建筑装饰板材。其强度大、光泽度高、不变形、不龟裂、不粉化、耐酸碱、耐水火、色泽艳丽、易与水泥及黏结剂黏结、施工方便、化学性能稳定,主要技术指标略低于天然石材产品,花纹及装饰效果可与天然石材媲美,生产成本仅为天然石材的 5%~10%,极为经济。特别适用于墙裙、柱面、地板、窗台、踢脚、家具、台面等的装饰。

3. 无机大理石

无机大理石是以高铝水泥、石英砂、石英石子、多种颜料和高强度结晶剂为主要原料,通过反打成型而成,面层采用高铝水泥砂浆,底层采用普通硅酸盐水泥砂浆。其抗压强度、耐高低温、耐磨率等指标接近天然大理石,光亮度、色彩品种、装饰效果及抗老化性优于天然大理石。适用于建筑内墙、地面、台面等的装饰,但不宜用于潮湿或高温的环境中。

4. 艺术石

艺术石是再造石材,无论在质感、色泽及纹理上都与真石无异,而且不加雕饰,富有原始、古朴的雅趣。它是由精选硅酸盐水泥、轻集料、氧化铁混合加工倒模而成。艺术石具有天然石的优美形态与质感、质量轻盈、安装简便等优点,应用于装饰室内外墙面、户外景观等各种场合。

4.4.3　复合型人造石材

复合型人造石材是指该种石材的胶结料中,既有无机胶凝材料,又有有机高分子材料。主要的技术方法有两种,其一是用无机胶凝材料将碎石、石粉等集料胶结成型并硬化后,再将硬化体浸渍于有机单体中,使其在一定条件下聚合而成。其二是制成复合板材,底层用廉价而性能稳定的无机材料制成,不需磨光、抛光;而面层则采用聚酯和大理石粉制作,这种构造可以获得最佳的装饰效果和经济指标,目前采用较普遍。

无机胶结材料可用快硬水泥、白水泥、普通硅酸盐水泥、铝酸盐水泥、粉煤灰水泥、矿渣水泥以及熟石膏等。有机单体可用苯乙烯、甲基丙烯酸甲酯、醋酸乙烯、丙烯腈、丁二烯等,这些单体可单独使用,也可组合使用。复合型人造石材制品的造价较低,但受温差影响后聚酯面易产生剥落或开裂。

1. 水泥—树脂复合型人造大理石

这种人造大理石的制作工艺是以普通水泥砂浆作基层,然后在表面敷设树脂以照光及添加图案色彩。这一方面降低了生产成本,另一方面也避免了产品在使用过程中的翘曲变形问题。水泥—树脂复合型人造大理石的力学性能不及聚酯类人造石材,但抗折强度和抗压强度高于水泥制品,其耐热变形性能、抗冻性和耐候性均优于聚酯类人造石材,装饰性和表面耐污染性与聚酯类人造石材基本一致。

2. 透光大理石

透光大理石是将加工成 5 mm 具有透光性的薄型石材和玻璃相复合,芯层为丁醛膜,在 140~150 ℃时热压 30 min 而成。透光大理石可以使光线变得很柔和。透光大理石主要用于制作采光天棚及外墙装饰。

4.4.4　烧结型人造石材

烧结型人造石材的生产方法与陶瓷工艺相似,是将长石、石英、辉绿石、方解石等粉料和赤铁矿粉以及一定量的高岭土共同混合,一般配比为石粉 60%、黏土 40%,采用混浆法制备坯料,用半干压法成型,再在窑炉中以 1 000 ℃左右的高温焙烧而成。烧结型人造石材的装饰性好,性能稳定,但需经高温焙烧,因而能耗大,造价高。

1. 玻璃大理石装饰板

玻璃基材仿天然大理石花纹的装饰材料,花纹色彩可人工控制,酷似天然大理石,硬度、平整度、光洁度均高于天然大理石,具有寿命长,不怕风吹、日晒、雨淋,以及耐酸碱、容易加工、便于施工等优点。玻璃大理石装饰板适用于高档建筑内外墙面及地面的装饰。

2. 玻璃花岗石装饰板

这种装饰板是一种新型具有抗风化及有花岗石外观和性质的装饰材料,光泽度、色泽度、抗折强度、黏结强度、表面硬度方面均优于天然花岗石、天然大理石,耐老化、抗变形、抗冲击、抗冻性和热稳定性方面可与传统石材媲美,并可设计成各种色调。玻璃花岗石装饰板可广泛应用于建筑物及高档宾馆的内外墙面、台阶、廊柱、室内地面和其他固定设施的装饰。

3. 仿黑色大理石装饰材料

仿黑色大理石装饰材料是以钢渣和废玻璃为原料,加入水玻璃、外加剂、水,混合烧结而成,具有利用废料、节电降耗、工艺简单的特点。主要用于内外墙、地面的装饰铺贴,也可用于台面等。

4.5　砂　　浆

砂浆由胶结料、细集料、掺合料和水按适当比例配制而成,在建筑工程中起黏结、衬垫和传递应力的作用,是用量大、用途广泛的一种建筑材料。

砂浆按胶结材料的不同,可分为水泥砂浆、石灰砂浆、聚合物砂浆和混合砂浆等。

按用途可分为砌筑砂浆、抹面砂浆、绝热砂浆和防水砂浆等。

4.5.1　砂浆的组成材料

1. 胶凝材料

常用的胶凝料有水泥、石灰、聚合物等。胶凝材料的品种根据砂浆的使用环境和用途决定。

（1）水泥

通用水泥均可以用来配制砂浆，水泥品种的选择与混凝土相同。在配制砌筑砂浆时，选择水泥强度等级一般为砂浆强度等级的 3～5 倍。为合理利用资源，节约材料，在配制砂浆时要尽量选用低强度等级水泥或砌筑水泥。水泥砂浆采用的水泥，其强度等级不宜大于 32.5 级；水泥混合砂浆采用的水泥，其强度等级不宜大于 42.5 级。如水泥强度等级过高，可适当掺入掺加料。不同品种的水泥，不得混合使用。

（2）石灰

为了改善砂浆的和易性和节约水泥，常在砂浆中掺入适量的石灰。为了保证砂浆的质量，经常将生石灰先熟化成石灰膏，然后用孔径不大于 3 mm×3 mm 的网过滤，且熟化时间不得少于 7 d；如用磨细生石灰粉制成，其熟化时间不得小于 2 d。沉淀池中储存的石灰膏，应采取防止干燥、冻结和污染的措施。严禁使用脱水硬化后的石灰膏。消石灰粉不得直接使用于砂浆中。

（3）聚合物

在某些特殊的场合可采用聚合物作为砂浆的胶凝材料，其黏性好，在砂浆中可呈膜状大面积分布，因此可提高砂浆的黏结性、韧性和抗冲击性，还可提高砂浆的抗渗、抗碳化等耐久性能，但可能会使砂浆抗压强度下降。常用的聚合物有聚醋酸乙烯酯、甲基纤维素醚、聚乙烯醇、聚酯树脂、环氧树脂等。

有时还采用石膏、黏土或粉煤灰等材料作为胶凝料，但必须经过砂浆的技术性质检验，在不影响砂浆质量的前提下才能够使用。

2. 细集料

配制砂浆的细集料最常用的是天然砂，应符合混凝土用砂的技术要求。由于砂浆层较薄，砂的最大粒径应有所限制，理论上不应超过砂浆层厚度的 1/5～1/4。例如砖砌体用砂浆宜选用中砂，最大粒径不大于 2.5 mm 为宜；石砌体用砂浆宜选用粗砂，砂的最大粒径以不大于 5.0 mm 为宜；光滑的抹面及勾缝的砂浆宜采用细砂，其最大粒径不大于 1.2 mm 为宜。

为保证砂浆质量，砂的含泥量应受到控制，含泥量过大，不但会增加砂浆的水泥用量，还可能导致砂浆的收缩值增大、耐水性降低，影响砌筑质量。M5 及以上的砂浆，其砂含泥量不应超过 5%；强度等级为 M2.5 的水泥混合砂浆，砂的含泥量不应超过 10%。

3. 水

拌制砂浆用水与混凝土拌合用水的要求相同，均需满足《混凝土拌合用水标准》(JGJ 63—2006)的规定。

4. 外加剂

为改善新拌及硬化后砂浆的各种性能或赋予砂浆某些特殊性能，常在砂浆中掺入适量外加剂。例如为改善砂浆和易性，提高砂浆的抗裂性、抗冻性及保温性，可掺入微沫剂、减水剂等外加剂；为增强砂浆的防水性和抗渗性，可掺入防水剂等；为增强砂浆的保温隔热性能，除选用轻质细骨料外，还可掺入引气剂提高砂浆的孔隙率。混凝土中使用的外加剂，对砂浆也具有相应的作用。

砂浆中掺入的外加剂，应具有法定检测机构出具的该产品检验报告，并经砂浆性能试验合格后，方可使用。

5. 掺合料

为改善砂浆的和易性，节约胶凝材料用量，降低砂浆成本，在配制砂浆时可掺入磨细生石灰、石灰膏、石膏、粉煤灰、黏土膏、电石膏等作为掺合料。粉煤灰、生石灰等掺合料的要求应符合相应的有关规定。制成的膏类物质稠度一般为 120 ± 5 mm，如果现场施工时当石灰膏稠度与试配时不一致时，可参照表 4.20 进行换算。

表 4.20 石灰膏不同稠度时的换算系数

石灰膏稠度(mm)	120	110	100	90	80	70	60	50	40	30
换算系数	1.00	0.99	0.97	0.95	0.93	0.92	0.90	0.88	0.87	0.86

4.5.2 砂浆的主要技术性质

砂浆的主要技术性质包括新拌砂浆的和易性、硬化后砂浆的强度、黏结性和收缩变形等。

1. 新拌砂浆的和易性

为满足施工要求，保证建筑工程质量，新拌砂浆应具有良好的和易性。和易性良好的砂浆，可以在结构基体上铺砌成均匀的薄层，与基体紧密黏结，并利于提高施工速度。砂浆的和易性包括流动性和保水性两方面。

(1)流动性

砂浆流动性是指砂浆在自重或外力作用下产生流动的性质，也叫稠度。评价流动性用砂浆稠度测定仪测定，以标准圆锥体经 10 s 时间自由沉入砂浆内的深度即沉入度值(mm)表示。沉入度值越大，流动性越大。砂浆流动性好，便于施工操作，密实填充基底；但流动性过大，可能产生分层、泌水现象，导致砂浆的黏结力和强度降低。

影响砂浆流动性的主要因素有：胶凝材料的种类与用量、用水量、砂的粗细程度、形状、级配、搅拌时间、外加剂品种及掺量、环境温度和湿度等。

砂浆流动性的选择与基底材料种类、施工条件以及天气情况等有关。对于多孔吸水的砌体材料和干热的天气，则要求砂浆的流动性大一些；相反，对于密实不吸水的砌体材料和湿冷的天气，要求砂浆的流动性小一些，可参考表 4.21。

表 4.21 建筑砂浆流动性的选择

砌筑砂浆		抹面砂浆	
砌体种类	沉入度(mm)	抹灰工程	沉入度(mm)
烧结普通砖砌体	70~90	准备层	80~120
轻骨料混凝土小型空心砌块砌体	60~90	底层	70~80
烧结多孔砖、空心砖砌体	60~80	面层	70~100
烧结普通砖平拱式过梁、空斗墙、筒拱普通混凝土小型空心砌块砌体加气混凝土砌块砌体	50~70	石膏浆面层	90~120
石砌体	30~50	—	—

(2)保水性

砂浆的保水性指新拌砂浆保存水分的能力，也表示砂浆中各组成材料是否易分离的性能。砂浆的保水性参照《建筑砂浆基本性能试验方法》JGJ/T 70—2009 进行试验，用砂浆分层度筒测定，以分层度(mm)表示。

一般砂浆的分层度在 10~20 mm 为宜，通常水泥砂浆分层度不应大于 30 mm，水泥混合砂浆不宜大于 20 mm。分层度小于 10 mm，砂浆过于干稠，不利于施工；分层度过大，砂浆在施工过程中会出现泌水和分层离析现象,使砂浆流动性变差,且易产生干缩裂缝;同时保水性不良的砂浆铺抹于基体后,水分易被砖、砌块等多孔材料快速吸收,从而影响胶凝材料的正常水化与凝结硬化,使砂浆的强度和黏结力大幅下降,降低砌体质量。

砂浆的和易性对砂浆强度影响较大,为保证良好的和易性,砂浆必须搅拌均匀,搅拌时间不能过短,也不宜太长,并且应随拌随用,及时用完,不得使用过夜砂浆。

2. 硬化后砂浆的技术性质

(1)抗压强度与强度等级

砂浆强度等级是以 70.7 mm×70.7 mm×70.7 mm 的 6 个立方体试块,按标准条件养护至 28 d 的抗压强度平均值确定其强度等级。根据《砌筑砂浆配合比设计规程》(JGJ 98—2010)的规定,水泥砂浆及预拌砌筑砂浆的强度等级分为 M5、M7.5、M10、M15、M20、M25、M30;水泥混合砂浆的强度等级分为 M5、M7.5、M10、M15。砂浆的实际强度除了与水泥的强度和用量有关外,还与基底材料的吸水性有关。在实际工程中,一般根据经验和采用试配方法,通过试验确定砂浆的抗压强度。普通水泥配制的砂浆可参考下列公式计算其抗压强度。

①不吸水基层材料:影响砂浆强度的因素与混凝土基本相同,主要取决于水泥强度和水灰比。

$$f_{m,0}=Af_{ce}\left(\frac{C}{W}-B\right) \tag{4.4}$$

式中　$f_{m,0}$——砂浆 28 d 抗压强度,精确至 0.1 MPa;

　　　f_{ce}——水泥的实际强度,精确至 0.1 MPa;

　　　$\frac{C}{W}$——灰水比,C 为 1 m³ 砂浆的水泥用量,W 为 1 m³ 的用水量,精确至 1 kg;

　　　A,B——经验系数,A 可取 0.29,B 可取 0.4,也可根据统计资料确定。

②吸水性基层材料:砂浆强度主要取决于水泥强度和水泥用量,而与水灰比无关。砂浆强度计算公式如下:

$$f_{m,0}=\frac{\alpha Q_c f_{ce}}{1\,000}+\beta \tag{4.5}$$

式中　Q_c——1 m³ 砂浆中水泥用量,精确至 1 kg;

　　　α,β——砂浆的特征系数,其中 $\alpha=3.03$,$\beta=-15.09$。

(2)砂浆的黏结力

砂浆黏结力是指砂浆与基体的黏结强度。砌体是靠砂浆把砖、石等砌筑材料黏结成一个整体,一般砂浆强度越高,其黏结力越大,砌体的强度也越高。砂浆黏结力与砌筑的基体材料表面状态、清洁程度、湿润状况等有关。通常建筑施工时,先将多孔的、吸水率大的砌筑材料浇水润湿,其他平整光滑的表面采取凿毛划痕等方法加大基底粗糙度,以提高砂浆与基体的黏结力,保证砌体的质量。砂浆的黏结力直接影响砌体的抗剪强度、稳定性、抗裂性、耐久性及建筑物的抗震能力。

(3)砂浆的变形

砌筑砂浆在承受荷载或在温度变化时,会产生变形。如果变形过大或不均匀,容易使砌体的整体性下降,产生沉陷或裂缝,影响到整个砌体的质量。抹面砂浆在空气中也容易产生收缩等变形,变形过大也会使面层产生裂纹或剥离等质量问题。因此,要注重控制砂浆的和易性,加强砂浆的早期养护,防止砂浆产生不均匀变形。

（4）砂浆的耐久性

砂浆应具有良好的耐久性。在有腐蚀冻融作用的工程环境中,砂浆除了应满足强度要求,具备较好的黏结力、较小的收缩变形外,还应具有一定的抗腐蚀、抗冻融能力。有抗冻性要求的砂浆经冻融试验后,其质量损失率不得大于 5%,抗压强度损失率不得大于 25%。砂浆耐久性的影响因素和混凝土的基本相同。

4.5.3 砌筑砂浆

将砖、石及砌块等黏结为砌体的砂浆称为砌筑砂浆。它起着黏结砌体材料、传递荷载、均匀分布压力、协调变形的作用,是砌体的重要组成部分。

目前常用的砌筑砂浆有水泥砂浆和水泥混合砂浆两大类。水泥混合砂浆宜用于砌筑地面以上的干燥环境砌体;对于砌筑地下基础等潮湿环境和强度要求较高的砌体,必须选用水泥砂浆。

砌筑砂浆要根据工程类别及砌体部位的设计要求来选择砂浆的强度等级,再按所要求的强度等级确定其配合比。根据《砌筑砂浆配合比设计规程》(JGJ/T 98—2010)的规定,砌筑砂浆配合比设计或选用步骤如下。

1. 水泥混合砂浆配合比计算

（1）确定试配强度

砂浆的试配强度可按下式确定:

$$f_{m,0} = k \cdot f_2 \tag{4.6}$$

式中　$f_{m,0}$——砂浆的试配强度,精确至 0.1 MPa;

　　　f_2——砂浆强度等级值,精确至 0.1 MPa;

　　　k——系数,按表 4.22 取值。

表 4.22　砂浆强度标准差选用值（MPa）

砂浆强度等级 施工水平	强度标准差 σ							k
	M5	M7.5	M10	M15	M20	M25	M30	
优良	1.00	1.50	2.00	3.00	4.00	5.00	6.00	1.15
一般	1.25	1.88	2.50	3.75	5.00	6.25	7.50	1.20
较差	1.50	2.25	3.00	4.50	6.00	7.50	9.00	1.25

当有统计资料时,砌筑砂浆现场强度标准差 σ 可按公式(4.7)确定。

$$\sigma = \sqrt{\frac{\sum\limits_{i=1}^{n} f_{m,i}^2 - N\mu_{f_m}^2}{N-1}} \tag{4.7}$$

式中　$f_{m,i}$——统计周期内同一品种砂浆第 i 组试件的强度,MPa;

　　　μ_{f_m}——统计周期内同一品种砂浆 N 组试件强度的平均值,MPa;

　　　N——统计周期内同一品种砂浆试件的组数,$N \geqslant 25$。

当不具有近期统计资料时,砂浆现场强度标准差 σ 可按表 4.22 取用。

（2）计算水泥用量

每立方米砂浆中的水泥用量,应按下式计算:

$$Q_c = \frac{1\,000(f_{m,0} - \beta)}{\alpha \cdot f_{ce}} \tag{4.8}$$

式中　Q_c——1 m³砂浆中水泥用量,精确至 1 kg;

　　　$f_{m,0}$——砂浆试配强度,精确至 0.1 MPa;

　　　f_{ce}——水泥的实测强度,精确至 0.1 MPa;

　　　α,β——砂浆的特征系数,其中 $\alpha=3.03,\beta=-15.09$。

在无法取得水泥的实测强度值时,可按下式计算:

$$f_{ce}=\gamma_c \cdot f_{ce,k} \tag{4.9}$$

式中　$f_{ce,k}$——水泥强度等级值,MPa;

　　　γ_c——水泥强度等级值的富余系数,该值应按实际统计资料确定。无统计资料时,取 $\gamma_c=1.0$。

当计算出水泥砂浆中的水泥用量不足 200 kg/m³ 时,应按 200 kg/m³ 采用。

(3)计算石灰膏用量

石灰膏使用时的稠度为(120±5) mm,应按下式计算:

$$Q_d=Q_a-Q_c \tag{4.10}$$

式中　Q_d——每 1 m³ 砂浆中石灰膏用量,精确至 1kg;

　　　Q_c——每 1 m³ 砂浆中水泥用量,精确至 1 kg;

　　　Q_a——每 1 m³ 砂浆中水泥和石灰膏的总量,宜在 300~350 kg/m³ 之间,精确至 1 kg。

(4)确定砂子用量

每立方米砂浆中砂子用量 Q_s(kg/m³),应以干燥状态(含水率小于 0.5%)的堆积密度作为计算值。

(5)用水量

每立方米砂浆中用水量 Q_w(kg/m³),可根据砂浆稠度要求选用 210~310 kg。

注意:①混合砂浆中的用水量,不包括石灰膏中的水;②当采用细砂或粗砂时,用水量分别取上限或下限;③稠度小于 70 mm 时,用水量可小于下限;④施工现场气候炎热或干燥季节,可酌量增加水量。

2. 水泥砂浆配合比选用

水泥砂浆各种材料用量可按照表 4.23 选用。

表 4.23　水泥砂浆材料用量(kg/m³)

强度等级	水泥用量	砂子用量	用水量
M5	200~230		
M7.5	230~260		
M10	260~290		
M15	290~330	1 m³ 干燥状态下砂的堆积密度值	270~330
M20	340~400		
M25	360~410		
M30	430~480		

注:①M15 及 M15 以下强度等级的水泥砂浆,应选用水泥强度等级为 32.5 级;M15 以上强度等级的水泥砂浆,应选用水泥强度等级为 42.5 级;②当采用细砂或粗砂时,用水量分别取上限或下限;③稠度小于 70 mm 时,用水量可小于下限;④施工现场气候炎热或干燥季节,可酌量增加水量;⑤试配强度应按照公式(4.6)进行计算。

3. 配合比的试配、调整与确定

按计算或查表所得配合比进行试拌时,应按现行行业标准《建筑砂浆基本性能试验方法标准》(JGJ/T 70—2009)测定砌筑砂浆拌和物的稠度和保水率。当稠度和保水率不能满足要求时,应调整材料用量,直到符合要求为止。然后确定为试配时的砂浆基准配合比(即计算配合比经试拌后,稠度、保水率已合格的配合比)。

为使砂浆强度能在计算范围内,试配时应采用三个不同的配合比。其中一个配合比应为按《砌筑砂浆配合比设计规程》JGJ/T 98得出的基准配合比,其余两个配合比的水泥用量应按基准配合比分别增加及减少10%。在保证稠度、保水率合格的条件下,可将用水量、石灰膏、保水增稠材料或粉煤灰等活性掺合料用量作相应调整。

对三个不同的配合比进行调整后,按《建筑砂浆基本性能试验方法》的规定成型试件,分别测定不同配合比砂浆的表观密度及强度,并应选定符合试配强度要求及和易性要求、水泥用量最低的配合比作为砂浆的试配配合比。

砂浆配合比表示方法有质量配合比和体积配合比两种。

(1)质量配合比

$$水泥:石灰膏:砂=Q_c:Q_d:Q_s \qquad (4.11a)$$

$$水泥:石灰膏:砂=1:\frac{Q_d}{Q_c}:\frac{Q_s}{Q_c} \qquad (4.11b)$$

(2)体积配合比

$$水泥:石灰膏:砂=V_c:V_d:V_s=Q_c/\rho_c:Q_d/\rho_d:Q_s/\rho_s \qquad (4.12)$$

【例4.1】 用42.5级普通水泥和中砂配制砌砖用的M10水泥混合砂浆。已知水泥实测28 d抗压强度43.8 MPa,其堆积密度(ρ_{0c})为1 300 kg/m³,密度(ρ_c)为3.1 kg/m³;石灰膏的表观密度(ρ_d)为1 350 kg/m³;中砂最大粒径2.5 mm,堆积密度(ρ_s)为1 520 kg/m³,现场砂的含水率为0.5%,施工单位的质量水平优良,试计算该砂浆的配合比。

【解】 (1)确定砂浆的配制强度。由于施工水平优良,查表4.22可得$k=1.15$,$f_2=10.0$ MPa,则

$$f_{m,0}=kf_2=1.15\times10.0=11.5(MPa)$$

(2)计算水泥用量。由式(4.8)知,$\alpha=3.03$,$\beta=-15.09$,将$f_{ce}=43.8$ MPa代入式(4.8),则

$$Q_c=\frac{1\,000(f_{m,0}-\beta)}{\alpha f_{ce}}=\frac{1\,000\times(11.5+15.09)}{3.03\times43.8}=200(kg/m^3)$$

(3)计算石灰膏用量,由式(4.10)知,Q_a统计值在300~350 kg/m³之间,一般取$Q_a=350$ kg/m³,则

$$Q_d=Q_a-Q_c=350-200=150 (kg/m^3)$$

(4)确定砂子用量。根据《砌筑砂浆配合比设计规程》(JGJ 98—2010)规定,若砂子含水率不大于0.5%时,可视为干燥状态,1 m³砂浆中砂子的用量可取其堆积密度ρ_s之值,即$Q_s=1\,520$ kg/m³。

(5)砂浆配合比。

质量配合比: 水泥:石灰膏:砂子$=200:150:1\,520=1:0.75:7.6$

体积配合比: 水泥:石灰膏:砂子$=\dfrac{Q_c}{\rho_{0c}}:\dfrac{Q_d}{\rho_d}:\dfrac{Q_s}{\rho_s}=\dfrac{200}{1\,300}:\dfrac{150}{1\,350}:\dfrac{1\,520}{1\,520}$

$$=1:0.721:6.49$$

4.5.4 抹面砂浆

抹面砂浆是指涂抹在基底材料的表面,兼有保护基层和增加美观作用的砂浆。根据抹面砂浆功能不同,一般可将抹面砂浆分为普通抹面砂浆、防水砂浆和特种砂浆(如绝热、吸声、耐酸、防辐射砂浆)等。与砌筑砂浆相比,抹面砂浆具有以下特点:

(1)抹面砂浆不承受荷载。

(2)抹面层与基底层要有足够的黏结强度,使其在施工中或长期自重和环境作用下不脱落、不开裂。

(3)抹面层多为薄层,并分层涂抹,面层要求平整、光洁、细致、美观。

(4)多用于干燥环境,大面积暴露在空气中。

抹面砂浆的组成材料与砌筑砂浆基本上相同。但为了防止砂浆层的收缩开裂,有时需要加入一些纤维材料,或者为了使其具有某些特殊功能需要选用特殊骨料或掺加料。

1. 普通抹面砂浆

普通抹面砂浆是土木工程中常用砂浆,主要用于建筑物的地面、墙面、屋面、台阶踏步、踢脚等结构部位的抹平,起到保护主体结构,提高建筑物耐久性,提供平整与美观的结构表面或作为装饰面层的衬垫层。

常用的普通抹面砂浆有水泥砂浆、石灰砂浆、水泥混合砂浆、麻刀石灰砂浆(简称麻刀灰)、纸筋石灰砂浆(简称纸筋灰)等。

普通抹面砂浆一般分为两层或三层进行施工。底层砂浆的作用是使砂浆与基底能牢固地黏结,因此要求底层砂浆具有良好的和易性、保水性和较好的黏结强度。中层砂浆主要是为了找平,有时可省去不做。面层砂浆是为了获得平整、光洁的表面效果,要求砂浆光洁细腻、抗裂。各层抹灰面的作用和要求不同,因此每层所选用的砂浆也不一样。同时不同的基底材料和工程部位,对砂浆技术性能要求不同,这也是选择砂浆种类的主要依据。

水泥砂浆宜用于潮湿或强度要求较高的部位;混合砂浆多用于室内底层或中层或面层抹灰;石灰砂浆、麻刀灰、纸筋灰多用于室内中层或面层抹灰。水泥砂浆不得涂抹在石灰砂浆层上。普通抹面砂浆的参考配合比见表4.24。

表4.24 普通抹面砂浆参考配合比

材 料	体积配合比	材 料	体积配合比
水泥:砂	1:2～1:3	石灰:石膏:砂	1:0.4:2～1:2:4
石灰:砂	1:2～1:4	石灰:黏土:砂	1:1:4～1:1:8
水泥:石灰:砂	1:2:6～1:2:9	石灰膏:麻刀	100:1.3～100:2.5(质量比)

2. 装饰砂浆

装饰砂浆是指涂抹在建筑物内外墙表面,具有美观装饰效果的抹面砂浆。装饰砂浆的底层和中层抹灰与普通抹面砂浆基本相同,但其面层要选用具有一定颜色的胶凝材料和骨料或者经各种加工处理,使得建筑物表面呈现各种不同的色彩、线条和花纹等装饰效果。装饰砂浆选用的胶凝材料除普通水泥外,还有白色水泥、彩色水泥,或在常用水泥中掺入耐碱矿物颜料着色;集料中除砂子外,有时还加入各种彩色花岗岩、大理石等碎石粒及玻璃或陶瓷碎颗粒等。

装饰砂浆根据饰面方式不同可分为灰浆类饰面和石渣类饰面两大类。

（1）灰浆类砂浆饰面

灰浆类饰面主要通过水泥砂浆的着色或对水泥砂浆表面进行艺术加工，从而获得具有特殊色彩、线条、纹理等质感的饰面。其主要优点是材料来源广泛，施工操作简便，造价低廉，而且可以通过不同的工艺加工，创造不同的装饰效果。常用的灰浆类饰面有以下几种：

①拉毛灰。拉毛灰是用铁抹子或木蟹，将罩面灰浆轻压后顺势拉起，形成一种凹凸质感强的饰面层。

②甩毛灰。甩毛灰是用竹丝刷等工具将罩面灰浆甩涂在基面上，形成大小不一而又有规律的云朵状毛面饰面层。

③仿面砖。仿面砖是在采用掺入氧化铁系颜料（红、黄）的水泥砂浆抹面上，用特制的铁钩和靠尺，按设计要求的尺寸进行分格划块，沟纹清晰，表面平整，酷似贴面砖饰面。

④拉条。拉条是在面层砂浆抹好后，用以凹凸状轴辊作模具，在砂浆表面上滚压出立体感强、线条挺拔的条纹。条纹分半圆形、波纹形、梯形等多种，条纹可粗可细，间距可大可小。

⑤喷涂。喷涂是用挤压式砂浆泵或喷斗，将掺入聚合物的砂浆喷涂在基面上，形成波浪、颗粒或花点质感的饰面层。最后在表面再喷一层甲基醇钠或甲基硅树脂疏水剂，可提高饰面层的耐久性和耐污染性。

⑥弹涂。弹涂是用电动弹力器，将掺入107胶的2~3种水泥色浆，分别弹涂到基面上，形成1~3 mm圆状色点，获得不同色点相互交错、相互衬托、色彩协调的饰面层。最后刷一道树脂罩面层，起防护作用。

（2）石渣类砂浆饰面

石渣类砂浆饰面是采用水泥、石渣（也称石粒、石米）、水等配制石渣浆，待水泥终凝前或硬化后，通过水洗、水磨、斧剁等将石粒表面水泥浆除去，形成石粒外露的一种装饰砂浆。石渣类饰面比灰浆类饰面色泽较明亮，质感相对丰富，不易褪色，耐光性和耐污染性也较好，但工效低、造价较高。常用的石渣类饰面有以下几种：

①水刷石。将水泥石渣浆涂抹在基面上，待水泥浆初凝后，以毛刷蘸水刷洗或用喷枪以一定水压冲刷表层水泥浆，使石渣半露出来。水刷石装饰表现较为粗犷，表面粗糙，质感朴实，主要用于建筑物的外墙面、窗套、腰线、勒脚等，经久耐用，不需维护。

②干粘石。干粘石又称甩石子，是在水泥浆或掺入107胶的水泥砂浆黏结层上，把石渣、彩色石子等粘在其上，再拍平压实而成的饰面。石粒的2/3应压入黏结层内，要求石子粘牢，不掉粒并且不露浆。其装饰效果与水刷石相近，且石子表面更洁净艳丽，多用于外墙饰面。

③水磨石。水磨石是由水泥、彩色石渣或白色大理石碎粒及水按一定比例配制，需要时掺入适量颜料，经搅拌均匀，浇筑捣实，养护，待硬化后将表面磨光而成的饰面。常常将磨光表面用草酸冲洗、干燥后上蜡。水磨石强度高、耐污染、易清洗、耐久性好，装饰效果美观平整、润滑细腻。主要用于建筑地面、水池等工程部位，还可制作楼梯踏步、窗台板、柱面、踢脚板等构件。

④斩假石。斩假石又称剁假石，是以水泥石渣（掺30%石屑）浆作成面层抹灰，待具有一定强度时，用钝斧或凿子等工具，在面层上剁斩出纹理，从而获得类似天然石材经雕琢后的纹理质感。斩假石装饰效果与粗面花岗岩相似，一般用于室外局部小面积装饰，如柱面、勒脚、台阶等。

3. 特种砂浆

为满足某些建筑物或结构部位的建筑功能、性能的特殊要求，而具有防水、保温隔热、吸声、耐酸等作用的专用砂浆称作特种砂浆。常见的特种砂浆有以下几种。

（1）防水砂浆

水泥砂浆中掺入防水剂、聚合物等，使得砂浆具有一定的抗渗能力的砂浆，称为防水砂浆。当抹灰层具有防水、防潮要求时，应采用防水砂浆。

常用的防水剂有氯化物金属盐类防水剂、金属皂类防水剂、有机硅防水剂等。

氯化物金属盐类防水剂为有色液体，主要是在砂浆凝结硬化过程中与氢氧化钙生成不透水、难溶解的胶体物质，填充和封闭砂浆的孔隙，起促进结构密实作用，从而提高砂浆的抗渗性能。氯化物金属盐类防水剂掺加量一般为水泥质量的 3‰～5‰，可在水池和其他地下建筑物中使用。

金属皂类防水剂主要是起填充微细孔隙和堵塞毛细孔作用，掺加量一般为水泥质量的 3‰左右。

有机硅类防水剂无毒、无味、不挥发、不易燃，有良好的耐候性和耐腐蚀性。将其掺入到水泥砂浆中，可堵塞水泥砂浆内部的毛细孔通道，增强密实性，提高砂浆抗渗能力。并且有机硅防水剂为无色或淡黄色透明液体，不影响饰面原色。由于防水膜的作用，能抵抗污水渗透，防止建筑物污染，是外墙饰面防水砂浆的良好材料。

（2）绝热砂浆

采用水泥、石灰、石膏等胶凝材料与膨胀珍珠岩、膨胀蛭石或陶粒砂等轻质多孔材料，按照一定比例配制而成。具有质量轻、保温隔热性能好（导热系数一般为 0.07～0.10 W/m·K）等特点，主要用于屋面隔热层、建筑外墙、工业窑炉、供热管道隔热层等。

（3）吸声砂浆

一般采用轻质多孔骨料拌制而成，由于骨料内部孔隙率大，因此吸声性能也十分优良。工程中常用水泥、石膏、砂、锯末（其体积比为 1∶1∶3∶5）等配成吸声砂浆，或在石灰、石膏砂浆中掺入玻璃纤维、矿物棉及有机纤维等松软纤维材料。吸声砂浆主要用于歌剧院、会议厅等的内墙壁和顶棚的吸声。

（4）耐酸砂浆

一般采用水玻璃作为胶凝材料拌制而成，常常掺入氟硅酸钠作为促硬剂。耐酸砂浆主要用作衬砌材料、耐酸地面或内壁防护层等。

（5）膨胀砂浆

在水泥砂浆中加入膨胀剂或使用膨胀水泥，可配制膨胀砂浆。膨胀砂浆具有一定的膨胀特性，可补偿水泥砂浆的收缩，防止干缩开裂。膨胀砂浆还可在修补工程或装配式大板工程中应用，利用其膨胀作用填充缝隙，达到黏结的目的。

 复习思考题

4.1 目前常用墙体材料主要有哪几类？试举例说明它们的优缺点。

4.2 何谓砖的泛霜和爆裂，它们对建筑物有何影响？

4.3 多孔砖与空心砖有何异同点？

4.4 什么是砌块，常用的砌块有哪几类？

4.5 岩石按地质形成条件分为几类？各有哪些特性？

4.6 影响石材抗压强度的主要因素有哪些？

4.7 人造石材有哪几类,各有哪些优点?

4.8 砂浆的和易性包括哪些含义? 各用什么来表示?

4.9 对于吸水性不同的基层砌筑砂浆,影响其强度的因素有何不同?

4.10 抹面砂浆与砌筑砂浆的技术性能要求有何区别?

4.11 某工程砌筑烧结普通砖用水泥石灰砂浆,要求砂浆的强度等级为 M5。现场采用 32.5 强度等级的普通水泥,水泥的堆积密度为 1 100 kg/m³;砂子为中砂,含水率为 3%,堆积密度为 1 500 kg/m³;石灰膏的稠度为 90 mm,表观密度为 1 350 kg/m³;施工水平优良。试确定砂浆配合比。

金属材料

金属材料是由一种或两种以上的金属元素或金属元素与某些非金属元素组成的合金的总称。其特征是不透明、有光泽、密度大,具有较大的延展性,易于加工,导热和导电性能良好,常温下为固态结晶体。金属材料还具有强度高,弹性模量大,组织均匀密实,可制成各种铸件和型材,能焊接或铆接,便于装配和机械化施工等特点。因此金属材料不仅是经济建设部门广泛使用的材料,也是一种重要的土木工程材料。

在土木工程结构中,钢材是主要结构材料之一,用于钢结构、钢筋混凝土结构及其组合结构。钢材的性能与其化学成分、组织构造、冶炼和成型方法密切相关,使用时应根据结构的重要性和使用要求、荷载性质、连接方法、工作环境和受力性能等选择,这是学习本章的重要内容。同时,钢材的锈蚀是影响钢材耐久性的重要因素,应对如何防止钢材的锈蚀有一定了解。

此外,近年来,铜、铝及铝合金在建筑装饰领域已成为制造门窗、幕墙等的主要材料之一,同时也是很好的室内装饰材料。

5.1 钢材的生产与分类

5.1.1 钢材的生产

金属材料一般分为黑色金属和有色金属两类,其中黑色金属是以铁元素和碳元素为主要成分的铁碳合金。根据含碳量的不同,铁碳合金分为生铁和钢,其中含碳量大于2%的为生铁,小于2%的为钢材。地球上的铁蕴藏在铁矿石中,极少有天然的铁。铁矿石的主要物相是氧化铁或硫化铁,并含有硫、磷等化合物,因此将铁矿石经过还原和氧化过程就能冶炼成钢材。钢材的主要生产过程大致可分为炼铁、炼钢和浇注三道工序。

1. 炼铁

炼铁就是用一氧化碳与碳作还原剂,在高温下将铁矿石中的氧化铁或硫化铁还原,得到碳和杂质含量较高的生铁。为了使砂质和黏土质的杂质(矿石中的废石)易于熔化为熔渣,常用石灰石作为熔剂。这些反应需要足够的温度,所以铁的冶炼要在可以鼓入热风的高温炉内进行。装入炉膛内的铁矿石、焦炭、石灰石和少量的锰矿石在鼓入的热风中发生反应,在高温下成为熔融的生铁和漂浮其上的熔渣。

2. 炼钢

将生铁炼成钢,与生铁的冶炼恰恰相反,要用氧化的方法除去生铁中高达2%~6%的碳和其他杂质,使它们转变为氧化物进入渣中,或生成气体逸出。这一作用也要在高温下进行,称为炼钢。常用的炼钢炉有两种形式:电炉和氧气转炉。

电炉炼钢是利用电热原理,以废钢和生铁等为主要原料,利用电能迅速加热,进行高温冶炼。由于不与空气接触,易于清除杂质和严格控制化学成分,炼成的钢质量好。但因能耗大,成本高,一般只用来冶炼特种用途的钢材。

氧气转炉炼钢是以熔融铁水为原料,用纯氧代替空气。由炉顶向转炉内吹入高压氧气,能有效去除磷、硫等杂质,可以利用高炉炼出的生铁熔液直接炼钢,生产周期短,效率高,质量好,成本低,已成为国内外发展最快的炼钢方法,常用来炼制优质碳素钢和合金钢。

3. 钢材的脱氧和浇注

炼钢的过程中,在除去杂质的同时也会将一部分铁氧化成氧化亚铁,引起钢材质量下降。所以必须进行脱氧处理。通常用少量的锰铁、硅铁或铝块等脱氧剂进行脱氧处理。

按钢液在炼钢炉中或盛钢桶中进行脱氧的方法和程度的不同,碳素钢可分为沸腾钢、镇静钢和特殊镇静钢。

沸腾钢采用脱氧能力较弱的锰作脱氧剂,脱氧作用低,故在将钢液浇注入钢锭模时,会有较多的氧化铁和碳发生反应生成一氧化碳(CO)气体大量逸出,出现钢液的沸腾现象。沸腾钢在铸模中冷却很快,钢液中的碳、氮等气体不能全部逸出,凝固后在钢材中留有较多的氧化铁夹杂和气孔。同时,也使钢中的化学成分不均匀分布,出现偏析现象。沸腾钢还有可能出现夹杂、裂纹、分层等缺陷,质量较差。

镇静钢采用锰加硅作脱氧剂,脱氧较完全,并且硅在还原氧化铁的过程中还会放出很多热量,故钢液冷却缓慢,这样就使气体有充足的时间逸出,浇注时不会出现沸腾现象。这种钢质量好,但成本高。

特殊镇静钢是在锰硅脱氧后,再用铝(或钛)进行补充脱氧,脱氧程度高于镇静钢。其晶粒较细,塑性和低温性能更好,特别是其可焊性有很大的提高。

5.1.2　钢材的分类

钢材品种繁多,分类方法有很多种,常用的有以下几种。

1. 按脱氧程度分,有沸腾钢、镇静钢和特殊镇静钢。

(1)沸腾钢

沸腾钢的代号为"F"。这种钢质较差,但其成本低,产量高,所以广泛用于一般工程。

(2)镇静钢

镇静钢的代号为"Z"。镇静钢成本较高,组织致密,成分均匀,含硫量较少,性能稳定,质量好。镇静钢适用于预应力混凝土等重要结构工程。

(3)特殊镇静钢

特殊镇静钢的代号为"TZ"。特殊镇静钢的质量最好,一般在特别重要的工程中才会用到。

2. 按化学成分分类

钢材中的主要化学元素是铁与碳,并含有少量合金元素和杂质。按化学成分钢材可分为碳素钢和合金钢。含碳量低于2.11%的铁碳合金称为碳素钢。在碳素钢的基础上加入硅、锰、钛、钒、铌、铬其中一种或几种合金元素炼成的铁基合金称为合金钢。

(1)碳素钢(按含碳量分类)

①低碳钢,含碳量小于0.25%;

②中碳钢,含碳量为0.25%~0.6%;

③高碳钢,含碳量大于0.6%。

（2）合金钢（按掺入合金元素的总含量分类）

①低合金钢，合金元素的总含量小于 5%；

②中合金钢，合金元素总含量为 5%～10%；

③高合金钢，合金元素总含量大于 10%。

3. 按品质分类

碳素钢中通常还有少量硫、磷等元素，硫、磷会影响钢材的质量。因此根据碳素钢中硫（S）、磷（P）杂质含量的多少，钢材又分为：

（1）普通碳素钢：S≤0.050%，P≤0.045%；

（2）优质碳素钢：S≤0.035%，P≤0.035%；

（3）高级优质碳素钢：S≤0.025%，P≤0.025%；

（4）特级优质碳素钢：S≤0.015%，P≤0.025%。

4. 按用途分类

可分为结构钢、工具钢、特殊钢和专用钢。

（1）结构钢：按用途不同分为机械用钢和建造用钢两类。机械用钢用于制造机器或加工零件，建造用钢用于建造建筑物；

（2）工具钢：用于制造各种工具用的钢；

（3）特殊钢：具有特殊的物理和化学用途的钢，有不锈钢、耐热钢、耐酸钢、耐磨钢、电热合金和磁性材料等；

（4）专用钢：为满足特殊使用条件或荷载下的专用钢材，如桥梁专用钢、钢轨专用钢等。

5.2 钢材的组成与结构

5.2.1 钢材的化学组成

钢材的性能主要取决于它的化学成分。钢材主要的化学成分除了铁和碳元素以外，还含有少量的硅、锰、硫、磷、氧、氮和其他杂质。现将各种化学元素对钢材性能的影响分述如下。

1. 铁（Fe）

某些金属在温度或压力改变时，其晶体结构也随之发生变化的现象称为同素异构转变。在常压下纯铁从液态转变为固态晶体并逐渐冷却到室温的过程中，发生两次晶体结构的转变，如图 5.1 所示。

$$液态铁 \underset{1\,535\,℃}{\rightleftarrows} \begin{matrix} \delta\text{-Fe} \\ 体心立方晶体 \end{matrix} \underset{1\,394\,℃}{\rightleftarrows} \begin{matrix} \gamma\text{-Fe} \\ 面心立方晶体 \end{matrix} \underset{912\,℃}{\rightleftarrows} \begin{matrix} \alpha\text{-Fe} \\ 体心立方晶体 \end{matrix}$$

图 5.1　Fe 的同素异构转变

由于纯铁的同素异构转变，在生产上可以通过热处理改变钢材的组织和性能，这也是钢材品种繁多、应用广泛的重要原因。

2. 碳（C）

碳素钢的含碳量为 0.02%～2.11%，一般建筑钢材含碳量均小于 1.0%，而工程上所用的均为低碳钢，含碳量小于 0.25%。

碳是钢材的主要元素之一，它对钢材性能产生显著影响。随含碳量增加，钢材的强度和硬度提高，但塑性和韧性降低；当含碳量超过 1.0%时，随着含碳量的增加，钢材的强度反而下降。此外,随含碳量增加,钢材的可焊性能降低,冷脆性和时效敏感性增大,耐大气锈蚀性降低。

3. 硅(Si)

硅是一种脱氧能力较强的脱氧剂,钢材内的硅是脱氧残留下来的,是钢中有益的主要合金元素。硅含量在 1.0% 以下时,可提高钢的强度、疲劳极限、耐腐蚀性及抗氧化性,对塑性和韧性无明显影响,但对可焊性和冷加工性能有所影响。通常,碳素钢的硅含量小于 0.35%,低合金钢的硅含量小于 1.4%。

4. 锰(Mn)

锰是为了脱氧和去硫而加入的元素。锰可提高钢材的强度、硬度及耐磨性。锰能消减硫和氧引起的热工性能。但是当锰的含量较高时,将显著降低钢的焊接性能。因此,碳素钢的含锰量应控制在 1.5% 以下。对于合金钢,锰的含量低于 1.8%,其主要作用是提高钢的强度。

5. 硫(S)

硫是有害元素,主要来源于炼钢原料,以硫化铁的形式存在于钢中。硫化铁的熔点低,当钢在红热状态下进行加工或焊接时,易使钢材内部产生裂纹,这种现象称为热脆性。硫引起的热脆性,会降低钢材的各种机械性能,使钢材的可焊性、冲击韧性、耐疲劳性和抗腐蚀性等均降低。钢材的含硫量应尽可能减少,一般要求含硫量小于 0.050%。

6. 磷(P)

磷是钢材中很有害的元素。随着磷含量的增加,钢材的强度、屈强比、硬度提高,而塑性和韧性显著降低。温度越低,对塑性和韧性的影响越大,这种现象称为冷脆性。磷也使钢材的可焊性显著降低。但磷可提高钢材的耐磨性和耐蚀性,故在合金元素中可配合其他元素使用。通常,磷含量要小于 0.045%。

7. 氧(O)

氧是钢材中的有害元素。随着含氧量增加,钢材的机械强度降低,塑性和韧性降低,可焊性变差。氧的存在会造成钢材的热脆性。建筑钢材的含氧量应尽可能减少,一般要求含氧量小于 0.05%。

8. 氮(N)

氮对钢材的影响与碳、磷相似。氮能提高钢材的强度、硬度,但使塑性和韧性显著下降。氮会加剧钢的时效敏感性和冷脆性,使可焊性变差。氮在铝、铌、钒等元素的配合下可以减小其不利影响,故可作为合金元素。建筑钢材的含氮量应尽可能少,一般要求含氮量小于 0.008%。

5.2.2 钢材的晶相结构

1. 铁碳合金相类型

建筑钢材中的主要元素是铁和碳,碳原子与铁原子之间的结合有三种基本组织形式:铁碳固溶体、铁碳化合物和铁碳两相机械混合物。

(1) 铁碳固溶体

铁与碳在液态状态下凝固时,由于碳原子半径很小(7.7×10^{-11} m),可以溶入 α-Fe 或 γ-Fe 的晶格间隙而又保持铁的晶格不变,这类合金结构称为固熔体。它是一种组元以原子或者正离子的形式溶解在另一种组元中而形成的固态溶液。

①铁素体。碳溶入 α-Fe 中形成的间隙固溶体叫做铁素体,用符号 α 或 F 表示。铁素体内原子间空隙较小,溶碳能力低,常温下仅溶碳 0.006%,在 727 ℃时也仅溶碳 0.02%。由于溶碳少,且晶格滑移面较多,故韧性和塑性很好,但强度和硬度较低。

②奥氏体。碳溶入 γ-Fe 中形成的间隙固溶体叫做奥氏体,用符号 γ 或 A 表示。奥氏体只存在于高温下,因为 γ-Fe 只存在高温下。奥氏体含碳量较高,最高为 2.11%(1 148 ℃),但碳全部嵌入 γ-Fe 的晶格中,故在高温下塑性和韧性很好,可以进行各种形式的压力加工而不脆断,且强度和硬度略高于铁素体,无磁性。

(2)铁碳化合物(渗碳体)

铁元素和碳元素相互作用形成的晶格及性能不同于铁、碳元素,化学组成为 Fe_3C 的化合物称为铁碳化合物(渗碳体),用符号 Cm 表示。渗碳体含碳量高达 6.69%,晶体结构复杂,外力作用下不易变形,故性质非常硬脆,抗拉强度很低,塑性和韧性几乎等于零。

(3)铁碳两相机械混合物

①珠光体。渗碳体与铁素体常常相间成片状存在于同一晶粒内,形成一种机械混合物,称为珠光体,用符号 P 表示。此组织的特征是层片状,像指纹一样,腐蚀后用肉眼直接观看有珍珠光泽,故名珠光体。含碳量为 0.77%,性质介于铁素体和渗碳体之间,强度、硬度和塑性适中。

②莱氏体。液态铁碳合金发生共晶转变形成奥氏体和渗碳体的混合物,当含碳量为 4.3%时,称为莱氏体。莱氏体分为高温莱氏体和低温莱氏体,高于 727 ℃时以奥氏体和渗碳体混合,称为高温莱氏体;低于 727 ℃时以珠光体和渗碳体混合,称为低温莱氏体。莱氏体含碳量高,基体是硬而脆的渗碳体,因此硬度极高,塑性很差。

钢的基本组织及其性能见表 5.1。

表 5.1 钢的基本组织及其性能

组织名称	结构特征	性　能
铁素体	C 溶于 α-Fe 中的固溶体	强度、硬度很低,塑性好,冲击韧性很好
奥氏体	C 溶于 γ-Fe 中的固溶体	强度、硬度不高,塑性大
渗碳体	化合物 Fe_3C	抗拉强度很低,硬脆,很耐磨,塑性几乎为零
珠光体	铁素体与的机械混合物	强度较高,塑性和韧性介于铁素体和渗碳体之间

2. 碳含量对铁碳合金的晶体组织和性能的影响

铁碳合金的晶体组织、性能与含碳量之间的关系如图 5.2 所示。当含碳量在 0.02%~0.77%时,铁碳合金的晶体组织为铁素体和珠光体,称为亚共析钢。随含碳量增加,珠光体量增加,铁素体量减少,强度和硬度逐渐提高,塑性和韧性逐渐减小。含碳量为 0.77%时,铁碳合金的晶体组织全部为珠光体,称为共析钢。当含碳量为 0.77%~2.11%时,铁碳合金的晶体组织由珠光体和渗碳体组成,称为过共析钢,随含碳量增加,渗碳体量增加,珠光体量减少,硬度逐渐提高,塑性和韧性逐渐减小,强度呈先增后降的趋势。当含碳量低于 0.9%时,渗碳体含量越多,分布越均匀,铁碳合金强度越高,但当含碳量高于 0.9%时,渗碳体在铁碳合金组织中呈网状分布在晶界,割裂基体,使强度降低。含碳量超过 1.0%以后,极限强度开始下降。

土木工程中,所用钢材的含碳量都在 1.0%以下,一般工程所用碳素钢均为低碳钢,即含碳量小于 0.25%,因此具有较高的强度。同时,塑性、韧性也比较好。

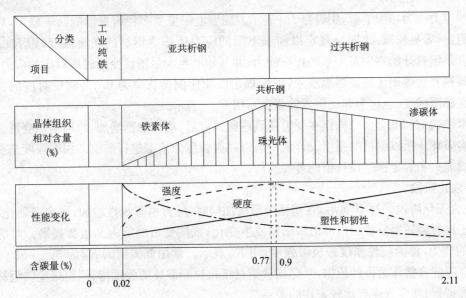

分类 项目	工业纯铁	亚共析钢	过共析钢

共析钢

晶体组织相对含量(%)　铁素体　珠光体　渗碳体

性能变化　强度　硬度　塑性和韧性

含碳量(%)	0	0.02	0.77	0.9	2.11

图 5.2　铁碳合金的含碳量、晶体组织与性能的关系

5.3　钢材的技术性质

钢材的技术性质主要包括力学性能和工艺性能两个方面。力学性能主要有抗拉性能、冲击韧性、疲劳强度及硬度；工艺性能主要是冷弯性能和可焊接性能。

5.3.1　钢材的力学性能

1. 抗拉性能

抗拉性能是建筑钢材最重要的技术性质。通过拉伸试验可以测得屈服强度、抗拉强度和断后伸长率，这些是钢材的重要技术性能指标。

低碳钢的抗拉性能可用受拉时的应力—应变曲线来阐明(图 5.3)。低碳钢从受拉到拉断，经历了下列四个阶段。

(1)弹性阶段

OA 为弹性阶段。在 OA 范围内，随着荷

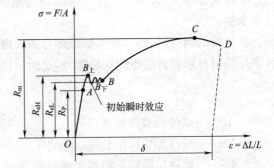

图 5.3　低碳钢拉伸时的应力—应变曲线

载的增加，应力和应变成比例增加。如卸去荷载，则恢复原状，这种性质称为弹性。A 点所对应的应力称为弹性极限，用 R_p 表示。此阶段，应力与应变的比值为常量，称为弹性模量，用 E 表示。弹性模量反映了钢材抵抗变形的能力，是钢材在静力拉伸条件下计算结构变形的重要指标。土木工程常用的低碳钢的弹性模量 $E = (2.0 \sim 2.1) \times 10^5$ MPa，弹性极限 $R_p = 180 \sim 200$ MPa。

(2)屈服阶段

AB 为屈服阶段。在 AB 锯齿形曲线范围内，应力与应变不成比例变化。应力超过 R_p 后钢材开始产生塑性变形。锯齿形曲线最高点对应的应力称为屈服上限，用符号 R_{eH} 表示；最低

点对应的应力称为屈服下限,用符号 R_{eL} 表示。屈服上限值受多种因素影响而不稳定,屈服下限比较稳定,容易测试,故国标规定以屈服下限的应力值作为钢材的屈服强度,用 R_{eL} 表示。屈服强度是钢材开始丧失对变形的抵抗能力,并开始产生大量塑性变形时所对应的应力。

中碳钢和高碳钢无明显屈服现象,国标规定以非比例伸长率为 0.2% 时所对应的应力值作为名义屈服强度(也称为非比例延伸强度),用 $R_{p0.2}$ 表示。

碳素结构钢和低合金结构钢在受力达到屈服强度后,应变急剧增加,结构塑性变形急剧增大至结构破坏。所以钢材的强度设计值一般以屈服强度为依据进行确定。屈服强度是衡量结构的承载能力和确定强度设计值的重要指标。

（3）强化阶段

BC 为强化阶段。过 B 点后,在塑性变形增加同时,应力也非线性增加,呈应变强化行为。这是由于钢材经屈服阶段后内部组织结构发生变化,抵抗变形的能力又重新提高。对应于最高点 C 的应力,称为抗拉强度或极限强度,用 R_m 表示。常用低碳钢的 R_m 为 385～520 MPa。抗拉强度不能直接作为设计依据,只是衡量钢材抵抗拉断破坏的强度指标,直接反映钢材内部组织的优劣,与疲劳强度有比较密切的关系。

屈服强度和抗拉强度的比值,即屈强比 R_{eL}/R_m 能反映钢材的利用率和抗震性能。屈强比越高,钢材的利用率高,但易发生脆性断裂,抗震安全性降低;屈强比太小,安全性虽然高,但利用率低,造成钢材浪费。常用碳素结构钢的屈强比在 0.58～0.63 之间,合金钢的屈强比为 0.65～0.75。另外,钢材屈服强度实测值和屈服强度标准值(牌号)之比称为屈屈比,也能在一定程度上反映钢材的塑性和安全性。对于一、二、三级抗震等级设计的框架结构中,纵向受力钢筋的屈屈比应在 1.0～1.3 之间。

（4）颈缩阶段

CD 为颈缩阶段。过 C 点后,材料抵抗变形的能力明显降低,应力随应变增加反而下降,在产生较大塑性变形的同时,试件薄弱处的断面显著减小,出现"颈缩"现象,在 D 点处,试件发生断裂。

将拉断的钢材拼合后,测出标距部分的长度,按公式(5.1)可计算求得断后伸长率 A_n,伸长率反映钢材断裂时的塑性变形能力,是衡量钢材塑性的重要指标。

$$A_n = \frac{L_1 - L_0}{L_0} \times 100\% \qquad (5.1)$$

式中　A_n——试件断裂伸长率,%;

　　　L_0——试件原始标距长度,mm;

　　　L_1——试件拉断后标距部分的长度,mm。

试样标距分为比例标距和非比例标距。凡试样标距与试样原始横截面积比值为常数 $K=5.65$ 时,则称比例标距;试样标距与横截面积无直接关系时则称为非比例标距。试样亦对应称为比例试样和非比例试样。比例标距又分为短比例标距 A 和长比例标距 $A_{11.3}$,分别表示 $L_0 = 5d_0$ 和 $L_0 = 10d_0$ 时的断后伸长率,d_0 为试件的原直径或厚度。

为反映钢材在达到最大破坏荷载前的变形状况,防止突然脆断,可按公式(5.2)计算钢筋在最大应力下的总伸长率 A_{gt}:

$$A_{gt} = \frac{\Delta L_m}{L_e} \times 100\% \qquad (5.2)$$

式中　ΔL_m——引伸计测定的钢材试件最大应力下总伸长量,mm;

L_e—— 引伸计标距,mm。

伸长率反映钢材塑性变形的能力,对工程实际有重要意义。尤其受动荷载作用和抗震设防要求的结构,对钢材的塑性有较高的要求。伸长率过大,则在荷载作用下钢材易产生较大的塑性变形,影响正常使用;伸长率过小,钢结构受到荷载作用时,钢材无明显形变就会断裂,表现为脆性破坏。伸长率适中,钢材有一定的刚性,不会在较小荷载情况下产生太大变形,同时适中的塑性变形使内部应力重分布,从而克服了应力集中而造成的危害。对于一、二、三级抗震等级设计的框架结构中,纵向受力钢筋的最大应力下总伸长率 A_{gt} 不应小于9%。

2. 冲击韧性

冲击韧性是指钢材抵抗冲击荷载的能力,用冲断试件所需能量的多少来表示。钢材的冲击韧性试验采用中部加工有 V 形或 U 形缺口的标准试件,置于摆锤式冲击试验机的支架上,试件非切槽的一侧对准冲击摆,如图 5.4 所示。

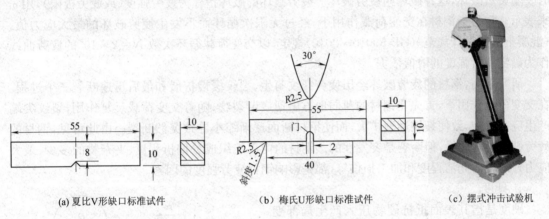

(a) 夏比V形缺口标准试件　　　　(b) 梅氏U形缺口标准试件　　　(c) 摆式冲击试验机

图 5.4 钢材冲击韧性试验示意图

当冲击摆从一定高度自由落下将试件冲断时,试件吸收的能量等于冲击摆所作的功,以缺口底部处单位面积上所消耗的功表示,即冲击韧性指标以冲击韧性 a_k 值表示。a_k 值越大,冲击韧性越好,即其抵抗冲击作用的能力越强,脆性破坏的危险性越小。冲击韧性按公式(5.3)计算:

$$a_k = \frac{W}{A} \tag{5.3}$$

式中　a_k——冲击韧性,J/cm^2;

　　　W——试件冲断时吸收的冲击能,J;

　　　A——试件槽口处最小横截面积,cm^2。

影响钢材冲击韧性的因素很多,当钢材内碳、硫、磷的含量高,脱氧不完全,存在化学偏析、含有非金属夹杂物及焊接形成的微裂纹时,都会使钢材的冲击韧性显著下降。

环境温度对钢材的冲击韧性影响也很大。试验表明,冲击韧性随温度的降低而下降,开始时下降缓慢,当温度降到一定范围时,冲击韧性下降很快而呈脆性断裂,这种性质称为钢材的冷脆性,这时的温度称为脆性转变温度,如图 5.5 所示。脆性转变温度越低,钢材的低温冲击韧性越好,冷脆性越小。因此,在负温及严寒地区使用的结构,应当选用脆性转变温度低于最低使用温度的钢材。脆性临界温度的测定较复杂,《钢结构设计规范》(GB 50017—2003)中通常是根据气温条件规定不同牌号钢材保证－20 ℃或－40 ℃的冲击韧性合格。

随存放时间延长,钢材强度逐渐提高而塑性、韧性下降的现象称为时效。时效处理也会使钢材的冲击韧性下降。通常,完成时效的过程可达数十年,但钢材如经过冷加工或使用中受振动和反复荷载作用,时效可迅速发展。因时效导致钢材性能改变的程度称为时效敏感性。时效敏感性大的钢材,经过时效处理后,其冲击韧性的降低越显著。为了保证结构安全,对于承受动荷载的重要结构,应当选用时效敏感性小的钢材。

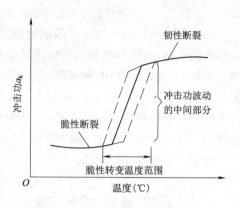

图 5.5　钢材的脆性转变温度

3. 疲劳强度

钢材在交变荷载反复作用下,在远低于屈服点时发生突然破坏,这种破坏叫疲劳破坏。疲劳破坏的破坏指标为疲劳强度(或疲劳极限),用 σ_i 来表示。它是指钢材在交变荷载作用下,经过无限次循环而不发生疲劳破坏的最大应力值。《混凝土结构设计规范》(GB 50010—2010)规定,以交变荷载循环次数 $N=2\times10^6$ 的疲劳曲线作为确定疲劳强度的取值依据。

研究表明,钢材的疲劳破坏经历疲劳裂纹萌生、裂纹缓慢扩展和最后迅速断裂三个过程。在交变荷载作用下,首先在钢材的薄弱地方出现疲劳裂纹,随着交变荷载反复作用,裂纹尖端产生应力集中,致使裂纹逐渐扩大,而使钢材断面逐渐缩小导致突然断裂。由此可见,钢材的疲劳破坏过程缓慢,但断裂是突发性的。钢材的内部组织成分偏析程度、夹杂物的多少、最大应力处的表面光洁程度和加工损伤等,都是影响钢材疲劳强度的因素。

4. 硬度

硬度是指其表面抵抗硬物压入产生局部变形的能力,即材料表面抵抗塑性变形的能力。测定钢材硬度的方法有布氏法、洛氏法和维氏法等,在建筑用钢材中较常用的是布氏法。

布氏法的测定原理是:用直径为 D(mm)的淬火钢球,以荷载 P 将其压入试件表面,如图 5.6所示。经规定的持续时间后卸去荷载,得直径为 d(mm)的压痕,试验力与压痕表面积之比,即为布氏硬度 HB,此值无量纲。

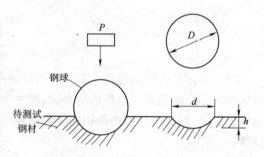

图 5.6　布氏硬度测定示意图

5.3.2　工艺性能

钢材应具有良好的工艺性能,以满足施工工艺的要求。冷弯及焊接性能是钢材的主要工艺性能。

1. 冷弯性能

冷弯性能是指钢材在常温下承受弯曲变形的能力。钢材的冷弯性能是以试验时的弯曲角度(α)和弯心直径(d)与钢材直径或厚度(a)的比值(d/a)为评价指标。弯曲试验如图 5.7 所示。

钢材冷弯试验时,试件弯曲处的外拱面和两侧面若无裂纹、断裂及起层等现象,即认为钢材冷弯试验合格。钢材弯曲角度 α 越大,d/a 越小,则表明钢材的冷弯性能越好。

钢材的冷弯性能与伸长率一样,也是反映钢材在静载作用下的塑性,但冷弯试验条件更苛刻,更有助于暴露钢材的内部组织是否均匀,是否存在内应力、微裂纹、表面未熔合及夹杂物等缺陷。

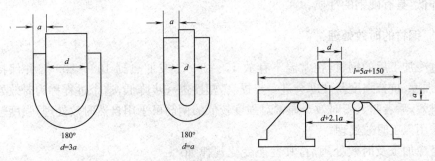

图 5.7　冷弯试验示意图

2. 焊接性能

在钢结构工程中,钢材间的连接 90％以上采用焊接方式。在钢筋混凝土工程中,焊接则广泛应用于钢筋接头、钢筋网、钢筋骨架和预埋件的连接等。因此,要求钢材具有良好的焊接性能。焊接过程中,高温作用和焊接后急剧冷却作用,会使焊缝及其附近的过热区发生晶体组织及结构变化,产生局部变形及内应力,使焊缝周围的钢材产生硬脆倾向,降低了钢材塑性性能。

钢材焊接后必须取样进行焊接质量检验,一般包括拉伸试验和原位非破损检测,有些焊接种类还包括了弯曲试验,要求试验时试件的断裂不能发生在焊接处,同时还要检查焊缝处有无裂纹、砂眼、咬边和焊接变形等缺陷。

5.4　钢材的强化

5.4.1　钢材的冷加工

将钢材在常温下进行冷拉、冷拔或冷轧,使其产生一定的塑性变形,提高其强度和硬度,而降低塑性和韧性的过程,叫做冷加工或冷加工硬化处理。

钢材冷加工强化的原因是钢材经冷加工产生塑性变形后,塑性变形区域内的晶粒产生相对滑移,导致滑移面下的晶粒破碎,晶格歪曲畸变,滑移面变得凹凸不平,对晶粒进一步滑移起阻碍作用,亦即提高了抵抗外力的能力,故屈服强度得以提高。同时,冷加工强化后的钢材,由于塑性变形后滑移面减少,从而使其塑性降低,脆性增大,且变形中产生的内应力使钢的弹性模量降低。

建筑中常对使用的大量钢筋进行冷加工处理。建筑工地或预制构件厂常用的冷加工方法是冷拉和冷拔。

1. 冷拉

将热轧钢筋用张拉设备在常温下进行张拉,拉伸至产生一定的塑性变形后,卸去荷载。冷拉参数的控制直接关系到冷拉效果和钢材质量。一般钢筋冷拉仅控制冷拉率,称为单控。对用作预应力的钢筋,须采用双控,即既控制冷拉应力,又控制冷拉率。钢筋冷拉后,可提高屈服强度 20％～30％,能节约钢材 10％～20％,同时,其屈服阶段缩短,伸长率降低,材质变硬。

2. 冷拔

冷拔是指将光圆钢筋通过硬质合金拔丝模孔强行拉拔的钢材冷加工方法。每次拉拔断面缩小应在 10%以内。钢筋在冷拔过程中，不仅受拉，同时还受到挤压作用，因而冷拔的作用比纯冷拉作用强烈。经过一次或多次冷拔后的钢筋，表面光滑，屈服强度可提高 40%～60%，但塑性大大降低，具有硬钢的性质。

5.4.2　钢材的时效处理

将经过冷加工后的钢材，在常温下存放 15～20 天，或加热到 100～200 ℃并保持 2 h 左右，其屈服强度、抗拉强度及硬度会进一步提高，塑性进一步降低，这个过程称为时效处理。前者叫自然时效，后者叫人工时效。通常对强度较低的钢筋可采用自然时效处理，强度较高的钢筋则需要采用人工时效处理。

钢材经冷加工及时效处理后，其性能变化规律如图 5.8 所示。

(1)图中 OBCD 曲线为未冷拉曲线，其含义是将钢筋原材一次性拉断，而不是指拉伸。此时，钢筋的屈服点为 B 点。

(2)图中 O'KCD 曲线为冷拉无时效曲线，其含义是将钢筋原材拉伸至超过屈服点但不超过抗拉强度（使之产生塑性变形）的某一点 K，卸去荷载，然后立即再将钢筋拉伸。卸去荷载后，钢筋的应力—应变曲线沿 KO' 恢复部分变形（弹性变形部分），保留 OO' 残余

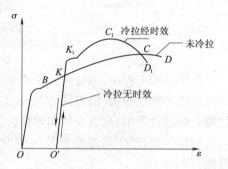

图 5.8　钢筋经冷拉时效后应力—应变图的变化

变形。通过冷拉无时效处理，钢筋的屈服点升高至 K 点，以后的应力—应变关系与原曲线 KCD 相似。这表明钢筋经冷拉后，屈服强度得到提高，抗拉强度和塑性与钢筋原材基本相同。

(3)图中 O'K₁C₁D₁ 曲线为冷拉经时效曲线，其含义是将钢筋原材拉伸至超过屈服点但不超过抗拉强度（使之产生塑性变形）的某一点 K，卸去荷载，然后进行自然时效或人工时效，再将钢筋拉断。通过冷拉时效处理，钢筋的屈服点升高至 K_1 点，以后的应力—应变关系 $K_1C_1D_1$ 比原曲线 KCD 短。这表明钢筋经冷拉时效后，屈服强度进一步提高，与钢筋原材相比，抗拉强度亦有所提高，塑性和韧性则相应降低。

钢材产生时效的主要原因是溶于 α-Fe 中的碳、氮原子本来就有向晶格缺陷处移动、集中甚至呈碳化物或氮化物析出的倾向，当钢材经冷加工产生塑性变形后，碳、氮原子的移动和集中大为加快，这将使滑移面缺陷处碳、氮原子富集，使晶格畸变加剧，造成其滑移、变形更为困难，因而强度进一步提高，塑性和韧性则降低，而弹性模量则基本相同。

5.4.3　钢材的热处理

1. 热处理

热处理是将钢材在固态范围内按一定规则加热、保温和冷却处理，以改变其金相组织和显微结构组织，从而获得所需性能的一种工艺。热处理的方法有退火、正火、淬火和回火，如图5.9所示。

(1)退火

退火是将钢材加热到临界温度 727 ℃（相变温度）以上，保温后缓慢冷却的一种热处理工艺。退火的目的是细化晶粒，改善组织，减少加工中产生的缺陷，减轻晶格畸变，降低硬度，提高塑性，消除内应力，防止变形与开裂。

（2）正火

正火是将钢材加热到相变温度以上，然后在空气中自然冷却，从而使钢材的晶粒细化，调整碳化物的大小和分布，消除内应力和组织缺陷。经正火后，钢材的强度提高，而塑性降低。

（3）淬火

淬火是将钢材加热到基本组织转变温度以上，保温使组织完全转变，然后放入水或油等冷却介质中快速冷却，使之转变为不稳定组织的一种热处理操作。其目的是得到高强度、高硬度的组织。淬火会使钢材的塑性和韧性显著降低。

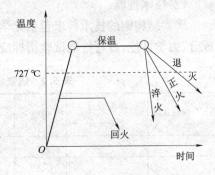

图 5.9　钢材的热处理工艺

（4）回火

回火是将钢材加热到基本组织转变温度以下（150～650 ℃内选定），保温后在空气中冷却的一种热处理工艺，通常和淬火是两道相连的热处理过程。其目的是促进不稳定组织转变为需要的组织，消除淬火产生的内应力，改善机械性能等。

2. 调质热处理

淬火和高温回火的联合处理称为调质。调质的目的主要是使钢材获得良好的综合技术性质，既有良好的强度和硬度，又有良好的塑性和韧性。经调质处理的钢材称为调质钢。土木工程中使用的某些高强度低合金钢及热处理钢筋都是经过调质处理实现强化的。

5.5　建筑钢材的标准与选用

建筑钢材主要分为钢结构用型钢和钢筋混凝土用钢筋（包括钢丝等）两大类，前者主要有型钢、钢板和钢管，后者主要有钢筋、钢丝和钢绞线。这些型材基本上都是由碳素结构钢和低合金钢经热轧或冷轧、冷拔及热处理等工艺加工而成的。

5.5.1　土木工程常用钢种

土木工程结构使用的钢材主要由碳素结构钢、低合金高强度钢和优质碳素结构钢等加工而成。

1. 碳素结构钢

（1）牌号及其表示方法

碳素结构钢是碳素钢中的一类，可加工成各种型钢、钢筋和钢丝，适用于一般结构和工程。国家标准《碳素结构钢》（GB/T 700—2006）具体规定了它的牌号表示方法、技术要求、试验方法和检验规则等。

钢的牌号由代表屈服点的字母、屈服强度数值、质量等级符号、脱氧程度符号等四个部分按顺序组成。其中，以"Q"代表屈服强度，屈服强度数值共分 195 MPa、215 MPa、235 MPa 和 275 MPa 四种；质量等级以硫、磷等杂质含量由多到少，分别用"A、B、C、D"符号表示；脱氧程度分为沸腾钢，用字符"F"表示；镇静钢，用字符"Z"表示；特殊镇静钢，用字符"TZ"表示。镇静钢和特殊镇静钢在牌号表示方法中，"Z"和"TZ"符号可以省略。

例如：Q235-A·F 表示屈服点为 235 MPa、质量等级为 A 级的沸腾钢。

（2）技术性能

碳素结构钢的技术要求包括化学成分、力学性能和工艺要求三个方面。碳素结构钢化学成分、力学性能、冷弯性能试验指标应分别符合表 5.2、表 5.3 和表 5.4 的规定。

表 5.2　碳素结构钢的化学成分（GB/T 700—2006）

牌号	厚度或直径(mm)	等级	化学成分(%)，不大于					脱氧方法
			C	Mn	Si	S	P	
Q195	—	—	0.12	0.50	0.30	0.040	0.035	F、Z
Q215	—	A	0.15	1.20	0.35	0.050	0.045	F、Z
		B				0.045		
Q235	—	A	0.22	1.40	0.35	0.050	0.045	F、Z
		B	0.20			0.045		
		C	0.17			0.040	0.040	Z
		D				0.035	0.035	TZ
Q275	—	A	0.24	1.50	0.35	0.050	0.045	F、Z
	≤40	B	0.21			0.045	0.045	Z
	>40		0.22					
	—	C	0.20			0.040	0.040	Z
		D				0.050	0.035	TZ

表 5.3　碳素结构钢的力学性能（GB/T 700—2006）

牌号	等级	拉伸试验												冲击试验	
		屈服点(MPa)，不小于						抗拉强度(MPa)	伸长率 δ_5(%)，不小于					温度(℃)	V形冲击功(纵向)/J
		钢材厚度(直径)(mm)							钢材厚度(直径)(mm)						
		≤16	16～40	40～60	60～100	100～150	150～200		≤40	40～60	60～100	100～150	150～200		
Q195	—	195	185	—	—	—	—	315～430	33	—	—	—	—	—	—
Q215	A	215	205	195	185	175	165	335～450	31	30	29	27	26	—	—
	B													20	27
Q235	A	235	225	215	215	195	185	375～500	26	25	24	22	21	—	—
	B													20	27
	C													0	
	D													−20	
Q275	A	275	265	255	245	225	215	410～540	22	21	20	18	17	—	—
	B													20	27
	C													0	
	D													−20	

表 5.4　碳素结构钢的冷弯试验指标(GB/T 700—2006)

牌　号	试样方向	冷弯试验 $B=2a$,180°	
		钢材厚度(或直径)(mm)	
		≤60	>60~100
		弯心直径 d	
Q195	纵	0	—
	横	0.5a	
Q215	纵	0.5a	1.5a
	横	a	2a
Q235	纵	a	2a
	横	1.5a	2.5a
Q275	纵	1.5a	2.5a
	横	2a	3a

注:B 为试样宽度;a 为钢材厚度(直径)。

(3)碳素结构钢的性能和用途

钢材随牌号增加,含碳量增加,强度和硬度增加,塑性、韧性和可加工性能逐步降低;硫、磷含量低的 C、D 级钢质量优于 A、B 级钢,可作为重要焊接结构使用。

建筑工程中应用最广泛的是 Q235 号碳素结构钢,其含碳量约 0.17%~0.22%,属于低碳钢,具有较高的强度,良好的塑性、韧性以及可焊性,综合性能好,能满足一般钢结构和钢筋混凝土用钢要求,且成本较低。在钢结构中主要使用 Q235 钢轧制成的各种型钢。

Q195、Q215 号钢强度低,塑性和韧性较好,易于冷加工,常用作钢钉、铆钉、螺栓及铁丝等。Q215 号钢经冷加工后可代替 Q235 号钢使用。Q275 号钢强度较高,但塑性、韧性、可焊性较差,不易焊接和冷加工,可用于轧制带肋钢筋、作螺栓配件等,但更多用于机械零件和工具等。

在选用钢材牌号和材性时,应根据结构的重要性、承受荷载的类型(动载、静载)、承受荷载方式、连接方式(焊接或非焊接)、钢材厚度和工作环境等因素综合考虑。如,Q235A 级钢一般适用于承受静荷载的结构,而焊接结构中不能使用 Q235A 级钢;Q235B 级钢一般适用于承受动荷载焊接的普通钢结构;Q235C 级钢适用于承受动荷载焊接的重要钢结构;Q235D 级钢适用于负温条件下(−20 ℃)承受动荷载焊接的重要钢结构。

2. 低合金高强度结构钢

低合金高强度结构钢是在碳素结构钢的基础上加入总量小于 5% 的一种或多种合金元素而形成的钢种。所加的合金元素主要有锰(Mn)、硅(Si)、钒(V)、钛(Ti)、铌(Nb)、铬(Cr)、镍(Ni)及稀土等。大多数合金元素不仅可以提高钢的强度与硬度,还能改善塑性和韧性。低合金高强度结构钢均为镇静钢。

(1)牌号表示方法

国家标准《低合金高强度结构钢》(GB/T 1591—2008)规定,低合金高强度结构钢共有八个牌号,即 Q345、Q390、Q420、Q460、Q500、Q550、Q620 和 Q690。牌号的表示方法由代表屈服点的字母"Q"、屈服强度值及质量等级(A、B、C、D、E)三个部分按顺序组成。

例如,Q345A 表示屈服强度为 345 MPa、质量等级为 A 级的低合金高强度结构钢。

（2）技术要求

低合金高强度结构钢的化学成分和力学性能应满足国家标准《低合金高强度结构钢》（GB/T 1591—2018）规定,见表 5.5～表 5.13。

表 5.5　热轧钢的牌号及化学成分（GB/T 1591—2018）

钢级	质量等级	C ≤40	C >40	Si	Mn	P	S	Nb	V	Ti	Cr	Ni	Cu	Mo	N	B
		公称厚度或直径/mm 不大于		不大于												
Q355	B	0.24		0.55	1.60	0.035	0.035	—	—	—	0.30	0.30	0.40		0.012	
	C	0.20	0.22			0.030	0.030									
	D	0.20	0.22			0.025	0.025								—	
Q390	B	0.20		0.55	1.70	0.035	0.035	0.05	0.13	0.05	0.30	0.50	0.40	0.10	0.015	
	C					0.030	0.030									
	D					0.025	0.025									
Q420	B	0.20		0.55	1.70	0.035	0.035	0.05	0.13	0.05	0.30	0.80	0.40	0.20	0.015	—
	C					0.030	0.030									
Q460	C	0.20		0.55	1.80	0.030	0.030	0.05	0.13	0.05	0.30	0.80	0.40	0.20	0.015	0.004

表 5.6　正火、正火轧制钢的牌号及化学成分（GB/T 1591—2018）

钢级	质量等级	C	Si	Mn	P	S	Nb	V	Ti	Cr	Ni	Cu	Mo	N	Als
		不大于			不大于					不大于					不小于
Q355N	B	0.20	0.50	0.90~1.65	0.035	0.035	0.005~0.05	0.01~0.12	0.006~0.05	0.30	0.50	0.40	0.10	0.015	0.015
	C				0.030	0.030									
	D				0.030	0.025									
	E	0.18			0.025	0.020									
	F	0.16			0.020	0.010									
Q390N	B	0.20	0.50	0.90~1.70	0.035	0.035	0.01~0.05	0.01~0.05	0.006~0.05	0.30	0.50	0.40	0.10	0.015	0.015
	C				0.030	0.030									
	D				0.030	0.025									
	E				0.025	0.020									
Q420N	B	0.20	0.60	1.00~1.70	0.035	0.035	0.01~0.05	0.01~0.20	0.006~0.05	0.30	0.80	0.40	0.10	0.015	0.015
	C				0.030	0.030									
	D				0.030	0.025								0.025	
	E				0.025	0.020									
Q460N	C	0.20	0.60	1.00~1.70	0.030	0.030	0.01~0.05	0.01~0.20	0.006~0.05	0.30	0.80	0.40	0.10	0.015	0.015
	D				0.030	0.025								0.025	
	E				0.025	0.020									

注:钢中应至少含有铝、铌、钒、钛等细化晶粒元素中一种,单独或组合加入时,应保证其中至少一种合金元素含量不小于表中规定含量的下限。

表 5.7 热机械轧制钢的牌号及化学成分（GB/T 1591—2018）

牌号		化学成分(质量分数)/%													
钢级	质量等级	C	Si	Mn	P	S	Nb	V	Ti	Cr	Ni	Cu	Mo	N	B	Als
					不大于											不小于
Q355M	B	0.14	0.50	1.60	0.035	0.035	0.01~0.05	0.01~0.10	0.006~0.05	0.30	0.50	0.40	0.10	0.015	—	0.015
	C				0.030	0.030										
	D				0.030	0.025										
	E				0.025	0.020										
	F				0.020	0.010										
Q390M	B	0.15	0.50	1.70	0.035	0.035	0.01~0.05	0.01~0.12	0.006~0.05	0.30	0.50	0.40	0.10	0.015	—	0.015
	C				0.030	0.030										
	D				0.030	0.025										
	E				0.025	0.020										
Q420M	B	0.16	0.50	1.70	0.035	0.035	0.01~0.05	0.01~0.12	0.006~0.05	0.30	0.80	0.40	0.20	0.015	—	0.015
	C				0.030	0.030										
	D				0.030	0.025										
	E				0.025	0.020								0.025		
Q460M	C	0.16	0.60	1.70	0.030	0.030	0.01~0.05	0.01~0.12	0.006~0.05	0.30	0.80	0.40	0.20	0.015	—	0.015
	D				0.030	0.025										
	E				0.025	0.020								0.025		
Q500M	C	0.18	0.60	1.80	0.030	0.030	0.01~0.11	0.01~0.12	0.006~0.05	0.60	0.80	0.55	0.20	0.015	0.004	0.015
	D				0.030	0.025										
	E				0.025	0.020								0.025		
Q550M	C	0.18	0.60	2.00	0.030	0.030	0.01~0.11	0.01~0.12	0.006~0.05	0.80	0.80	0.80	0.30	0.015	0.004	0.015
	D				0.030	0.025										
	E				0.025	0.020								0.025		
Q620M	C	0.18	0.60	2.60	0.030	0.030	0.01~0.11	0.01~0.12	0.006~0.05	1.00	0.80	0.80	0.30	0.015	0.004	0.015
	D				0.030	0.025										
	E				0.025	0.020								0.025		
Q690M	C	0.18	0.60	2.00	0.030	0.030	0.01~0.11	0.01~0.12	0.006~0.05	1.00	0.80	0.80	0.30	0.015	0.004	0.015
	D				0.030	0.025										
	E				0.025	0.020								0.025		

注：钢中应至少含有铝、铌、钒、钛等细化晶粒元素中一种，单独或组合加入时，应保证其中至少一种合金元素含量不小于表中规定含量的下限。

表 5.8 热轧钢材的拉伸性能（GB/T 1591—2018）

牌号		上屈服强度 R_{eH}/MPa 不小于									抗拉强度 R_m/MPa			
钢级	质量等级	公称厚度或直径/mm												
		≤16	>16~40	>40~63	>63~80	>80~100	>100~150	>150~200	>200~250	>250~400	≤100	>100~150	>150~250	>250~400
Q355	B、C	355	345	335	325	315	295	285	275	—	470~630	450~600	450~600	—
	D									265				450~600
Q390	B、C、D	390	380	360	340	340	320	—	—		490~650	470~620	—	

续上表

牌号		上屈服强度 R_{eH}/MPa 不小于									抗拉强度 R_m/MPa			
钢级	质量等级	公称厚度或直径/mm												
		≤16	>16~40	>40~63	>63~80	>80~100	>100~150	>150~200	>200~250	>250~400	≤100	>100~150	>150~250	>250~400
Q420	B、C	420	410	390	370	370	350				520~680	500~650		—
Q460	C	460	450	430	410	410	390	—	—		550~720	530~700		

注:1. 当屈服不明显时,可用规定塑性延伸强度 $R_{P0.2}$ 代替上屈服强度;
　　2. 只适用于质量等级为 D 的钢板;
　　3. 只适用于型钢和棒材。

表 5.9　热轧钢材的伸长率(GB/T 1591—2018)

牌号		断后伸长率 A/% 不小于						
钢级	质量等级	公称厚度或直径/mm						
		试样方向	≤40	>40~63	>63~100	>100~150	>150~250	>250~400
Q355	B、C、D	纵向	22	21	20	18	17	17
		横向	20	19	18	18	17	17
Q390	B、C、D	纵向	21	20	20	19	—	—
		横向	20	19	19	18		
Q420	B、C	纵向	20	19	19	19	—	—
Q460	C	纵向	18	17	17	17	—	—

注:1. 只适用于质量等级为 D 的钢板;
　　2. 只适用于型钢和棒材。

表 5.10　正火、正火轧制钢材的拉伸性能(GB/T 1591—2018)

牌号		上屈服强度 R_{eH}/MPa 不小于								抗拉强度 R_m/MPa			断后伸长率 A/% 不小于					
钢级	质量等级	公称厚度或直径/mm																
		≤16	>16~40	>40~63	>63~80	>80~100	>100~150	>150~200	>200~250	≤100	>100~200	>200~250	≤16	>16~40	>40~63	>63~80	>80~200	>200~250
Q355N	B、C D、E、F	355	345	335	325	315	295	285	275	470~630	450~600	450~600	22	22	22	21	21	21
Q390N	B、C、D、E	390	380	360	340	340	320	310	300	490~650	470~620	470~620	20	20	20	19	19	19
Q420N	B、C、D、E	420	400	390	370	360	340	330	320	520~680	500~650	500~650	19	19	19	18	18	18
Q460N	C、D、E	460	440	430	410	400	380	370	370	540~720	530~710	510~690	17	17	17	17	17	16

注:1. 当屈服不明显时,可用规定塑性延伸强度 $R_{P0.2}$ 代替上屈服强度;
　　2. 正火状态包含正火加回火状态。

表 5.11　热机械轧制钢材的拉伸性能（GB/T 1591—2018）

牌号		上屈服强度 R_{eH}/MPa 不小于						抗拉强度 R_m/MPa					断后伸长率 A/% 不小于
钢级	质量等级	公称厚度或直径/mm											
		≤16	>16~40	>40~63	>63~80	>80~100	>100~120	≤40	>40~63	>63~80	>80~100	>100~120	
Q355M	B、C D、E、F	355	345	335	325	325	320	470~630	450~610	440~600	440~600	430~590	22
Q390M	B、C、D、E	390	380	360	340	340	335	490~650	480~640	470~630	460~620	450~610	20
Q420M	B、C、D、E	420	400	390	380	370	365	520~680	500~660	480~640	470~630	460~620	19
Q460M	C、D、E	460	440	430	410	400	385	540~720	530~710	510~690	500~680	490~660	17
Q500M	C、D、E	500	490	480	460	450	—	610~770	600~760	590~750	540~730	—	17
Q550M	C、D、E	550	540	530	510	500	—	670~830	620~810	600~790	590~780	—	16
Q620M	C、D、E	620	610	600	580	—	—	710~880	690~880	670~860	—	—	15
Q690M	C、D、E	690	680	670	650	—	—	770~940	750~920	730~900	—	—	14

注：1. 当屈服不明显时，可用规定塑性延伸强度 $R_{p0.2}$ 代替上屈服强度；
　　2. 对于型钢和棒材，厚度或直径不大于 150 mm；
　　3. 热机械轧制状态包含热机械轧制加回火状态。

表 5.12　夏比（V 型缺口）冲击试验的温度和冲击吸收能量（GB/T 1591—2018）

牌号		以下试验温度的冲击吸收能量最小值 KV_2/J									
钢级	质量等级	20 ℃		0 ℃		−20 ℃		−40 ℃		−60 ℃	
		纵向	横向	纵向	横向	纵向	横向	纵向	横向	纵向	横向
Q355、Q390、Q420	B	34	27	—	—	—	—	—	—	—	—
Q355、Q390、Q420、Q460	C	—	—	34	27	—	—	—	—	—	—
Q355、Q390	D	—	—	—	—	34	27	—	—	—	—
Q355N、Q390N、Q420N	B	34	27	—	—	—	—	—	—	—	—
	C	—	—	34	27	—	—	—	—	—	—
Q355N、Q390N、Q420N、Q460N	D	55	31	47	27	40	20	—	—	—	—
	E	63	40	55	34	47	27	31	20	—	—
Q355N	F	63	40	55	34	47	27	31	20	27	16
Q355M、Q390M、Q420M	B	34	27	—	—	—	—	—	—	—	—
	C	—	—	34	27	—	—	—	—	—	—
Q355M、Q390M、Q420M、Q460M	D	55	31	47	27	40	20	—	—	—	—
	E	63	40	55	34	47	27	31	20	—	—

牌号		以下试验温度的冲击吸收能量最小值 KV₂/J									
钢级	质量等级	20 ℃		0 ℃		−20 ℃		−40 ℃		−60 ℃	
		纵向	横向	纵向	横向	纵向	横向	纵向	横向	纵向	横向
Q355M	F	63	40	55	34	47	27	31	20	27	16
Q500M、Q550M、Q620M、Q690M	C	—	—	55	34	—	—	—	—	—	—
	D	—	—	—	—	47	27	—	—	—	—
	E	—	—	—	—	—	—	31	20	—	—

注:1. 当需方未指定试验温度时,正火、正火轧制和热机械轧制的 C、D、E、F 级钢材分别做 0 ℃、−20 ℃、−40 ℃、
　　　−60 ℃冲击。
　　2. 冲击试验取纵向试样。经供需双方协商,也可取横向试样;
　　3. 仅适用于厚度大于 250 mm 的 Q355D 钢板;
　　4. 当需方指定时,D 级钢可做−30 ℃冲击试验时,冲击吸收能量纵向不小于 27 J;
　　5. 当需方指定是,E 级钢可做−50 ℃冲击试验时,冲击吸收能量纵向不小于 27 J,横向不小于 16 J。

KV₂表示采用 V 型缺口试样使用 2 mm 摆锤锤刃测得的冲击吸收能量。

表 5.13　弯曲试验(GB/T 1591−2018)

试样方向	180°弯曲试验 D:弯曲压头直径;a:试验厚度或直径	
	公称厚度或直径 /mm	
	≤16	>16~100
对于公称宽度不小于 600 mm 的钢板及钢带,拉伸试验取横向试样;其他钢材的拉伸试验取纵向试样。	$D=2a$	$D=3a$

(3)性能和用途

低合金高强度结构钢除强度高外,还有良好的塑性和韧性,硬度高,耐磨好,耐腐蚀性能强,耐低温性能好。一般情况下,它的含碳量≤0.2%,因此仍具有较好的可焊性。冶炼碳素钢的设备可用来冶炼低合金高强度结构钢,故冶炼方便,成本低。

采用低合金高强度结构钢,可以减轻结构自重,节约钢材,使用寿命增加,经久耐用,特别适合高层建筑、大柱网结构和大跨度结构。

3. 优质碳素结构钢

国家技术标准《优质碳素结构钢》(GB/T 699—1999)规定,将优质碳素结构钢划分为 31 个牌号,分为低锰含量(0.25%~0.50%)、普通含锰量(0.35%~0.80%)和高含锰量(0.7%~1.2%)三组。按冶金质量分为优质碳素钢、高级优质碳素钢和特级优质碳素钢。

优质碳素结构钢的牌号是由数字和字母两部分组成。两位数字表示平均含碳量的万分数;字母分别表示锰含量、冶金质量等级和脱氧程度。低锰含量、普通锰含量数字后面不写"Mn",高锰含量在数字后加注"Mn";高级优质碳素结构钢加注"A",特级优质碳素结构钢加注"E";低锰含量钢脱氧不完全,为沸腾钢,加注"F",普通含锰量和高锰含量的钢材脱氧完全,为镇静钢,不用加注"Z"。例如:"10F"表示平均含碳量为 0.10%,低锰含量的沸腾钢;"45"表示平均含碳量为 0.45%,普通含锰量的镇静钢;"30Mn"表示平均含碳量为 0.30%,高锰含量的镇静钢。

优质碳素结构钢对有害杂质含量控制严格,质量稳定,综合性能好,但成本较高。优质碳素结构钢的力学性能主要取决于碳含量。碳含量高的强度高,但塑性和韧性降低。

在建筑工程中,优质碳素结构钢主要用于重要结构。30~45 号钢主要用于重要结构的钢铸件和高强度螺栓等;45 号钢用做预应力混凝土锚具;65~80 号钢用于生产预应力混凝土用钢丝和钢绞线等。

5.5.2 钢结构用钢材

钢结构所用的钢材主要为热轧成型的钢板、型钢和圆钢以及冷弯成型的薄壁型钢,还有热轧成型的钢管和冷弯成型的焊接钢管。

1. 钢板

钢板分厚板及薄板两种,厚板的厚度为 4.5～60 mm,薄板厚度为 0.35～4 mm。前者广泛用来组成焊接构件和连接钢板,后者是冷弯薄壁型钢的原料。钢板用"宽×厚×长(单位为 mm)"前面附加钢板横断面的方法表示,如:—800×12×2 100 等。

2. 型钢

钢结构常用的型钢是角钢、工字钢、槽钢和 H 形钢、钢管等。除 H 形钢和钢管有热轧和焊接成型外,其余型钢均为热轧成型。

型钢的截面形式合理,材料在截面上的分布对受力最为有利。由于其形状较简单,种类和尺寸分级较小,所以便于轧制,构件间相互连接也较方便。型钢是钢结构中采用的主要钢材。现分述如下:

(1) 角钢

角钢有等边和不等边两种。等边角钢(也叫等肢角钢)以边宽和厚度表示,如∟100×10 为肢宽 100 mm、厚 10 mm 的等边角钢。不等边角钢(也叫不等肢角钢)则以两边宽度和厚度表示,如∟100×80×8 等。我国目前生产的等边角钢,其肢宽为 20～200 mm,不等边角钢的肢宽为 25 mm×16 mm～200 mm×125 mm。

(2) 工字钢

工字钢分成普通型工字钢和轻型工字钢。工字钢用号数表示,号数即为其截面高度的厘米数。20 号以上的工字钢同一号数有三种腹板厚度,分别为 a、b、c 类。如 I30a、I30b、I30 c,由于 a 类腹板较薄,用作受弯构件较为经济。轻型工字钢的腹板和翼缘均比普通工字钢薄,它在相同重量下其截面模量和回转半径均较大。

(3) 槽钢

槽钢有两种尺寸系列,即热轧普通槽钢(GB/T 708—1988)与热轧轻型槽钢。前者的表示法如[30a,指槽钢外廓高度为 30 cm 且腹板厚度为最薄的一种;后者的表示方法如[25Q,表示外廓高度为 25 cm,Q 是汉语拼音"轻"的拼音字首。同样号数时,轻型者由于腹板薄及翼缘宽而薄,因而截面积小但回转半径大,能节约钢材减少自重。不过轻型系列的实际产品较少。

(4) H 形钢和 T 形钢

热轧 H 形钢分为三类:宽翼缘 H 形钢(HW)、中翼缘 H 形钢(HM)和窄翼缘 H 形钢(HN)。H 形钢型号的表示方法是先用符号 HW、HM 和 HN 表示 H 形钢的类别,后面加"高度(mm)×宽度(mm)",例如 HW300×300,即为截面高度为 300 mm,翼缘宽度为 300 mm 的宽翼缘 H 形钢。剖分 T 形钢也分为三类,即:宽翼缘剖分 T 形钢(TW)、中翼缘剖分 T 形钢(TM)和窄翼缘剖分 T 形钢(TN)。剖分 T 形钢由对应的 H 形钢沿腹板中部对等剖分而成。其表示方法与 H 形钢类同,如 TN225×200 即表示截面高度为 225 mm,翼缘宽度为200 mm 的窄翼缘剖分 T 形钢。

(5) 钢管

钢管有无缝钢管和焊接钢管两种,用符号"φ"后面加"外径×厚度"表示,如 φ40×6,单位为 mm。

3. 冷弯薄壁型钢

冷弯薄壁型钢是用 2～6 mm 厚的薄钢板经冷弯或模压而成形的(图 5.10)。在国外,冷弯型钢所用钢板的厚度有加大范围的趋势,如美国可用到 1 英寸(25.4 mm)厚。

4. 压型钢板

压型钢板由热轧薄钢板经冷压或冷轧成形，具有较大的宽度及曲折外形，从而增加了惯性矩和刚度。近年来开始使用的薄壁型材，所用钢板厚度为 0.4～2 mm，可用作轻型屋面等构件。

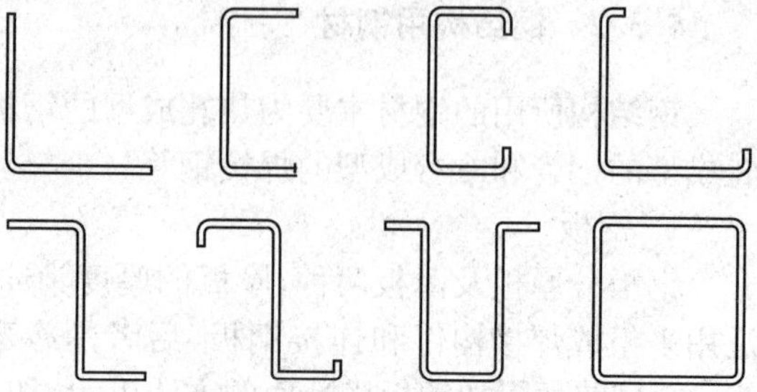

5.5.3 钢筋混凝土用钢材

1. 热轧钢筋

热轧钢筋是钢筋混凝土中应用最广泛的钢筋，主要用于钢筋混凝土结构和预应力钢筋混凝土结构。

图 5.10 冷弯薄壁型钢截面

根据《钢筋混凝土用钢 第 1 部分：热轧光圆钢筋》(GB 1499.1—2008)和《钢筋混凝土用钢 第 2 部分：热轧带肋钢筋》(GB 1499.2—2007)的规定，热轧钢筋的表面形状有两类：光圆钢筋和带肋钢筋。热轧光圆钢筋横截面通常为圆形，且表面光滑；热轧带肋钢筋是横截面为圆形，且表面通常有两条纵肋和沿长度方向均匀分布有横肋的钢筋。

热轧钢筋的力学性能和冷弯性能见表 5.14、表 5.15。由于带肋钢筋与混凝土有较好的黏结能力，能更好地承受外力作用，因而被广泛地应用于各种建筑结构。

表 5.14 热轧钢筋的力学性能

牌号	下屈服强度 R_{eL}(MPa)	抗拉强度 R_m(MPa)	断后伸长率 A(%)	最大力总伸长率 A_{gt}(%)	R_m^0/R_{eL}^0	R_{eL}^0/R_{eL}
			不小于			不大于
HPB300	300	420	25	10.0	—	—
HRB400 HRBF400	400	540	16	7.5	—	—
HRB400E HRBF400E			—	9.0	1.25	1.30
HRB500 HRBF500	500	630	15	7.5	—	—
HRB500E HRBF500E			—	9.0	1.25	1.30
HRB600	600	730	14	7.5	—	—

注：HPB 为普通热轧光圆钢筋，HRB 为普通热轧带肋钢筋，HRBF 为细晶粒热轧带肋钢筋，E 表示抗震钢筋，R_m^0 表示钢筋实测抗拉强度，R_{eL}^0 表示钢筋实测下屈服强度。

表 5.15 热轧钢筋的冷弯性能

牌号	公称直径 d(mm)	180°弯曲试验弯曲压头直径
HPB300	6～22	d
HRB400 HRBF400	6～25	4d
HRB400E	28～40	5d
HRBF400E	>40～50	6d
HRB500 HRBF500	6～25	6d
HRB500E	28～40	7d
HRBF500E	>40～50	8d
HRB600	6～25	6d
	28～40	7d
	>40～50	8d

HRB335/HRBF335、HRB400/HRBF400 等级带肋钢筋,强度较高,塑性和焊接性能均较好,被广泛用作大、中型钢筋混凝土结构的主受力钢筋,经过冷拉后,HRB335/HRBF335 和 HRB400/HRBF400 可用作预应力钢筋。HRB500/HRBF500 钢筋表面轧有纵肋和横肋,是房屋建筑的主要预应力筋,由于含碳量较高,可焊性下降,如需焊接应采取适当的焊接方法和焊后热处理工艺,以保证焊接钢筋质量,防止发生脆断。

2. 冷轧带肋钢筋

冷轧带肋钢筋是以普通低碳钢、低合金钢或优质碳素钢为母材,经冷轧或冷拔减径后在其表面冷轧成两面或三面带有横肋的钢筋。《冷轧带肋钢筋》(GB 13788—2017)按延性高低将冷轧带肋钢筋分为冷轧带肋钢筋和高延性冷轧带肋钢筋。钢筋分为 CRB550、CRB650、CRB800、CRB600H、CRB680H、CRB800H 六个牌号,其中后三种属于高延性冷轧带肋钢筋。CRB550、CRB600H 为普通钢筋混凝土用钢筋,CRB650、CRB800、CRB800H 为预应力混凝土用钢筋,CRB680H 既可作为普通钢筋混凝土用钢筋,也可作为预应力混凝土用钢筋使用。

冷轧带肋钢筋克服了冷拉、冷拔钢筋裹握力低的缺点,具有和冷拉、冷拔相近的强度,被广泛应用于中、小型预应力混凝土结构构件和普通混凝土结构构件中,其力学性能和工艺性能要求如表 5.16 所示。

表 5.16 冷轧带肋钢筋的力学性能和工艺性能

牌号	规定塑性延伸强度 $R_{P0.2}$ 不小于	抗拉强度 R_m MPa 不小于	$R_m/R_{P0.2}$ 不小于	断后伸长率/% 不小于		最大力总延伸率/% 不小于	弯曲试验 180°	反复弯曲次数	应力松弛初始应力应相当于公称抗拉强度的 70%
				A	$A_{100 mm}$	A_{gt}			1000h,%不大于
CRB550	500	550	1.05	11.0	—	2.5	$D=3d$	—	—
CRB600H	540	600	1.05	14.0	—	5.0	$D=3d$	—	—
CRB680H	600	680	1.05	14.0	—	5.0	$D=3d$	4	5
CRB650	585	650	1.05	—	4.0	2.5	—	3	8
CRB800	720	800	1.05	—	4.0	2.5	—	3	8
CRB800H	720	800	1.05	—	4.0	4.0	—	3	5

注:1. D 为弯心直径,d 为钢筋公称直径;

2. CRB680H 作为普通钢筋混凝土用钢筋使用时,对反复弯曲和应力松弛不做要求;当该牌号钢筋作为预应力混凝土用钢筋使用时应进行反复弯曲试验代替 180°弯曲试验,并检测松弛率。

3. 预应力混凝土用热处理钢筋

预应力混凝土用热处理钢筋是用普通热轧中碳低合金钢经淬火和回火调质处理的钢筋,代号为 RB150,按外形可分为有纵肋和无纵肋两种(均有横肋)。通常直径有 6 mm、8.2 mm、10 mm 三种规格,抗拉强度不小于 1 470 MPa,屈服点强度不小于 1 325 MPa,伸长率 $A_{11.3}$ 不小于 6%。这种钢筋虽不能冷拉和焊接,但具有高强度、高韧性和高黏结力及塑性降低少等优点,因而特别适用于预应力混凝土构件的配筋。

4. 预应力混凝土用钢丝与钢绞线

预应力混凝土用钢丝是优质碳素结构钢盘条,经冷加工及时效处理或热处理而制得的高强度钢丝,分为消除应力的钢丝(代号 S)、消除预应力的刻痕钢丝(SI)、消除应力的螺旋肋钢丝(SH)和冷拉钢丝(RCD)四种。预应力混凝土钢丝具有强度高(抗拉强度在 1 470～1 770 MPa 之间)、柔性好、无接头、质量稳定可靠和施工方便等优点,主要用于大跨度屋架、吊车梁、薄腹梁和桥梁预应力混凝土用钢筋。

预应力混凝土用钢绞线是以数根优质碳素结构钢钢丝经绞捻和消除内应力而成。根据钢丝的股数，可将其分为 1×2、1×3、1×3I、1×7、1×7C 五种。1×2、1×3、1×7 分别表示用两根、三根或七根钢丝捻制的钢绞线；1×3I 表示用三根刻痕钢丝捻制的钢绞线；1×7C 表示用七根钢丝捻制又经拔模的钢绞线。预应力钢丝和钢绞线具有强度高、柔性好、质量稳定、不需接头等优点，适用于大跨度、大荷载、曲线配筋的预应力钢筋混凝土结构。

5.5.4 钢材的选用原则

钢材选用的原则应既能使结构安全可靠和满足使用要求，又要最大可能节约钢材和降低造价。为保证承重结构的承载力和防止在一定条件下可能出现的脆性破坏，应综合考虑下列因素，选用合适的钢材牌号和材性。

1. 结构的重要性

结构和构件按其用途、部位和破坏后果的严重性可以分为重要、一般和次要三类，不同类别的结构或构件应选用不同的钢材。例如民用大跨度屋架、重级工作制吊车梁等属重要的结构，应选用质量好的钢材；一般屋架、梁和柱等属于一般的结构，楼梯、栏杆、平台等则是次要的结构，可采用质量等级较低的钢材。

2. 荷载的性质

结构承受的荷载可分为静力荷载和动力荷载两种。对承受动力荷载的结构应选用塑性、冲击韧性好的质量高的钢材；对承受静力荷载的结构可选用一般质量的钢材。

3. 连接方法

焊接结构由于在焊接过程中不可避免地会产生焊接应力、焊接变形和焊接缺陷，因此，应选择碳、硫、磷含量较低，塑性、韧性和可焊性都较好的钢材。而对于非焊接结构，如高强度螺栓连接的结构，这些要求则可适当放宽。

4. 结构的工作环境

结构所处的环境如温度变化、腐蚀作用等对钢材的影响很大。对于经常处于低温状态的结构，钢材容易发生冷脆断裂，尤其是焊接结构，应选用具有良好塑性和低温冲击韧性的钢材。当周围有腐蚀性介质时，应对钢材的抗锈蚀性作相应要求。

5. 钢材厚度

钢材的力学性能（如强度低、塑性、冲击韧性和可焊性等）一般随着厚度的增大而降低，钢的内部结晶组织在经多次轧制后变得较密实，强度更高，质量更好。

5.6 钢材的锈蚀与防护

5.6.1 钢材锈蚀机理

钢材的锈蚀是指钢材表面与周围介质发生化学作用或电化学作用而遭到破坏的现象。锈蚀不仅减少了钢材的受力面积，降低承载力，而且在表面局部形成的锈蚀坑容易引起应力集中，降低疲劳强度。较为严重的腐蚀，甚至使钢结构报废。钢材锈蚀可分为化学锈蚀和电化学锈蚀两种。

1. 化学锈蚀

化学锈蚀是指钢材与周围介质（如氧气、二氧化碳、二氧化硫和水等）发生化学反应，生成疏松的氧化物而产生的锈蚀。一般情况下，是钢材表面的 FeO 保护膜被氧化成黑色的 Fe_3O_4。在常温下，钢材表面能形成 FeO 保护膜，可以防止钢材进一步锈蚀。所以，在干燥环境中的钢材化学锈蚀速度缓慢，但在温度和湿度较高或大的情况下，钢材的化学锈蚀进展加快。

2. 电化学锈蚀

电化学锈蚀是指钢材与电解溶液接触而产生电流,局部形成许多微小的电池,而引起的锈蚀。电化学锈蚀是建筑钢材在存放和使用中发生锈蚀的主要形式。在阳极区,铁被氧化成 Fe^{2+} 进入水膜,因为水中溶有来自空气中的氧,故在阴极处被还原为 OH^-,二者结合形成不溶于水的 $Fe(OH)_2$,并进一步生成红棕色铁锈 $Fe(OH)_3$。

5.6.2 钢筋混凝土中的钢筋锈蚀

普通混凝土为强碱性环境,pH 值为 12.5 左右,此时在钢筋表面能形成碱性氧化膜(钝化膜),对钢筋起保护作用。在碱性环境中,即使有电化学反应存在,生成的 $Fe(OH)_2$ 也能稳定存在,并成为钢筋的保护膜。所以,只要混凝土表面没有欠缺,里面的钢筋就不会锈蚀。

普通混凝土中钢筋发生锈蚀的主要原因有以下几个方面:①混凝土不密实,周围环境中的水和空气进入混凝土内部;②混凝土保护层厚度小或发生了严重的碳化,使混凝土失去了碱性保护作用;③混凝土内氯离子含量过大,使钢筋表面的保护膜被氧化;④预应力钢筋存在微裂缝等缺陷,引起应力锈蚀。

为了防止钢筋锈蚀,应保证混凝土(包括普通混凝土、轻骨料混凝土和粉煤灰混凝土)的密实度以及钢筋保护层的厚度。在二氧化碳浓度高的工业区采用硅酸盐水泥或普通水泥,限制含氯盐外加剂的掺量并使用混凝土用钢筋防锈剂(如亚硝酸钠)。预应力混凝土应禁止使用含氯盐的骨料和外加剂。对于加气混凝土等,可以在钢筋表面涂环氧树脂或镀锌等方法来防止。

5.6.3 钢材锈蚀的防止

钢材的腐蚀既有内因(材质),又有外因(环境介质的作用),因此要防止或减少钢材的腐蚀可以从改变钢材本身的易腐蚀性,隔离环境中的侵蚀性介质或改变钢材表面的电化学过程几个方面入手。

1. 提高混凝土密实性

通过优化配合比、掺加矿物掺合料及外加剂等措施可提高混凝土密实度,增加混凝土抗碳化性能及抗氯离子渗透性能,从而提高混凝土对钢筋的保护作用。此外,在混凝土材料中掺加阻锈剂,也可在一定程度上抑制或延缓钢筋腐蚀程度。

2. 增加保护层厚度

在较为恶劣的环境中,增加混凝土的保护层厚度是延缓钢筋锈蚀的有效措施。不同的环境条件下,对保护层厚度有不同的要求,最新的国家标准及行业标准在结构耐久性设计上均有明确的规定。

3. 非金属覆盖

用非金属材料覆盖钢材表面,隔断其与周围介质的接触,防止或减缓锈蚀。如喷涂涂料和塑料等。工程中最常用的是涂料。

涂料通常分为底漆、中间漆和面漆。底漆要求有较好的附着力和防锈能力,常用的有红丹、环氧富锌漆、云母氧化铁和铁红环氧底漆等。中间漆为防锈漆,常用的有红丹和铁红等。面漆要求有较好的牢度和耐候性,能保护底漆不受损伤或风化,常用的有灰铅、醇酸磁漆和酚醛磁漆等。

4. 金属覆盖

用耐锈蚀性好的金属,以电镀或喷镀的方法覆盖在钢材的表面,以提高钢材的耐腐蚀能力。常用的方法有镀锌(如白铁皮)、镀锡(如马口铁)、镀铜和镀铬等。

5. 采用耐候钢

耐候钢即耐大气腐蚀钢。耐候钢是在碳素钢和低合金钢中加入少量的铜、铬、镍、钼等合金元素而制成。耐候钢既有致密的表面防腐保护，又有良好的焊接性能，其强度级别与常用碳素钢和低合金钢一致，但其耐腐蚀能力却高出数倍。

6. 阴极保护法

美国已有数百座桥梁采用了阴极保护法。该法对已经遭受氯盐侵蚀的钢筋混凝土结构最为有效。国内也有工程采用阴极保护法，如杭州湾大桥的主墩承台、塔座及塔柱等处常年处于潮差区和浪溅区，采用外加电流阴极防护系统，可以保护钢筋不被锈蚀。

5.6.4　钢材的防火

钢是不燃性材料，但这并不表明钢材能够抵抗火灾。耐火试验与火灾案例调查表明，以失去支持能力为标准，无保护层时钢柱和钢屋架的耐火极限只有 0.25 h，而裸露钢梁的耐火极限仅为 0.15 h。温度在 200 ℃ 以内，可以认为钢材的性能基本不变；当温度超过 300 ℃ 以后，钢材的弹性模量、屈服点和极限强度均开始显著下降，而塑性伸长率急剧增大，钢材产生徐变；温度超过 400 ℃ 时，强度和弹性模量都急剧降低；到达 600 ℃ 时，弹性模量、屈服点和极限强度均接近于零，已失去承载能力。所以，没有防火保护层的钢结构是不耐火的。

钢结构防火保护通常是采用绝热或吸热材料，阻隔火焰和热量，延缓钢结构的升温速率。防火方法以包覆法为主，即以防火涂料、不燃性板材或混凝土和砂浆将钢构件包裹起来。

5.7　有色金属材料

有色金属材料指铁、铬、锰三种金属以外的所有金属。有色金属材料是金属材料的一类，主要是铜、铝、铅和镍及其合金等。有色金属应用最广泛的是铝、铜及其合金。

5.7.1　铝及其合金

铝及铝合金相对密度小、比强度高，采用各种强化手段后，铝合金可以达到与低合金高强度钢相近的强度，因此比强度要比一般高强度钢高得多。铝的导电性好，仅次于银、铜和金，在室温时的导电率约为铜的 64%。铝资源丰富，成本较低。铝及铝合金有相当好的抗大气腐蚀能力，其磁化率极低，接近于非铁磁性材料；铝及铝合金（退火状态）的塑性很好，可以冷成形；切削性能也很好。超高强铝合金成形后经热处理，可达到很高的强度。铸造铝合金的铸造性能极好。

1. 纯铝

纯铝是一种银白色的金属，纯铝的密度约为钢的 1/3，其熔点（与其纯度有关，99.996% 时）为 660.24 ℃。纯铝材料按纯度可分为高纯铝、工业高纯铝和工业纯铝三类。高纯铝的纯度为 99.93%～99.99%，牌号有 L_{01}、L_{02}、L_{03}、L_{04} 四种，编号越大，纯度越高。高纯铝主要用于科学研究及制作电容器等。工业高纯铝的纯度为 98.85%～99.9%，牌号有 L_0、L_{00} 等，用于制作铝箔、包铝及冶炼铝合金的原料。工业纯铝的纯度为 98.0%～99.0%，牌号有 L_1、L_2、L_3、L_4、L_5 五种，编号越大，纯度越低。工业纯铝可制作电线、电缆、器皿及配制合金。工业纯铝的抗拉强度和硬度很低，分别（铸态）为 90～120 MPa，24～32HBS，不能作为结构材料使用，但其塑性极高，延伸率（退火）为 32%～40%，断面收缩率（退火）为 70%～90%。能通过各种压力加工制成型材。

2. 铝合金

铝中加入合金元素（Si、Cu、Mg、Zn、Mn 等）后，就形成了铝合金，除了保留纯铝的低密度、良好的导电性和导热性等优点外，通过合金化和其他工艺方法，可获得较高的强度，并保持良好的加工性能。许多铝合金不仅可通过冷变形提高强度,而且可用热处理来大幅度地改善性能。因此铝合金可用于制造承受较大载荷的机器零件和构件。

(1)铝合金的分类

根据铝合金的成分和工艺特点,可将其分为变形铝合金和铸造铝合金两大类。根据化学成分和性能的不同,变形铝合金可分为防锈铝合金、硬铝合金、超硬铝合金、锻造铝合金四类。铸造铝合金可分为 Al-Si 系、Al-Cu 系、Al-Mg 系、Al-Zn 系四大类。变形铝合金和锻造铝合金分类方法是根据二元铝合金相图(图 5.11)而确定的。图中成分为 D' 点左边的铝合金,加入的合金元素量少,加热到高温时能形成单相固溶体,具有良好的塑性,适于变形加工,称为变形铝合金。变形铝合金又分为可热处理强化(图 5.11 中Ⅰ区)和不可热处理强化(图 5.11 中Ⅱ区)两类。成分位于 D' 点以右的合金,加入的合金元素量多,合金组织里有共晶组织,液态金属流动性较好,适于铸造成形,称为铸造铝合金。

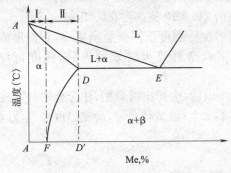

图 5.11　铝合金分类示意图　　　　图 5.12　Al-Cu 合金相图

(2)铝合金的热处理特点

铝合金是通过时效处理来改变性能的,下面以 Al-Cu 合金二元相图(图 5.12)为例来说明,结合图 5.11 将成分位于 D-F 之间的 Al-Cu 合金加热到 α 相区,经保温得到单相 α 固溶体,然后迅速水冷,在室温就得到了过饱和的 α 固溶体,它的强度和硬度变化不大,但塑性却较高,这个过程类似于钢的淬火,可以称为铝合金的淬火处理。过饱和的 α 固溶体是不稳定的,有降低溶解度、析出第二相、过渡到稳定状态的趋势。因此在室温下放置或低温加热时,便析出细小弥散的第二相,能有效地强化铝合金,使强度、硬度明显升高,塑性下降,这种现象称为时效或时效硬化。在室温下进行的时效称为自然时效,在加热条件下进行的时效称为人工时效。

淬火后开始放置的数小时内,合金的强度基本不变化,这段时间称为孕育期。时效时间超过孕育期后,强度迅速升高。所以,一般均在孕育期内对铝合金进行铆接、弯曲、矫直、卷边等冷变形成形。

自然时效后的铝合金,在 230~250 ℃短时间(几秒至几分钟)加热后,快速水冷至室温时,可以重新变软。如再在室温下放置,则又能发生正常的自然时效。这种现象称为回归。一切能时效硬化的合金都有回归现象。回归现象在实际生产中具有重要意义。时效后的铝合金可在回归处理后的软化状态进行各种冷变形。例如,利用这种现象,可随时进行飞机的铆接和修理等。

5.7.2　铜及其合金

纯铜的导电性和导热性极佳,铜合金的导电和导热性也很好,同时也是抗磁性物质。铜及铜合金对大气和水的抗蚀能力很高,塑性很好,容易冷、热成形;铸造铜合金有很好的铸造性能。但铜的储量较小,价格较贵,属于应节约使用的材料,只有在特殊需要的情况下,才考虑使用。

1. 纯铜

纯铜呈玫瑰红色,因其表面在空气中易氧化形成一层紫红色的氧化物而常称紫铜,密度为 8.94 g/cm^3,熔点为 $1\,083$ ℃。纯铜强度较低,在各种冷热加工条件下均有很好的变形能力,不能通过热处理强化,但是能通过冷变形加工硬化。

2. 铜的合金化

纯铜的强度较低,不能直接用作结构材料,虽然可以通过加工硬化提高其强度和硬度,但是塑性会急剧下降,延伸率仅为变形前($A_n=50\%$)的 4% 左右,而且导电性也大为降低。因此,为了保持其高塑性等特性,对 Cu 实行合金化是提高其强度的有效途径。根据合金元素的结构、性能、特点以及它们与 Cu 原子的相互作用情况,Cu 的合金化可通过以下形式达到强化目的。

(1)固溶强化。Cu 与近 20 种元素有一定的互溶能力,可形成二元合金。从合金元素的储量、价格、溶解度及对合金性能的影响等诸方面考虑,在铜中的固溶度为 10% 左右的 Zn、Al、Sn、Mn、Ni 等适合作为产生固溶强化效应的合金元素,可将铜的强度由 240 MPa 提高到 650 MPa。

(2)时效强化。Be、Si、Al、Ni 等元素在 Cu 中的固溶度随温度下降会急剧减小,它们形成的铜合金可进行淬火时效强化。Be 含量为 2% 的铜合金经淬火时效处理后,强度可高达 $1\,400$ MPa。

(3)过剩相强化。Cu 中的合金元素超过极限溶解度以后,会析出过剩相,使合金的强度提高。过剩相多为脆性化合物,数量较少时,对塑性影响不太大;数量较多时,会使强度和塑性同时急剧降低。

3. 铜合金的分类

根据合金元素的不同,铜合金可分为黄铜、青铜、白铜三大类。

(1)黄铜是以 Zn 为主加元素的铜合金,黄铜具有较高的强度和塑性,良好的导电性、导热性和铸造工艺性能,耐蚀性与纯铜相近。黄铜价格低廉,色泽明亮美丽。

(2)青铜是以除 Zn 和 Ni 以外合金元素为主加元素的铜合金。青铜具有良好的耐蚀性、耐磨性、导电性、切削加工性、导热性能,有较小的体积收缩率。

(3)白铜是以 Ni 为主加元素的铜合金。白铜具有较高的强度和塑性,可进行冷、热变形加工,具有很好的耐蚀性,电阻率较高。根据性能和应用可分为耐蚀用白铜和电工用白铜。

 复习思考题

5.1 钢的主要冶炼方法有哪些?

5.2 含碳量对钢材的性能有哪些影响?硫、磷、氮、氧、锰、硅的含量对钢材的性能有哪些影响?

5.3 为何说屈服点、抗拉强度、伸长率是建筑用钢材的重要技术性能指标?

5.4 冷加工和时效对钢材性能有何影响?为什么?

5.5 钢材的牌号是如何确定的?

5.6 钢材的腐蚀与哪些因素有关?如何对钢材进行防腐和防火?

5.7 试简述铝和铜及其合金的特点与分类。

6 木　材

6.1 木材的分类与特点

6.1.1 木材的分类

木材是来自木本植物的天然材料，通常是指乔木中树干的木质部分，为了区别于人造木材，也有称为天然木材的。广义的木材是指木质材料，既包括原条和原木，也包括木材加工制品，如锯材、胶合板、刨花板和纤维板等。木材是木质材料体系中的主体材料，是当今重要土木工程材料之一。木材也是木质材料体系中的基础材料，木材经过物理加工和化学处理，可以生产出改性木材、木质人造材料和木质复合材料等性能各异的木质材料。

木材树种很多，从外形上分为针叶树和阔叶树两大类，木材分为针叶木和阔叶木。

习惯上把银杏、松和杉类的树木称为针叶树，来自针叶树的木材即所谓的针叶材。因其木材不具导管，故又称为无孔材；由于针叶材的材质一般较轻软，习惯上称为软材。值得注意的是，并非所有针叶材的材质都轻软。大部分针叶木纹理平直、材质均匀、木质较软、易加工、变形小，在建筑上用作承重构件和装修材料。

习惯上把水曲柳、香樟和枫树类的树木称为阔叶树，来自阔叶树的木材称为阔叶木。大部分阔叶木材质密、木质较硬、加工较难、易翘裂、纹理美观，适用于室内装修。

6.1.2 木材的特点

木材是一种天然高分子复合材料，具有一些独特性质，与钢材、水泥、塑料等材料有着显著的差异。它既有许多优点，也有不少缺点。随着科学技术和材料加工的发展，木材应用范围日益广泛，这是由其自身结构和化学组成形成的材料特性所决定的。

1. 木材的优点

(1)易于加工。木材加工是最古老的行业，一般来说用简单工具就可以加工，通过榫卯结合、钉子螺钉、胶黏剂等都能将木材组合在一起；木材经过锯、铣、刨、剥、钻、弯、烘、蒸、浸等工序可以加工成各种满足性能要求的木结构构件或装饰材料。

(2)木材质轻、强度高，比强度大。比强度以材料的强度与其表观密度的比值来表示。木质资源材料的比强度较其他材料高。杉木材顺纹抗拉强度为 77 MPa，气干表观密度为 0.37 g/cm³，比强度为 2.08×10^5 (m²/s²)；普通 Q235 钢材的抗拉强度为 370～500 MPa，钢材的密度为 7.8 g/cm³，比强度为 4.74×10^4 ～6.41×10^4 (m²/s²)，因此木材具有很高的比强度性能。

(3)木材是热与电的不良导体。木材是由中空的管状细胞组成的材料，其干燥后水分含量低，能自由移动的电子很少，导热和导电能力极差，是热和电的不良导体，广泛应用于建筑材料、制作家具、绝缘体等。测定表明砖、玻璃、钢筋混凝土、钢和铝等材料的散热量分别是木材的 5 倍、6 倍、12 倍、410 倍和 1 450 倍。在寒冷的冬季,木材可隔绝冷空气,降低建筑物的热传导,而在炎热夏季,可隔绝热空气,木结构房屋冬暖夏凉的原因就在于此。

(4)木材吸收能量大,耐冲击。枕木铺设的钢轨比混凝土枕弹性好,火车运行时,乘客感觉不到强烈振动;各种精密机床、精密仪器要用木材做底架垫着,是利用木材吸收能量减少振动的特性。乐器是利用木材管状细胞吸音、回音、共振性能,奏出美妙的音乐。木材的这种特殊耐冲击赋予较大的力学和经济上的效益,适用于抗震结构。与钢材不同的是,木材具有优良的振动衰减特性,这种特性对于建筑结构及其他承受动力载荷的结构极其重要。

(5)木材是弹性塑性复合体,使用过程具有安全感。木材是生物材料,其胞壁由纤维素、半纤维素及木素等高分子化合物构成,具有弹性、塑性,破坏前往往有一定的预兆信号,不会发生突然破坏,使用时有一种安全感,例如木结构破坏前发出咔嚓声音,其外形也有裂纹等迹象,能给人以破坏先兆预警,从而具有一定的安全感。

(6)木材具有天然美丽的花纹、光泽、颜色,起到装饰作用。木材的不同切面均能呈现不同的颜色、花纹和光泽。木材的环境学特性研究表明,木材的颜色近于橙黄色,能引起人的温暖感和舒适感;木材纹理自然多变,并符合人的生理变化节律,常能带给人自然喜爱的感觉;木材的光泽不如金属和玻璃制品那么强,呈漫反射和吸收反射,因而能产生丝绢般的柔和光泽,具有非常好的装饰效果。

(7)对紫外线的吸收和对红外线的反射作用。木材给人视觉上的和谐感,是因为木材可以吸收阳光中的紫外线(380 nm 以下),减轻紫外线对人体的危害;同时木材又能反射红外线(780 nm 以上)。紫外线和红外线是肉眼看不见的,但对人体的影响是不能忽视的。强紫外线刺激人眼会产生雪盲病,人体皮肤对紫外线的敏感程度高于眼睛。木材的木质素可以吸收阳光中的紫外线,减轻紫外线对人体的危害;木材反射红外线,是木材使人产生温馨感的直接原因之一。

(8)木材具有隔音性能。声波作用于木材表面时,一部分被反射,一部分被木材本身的振动吸收,还有一部分被透过,被反射的占 90%,主要是柔和的中低频声波;而被吸收的则是刺耳的高频率声波。因此生活空间中,适当应用木材可令我们听觉有和谐的感受。木材具有良好的隔音特性,声学质量要求高的大厅、音乐厅和录音室等首选木材装修就是为了调节和达到最佳听觉效果。

(9)木材具有调湿性能。当周围环境湿度发生变化时,木材自身为获得平衡含水率,能吸收或放出水分,直接缓和室内空间湿度的变化。研究结果显示,人类居住环境的相对湿度以 45%~60% 为适宜。适宜的湿度既可令人体有舒适感,也可令空气中浮游细菌的生存时间缩至最短,一间木屋等同于一个杀菌箱的说法,并非言之无理。

2. 木材的缺点

(1)木材易干缩、湿胀、变形、翘曲。随着相对湿度的变化,尺寸不稳定,木材尺寸和形状改变导致木材开裂、翘曲,影响到木材使用。为了避免变形翘曲,应将木材自然干燥或者人工干燥,达到平衡含水率后进行加工使用。

(2)木材易腐朽、虫蛀。木材是生物高分子材料,其组成主要是高分子碳水化合物,同时内部含有淀粉、矿物质等,又因水湿条件适宜菌类、昆虫生存,木材易发生腐朽、虫蛀。腐朽或孔洞会极大地降低木材的使用价值和强度。木材易于发霉、变色,也影响加工与利用。针对木材的防腐和防虫蛀,主要是控制木材使用环境的温湿度,使其不利于菌虫的生长。干燥处理木材是一种很有效的防腐防虫办法。对于室外使用的木材,需通过特殊的防腐防虫处理。人们习惯将木材浸在水中处理,主要作用就是将可溶性淀粉、矿物质溶出,自然风干可防止腐朽、虫蛀。

(3)木材易于燃烧。木材作为能源薪材,易于燃烧。如果对木材进行阻烧剂处理(含 N、P 的化合物),可以防止木材起火燃烧。较大尺寸的原木、板材由于外表炭化、隔绝空气,并不容易燃烧。

(4)木材变异性质大,绝对强度小。木材是生物质材料,其性能明显不同于工厂内同一条件下生产出的性能上基本一致的材料。树木生长环境差异很大,不同树种木材性质差异很大;同一树种的树木之间生长也有差异,其木材性质也表现出较大的变异;树干内的不同部位木材性质也有很大的变化。与钢材等金属材料比较,木材的绝对强度较低。

(5)木材存在着天然的缺陷,如木节、斜纹等。树木生长离不开枝叶,树干表面上生长的枝条大小、角度与树种有很大的关系,因此木材表面不可避免出现木节、斜纹和内应力等天然缺陷,这种缺陷降低了木材的使用性能,加工时可加以剔除,如裁切、分级等,以达到使用要求。文化背景不同的人群对于木节和斜纹这类缺陷认识有着明显的偏差,多数国人不喜欢这种缺陷,而西方人多认为这是自然美感的体现,因此对这类缺陷加以搭配组合也能达到很好的装饰效果。

6.2 木材的组成、结构与构造

6.2.1 木材的化学组成与结构

木材为高分子有机物,由碳、氢、氧、氮四种基本元素组成,含有少量和微量的矿质元素。根据分析结果,各元素的平均含量如下:碳为 49.5%,氢为 6.3%,氧为 44.1%,氮仅为 0.1%。其细胞壁的组成分为主要组分和次要组分两类。主要组分是纤维素、半纤维素和木质素;次要组分有树脂、香精油、蛋白质、淀粉、无机物等。

纤维素是细胞壁的基本物质,占绝干材重的 50% 以上,是由碳、氢、氧三种元素组成的多糖类,为细胞壁的骨架物质。

半纤维素是由 β-D-葡萄糖、β-D-甘露糖、β-D-木糖等多糖基组成的一种聚合物,分布在纤维素束间,有粘连作用;具有多而短的支链,主链上一般不超过 150~200 个糖基,因此,半纤维素是分子量较小的高分子化合物。

木质素作为细胞间的固结物质填充在细胞壁的纤维丝之间,也存在于胞间层,把相邻的细胞粘结在一起,起到加固木质化植物组织的作用。木质素含量为 20%~35%,木质化后的细胞壁不仅能够增加树木茎干的强度,也能减少微生物对树木的侵害。

6.2.2 木材的构造

木材的构造包括宏观构造和显微构造。木材的宏观构造是指肉眼或借助放大镜所能看到的构造。显微构造是指用显微镜观察到的木材构造,而用电子显微镜观察到的木材构造称为超微构造。

1. 木材的宏观构造

木材由无数不同形态、不同大小、不同排列方式的细胞所组成。要全面地了解木材构造,必须在横切面、径切面和弦切面三个切面上进行观察(图 6.1)。

(1)横切面。是指与树干主轴或木纹相垂直的切面。可以观察到各种轴向分子的横断面和木射线的宽度。

(2)径切面。是指顺着树干轴线、通过髓心与木射线平行的切面。在径切面上,可以观察到轴向细胞的长度和宽度以及木射线的高度和长度。年轮在径切面上呈互相平行的带状。

（3）弦切面。是顺着木材纹理、不通过髓心而与年轮相切的切面。在弦切面上年轮呈"V"字形。

从木材三个不同切面观察木材的宏观构造可以看出，树干由树皮、木质部、髓心组成。一般树的树皮无较大使用价值，髓心是树木最早形成的部分，贯穿整个树木的干和枝的中心，材性低劣，易于腐朽，不适宜作结构材。土木工程使用的木材均是树木的木质部分，木质部分的颜色不均，一般接近树干中心部分，材色较深，水分较少，称为心材，靠近树皮部分，材色较浅，水分较多，称为边材。

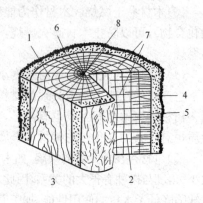

1—横切面；2—径切面；3—弦切面；4—树皮；
5—木质部；6—年轮；7—木射线；8—髓心。
图 6.1　木材的三个切面

在横切面上可看到的，围绕着髓心构成的同心圆称为生长轮。温带和寒带地区的树木，一年只有一度生长，故生长轮又可称为年轮。但在有干湿季节之分的热带地区，一年中也只生一圆环。在同一年轮内，生长季节早期所形成的木材，胞壁较薄、形体较大、颜色较浅、材质较松软，称为早材（春材）；到秋季形成的木材，胞壁较厚、组织致密、颜色较深、材质较硬，称为晚材（秋材）。在热带地区，树木一年四季均可生长，故无早、晚材之别。相同树种，年轮越密而均匀，材质越好；晚材部分愈多，木材强度愈高。

2. 木材的显微构造

针叶木的显微构造（图 6.2）简单而规则，它主要由管胞、木薄壁组织、木射线、树脂道组成。管胞是组成针叶材的主要分子，占 90% 以上。木射线一般较细且在肉眼下不可见。一般针叶材的年轮界限明显，早、晚材区别明显。早材壁薄腔大，颜色较浅，晚材则壁厚腔小，颜色较深。

阔叶木的显微构造（图 6.3）较复杂，其细胞主要有导管、阔叶树材管胞、木纤维、木射线和木薄壁组织、树胶道等。阔叶材因管孔大小和分布不同可分为环孔材、散孔材和半环孔材（半散孔材）。环孔材的早材管孔明显比晚材管孔大；散孔材的早、晚材的管孔大小没有明显区别，分布也比较均匀；半环孔材是指早材管孔到晚材管孔渐变，但界限不明显。

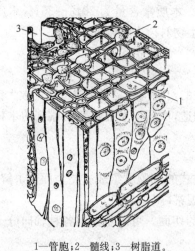

1—管胞；2—髓线；3—树脂道。
图 6.2　松木显微构造立体图

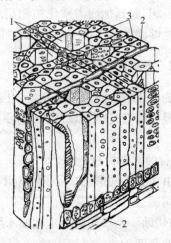

1—导管；2—髓线；3—木纤维。
图 6.3　枫香显微构造立体图

阔叶树材组成的细胞种类比针叶树材多，且较进化。最显著的是针叶树材组成的主要分子——管胞既有输导功能，又有对树体的支持机能；而阔叶木材则不然，导管起输导作用，木纤维则起支持树体的机能。针叶树材与阔叶树材的最大差异，是前者无导管，而后者具有导管，有无导管是区分绝大多数阔叶木和针叶木的重要标志。此外，阔叶木比针叶木的木射线宽、列数也多；薄壁组织类型丰富且含量多。

3. 木材的超微构造

木材的超微构造是针对木材细胞壁构造而言的。木材细胞壁中，纤维素以分子链聚集成束（图6.4）或以排列有序的微纤丝状态存在于细胞壁中，起着骨架物质作用，相当于钢筋水泥构件中的钢筋。半纤维素以无定型状态渗透在骨架物质之中，起着基体黏结作用，故称其为基体物质，相当于钢筋水泥构件中的横向钢筋。木质素是在细胞分化的最后阶段木质化过程中形成的，它渗透在细胞壁的骨架物质和基体物质之中，可使细胞壁坚硬，所以称其为结壳物质或硬固物质，相当于钢筋水泥构件中的水泥。

(1)基本纤丝。木材细胞壁的组织结构，是以纤维素作为骨架（图6.5）。它的基本组成单位是一些长短不等的链状纤维素分子，这些纤维素分子链平行排列，有规则地聚集在一起，称为基本纤丝。在电子显微镜下观察时，认为组成细胞壁的最小单位是基本纤丝。

(2)结晶区和非结晶区。沿基本纤丝的长度方向，纤维素大分子链的排列状态并不都相同。在大分子链排列最致密的地方，分子链呈规则平行排列，定向良好，反映出一些晶体特征，在x射线衍射图中反映是高度结晶的，所以被称为纤维素的结晶区。在纤维素结晶区内，分子链与分子链间的结合力随着分子链间距离的缩小而增大。与结晶区的特征相反，当纤维素分子链排列的致密程度减小、分子链间形成较大的间隙时，分子链与分子链彼此之间的结合力下降，纤维素分子链间排列的平行度下降，此类纤维素大分子链排列特征被称为纤维素非结晶区。

(3)细胞壁的壁层结构

木材细胞壁的各部分常常由于化学组成的不同和微纤丝排列方向的不同，在结构上分出层次（图6.6）。在光学显微镜下，通常可将细胞壁分为初生壁、次生壁以及两细胞间存在的胞间层。

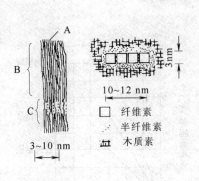

A—微纤丝；B—结晶区；C—非结晶区。
图6.4　微纤丝

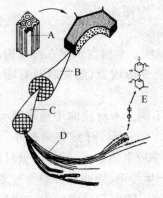

A—管胞；B—纤丝；C—微纤丝；D—纤维素分子链；E—糖基。
图6.5　管胞细胞壁微细结构

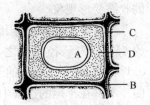

A—细胞腔；B—胞间层；C—初生壁；D—次生壁。
图6.6　胞壁的壁层结构

(4)细胞壁的各级构造

由许多 β-D-葡萄糖基以 1-4 苷键联结形成线型纤维素大分子链;再由纤维素分子链聚集成束,构成基本纤丝;基本纤丝再组成丝状的微团系统——微纤丝;然后再经过一系列的组合过程:微纤丝组成纤丝,纤丝组成粗纤丝,粗纤丝组成薄层,薄层又形成了细胞壁的初生壁、次生壁层,进而形成了木材的管胞、导管、木射线等细胞。

6.3 木材的性质

6.3.1 木材的物理性质

1. 密度与表观密度

木材的密度是指构成木材细胞壁物质的密度。木材密度具有变异性,即从髓心到树皮、早材与晚材及树根部到树梢的密度随木材种类不同有较大的不同。平均约为 1.50~1.56 g/cm³,表观密度约为 370~820 kg/m³。

2. 吸湿性与含水率

木材的含水率是木材中水分质量占干燥木材质量的百分比。木材中的水分按其与木材结合形式和存在的位置,可分为:自由水、吸附水和化学结合水。

自由水是存在于木材细胞腔和细胞间隙中的水,它影响着木材的表观密度、抗腐蚀性、干燥性和燃烧性;吸附水是被吸附在细胞壁内纤维之间的水,吸附水的变化则影响木材强度和木材胀缩变形性能;化学结合水即为木材中的化合水,它在常温下不变化,故其对木材的性质无影响。

当木材中无自由水,而细胞壁内吸附水达到饱和时,这时的木材含水率称为纤维饱和点。木材中所含的水分是随着环境的温度和湿度的变化而改变的,当木材长时间处于一定温度和湿度的环境中时,木材中的含水率最后会达到与周围环境湿度相平衡,这时木材的含水率称为木材平衡含水率(图 6.7)。

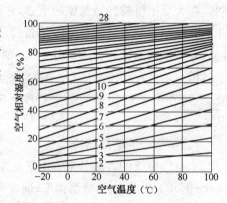

图 6.7 木材平衡含水率

3. 湿胀干缩性

木材具有显著的湿胀干缩性。木材含水率在纤维饱和点以下时吸湿具有明显的膨胀变形现象,解吸时具有明显的收缩变形现象。

木材各个方向的干缩率不同。木材弦向干缩率最大,约 6%~12%,径向次之,约 3%~6%,纤维方向最小,约 0.1%~0.35%。髓心的干缩率较木质部大,易导致锯材翘曲。木材在干燥的过程中会产生变形、翘曲和开裂等现象。木材的干缩湿胀变形还随树种不同而异。密度大、晚材含量多的木材,其干缩率就较大(图 6.8、图 6.9)。湿胀干缩性对木材的下料有较大影响。

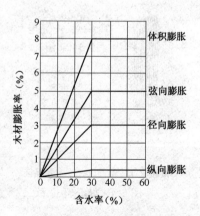

图 6.8 含水率对木材胀缩的影响

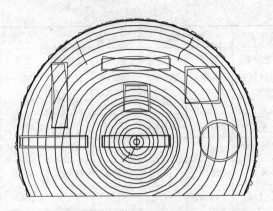

图 6.9 截面不同位置木材干燥引起的不同变化

6.3.2 力学性质

1. 强度

工程上常利用木材的以下几种强度:抗压、抗拉、抗弯和抗剪(图 6.10)。由于木材是一种非均质材料,具有各向异性,使木材的强度有很强的方向性。木材各强度大小的比值关系见表 6.1。

表 6.1　木材各项强度值的比较(以顺纹抗压强度为1)

顺纹抗压	横纹抗压	顺纹抗拉	横纹抗拉	抗弯	顺纹抗剪	横纹切断
1	1/10~1/3	2~3	1/20~1/3	3/2~2	1/7~1/3	1/2~1

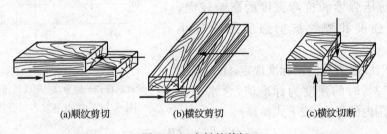

(a)顺纹剪切　　　(b)横纹剪切　　　(c)横纹切断

图 6.10　木材的剪切

木材在长期荷载作用下不致引起破坏的最大强度,称为持久强度。木材的持久强度比其极限强度小得多,一般为极限强度的 50%~60%。

工程中常用的几种木材的物理力学性质见表 6.2。

表 6.2　常用木材的物理力学性质

树种	产地	气干表观密度		顺纹抗压		抗弯		顺纹抗拉		顺纹抗剪(径面)	
		g/cm³	变异系数(%)	强度(MPa)	变异系数(%)	强度(MPa)	变异系数(%)	强度(MPa)	变异系数(%)	强度(MPa)	变异系数(%)
云杉	东北	0.417	11.5	35.2	16.9	69.9	17.7	96.7	24.6	6.2	19.6
冷杉	四川	0.433	11.3	35.5	12.9	70.0	13.4	97.3	23.3	4.9	29.0
柏木	湖北	0.600	8.2	54.3	10.4	100.5	10.8	117.1	26.6	9.6	12.8

188

树种	产地	气干表观密度		顺纹抗压		抗弯		顺纹抗拉		顺纹抗剪（径面）	
		g/cm³	变异系数（%）	强度（MPa）	变异系数（%）	强度（MPa）	变异系数（%）	强度（MPa）	变异系数（%）	强度（MPa）	变异系数（%）
柞木	东北	0.748	5.6	54.5	10.1	118.6	13.9	140.6	26.4	13.0	7.3
麻栎	安徽	0.930	6.8	52.1	13.0	128.6	11.4	155.4	19.2	15.9	12.5
红松	东北	0.440	8.6	33.4	12.5	65.3	11.6	98.1	15.8	6.3	13.0
衫木	湖南	0.371	9.8	37.8	13.2	63.8	17.2	77.2	18.9	4.2	23.0
马尾松	湖南	0.519	12.6	44.4	17.5	91.0	15.4	104.9	25.1	7.5	17.9
落叶松	东北	0.641	11.1	57.6	16.0	113.3	16.5	129.9	24.7	8.5	15.6
铁杉	湖南	0.560	4.6	50.4	9.9	106.7	9.0	103.4	26.6	11.0	12.4

注：木材因树种、产地和木材在树干中的部位不同，木材强度存在着变异。木材强度的变异范围，用变异系数来表示。

2. 影响木材强度的因素

影响木材强度的因素主要有：含水率、环境温度、负荷时间、表观密度、疵病等。

(1) 含水率的影响

木材的含水率在纤维饱和点以内变化时，含水率增加使细胞壁中的木纤维之间的联结力减弱，细胞壁软化，故强度降低；含水率减少使细胞壁比较紧密，故强度增高。

含水率的变化对各强度的影响是不一样的。对顺纹抗压强度和抗弯强度的影响较大，对顺纹抗拉强度和顺纹抗剪强度影响较小（图 6.11）。

为了便于比较，有关国家标准规定，木材强度以含水率为 12% 时的强度为标准值，含水率在 9%～15% 范围内的强度，按下式换算：

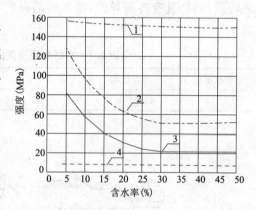

1—顺纹抗拉；2—抗弯；3—顺纹抗压；4—顺纹抗剪。

图 6.11　含水率对木材强度的影响

$$\sigma_{12} = \sigma_{w}[1 + \alpha(W - 12)] \tag{6.1}$$

式中　σ_{12}——含水率为 12% 时的强度，MPa；

　　　σ_{w}——含水率为 W% 时的强度，MPa；

　　　W——试验时的木材含水率，%；

　　　α——校正系数，随荷载种类和力的作用形式而异。顺纹抗压取 $\alpha = 0.05$；横纹抗压取 $\alpha = 0.045$；顺纹抗拉，阔叶树材取 $\alpha = 0.015$，针叶树材取 $\alpha = 0$；抗弯取 $\alpha = 0.04$；顺纹抗剪取 $\alpha = 0.03$。

(2) 环境温度的影响

当温度由 25 ℃升到 50 ℃时，针叶树抗拉强度降低 10%～15%，抗压强度降低 20%～24%。当木材长期处于 60～100 ℃温度时，会引起水分和所含挥发物的蒸发，而呈暗褐色，强度下降，变形增大。温度超过 140 ℃时，木材中的纤维素发生热裂解，色渐变黑，强度明显下降。因此，长期处于高温的建筑物，不宜采用木结构。

(3)负荷时间的影响

木材的长期承载能力远低于暂时承载能力。这是因为在长期承载情况下,木材会发生纤维蠕滑,累积后产生较大变形而降低承载能力的结果。

木材在长期荷载作用下不致引起破坏的最大强度,称为持久强度。木材的持久强度比其极限强度小得多,一般为极限强度的 50%～60%。一切木结构都处于某一种负荷的长期作用下,因此在设计木结构时,应考虑负荷时间对木材强度的影响。

(4)木材的疵病

木材在生长、采伐及保存过程中,会产生内部和外部的缺陷,这些缺陷统称为疵病。木材的疵病主要有木节、斜纹、腐朽及虫害等,这些疵病将影响木材的力学性质,但同一疵病对木材不同强度的影响不尽相同。

木节分为活节、死节、松软节、腐朽节等几种,活节对力学性质影响最小。木节使木材顺纹抗拉强度显著降低,对顺纹抗压影响最小。在木材受横纹抗压和剪切时,木节反而增加其强度。斜纹是指木纤维与树轴成一定夹角,斜纹可严重降低其顺纹抗拉强度,抗弯次之,对顺纹抗压强度影响较小。裂纹、腐朽、虫害等疵病,会造成木材构造的不连续性或破坏其组织,因此严重影响木材的力学性质,有时甚至能使木材完全失去使用价值。

6.4　木材的防护处理

木材作为土木工程材料,最大缺点是容易腐蚀和燃烧,大大地缩短了木材的使用寿命,并限制了它的应用范围。采取措施来提高木材的耐久性,对木材的合理使用具有十分重要的意义。

6.4.1　木材的腐朽与防腐

1. 木材的腐朽

木材的腐朽是真菌和少量细菌在木材中寄生引起的。真菌和细菌在木材中繁殖生存必须同时具备四个条件:适宜温度;适当含水率;少量的空气;适当的养料。

真菌生长最适宜温度是 25～30 ℃,最适宜含水率为 35%～50%,即木材含水率在稍稍超过纤维饱和点时易产生腐朽,含水率低于 20%时,真菌的活动受到抑制。含水率过大时,空气难于流通,真菌得不到足够的氧或排不出废气,腐朽就难以发生,谚语"干千年、湿千年、干干湿湿两三年"说的就是这个道理。破坏性真菌所需的养分是构成细胞壁的木质素或纤维素。

腐朽对木材材质的影响主要有:

(1)材色。木材腐朽常有材色变化,由变色菌寄生引起。不同菌种产生不同颜色,白腐材色变浅,褐腐变暗。腐朽初期就常可伴有木材自然材色的各种变化。

(2)收缩。腐朽木材在干燥中的收缩比健全木材大。

(3)密度。由于真菌对木材物质的破坏,腐朽材比健全材密度低。

(4)吸水和含水性能。腐朽材比健全材吸水迅速。

(5)燃烧性能。干的腐朽材比健全材更易点燃。

(6)力学性质。腐朽材比健全材软、强度低;在腐朽后期,一碰就碎。

2. 木材的防腐

木材防腐的基本方法有两种:一种是为木材创造不适于真菌寄生和繁殖的条件,即物理保管法；另一种是把木材变成有毒的物质，使其不能作真菌的养料，即化学保管法。

物理保管法主要是控制木材含水率，将木材保持在较低含水率（干存法）或很高的含水率（如湿存法和水存法），木材由于缺乏水分或缺乏空气，破坏了真菌生存所需的条件，从而达到防腐的目的。原木贮存时，湿存法和水存法都可采用，但对成材贮存就只能用干存法。对木材构件表面应刷以油漆，使木材隔绝空气和水汽。

化学保管法是将化学防腐剂注入木材中，把木材变成对真菌有毒的物质，使真菌无法寄生，木材防腐多采用这一方法。常用防腐剂的种类有：油溶性防腐剂，能溶于油不溶于水，可用于室外，药效持久，如五氯酚林丹合剂；防腐油，不溶于水，药效持久，但有臭味，且呈暗色，不能油漆，主要用于室外和地下（枕木、坑木、拉木等），如煤焦油的蒸馏物等；水溶性防腐剂，能溶于水，应用方便，主要用于房屋内部，如硅氟酸钠、氯化锌、硫酸铜、氟砷铬合剂等。

3. 木材的虫害

木材除受真菌侵蚀而腐朽外，在贮运和使用中，经常会受到昆虫的危害，因各种昆虫危害而造成的木材缺陷称为虫眼，它们是昆虫在木材内部蛀蚀形成的坑道，破坏木材结构，使木材丧失原有的性质和使用价值。浅的虫眼或小的虫眼对木材强度无影响，大而深的虫眼或深而密集的小虫眼，均破坏木材的完整性，并降低木材强度，同时是引起边材变色及边材真菌腐朽的重要通道。

影响木材害虫寄生的因素：

(1)含水率：木材害虫对木材含水率敏感，不同的含水率可能会遭受不同的虫害。根据受虫害木材的含水率，木材害虫可分三类：侵害衰弱立木的，是蛀干害虫；树木采伐后，以纤维饱和点为界限，通常把蛀入含水率高的原木中生产的害虫叫做湿原木害虫；蛀入含水率低的干燥木材内产生的害虫叫做干材害虫。常见的蛀干害虫和湿原木害虫有天牛、象鼻虫、小蠹虫和树蜂等。干材害虫有白蚁、扁蠹等。

(2)温度：一般44 ℃为高温临界点，44～66 ℃为致死高温区，可短时间内造成死亡。8 ℃为发育起点。−10～−40 ℃为低温致死区，因组织结冰而死亡。

(3)光：昆虫辨别不同波长光的能力与人的视觉不同，400～770 nm(4 000～7 700Å)人一般为人类可见光波；而昆虫偏于短光波，290～700nm(2 900～7 000Å)人是昆虫的可见光。试验证明，许多害虫对紫外线最敏感，即对这些光波感觉最明亮。用黑光灯诱杀害虫就是根据这个道理设计的。

(4)营养物质：作为蛋白质来源的氮素是幼虫不可缺少的营养物质，那些以含氮量少，并已丧失生活细胞的木质部为食的木材害虫，与以营养价值大的韧皮部为食的昆虫不同，它们必须摄取大量食物。

4. 木材的防虫

木材虫蛀的防护方法，主要是采用化学药剂处理，木材防腐剂也能防止昆虫的危害。防治方法有：

(1)生态防治：根据蛀虫的生活特性，把需要保护的木材及其制品尽量避开害虫密集区，避开其生存、活动的最佳区域。从建筑上改善透光、通风和防潮条件，以创造出不利于白蚁的环境条件。

(2)生物防治：就是保护害虫的天敌。

(3)物理防治：用灯光诱捕分飞的虫娥。

(4)化学防治：用化学药物杀灭害虫。

6.4.2 木材的燃烧与防火

1. 木材的燃烧及其条件

木材是由纤维素、半纤维素和木质素组成的高分子材料,是可燃性建筑材料。木材燃烧经过以下四个阶段:

(1)升温阶段。在热源的作用下,通过热辐射、空气对流、热传导或直接接触热源,使木材的温度开始升高。升温速度取决于热量供给速度、温度梯度、木材的比热、密度及含水率等。

(2)热分解阶段。当木材被加热到 175 ℃左右时,木材的化学键开始断裂,随着温度增高,木材的热分解反应加快。在缺少空气的条件下,木材被加热到 100 ℃至 200 ℃时,产生不燃物,例如二氧化碳、微量的甲酸、乙酸和水蒸气;在 200 ℃以上时,碳水化合物分解,产生焦油和可燃性挥发气体;随着温度继续升高,木材热分解加剧。

(3)着火阶段。由于可燃气体的大量生成,在氧及氧化剂存在的条件下开始着火。木材自身燃烧,产生较大的热量,促使木材的温度进一步提高,木材由表及里逐渐分解,可燃性气体生成速度加快,木材产生激烈的有焰燃烧。

(4)无焰燃烧阶段。木材激烈燃烧后,形成固体残渣,在木材表面形成一个保护层,阻碍热量向木材内部传导,使木材热分解减弱,燃烧速度减慢。热分解全部结束后,有焰燃烧停止,形成的炭化物经过长时间的无焰燃烧完全灰化。

综上所述,燃烧应具备以下条件,对于有焰燃烧:可燃物、氧气、热量供给及热分解链锁反应;对于无焰燃烧:可燃物、热量供给和氧气。如果破坏其中的一个条件,燃烧状态将得到改变或停止。

2. 木材的防火

木材防火主要是对木材及其制品进行表面覆盖、涂抹、深层浸渍阻燃剂等来实现防火的目的。阻燃机理有物理阻燃和化学阻燃两个方面。

(1)物理阻燃

①阻燃剂含有的结晶水放出,吸收热量;

②阻燃剂的融化、气化吸热及热的散射作用使木材的温度降低,延迟热分解;

③利用阻燃剂形成的熔融层覆盖在木材的表面,切断热及氧的供给,限制可燃性表面温度的提高,抑制热分解。

(2)化学阻燃

①可燃物的生成速度减慢,扩散速度大于生成速度,降低可燃气体的浓度,直到热分解终了。

②木材在阻燃剂的作用下(无机强酸盐),在着火温度以下的较低温度区域,促进可燃物的生成速度,使之在着火温度以下范围时完全生成并扩散掉。但是,使用这种方法,如遇明火有立即产生燃烧的危险,应该特别注意。

③将木材热分解的可燃气体进行转化,促进脱水炭化作用。抑制可燃性气体的生成对于纤维类材料的阻燃处理十分必要。由于脱水作用本身对燃烧有一定的抑制作用,热分解产物重新聚合或缩合,由低分子重新变成大分子。这一过程加速木材的炭化,对木材的继续热分解有一定的抑制作用。

常见阻燃方法有浸渍、表面涂抹密封性油漆或涂料、用非燃烧性材料贴面处理等。

6.5　木材的综合利用

　　木材及其加工产品是人们日常生活和国民经济中使用最广泛的一种基本材料,其独特的材料性能与优良的环境学特性深受人们的喜爱。人类社会已经进入了与自然和谐发展的阶段,材料、环境和自然资源保护利用已成为国际社会共同关心和最迫切需要解决的问题,在大力保护生态的同时,需要合理生产木材和综合利用好木材。

6.5.1　木材的应用

　　木材按供应形式可分为原条、原木、板材和方材。原条是指已经除去皮、根、树梢的木料,但尚未按一定尺寸加工成规定木料。原木是原条按一定尺寸加工而成的规定直径和长度的木料。板材和方材是原木经锯解加工而成的木材,宽度为厚度的3倍和3倍以上的为板材,宽度不足厚度的3倍者为方材。按用途可分为结构材料、装饰材料、隔热材料、电绝缘材料。

　　在土木工程中,木材可被用于景观桥梁、沥青路面用木质纤维、屋架、桁架、梁、柱、桩、门窗、地板、脚手架、混凝土模板以及装饰等工程(图6.12)。

(a)　木质桥梁　　　　　　　　　(b)　木质建筑　　　　　　　　(c)　路面用木纤维

图6.12　木材的应用

6.5.2　木材的综合利用

　　综合利用木材主要包括改性木材、木质人造材料和木质复合材料。

　　改性木材是木材经过各种物理、化学方法进行特殊处理的产品。改性木材克服或减少了木材的吸湿性、胀缩性、变形性、腐朽、易燃、低强度、不耐磨和构造的非匀质性,是木材改性后的特殊材料。在处理过程中不破坏木材原有的完整性。如化学药剂的浸注,在加热与压力下密实化,或浸注与热压的联合等。浸注的目的就是使药剂沉积在显微镜下可见的空隙结构中或细胞壁内,或者使药剂与细胞壁组分起反应,以赋予木材耐腐性、阻燃性和尺寸稳定性,或者提高木材的比强度。

　　木质人造材料是用木材或木材废料为主要原料,经过机械加工和物理化学处理制成的一类再构成材料。按其几何形状可分为木质人造方材、木质人造板材和木质模压制品等。

　　木质人造方材是用薄木板或厚单板顺纹胶合压制成的一种结构材料,如胶合木。胶合木可以使小材大用,短材长用,并可使优劣不等的木材放在指定的部位,克服木材缺陷的影响,可用于承重结构。

　　木质人造板材是用各种不同形状的结构单元、组坯或铺装成不同结构形式的板坯胶合而成的板状材料,如胶合板(胶合板是将一组单板按相邻层木纹方向互相垂直组坯胶合而成的板材)、刨花板[刨花板是利用施加或未施加胶料的木质刨花或木质纤维材料(如木片、锯屑和亚麻等)压制的板材]、纤维板等。人造板材是木质材料中品种最多、用途最广的一类材料。具有结构的对称性、纵横强度的均齐性以及材质的均匀性。由于性能差异甚大,可分别作为结构材料、装饰材料和绝缘材料使用。各类人造板及其制品是室内装饰装修的最主要材料之一,大多数存在游离甲醛释放问题(游离甲醛是室内环境主要污染物,对人体危害很大,已引起全社会的关注)。国家标准《室内装饰装修材料人造板及其制品中甲醛释放限量》(GB 18580—2008)规定了各类板材中甲醛释放限量值。

木质模压制品也是用各种不同形状的结构单元、组坯或铺装成不同结构形式的板坯,用专门结构的模具压制成各种非平面状的制品。

木质复合材料是以木质材料为主,复合其他材料而构成的具有微观结构和特殊性能的新型材料,它克服了木材和其他材料的许多缺点,扬构成组分之长,使木质复合材料具有优良的综合性能,以满足现代社会对复合材料越来越高的要求。木质复合材料研究的深度、应用的广度及其生产发展的速度已成为衡量一个国家木材工业技术水平先进程度的重要标志之一。以木质材料为主的复合材料因其固有的优越性而得到了广泛的使用,却又因其本性上固有的弱点极大地限制了它的应用范围。

 复习思考题

6.1 从横截面上看,木材的构造与性质有何关系?

6.2 简述针叶树与阔叶树在构造、性能和用途上的差别。

6.3 什么是木材纤维饱和点、平衡含水率? 各有何实际意义?

6.4 解释木材湿胀干缩的原因及各向异性变形的特点。在木材下料中(如木屋架弦杆)如何防止或减少湿胀干缩带来的不利影响?

6.5 影响木材强度的因素有哪些?

6.6 木材腐朽的条件有哪些?

6.7 如何理解木材细胞壁结构特点与其功能间的关系?

高分子材料

随着高分子化学理论的问世,开始进入高分子科学发展的新时代。近几十年来,高分子材料在品种、数量上都有突飞猛进的发展,成为现代土木工程材料不可缺少的一部分功能材料,与水泥、钢材、木材并称为四大基础材料,正在土木工程领域发挥越来越多的作用。

高分子材料主要包括塑料、橡胶、合成纤维、高分子胶黏剂等,本章将分别介绍这四种高分子材料的组成、性能特点及工程应用等知识。

7.1　高分子聚合物基础知识

7.1.1　高分子聚合物组成

高分子材料的主要成分是高分子化合物,又称高分子聚合物(简称高聚物)。高分子材料是组成单元相互多次重复连接聚合而成的大分子链物质,其分子量虽然很大,但化学组成比较简单,由 C、H、O、N、P、S 等原子主要以共价键结合。例如,聚乙烯分子是由许多乙烯分子合成的,大分子链的结构式为:

$$……—CH_2—CH_2—CH_2—CH_2—……\quad 或缩写成 \left[CH_2—CH_2\right]_n$$

其中,—CH_2—CH_2—就是组成聚乙烯大分子链的重复结构单元,称为链节。n 表示大分子链中链节的重复次数,称为聚合度,聚合度的大小决定了大分子链的长短和相对分子量的大小。

7.1.2　高分子聚合物的合成

由单体合成聚合物的反应称为聚合反应,在聚合反应中,参与反应的只是单体分子中具有反应能力的基团,称之为官能团。在聚合反应中官能团所具有的能接上新分子的位置数称为官能度。官能团数小于等于官能度数,如乙烯的双键"—C═C—"是一个官能团,双键打开后有两个可连接新分子的 C 原子,因而官能度是 2;又如羧基"—COOH"是 1 个官能团,参与聚合反应只有一个连接新分子的位置,官能度为 1。只有 1 个官能度的单体之间的反应只能生成低分子化合物,具有双官能度或多官能度的单体之间的反应才能合成聚合物。

根据单体的官能团或官能度的类型和特性,聚合反应可分为加聚反应和缩聚反应。

(1)加聚反应:大量的一种或多种含有双官能度或多官能度的单体分子聚合在一起生成聚合物,而没有任何小分子释放的聚合反应称为加聚反应。加聚反应的生成物称为加聚物。由同一种单体经加聚反应合成的加聚物叫均聚物,由两种以上的不同单体经加聚反应合成的加聚物叫共聚物。共聚物的性能可以与参加反应的单体的均聚物性能完全不同。

(2)缩聚反应:由一种或多种含有双官能度或多官能度的单体,经由官能团相互缩合而连接成聚合物,同时析出某种小分子化合物(如水、氨、醇、卤化氢等)的聚合反应称为缩聚反应。由缩聚反应合成的聚合物简称为缩聚物,缩聚物的化学组成与单体分子不同。

7.1.3　聚合物的分类与命名

1. 高聚物的分类

高分子化合物的分类方法很多,经常采用的方法有下列几种:

(1)按高聚物材料的性能与用途分,可分为塑料、合成橡胶和合成纤维,此外还有胶黏剂、涂料等。

(2)按高聚物的分子结构分,可分为线型、支链型和体型链三种。

线型是大分子链的最基本形态,整个大分子链呈细长线状,通常卷曲成不规则的线团,受拉时可以伸展成直线。线型大分子链间无化学键,能相对移动;能溶于一定有机溶剂;加热熔化。大部分热塑性树脂都是线型大分子链,如图 7.1(a)所示。

支链型是在主链上带有一些长短不一的支链,整个大分子链呈树枝状。支链型大分子链结构也能溶于适当溶剂;加热也能熔融;典型的高聚物有高压聚乙烯;接枝型 ABS 树脂和耐冲击型聚苯乙烯等,如图 7.1(b)所示。

体型大分子链结构中的所有大分子链间均由短支链或化学键连接,形成交联结构,在空间呈网状。体型大分子链不能溶解,不能熔融,有较好的尺寸稳定性和机械强度,但弹性、塑性低,脆性大。热固型塑料、硫化橡胶均属于体型高聚物,如图 7.1(c)所示。

(a)线型大分子链　　　　　(b)支链型大分子链　　　　　　(c)体型大分子链

图 7.1　大分子链的几何形状

(3)按主链的原子组成分:如全部为碳原子,则为碳链聚合物;除了碳原子外,还有 O、N、P、S 等原子,则为杂链聚合物;如主链是由 Si、Ti、Al、B、O 原子组成,则为元素有机化合物。

2. 高聚物的命名

高聚物有多种命名方法,常用的有三类:

(1)对于一个单体加聚反应生成的产物,在单体名称前加"聚"字,如聚乙烯、聚丙烯等,大多数烯类单体聚合物都可按此方法命名。

(2)以聚合物中链节的化学组成和结构命名,指出链中的特性基团,如聚酯、聚酰胺、聚醚等。

(3)以缩聚反应生成的产物命名,则在原料后附以"树脂"或"橡胶",如酚醛树脂、聚酯树脂和环氧树脂,氯乙烯和丁二烯的共聚物称为氯丁橡胶。

7.1.4　聚合物的力学性质

1. 聚合物大分子运动特点

(1)运动单元多重性:聚合物中可发生运动的单元很多,大小不一,因而赋予聚合物的力学性质不同。

①整链运动：以整个大分子链作为运动单元，如塑料加工中的熔体流动。

②链段运动：由于C—C键的内旋使得一部分链段相对另一部分链段发生运动。

③链节运动：以链节为单元的运动，主要发生曲柄运动和杂链的链节运动。

④取代基或支链运动：主链上带有的取代基或支链发生的运动。

（2）大分子链运动的时间依赖性：对于聚合物大分子链来说，不同运动单元需要的响应时间不同，运动单元的体积越大，所需的响应时间越长。在外力场作用下，物质从一种平衡态通过分子运动转变到另一种平衡态所需的时间称为松弛时间。

（3）大分子链运动的温度依赖性：聚合物的分子运动对温度特别敏感，不同运动单元发生运动时的最低温度也不相同。运动单元越小，发生运动的最低温度越低。

2. 聚合物的力学状态

在聚合物试件上施加一个恒定荷载，连续改变温度，测试试件随时间增加的形变规律，绘制聚合物的形变—温度曲线，以此来研究聚合物力学性能的温度依赖性。聚合物的形变—温度曲线受相对分子质量、大分子链结构、凝聚态结构等的影响。

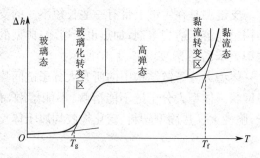

图 7.2　典型的非晶态聚合物形变—温度曲线

非晶态聚合物的典型形变—温度曲线如图7.2所示，它显示了聚合物因温度变化而呈现的三种力学状态：玻璃态、高弹态和黏流态；两个转变区域：玻璃化转变区和黏流转变区，对应聚合物的两个特征温度——玻璃化温度和黏流温度。

（1）在 T_g 温度以下，变形基本不随温度变化。此时聚合物处于玻璃态，表现为坚硬且具有脆性，其力学行为以弹性为主，符合虎克弹性行为。在外应力作用下仅产生 $1\sim10~\mu\varepsilon$，弹性模量为 $1\sim3\times10^3$ MPa。运动单元中仅有链节、取代基、原子等可在其自身平衡位置附近做小范围振动；链段进行瞬时微量伸缩，键角有微小变化；外力卸除后变形即恢复。

（2）在玻璃化转变区内，大分子链的链段受激发而产生运动，聚合物的变形随温度升高迅速增大。弹性模量和强度开始随温度升高而迅速降低3~4个数量级。聚合物开始由刚性玻璃态向柔软高弹性的高弹态转变，开始转变时的温度称为玻璃化转变温度 T_g。

（3）在 T_g 温度以上，形变—温度曲线变化到一个新阶段，变形量突然增大很多，但随温度变化并不大。在此温度范围内，聚合物受到较小的应力就可产生 $1~000\sim10~000~\mu\varepsilon$。但该变形仍以弹性变形为主，当外力除去后经过一段时间变形可恢复，变形恢复的时间称为松弛时间。此时聚合物表现为柔软而富有高弹性，即处于高弹态或橡胶态。

（4）在黏流转变区，整个聚合物大分子链开始产生滑移运动，从而产生不可逆变形。随着温度升高聚合物开始软化熔融。开始发生黏性流动的温度称为黏流温度 T_f。

（5）在 T_f 温度以上，聚合物转变为黏流体，可发生不可逆的黏性流动，称为黏流态。此阶段聚合物的力学行为开始遵循流体力学定律。

由于聚合物大分子链结构具有分散性，所以从高弹态到黏流态有一个较宽的温度范围。分子链越长，分子链间滑动阻力越大，黏度越高，黏流态转变温度 T_f 就越高。

3. 玻璃化转变温度

从宏观性质来看，聚合物玻璃化转变过程伴随着物理力学性能的急剧变化，如聚合物动态力学性能的变化表现为储能模量下降,损耗角正切值出现最大值。因此,玻璃化温度 T_g 是表征聚合物的重要特征指标,它是工程塑料使用温度的上限,也是橡胶使用温度的下限。如作为结构工程塑料,应选用 T_g 比环境最高温度还高的聚合物,以保证工程塑料结构件的刚度和耐热性;而作为防水材料,应选用 T_g 比环境最低温度还低的聚合物,以获得高弹性,避免严寒环境出现防水材料脆化、开裂等现象。

影响 T_g 的结构因素包括大分子链的柔性、分子链中基团的相对空间位置和大分子链间的相互作用力。通常大分子链的柔性越高, T_g 越低。减少主链中的单键数、引入取代基、交联等方法均能增大分子链的刚性,提高 T_g,如取代基极性越强, T_g 越高。此外,大分子链的相互作用力越强, T_g 越高。提高聚合物的内聚能可增大分子链间相互作用力,如引入具有离子键、金属键的取代基。单取代乙烯类聚合物的 T_g 见表 7.1。

表 7.1　烯烃类聚合物取代基的极性和 T_g 的关系

聚合物	T_g(℃)	取代基	取代基的偶极矩($\times 10^{-18} C \cdot m$)
线形聚乙烯	−68	—	0
聚丙烯	−10	—CH_3	0
聚氯乙烯	87	—Cl	2.05
聚丙烯腈	104	—CN	4.00
聚丙烯酸	106	—COOH	1.68

4. 聚合物的高弹性

处于高弹态时聚合物的物理、力学性能兼备固体、液体和气体的某些性质。聚合物的高弹性有以下重要特征:

(1)可恢复的弹性变形较大,最高可达 1 000%;

(2)高弹模量小,一般为 100~1 000 kPa;且高弹模量随温度升高而增大;

(3)橡胶在拉伸时会放热;

(4)高弹性是由于整个大分子链运动和构象变化引起的熵弹性,对内能贡献很小。

5. 聚合物的黏弹性

聚合物材料的黏弹力学行为很明显,主要表现为力学行为对外力作用时间和温度的依赖性。根据外力作用条件,聚合物的黏弹性行为分为静态黏弹性和动态黏弹性。静态黏弹性发生在静载荷下,包括蠕变和应力松弛;动态黏弹性发生在交变应力作用下,包括滞后和力学损耗。

(1)静态黏弹性

1)蠕变

A. 定义:在一定温度和较小的恒定外力作用下,材料的变形随时间的增加而逐渐增大的现象称为蠕变。外力去除后,变形随时间增加逐渐而减小,但不会回复到零,这一现象称为蠕变回复。蠕变的物理意义反映的是材料的尺寸稳定性与长期负载能力。

B. 蠕变产生的原因:图 7.3 所示为蠕变及蠕变回复曲线,曲线上标注了各部分变形的贡献。当高分子材料受到外力作用后,随着时间延长,相继产生下列三种形变:

①加力瞬间,大分子链的键长和键角立即产生形变——瞬时弹性形变,形变量直线上升;

②大分子链的链段运动,大分子链构象随时间变化,形变逐渐增大;

③大分子链之间发生相对滑移,产生黏性流动,形变继续增大。

外力去除后,蠕变回复过程也包括如下三种形变:

①撤力瞬间,大分子链的键长和键角立即回复,形变瞬时直线下降;

②大分子链的链段运动,调整或回复构象,使熵形变逐渐回复;

③大分子链的相对滑移是不可恢复的,变形保留,称为永久变形。

C. 蠕变的影响因素:高分子材料的蠕变与温度高低、外力大小、作用时间及大分子链结构等因素有关。温度过低或外力太小,则蠕变很小且很慢,在短时间内不易察觉;温度过高或外力太大,形变瞬时完成,也感觉不到蠕变;只有在适当的外力作用下,温度在 T_g 附

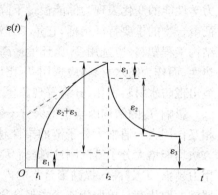

图 7.3 线性高聚物的蠕变及蠕变回复曲线

近,链段和大分子链在外力作用下可以运动,但由于受到较大内摩擦力作用,只能缓慢运动,此时可观察到明显的蠕变现象。大分子主链含芳杂环的刚性链高分子材料,链段和大分子链的分子运动不易发生,其蠕变较小,具有较好的抗蠕变性;大分子链间交联可使高分子材料的蠕变很小,甚至不发生蠕变。

2)应力松弛

A. 定义:在恒定温度和变形保持不变的情况下,材料内部应力随时间增加而逐渐衰减的现象,称为应力松弛。

B. 应力松弛原因:当高分子材料受到外力作用时,大分子链处于不平衡构象,从不平衡构象自发地过渡到平衡构象时,其链段会顺着外力作用方向运动,以减小或消除内部的应力。所以,大分子链的构象重排和相对滑移是导致高分子材料产生应力松弛的根本原因。

C. 影响因素:

①与温度有关,如图 7.4 所示。如果温度过高,远超过 T_g,高分子材料处于黏流态时,大分子链及链段运动所受内摩擦阻力很小,应力因大分子链及链段的快速运动而很快降低,因此察觉不到应力松弛;若温度远低于 T_g 时,高分子材料处于玻璃态,即使链段受到很大的应力,但由于内摩擦阻力很大,链段运动很慢,应力松弛也很慢,也不容易观察到。

②与大分子链的构象有关,对于大分子链间交联的高分子材料(交联高聚物),由于大分子链间不能滑移,所以应力不会松弛到零,只能到某一数值;而线性大分子链的高分子材料(线性高聚物),其应力松弛会回复到零,见图 7.5。

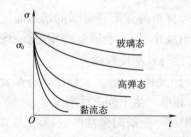

图 7.4 不同温度高聚物的应力松弛曲线

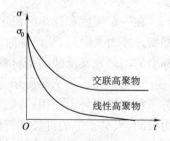

图 7.5 不同高聚物的应力松弛曲线

（2）动态黏弹性

1）滞后现象

A. 定义：分子材料在交变应力作用下，应变的变化滞后于应力变化的现象，称为滞后现象，见图 7.6。

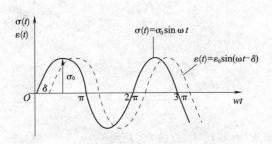

图 7.6 应变相位滞后应力相位

在交变应力场 $\sigma(t) = \sigma_0 \cdot \sin\omega t$ 作用下，对于弹性材料：$\varepsilon(t) = \varepsilon_0 \cdot \sin\omega t$，应变与时间 t 无关，与应力同相位；对于牛顿黏性材料：$\varepsilon(t) = \varepsilon_0 \cdot \sin\left(\omega t - \dfrac{\pi}{2}\right)$，应变滞后应力 $\dfrac{\pi}{2}$ 相位；对于高分子材料：$\varepsilon(t) = \varepsilon_0 \cdot \sin(\omega t - \delta)$，应变滞后应力一个相位角 $\delta\left(0, \dfrac{\pi}{2}\right)$，称为力学损耗角。$\delta$ 越大，说明滞后现象越严重。

B. 滞后现象的原因：当外力作用时，因受到大分子链间内摩擦阻力的影响，大分子链段运动速度跟不上外力变化速度，是高分子材料的应变滞后于应力的主要原因。

2）力学损耗

A. 定义：高分子材料在交变应力作用下，产生滞后现象，而使机械能转变成热能的现象称为力学损耗（内耗）。

B. 力学损耗产生的原因：当应力与应变的变化一致时，没有滞后现象，形变所做的功等于恢复形变时所作的功，即没有能量消耗。如果应变滞后于应力变化，则每次循环变化就会有外力所做的部分功转化成热能，产生力学损耗。外力对高分子材料所做的功，一部分用来改变链段的构象以产生形变，另一部分提供给链段运动时用于克服内摩擦阻力所需要的能量。

C. 动态黏弹性的影响因素：

①化学结构。一般刚性分子滞后现象小，内耗小，而柔性分子滞后现象严重，内耗也大；分子链因有体积庞大的侧基团、强极性基团，滞后现象严重，内耗比较大；分子链侧基数量越多，滞后现象越严重，力学损耗也最大。

②温度。高聚物形变及内耗与温度的关系如图 7.7 所示。当温度在 T_g 以下时，形变主要由键长、键角的变化引起，形变速度快，几乎完全跟得上应力的变化，力学损耗小；当温度在 T_g 附近时，链段开始运动，但因体系黏度很大，链段运动克服的内摩擦阻力大，此时形变显著落后于应力的变化，力学损耗很大，图 7.7 在 T_g 附近出现一个内耗峰；随着温度升高，受力时的变形较大，链段运动较自由，内耗减小；向黏流态过渡时，由于分子间产生相对滑移，内摩擦阻力增大，内耗急剧增加。

③力作用频率：内耗与频率的关系如图 7.8 所示。当频率很低时，高分子链段运动完全跟得上应力的变化，内耗很小，高聚物表现出橡胶态；当频率太高时，链段运动完全跟不上应力的变化，几乎不损耗能量，内耗也很小，高聚物表现出玻璃态；在中等频率范围内，链段可以运动，

但是跟不上外力的变化,表现出明显的滞后现象,力学损耗较大。

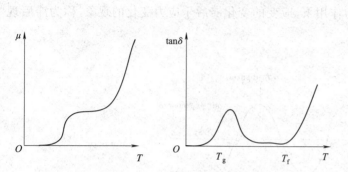
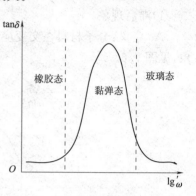

图 7.7 高聚物的变形及力学损耗与温度的关系曲线　　　图 7.8　高聚物的力学损耗与频率的关系曲线

蠕变行为可采用四元件模型来描述,如图 7.9 所示,可以看作是 Maxwell 模型和 Voigt-Kelvin 模型串联而成:第一个元件模拟瞬时完成的普弹性变形,可以用一个弹簧 E_1 来模拟,第二个元件模拟大分子链段伸展或回缩产生的高弹性变形,可以用弹簧 E_2 和活塞 η_2 并联起来模拟,第三个元件模拟由大分子链间相对滑移引起的黏性变形,可以用活塞 η_3 来模拟。由此推导高聚物的总形变为:

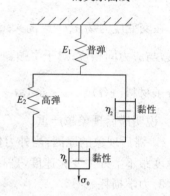

$$\varepsilon = \varepsilon_1 + \varepsilon_2 + \varepsilon_3 = \frac{\sigma_0}{E_1} + \frac{\sigma_0}{E_2}(1 - e^{-\frac{t}{\tau}}) + \frac{\sigma_0}{\eta_3}t \tag{7.1}$$

图 7.9　高聚物蠕变四元件模型

聚合物在交变应力作用下,当产生的应变振幅较小并可以完全恢复时,聚合物的黏性就表现为力学损耗,可采用损耗模量、损耗角正切值来表征。聚合物的力学损耗特性对于结构抗震减振、墙体的隔音吸声、结构阻尼等方面非常重要。

7.1.5　聚合物的热学性质

聚合物的热学性能包括热稳定性、热膨胀、热传导和阻燃性等。

(1)热稳定性:聚合物在受热过程中将发生物理与化学变化,物理变化主要是软化与熔融;化学变化包括交联、环化、降解、分解、氧化和水解等。聚合物抵抗因热发生物理化学变化的能力称为热稳定性。发生物理化学反应后引起两种相反的作用:其一,增加聚合物刚度,进而改善其耐热性,同时增大了脆性和硬度;其二,降解导致大分子链断裂,相对分子质量减小,进而降低其耐热性,同时物理力学性能变差,失去使用价值。

(2)热膨胀:材料的线膨胀系数取决于原子和分子间相互作用力的强弱,聚合物大分子链的主链以共价键结合,而分子间的作用力是弱的范德华力或氢键,因此聚合物的热膨胀性各向异性较大,平行于主链取向的热膨胀系数较小,而垂直于主链取向的热膨胀系数较大。典型的聚合物热膨胀系数见表 7.2。

(3)热传导:聚合物主要是靠分子间力结合的,一般导热性较差,导热系数很小,是优良的绝热保温材料。晶态聚合物的导热系数稍高,一般随结晶度提高而增大;非晶态聚合物的导热系数稍低,随相对分子质量增大而增大,并随温度增加而增加。典型聚合物的导热系数见表7.2。

表 7.2　典型聚合物热膨胀系数及导热系数

聚合物	热膨胀系数(20℃,×10^{-5}/℃)	导热系数[20℃,W/(m·K)]
聚氯乙烯	6.6	0.126~0.293
聚苯乙烯	6.0~8.0	0.080~0.138
聚丙烯	11.0	0.117
低密度聚乙烯	20.0~22.0	0.335
高密度聚乙烯	11.0~13.0	0.335~0.419
聚碳酸酯	6.3	0.192
聚甲基丙烯酸甲酯	7.6	0.168~0.251
缩醛共聚物	8.0	0.230
尼龙66	9.0	0.243

7.1.6　聚合物老化

高分子材料的主要弱点就是老化。橡胶老化的主要表现是变脆与龟裂,或变软与变黏;塑料老化主要表现为退色,失去光泽,变硬和开裂。

老化的原因是大分子链发生了降解或交联。降解是聚合物的大分子链发生断链或裂解,变成小分子链甚至单体,因而强度、弹性、熔点、黏度等均降低。交联是大分子链之间形成新的化学键和网状结构,从而变硬、变脆。老化的内因源于分子链结构、聚集态结构中的各种弱结合点;外因有热、光、辐射、应力等物理因素,氧、臭氧、水、酸、碱等化学因素,以及微生物、昆虫等生物因素。

7.2　合 成 塑 料

塑料是以天然或合成高分子化合物为基体材料,加入适量的填料和添加剂,在高温、高压下塑化成型,且在常温、常压下保持制品形状不变的材料。常用的合成高分子化合物是各种合成树脂。

7.2.1　塑料的组成

1. 合成树脂

广义来讲,凡作为塑料基材的高聚物都称为树脂。合成树脂是塑料的基本组成材料,在塑料中起黏结作用。塑料的性质主要取决于合成树脂的种类、性质和数量。合成树脂在塑料中的含量约为30%~60%,仅有少数的塑料完全由合成树脂所组成,如有机玻璃。

用于塑料的合成树脂包括热塑性树脂和热固性树脂。所谓热塑性树脂是指具有受热软化、冷却硬化的性能,而且不起化学反应,无论加热和冷却重复进行多少次,均能保持这种性能的树脂。热塑性树脂属于线型分子结构,它包括全部聚合树脂和部分缩合树脂。优点是加工成型简便,具有较高的机械能;缺点是耐热性和刚性较差。主要有聚乙烯、聚氯乙烯、聚甲基丙烯酸甲酯、聚苯乙烯、聚四氟乙烯等加聚高聚物。热固性树脂是指树脂加热后产生化学变化,逐渐硬化成型,再受热也不软化,也不能溶解的树脂;热固性树脂的分子结构为体型,它包括大部分的缩合树脂。优点是耐热性高,受压不易变形;缺点是机械性能较差。主要有酚醛树脂、脲醛树脂、不饱和树脂、不饱和聚酯树脂、环氧树脂、有机硅树脂等缩聚高聚物。

2. 填充料

在合成树脂中加入填充料可以降低分子链间的流淌性,提高塑料的强度、硬度及耐性,减少塑料制品的收缩,并能有效地降低塑料的成本。

常用的填充料有木粉、滑石粉、硅藻土、石灰石粉、石棉、铝粉、刚玉粉、碳黑和玻璃纤维等,塑料中填充料的掺量约为 40%~70%。

3. 增塑剂

增塑剂可降低树脂的流动温度,使树脂具有较大的可塑性以利于塑料加工成型,由于增塑剂的加入降低了大分子链间的作用力,因此能降低塑料的硬度和脆性,使塑料具有较好的塑性、韧性和柔顺性等机械性能。

增塑剂必须能与树脂均匀地混合在一起,并且具有良好的稳定性。常用的增塑剂有邻苯二甲酸二辛酯、磷酸三甲酚酯、樟脑、二苯甲酮等。

4. 固化剂

固化剂也称硬化剂或熟化剂。它的主要作用是使线性高聚物交联成体型高聚物,使树脂具有热固性,形成稳定而坚硬的塑料制品。酚醛树脂中常用的固化剂为乌洛托品(六亚甲基四胺),环氯树脂中常用的则为胺类(乙二胺、间苯二胺)、酸酐类(邻苯二甲酸酐、顺丁烯二酸酐)及高分子类(聚酰胺树脂)。

5. 着色剂

着色剂的加入使塑料具有鲜艳的色彩和光泽,改善塑料制品的装饰性。常用的着色剂是一些有机染料和无机颜料。有时也采用能产生荧光或磷光的颜料。

6. 稳定剂

为防止塑料在热、光及其他条件下过早老化而加入的少量物质称为稳定剂。常用的稳定剂有抗氧化剂和紫外线吸收剂。

除上述组成材料以外,在塑料生产中还常常加入一定量的其他添加剂,使塑料制品的性能更好,用途更广泛。如加入发泡剂可以制得泡沫塑料,加入阻燃剂可以制得阻燃塑料。

7.2.2 塑料的性质

1. 物理性质

(1)密度:塑料的密度一般为 $0.9~2.2 \ g/cm^3$,较混凝土和钢材小。

(2)孔隙率:塑料的孔隙率在生产时可在很大范围内加以控制,如塑料薄膜和有机玻璃的孔隙率几乎为零,而泡沫塑料的孔隙率可高达 95%~98%。

(3)吸水率:大部分塑料是疏水材料,吸水率很小,一般不超过 1%。

(4)耐热性:大多数塑料的耐热性均不高,使用温度一般为 100~200 ℃,仅氟塑料、有机硅聚合物等使用温度可达 300~500 ℃。

(5)导热性:塑料的导热系数较低,一般密实塑料的导热系数范围为 $0.10~0.70 \ W/m \cdot K$,而泡沫塑料的导热系数则接近于空气。

(6)强度:塑料的强度较高。如玻璃纤维增强塑料(玻璃钢)的抗拉强度高达 200~300 MPa。

(7)弹性模量:塑料的弹性模量较小,约为混凝土的1/10,同时具有徐变特性。

2. 化学性质

(1)耐腐蚀性:大多数塑料对酸、碱、盐等腐蚀性物质的作用都具有较高的化学稳定性,但有些塑料在有机溶剂中会溶解或溶胀,使用时应注意。

(2)老化:塑料受光、热、辐射、大气等作用时,大分子链的组成与结构会发生变化,导致塑料失去弹性,变硬、变脆、龟裂或变软、发黏、蠕变等。

(3)可燃性:塑料属于可燃性材料,建筑工程用塑料应掺加阻燃剂变成阻燃塑料。

(4)毒性:一般来说,液体状态的树脂几乎都有毒性,但完全固化后的树脂则基本上无毒。

7.2.3　常用工程塑料及制品

1. 工程塑料的常用品种

(1)聚乙烯塑料(PE):由乙烯单体聚合而成。随聚合方法不同,产品的结晶度和密度不同,高压低密度聚乙烯的结晶度低、密度小;低压高密度聚乙烯结晶度高,密度大。随结晶度和密度的增加,聚乙烯的硬度、软化点、强度等随之提高,而冲击韧性和伸长率则下降。聚乙烯塑料具有较高的化学稳定性和耐水性,强度虽不高,但低温柔韧性大。薄膜是其主要加工产品,其次是片材、涂层、瓶罐桶等中空容器、管材和电线、电缆的绝缘和护套等。

(2)聚氯乙烯塑料(PVC):由氯乙烯单体聚合而成。聚氯乙烯的化学稳定性高,抗老化性好,但耐热性差,在100 ℃以上时会引起分解、变质而破坏,通常使用温度应在60~80 ℃以下。主要制成PVC管材、透明或半透明的雨衣、台布、门帘、皂盒等。

(3)聚苯乙烯塑料(PS):由苯乙烯单体聚合而成。聚苯乙烯塑料的透光性好,易于着色,化学稳定性高,但性脆,抗冲击韧性差,耐热性差,易燃。广泛应用于光学仪器、化工部门及日用品方面,用来制作茶盘、糖缸、烟灰缸、学生尺、梳子等。

(4)聚丙烯塑料(PP):由丙烯聚合而成。聚丙烯塑料的特点是质轻,耐热性较高,可用于100~120 ℃,刚性、延性和抗水性均好,不足之处是低温脆性显著,抗大气性差,故适用于室内。

(5)聚甲基丙烯酸甲酯(PMMA):由甲基丙烯酸甲酯加聚而成的热塑性树脂,俗称有机玻璃。它的透光性好,低温强度高,吸水性低,耐热性和抗老化性好,缺点是耐磨性差,价格较贵。

(6)聚酯树脂(OR):由二元或多元醇和二元或多元酸缩聚而成。聚酯树脂具有优良的胶结性能,弹性和着色性好,柔韧、耐热、耐水。

(7)酚醛树脂(PF):由酚和醛在酸性或碱性催化剂作用下缩聚而成。酚醛树脂的黏结强度高,耐光、耐水、耐热、耐腐蚀,电绝缘性好,性脆。

(8)有机硅树脂(OR):由一种或多种有机硅单体水解而成。有机硅树脂耐热、耐寒、耐水、耐化学腐蚀,但机械性能不佳,黏结力不高。

2. 常用工程塑料制品

(1)塑料门窗:主要采用改性硬质聚氯乙烯(PVC-U)经挤出机形成各种型材。型材经过加工,组装成建筑物的门窗。

塑料门窗可分为全塑门窗、复合门窗和聚氨酯门窗,但以全塑门窗为主。它由PVC-U中空型材拼装而成,为增强型材的刚性,超过一定长度的型材空腔内需要填加钢衬(加强筋),这样制成的门窗称为塑钢门窗。塑料门窗与其他门窗相比,具有耐水、耐腐蚀、气密性、水密性、绝热性、隔声性、耐燃性、尺寸稳定性、装饰好等特点,现代建筑应用越来越广泛。

(2)塑料管材:塑料管材与金属管材相比,具有质轻、不生锈、不生苔、不易积垢、管壁光滑、对流体阻力小、安装加工方便、节能等特点。近年来,塑料管材的生产与应用已得到了快速发展,它在工程塑料制品中所占的比例越来越大。

按主要原料可分为聚氯乙烯管、聚乙烯管、聚丙烯管、ABS 管、玻璃钢管等。常用的产品主要有:建筑排水用硬聚氯乙烯管材与管件,给水用高密度与低密度聚乙烯管、硬聚氯乙烯管材与管件,热燃用埋地聚乙烯管材与管件,埋地排污废水用硬聚氯乙烯管材,流体输送用软聚氯乙烯管,电线绝缘用软聚氯乙烯管等。

(3)土工塑料制品:它是以合成纤维、塑料以及合成橡胶为原料,制成各种类型的产品,置于土体内部、表面或各层介质之间,发挥其工程效用,又称土工合成材料。品种甚多,如土工织物、土工薄膜、土工格栅、土工网、土工蜂窝、土工复合材料等,已广泛应用于水利、水运、水电、公路、海港铁路、建筑、采矿及军工等土木工程中。

7.3 橡 胶

橡胶是一种在较低温度下处于高弹态的高分子材料,它们具有高弹性、高可挠性、耐磨性、绝缘性、不透水性和不透气性,因而用途非常广泛。

橡胶可分为天然橡胶、合成橡胶和再生橡胶三大类。常用橡胶的性能与用途如表 7.3 所示。

表 7.3 常用橡胶的性能与用途

品　种		耐热温度(℃)	耐寒温度(℃)	弹性	特点与用途
天然橡胶		120	−60	优	弹性好;制胶管
合成橡胶	丁苯橡胶	120	−50	良	耐磨;地板
	顺丁橡胶	120	−73	优	弹性好、耐磨;飞机轮胎
	丁基橡胶	150	−45	中	气密性好、耐老化;密封胶
	氯丁橡胶	130	−45	良	不燃、耐老化;胶黏剂
	丁腈橡胶	150	−20	良	耐油;密封圈
	硅橡胶	230	−80	中	高级绝缘材料
	氟橡胶	220	−100	良	耐油;高级密封材料

7.3.1 天然橡胶

天然橡胶的主要成分是聚异戊二烯,采自三叶橡胶树、杜仲橡树、橡胶草等植物的浆汁,其中加入醋酸、氯化锌或氟硅酸钠进行凝固,凝固体经压制后成为生橡胶。生橡胶很软,遇热变黏,易老化而失去弹性,易溶于油及有机溶剂。生橡胶掺加一定量的硫经硫化处理后可得到软质橡胶,俗称熟橡胶,熟橡胶的强度、变形性和耐久性比生橡胶均有提高,但可塑性降低。在生橡胶中掺加 30%～40% 的硫,则可得到硬质橡胶,硬质橡胶的强度及化学稳定性均较好,但脆性大,几乎无弹性,在紫外线照射下易老化。

天然橡胶的密度小于水,在 130～140 ℃时软化,150～160 ℃时变黏变软,200 ℃时降解;常温下有很大弹性,低于 10 ℃时逐渐结晶变硬;电绝缘性好;易老化;易溶于汽油、苯、二硫化碳及卤烃等溶剂,不溶于水、酒精、丙酮及醋酸乙酯等。

天然橡胶一般用于配制胶黏剂原料和制作橡胶基防水材料等。

7.3.2 合成橡胶

合成橡胶主要是二烯烃的聚合物,虽某些性能不如天然橡胶,但由于原料来源广泛,成为目前广泛使用的橡胶品种。合成橡胶主要有以下品种:

(1)丁苯橡胶(SBR)。是目前产量最大、应用最广的合成橡胶。丁苯橡胶是丁二烯与苯乙烯的共聚物,为浅黄褐色的弹性体,密度为 $0.91\sim0.97$ g/cm^3,电绝缘性、弹性、耐磨性和抗老化性均较好,溶解性与天然橡胶相似,但耐热性、耐寒性、耐挠曲性和可塑性不如天然橡胶。耐热温度和耐寒温度见表 7.3。与天然橡胶混合使用,可制造硬质橡胶制品。

(2)丁腈橡胶(NBR)。是丁二烯和丙烯腈的共聚物,淡黄色的弹性体。密度随丙烯腈含量的增加而增大。耐热性、耐油性、抗臭氧性好,但耐寒性不如天然橡胶和丁苯橡胶。丁腈橡胶是一种耐油橡胶,可用来制造输油胶管、油料容器的衬里和密封胶垫,也可用于制造输送温度高达 140 ℃的各种物料的输送带和减震零件等。

(3)氯丁橡胶(CR)。是氯丁二烯的均聚物,黑色或琥珀色的弹性体,密度为 1.23 g/cm^3。耐老化、耐臭氧、耐候性、耐油性、耐化学腐蚀性、耐燃性好。主要制造各种模型制品、胶布制品、电缆、电线和胶黏剂等。

(4)丁基橡胶(异丁橡胶ⅡR)。是以异丁烯与少量异戊二烯为单体的共聚物,为无色弹性体,密度约为 0.92 g/cm^3,耐化学腐蚀、不透气性、耐老化、电绝缘性最好,且耐热性好、耐寒性、耐水性、抗撕裂性能好。但常温下弹性小,黏性较差。可用于制造不透气的气囊、电气绝缘制品、化工设备的衬里和建筑防水材料等。

(5)三元乙丙橡胶(EPDM)。是以乙烯、丙烯为主要单体共聚而成的非晶态聚合物。密度约为 0.85 g/cm^3,是最轻的橡胶。电绝缘性、耐化学腐蚀性、耐老化性好,冲击弹性好,尤其是在低温下弹性保持较好。在建筑上,乙丙橡胶可用于制造屋顶胶板、窗户密封条和防水卷材等。

(6)特种合成橡胶。特种合成橡胶均具有某种独特的性能,是为了满足某些特殊需要而生产的。如硅橡胶,无毒、无味,有极高的耐热和耐寒性,能耐 300 ℃高温,可用于食品工业的耐高温制品、医用人造心脏、人造血管等。氟橡胶具有耐高温、耐油及耐多种化学药品侵蚀的特性,用在航天、航空等尖端科技上。

7.3.3 再生橡胶

再生胶是以废旧橡胶制品和橡胶工业生产的边角废料为原料,经再生处理而得到的具有一定橡胶性能的弹性高分子材料。再生处理主要是脱硫,即通过高温处理使橡胶产生氧化解聚,使大体型网状橡胶分子结构适度解聚,变成小体型网状结构的相对分子质量较小的链状物。再生橡胶价格低,建筑工程上可与沥青混合制作沥青再生橡胶防水卷材和防水涂料等。

7.4 纤 维

7.4.1 天然纤维

1. 植物纤维

植物纤维主要来自各种麻类植物,主要有亚麻、黄麻、剑麻和焦麻等。麻纤维的主要组成是纤维素,一般约占 60%~80%。麻纤维的强度、伸长率和断裂能与其基团的聚合程度、大分子排列特征有关。

2. 动物纤维(毛纤维)

动物纤维来自各种动物的毛发,如兔毛、猪毛、马鬃、狐狸毛等。毛纤维的主要组成物质是不溶性蛋白质,称为角朊。毛纤维具有较高的强度和很好的弹韧性。

在土木工程中,麻纤维和毛纤维可作为无机胶凝材料的增强材料,以提高混凝土或砂浆的抗裂性和韧性。

7.4.2 合成纤维

合成纤维主要由合成树脂加工制成,木木工程中应用的合成纤维主要有以下品种。

1. 芳纶纤维

芳纶纤维的化学名为芳香族聚酰胺纤维。高强度、高模量的芳纶纤维有以下两种:

(1)全对位的芳纶纤维:代表产品为美国杜邦公司开发并于 1974 年投入商业化生产的凯芙拉纤维,其主要成分是苯二甲酸对苯二胺缩聚物,结构中同时含有脂肪族与芳香族主链。

凯芙拉纤维密度小,抗拉强度与杨氏模量高;200 ℃时仍保持尺寸稳定性;耐化学腐蚀性良好,在 80 ℃水泥滤液中浸泡 30d 强度下降约 30%。

(2)对位芳香族酰胺共聚纤维:代表产品为日本帝人公司开发的克努拉纤维。其力学、物理性能与凯芙拉纤维相似,其耐化学腐蚀性更强,在 95 ℃的水泥滤液中浸泡 100 h 仍可保持 96%的抗拉强度,在 140 ℃的饱和蒸汽中经 100 h 仍可保持 95%的抗拉强度,故可用以制造压蒸纤维水泥制品。

2. 维纶纤维

维纶纤维化学名为聚乙烯醇纤维,具有抗碱性强、亲水性好以及耐日光老化等优点。普通维纶纤维杨氏模量太低,极限延伸率过大,不能用于土木工程,20 世纪 80 年代中期我国研制成功改性维纶纤维和高模量维纶纤维,改性后维纶纤维分子链上含有羟基,可与水泥水化产物颗粒表面产生范德华力和氢键,可作为水泥基复合材料的增强材料。

改性维纶纤维和高模量维纶纤维的物理性能如下:

(1)具有一定的亲水性,吸水率为 5%左右;

(2)在−50~120 ℃温度范围内,纤维的力学性能变化不大;热稳定温度为 150 ℃,热分解温度为 220 ℃;

(3)在潮湿且温度超过 130 ℃的环境中,纤维发生较大的收缩,力学性能显著降低,故维纶纤维不能制造压蒸纤维水泥制品或硅酸钙制品。

3. 腈纶纤维

腈纶纤维化学名为聚丙烯腈纤维。20 世纪 80 年代初德国开发出高强腈纶纤维,具有较好的耐碱性与耐酸性,可替代石棉制成纤维水泥制品,还可用于制成短纤维来制备抹灰浆、密封与嵌缝浆,掺入砂浆或混凝土中可制成修补用的砂浆、预拌混凝土、喷射混凝土以及浇筑混凝土路面的罩面层等。

4. 丙纶纤维

丙纶纤维化学名为聚丙烯纤维。它是合成纤维中密度最小的一种纤维,耐碱与耐酸性好,且有较高的使用温度。其原料价廉,合成工艺简单,是目前水泥基材料中使用最广泛的纤维材料。

丙纶纤维有两种——膜裂纤维和单丝纤维。膜裂纤维是一种直径为 2 mm 以上的束状纤维,在与混凝土的拌和过程中可分裂成直径为 $48\sim62~\mu\mathrm{m}$ 的单丝,可使纤维体积率减少至 $0.1\%\sim0.2\%$;单丝纤维是横截面呈圆形的纤维束,在混凝土搅拌过程中纤维束可迅速分裂成单丝纤维均匀分布于混凝土中。

7.5　高分子胶黏剂

能直接将两种材料牢固地黏结在一起的物质通称为胶黏剂。随着合成化学工业的发展,胶黏剂品种和性能获得了很大发展,越来越广泛地应用于建筑构件、材料等的连接,这种连接具有工艺简单、节省材料、接缝处应力分布均匀、密封性强和耐腐蚀等优点。

7.5.1　胶黏剂的基本要求

为了使材料牢固地黏结在一起,胶黏剂必须具备下列基本要求:

(1)具有足够的流动性,且能保证被黏结表面能充分浸润;

(2)易于调节黏结性和硬化速度;

(3)不易老化;

(4)膨胀或收缩变形小;

(5)具有足够的黏结强度。

7.5.2　胶黏剂的基本组成材料

(1)黏料:是胶黏剂的基本组成,又称基料。它使胶黏剂具有黏结特性。黏料一般由一种或几种聚合物配合组成。用于结构受力部位的胶黏剂以热固性树脂为主,用于非结构和变形较大部位的胶黏剂以热塑性树脂或橡胶为主。

(2)固化剂:固化剂用于热固性树脂,使线型分子转变为体型分子;交联剂用于橡胶,使橡胶形成网型结构。固化剂和交联剂的品种应按黏料的品种、特性以及对固化后胶膜硬度、韧性、耐热性等的要求来选择。

(3)填料:加入填料可改善胶黏剂的强度、耐热性、抗老化性、固化收缩率等,降低胶黏剂的成本。常用的填料有石英粉、滑石粉、水泥以及各种金属与非金属氧化物。

(4)稀释剂:用于调节胶黏剂的黏度,增加胶黏剂的涂敷浸润性。稀释剂分为活性和非活性两种,前者参与固化反应,后者不参与固化反应而只起稀释作用。稀释剂需按黏料的品种来选择。一般稀释剂的用量越大,则黏结强度越小。

此外,为使胶黏剂具有更好的性能,还应加入一些其他的添加剂,如增韧剂、抗老化剂、增塑剂等。

7.5.3　常用胶黏剂

1. 热固性树脂胶黏剂

(1)环氧树脂胶黏剂(EP):环氧树脂胶黏剂的组成材料为合成树脂、固化剂、填料、稀释剂、增韧剂等。它对金属、木材、玻璃、硬塑料和混凝土均有很高的黏附力,故有"万能胶"之称。

(2)不饱和聚酯树脂(UP)胶黏剂:不饱和聚酯树脂是由不饱和二元酸、饱和二元酸组成的混合酸与二元醇起反应制成线型聚酯,再用不饱和单体交联固化后,即成体型结构的热固性树脂。主要用于制造玻璃钢，也可黏结陶瓷、玻璃钢、金属、木材、人造大理石和混凝土。不饱和聚酯树脂胶黏剂的接缝耐久性和环境适应性较好，并有一定的强度。

2. 热塑性合成树脂胶黏剂

(1)聚醋酸乙烯胶黏剂(PVAC)：聚醋酸乙烯胶黏剂(常称白胶)由醋酸乙烯单体、水、分散剂、引发剂及其他辅助材料经乳液聚合而得，使用方便，价格便宜，应用普遍，属于非结构胶黏剂。它以黏结各种非金属材料为主，如玻璃、陶瓷、混凝土、纤维织物和木材。它的耐热性在 40 ℃以下，对溶剂作用的稳定性及耐水性均较差，且有较大的徐变，多作为室温下工作的非结构胶，如粘贴塑料墙纸、聚苯乙烯或软质聚氯乙烯塑料板。

(2)聚乙烯醇胶黏剂(PVA)：由醋酸乙烯酯水解而得，是一种水溶液聚合物。这种胶黏剂适合胶接木材、纸张、织物等。其耐热性、耐水性和耐老化性很差，所以一般与热固性胶结剂一同使用。

(3)聚乙烯缩醛(PVFO)胶黏剂：聚乙烯醇在催化剂作用下同醛类反应，生成聚乙烯醇缩醛，低聚醛度的聚乙烯醇缩甲醛即是目前工程上广泛应用的 107 胶的主要成分。107 胶在水中的溶解度很高，成本低，现已成为建筑装修工程上常用的胶黏剂。如用来粘贴塑料壁纸、墙布、瓷砖等，在水泥砂浆中掺入少量 107 胶，能提高砂浆的黏结性、抗冻性、抗渗性、耐磨性，减少砂浆的收缩。也可以配制成地面涂料。

3. 合成橡胶胶黏剂

(1)氯丁橡胶胶黏剂(CR)：是目前橡胶胶黏剂中广泛应用的溶液型胶。它是由氯丁橡胶、氧化镁、防老剂、抗氧剂及填料等混炼后溶于溶剂而成的。这种胶黏剂对水、油、弱酸、弱碱、脂肪烃和醇类都有良好的抵抗性，可在−50～+80 ℃下工作，具有较高的初黏力和内聚强度，但有徐变性，易老化。多用于结构黏结或不同材料的黏结。为改善性能可掺入油溶性酚醛树脂，配成氯丁酚醛胶。它可在室温下固化，适于黏结钢、铝、铜、陶瓷、混凝土、塑料和硬质纤维板等多种金属和非金属材料。工程上常用在水泥砂浆墙面或地面上粘贴塑料或橡胶制品。

(2)丁腈橡胶(NBR)：是丁二烯和丙烯腈的共聚产物。主要用于橡胶制品以及橡胶与金属、织物、木材的黏结。它的最大特点是耐油性好，抗剥离强度高，黏接接头对脂肪烃和非氧化性酸有良好的抵抗性，加上橡胶的高弹性，所以更适于柔软的或热膨胀系数相差悬殊的材料之间的黏结，如黏结聚氯乙烯板材、聚氯乙烯泡沫塑料等。

 复习思考题

7.1 何谓高聚物？其分子结构有哪几种类型？高聚物具有的物理力学性能是什么？

7.2 合成高分子材料有什么优缺点？

7.3 为什么说玻璃化温度是塑料的最高使用温度，而是橡胶的最低使用温度？

7.4 热塑性树脂与热固性树脂的区别是什么？

7.5 试述塑料的组成成分和它们所起的作用。

7.6 试述塑料的优缺点。

7.7 橡胶有哪几类？各有何特性？

7.8 合成纤维的主要性能有哪些？

7.9 建筑胶黏剂的种类有哪些？如何选用建筑胶黏剂？

沥青及沥青基材料

8.1 概　述

沥青是一种有机胶凝材料,也称为沥青结合料。它是一些复杂的高分子碳氢化合物及非金属元素(氧、硫、氮等)衍生物的混合物。颜色呈黑褐色乃至黑色;常温下,沥青呈固体、半固体或液体状态,呈现非牛顿流体、黏塑性或黏弹性的力学行为;具有耐水和耐酸、碱、盐等化学腐蚀的特性;与石料、混凝土、钢材以及木材等材料的黏结性良好。

8.1.1 沥青材料的种类

按其来源或获得方式,沥青可分为地沥青和焦油沥青两大类。

1. 地沥青

地沥青由天然产物或石油精制加工获得,按其来源又可分为天然沥青(湖沥青、岩沥青)和石油沥青。

(1)天然沥青。天然沥青是石油在自然环境下长期受地壳挤压,并与空气、水接触逐渐变化形成的,以天然状态存在的石油沥青,其中常混有一定比例的矿物质。按其形成环境可以分为湖沥青、岩沥青、海底沥青和油页岩等。

湖沥青是使用最广且最为人们熟知的一种天然沥青。从已知的地下蕴藏处采掘的原料经加热到 160 ℃,将水蒸发后得到粗炼物,再将其通过细筛孔,除去粗杂质得到的精炼产品即称之为湖沥青。其组成为:沥青物质 54%,矿物质 36%,低分子量有机物 10%。湖沥青较硬,软化点约为 95 ℃,一般将其他沥青(如 200 号石油沥青)掺配使用。

岩沥青是由石灰岩或砂岩等石灰质岩石渗流的天然沥青浸透后形成的,采掘的产品中沥青物质含量为 12%。一般将其与稀释油类化合物或软沥青掺配使用。

(2)石油沥青。由弥散于石油胶体中的沥青,经各种精制加工而得到的产品称为石油沥青,它是一种黏稠液体或固体,主要含可溶于三氯乙烯的烃及其衍生物,呈黑色或褐色。石油沥青有许多品种,如:

①按原油的成分,分为石蜡基沥青、沥青基沥青和混合基沥青。

②按加工方法,分为直馏沥青、氧化沥青、溶剂脱沥青和调配沥青。

③按沥青产品在常温下的稠度,分为液体沥青和黏稠沥青。

④按沥青的用途,分为道路石油沥青、建筑石油沥青和普通石油沥青。

道路石油沥青主要用于路面,通常为直馏沥青或氧化沥青。

建筑石油沥青主要用于建筑工程中屋面及地下防水的胶结料、涂料中以及制造油毡、油纸和防腐绝缘材料等,通常为氧化沥青。

普通石油沥青(又称多蜡沥青)因含蜡量高,黏性低,塑性差,在建筑上很少单独使用,一般与建筑石油沥青掺配或经改性处理后使用。

2. 焦油沥青

焦油沥青是由各种有机物质(煤、泥炭、木材)经干馏加工而成的焦油再加工所得的产品,常按其加工的有机物质名称命名。

例如,煤沥青是在生产焦煤或无烟固体燃料中得到的煤焦油再加工得到的,又称煤焦油沥青。煤沥青是由 5 000 多种三环以上的多环芳香族化合物和少量与炭黑相似的高分子物质构成的多相高碳材料。将粗制煤焦油用分馏法精练,分离成油分和残渣,残渣称为硬焦沥青。将硬焦沥青和分馏油分按不同比例混合,可得到不同级别和用途的煤沥青,常用的有低温沥青、中温沥青和高温沥青。

在土木工程中最常用的是石油沥青。煤沥青因其有毒和污染严重,一般不常用。

8.1.2 沥青的基本组成与特性

1. 沥青的基本组成

沥青是一种混合物,含有多种复杂的、分子量不等的碳氢化合物及氧、硫、氮等非金属元素的有机衍生物。一般将这些有机化合物划分为沥青质、胶质、饱和分和芳香分。优质沥青的组成约为:沥青质 6%～15%,胶质 19%～39%,饱和分 13%～31%,芳香分 32%～60%。

2. 沥青的基本特性

(1)颜色呈黑色或黑褐色,常温可为固态、半固态或液态,密度略大于 1 g/cm^3;

(2)沥青是热塑性材料,温度敏感性强,随温度变化,呈现非牛顿流体、黏塑性或黏弹性等力学行为;

(3)沥青具有很强的黏附性,常用作结合料;

(4)沥青属于憎水性材料,几乎不溶于水,具有良好的防水性能;

(5)耐化学腐蚀性较强,能抵抗酸、碱、盐等化学物质的侵蚀,但在二硫化碳、苯等有机溶剂中几乎能完全溶解。

8.1.3 沥青的用途

沥青在工农业和土木工程领域有多种用途,主要作为防水、防腐和黏结料或制品。在土木工程中,沥青是应用广泛的防水材料和防腐材料,主要用于屋面、地面、地下结构的防水以及木材、钢材的防腐。沥青还是道路工程中应用广泛的路面结构胶结材料,它与不同组成的矿质骨料按比例配合后,可以修筑不同结构的沥青混合料路面。

石油沥青是土木工程常用的沥青材料,本章将主要学习石油沥青及其与矿料混合制得的沥青混合料的组成与性能、配合比设计、试验检测方法和工程应用等方面的基本知识和原理。

8.2 石 油 沥 青

8.2.1 石油沥青的生产加工

经蒸馏工序及其他精制过程,从石油中提炼出各种轻质油品(汽油、煤油、柴油等)及润滑油后的残留物,再经加工就制得石油沥青。石油品质和炼制工艺是影响沥青性质的两个主要因素。现代炼制工艺方法主要有以下几种。

1. 直接蒸馏法

直接蒸馏石油,将不同沸点的馏分取出后,在常压塔底获得的残渣为直馏沥青,其生产流程如图 8.1 所示。蒸馏法制取石油沥青是最简单、最经济的方法。由于直馏沥青中含有许多不稳定的烃,其温度稳定性和耐候性较差。但如果所用原油合适(如环烷基或中间基原油),则其延伸性好。

2. 氧化法

将低标号的沥青或渣油在 240～290 ℃的高温下吹入空气,使其软化点提高,针入度降低,沥青稠度增大,由此制得的沥青为氧化沥青。氧化法主要用来生产高软化点的建筑沥青。如果采用浅度氧化法,在较低温度下氧化较短时间,则所得沥青为半氧化沥青。

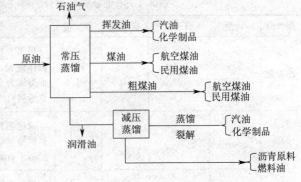

图 8.1　石油沥青生产流程示意图

3. 溶剂法

采用溶剂法处理石蜡基原油,有选择性地溶解其中一个或几个组分,从而实现组分分离。根据渣油中不同组分的溶解能力,从渣油中分离出富含饱和烃的脱沥青油,同时得到含胶质、沥青质高的浓缩物——沥青,将由此所得的沥青加以稠化与氧化,可制得各种规格的沥青。

4. 调配法

采用两种或两种以上不同技术性质的沥青,按选定的比例调配后,得到符合技术性能指标要求的沥青产品,称为调配沥青。根据所要求的技术性能指标,用试验法、计算法或组分调节法确定调配比例。

此外,有时为了施工需要,可在黏稠沥青中加入煤油或汽油等易挥发溶剂,生产液体沥青;将沥青分散在有乳化剂的水中,经磨细制得乳化沥青。

8.2.2　石油沥青的组分与结构

1. 石油沥青的元素组成

沥青主要由碳(C)、氢(H)两种元素组成,石油沥青的碳含量为 80%～87%,氢含量为 10%～15%。此外,还含有硫(S)、氮(N)、氧(O)以及一些金属元素,如钠(Na)、镍(Ni)、铁(Fe)、镁(Mg)和钙(Ca)等。金属元素以无机盐或氧化物的形式存在,约占 5%。

2. 石油沥青的组分

沥青的组成非常复杂,并存在有机化合物的同分异构现象,许多沥青的化学元素组成十分相似,但它们的性质却有很大差别。目前尚不能建立沥青化学元素组成与其性能之间的直接关系,因此,在研究沥青的化学组成时,利用沥青对不同溶剂的混溶性,将沥青分离成几个化学成分与物理性质相似并具有某些共同特征的部分,即组分。沥青中各组分的含量和性质与沥青的黏滞性、感温性、黏附性等性质有直接关系,在一定程度上能反映沥青的技术性能。

我国目前采用五组分分析法,将沥青中所含化合物划分为五种组分:沥青质、胶质、芳香分、饱和分和蜡分,各组分的主要特征和在沥青中的作用见表 8.1。

石油沥青中一般有 2%～3%的沥青碳和似碳物,它们为无定形的黑色固体粉末,是石油沥青中分子量最大的有机物,它能降低石油沥青的黏结力。

表 8.1　石油沥青各组分的特征及其对沥青性质的影响

组　分	含量	分子量	碳氢比	密　度	特　征	在沥青中的主要作用
沥青质	5%～30%	1 000～10 000	0.8～1.0	1.1～1.5	黑褐至黑色的硬而脆的固体微粒,加热后不溶解,而分解为坚硬的焦炭,使沥青带黑色	是决定沥青黏性的组分,含量高,沥青黏性大,温度稳定性好,塑性降低,脆性增加
胶质	15%～30%	600～1 000	0.7～0.9	1.0～1.1	黄色至褐色的半固体或黏稠液体,有很强的极性,能溶于石油醚、汽油和苯等	起扩散剂或胶溶剂的作用,赋予沥青可塑性、流动性和黏结性,对沥青延性与黏结力有很大影响
芳香分	40%～65%	300～600	0.7～0.8	1.0～1.1	深棕色的黏稠液体,由最低分子量得环烷芳香化合物组成	胶溶沥青质的分散介质,含量增加,沥青塑性增大,温度稳定性变差
饱和分	5%～20%	300～600	0.7～0.8	1.0～1.1	非极性稠状油类,由直链烃和支链烃组成	起润滑和柔软作用,含量越多,沥青的软化点越低,针入度越大,稠度越小
蜡分	1%～3%	100～500	0.5～0.7	0.7～1.0	常温下为固态,以纯正构烃或其他烃类为主	低温下,蜡结晶体增大沥青脆性,较高温度下,蜡熔融使沥青黏度降低,并使沥青发软。增大沥青的感温性,降低沥青的黏附性

3. 石油沥青的结构

石油沥青各主要组分之间的相互亲和性不一样。沥青质对油分显示憎液性,互不溶解,但对胶质则显示亲液性,可以被胶质浸润;胶质在由芳香分与饱和分组成的油分中,显示亲液性,两者可以互溶。这就使得沥青质的微细颗粒通过胶质的亲和及"桥梁"作用,形成以沥青质为胶核,周围吸附部分胶质和油分的胶团,这种胶团高度分散在油分中,构成了沥青的胶体结构,如图 8.2 所示。根据沥青中各组分含量的不同,形成溶胶、溶凝胶和凝胶三种类型的胶体结构。

(a) 溶胶型结构　　(b) 溶凝胶型结构　　(c) 凝胶型结构

图 8.2　沥青的胶体结构示意图

(1)溶胶型结构。沥青中沥青质含量很少时,胶团因较多胶质的作用而完全分散在油分中,并可在油分黏度的许可范围内自由运动,这种胶体结构称为沥青的溶胶型结构,如图 8.2(a)所示。溶胶型沥青在常温下完全服从牛顿流体定律,黏度为常数。其流动性与塑性较大,开裂后自愈合能力较强,但温度稳定性较差,温度升高时易于流淌。

(2)溶凝胶型结构。当沥青质含量适当,并有较多的胶质作为保护膜层时,胶团之间保持一定的吸引力,这种胶体结构称为沥青的溶凝胶型结构,如图 8.2(b)所示。溶凝胶型石油沥青的性质介于溶胶型和凝胶型两者之间,具有黏弹性和触变性,也称弹性溶胶。

(3)凝胶型结构。当沥青中油分和胶质较少,而沥青质含量较多时,胶团凝聚并相互交联,形成不规则空间网状的凝胶结构,如图 8.2(c)所示。由于胶团凝聚,相互间吸引力较大,因而这种沥青的弹性与黏性较大,温度稳定性较好,但流动性与塑性较低,低温变形能力差,并具有触变性。常温下的固态建筑石油沥青就具有这种胶体结构。

此外,石油沥青的结构状态随温度而改变。当温度升高时,固态沥青中易溶的胶质会部分转变为液体,则原来的凝胶结构将转变为溶胶结构,于是沥青的黏度降低,流动性和塑性增大。当温度降低时,则又会恢复到原来的凝胶结构。

工程应用中常按沥青的针入度指数 PI 值来判别沥青的胶体结构类型。

①$PI<-2$ 时,为溶胶型结构;

②$-2\leqslant PI\leqslant+2$ 时,为溶凝胶型结构;

③$PI>+2$ 时,为凝胶型结构。

一般来说,大多数直馏沥青的沥青质含量较少,油分较多,多属溶胶型结构;氧化沥青和半氧化沥青的沥青质含量相对较多,大多为凝胶型结构。但由于沥青性质的复杂性,有的沥青未必完全符合此规律。

8.2.3　石油沥青的技术性质

石油沥青的技术性质主要有黏性、塑性、温度稳定性、感温性和大气稳定性等。

1. 黏性(黏滞性)

沥青的黏性是指沥青在外力或自重的作用下,沥青粒子产生相对位移时抵抗变形的能力。黏性反映了胶团之间吸引力的大小,实际上反映了胶体结构中胶团间的致密程度。

沥青作为胶结材料,其黏性是其最重要的性质。石油沥青的黏性取决于各组分的相对含量和温度。沥青质含量较高时,则黏性较大。黏性也与温度有关,温度升高,黏性下降。

沥青黏性的测定方法一般有两种:绝对黏度法和相对(条件)黏度法。绝对黏度法测得的黏度又称为动力黏度(Pa·s);相对黏度法测得的黏度又称为运动黏度(mm^2/s)。运动黏度与动力黏度的关系可用公式(8.1)表示:

$$\nu=\frac{\eta}{\rho} \tag{8.1}$$

式中　ν——运动黏度,mm^2/s;

η——动力黏度,Pa·s;

ρ——沥青密度,g/mm^3。

如前所述,沥青在高温下呈牛顿流体特性,即剪切应力与剪切变形速率呈直线关系。而在使用温度范围内,沥青具有黏—弹—塑性行为,剪切应力与剪切变形速率呈非线性关系,通常以表观黏度或视黏度表示沥青的黏性,用公式(8.2)计算:

$$\eta^*=\frac{\tau}{\dot{\gamma}^c} \tag{8.2}$$

式中　η^*——沥青的表观黏度,Pa·s;

τ——剪切应力,Pa;

$\dot{\gamma}$——剪切变形速率,s^{-1};

c——沥青的复合流动系数。

沥青的复合流动系数 c 值是评价沥青流变特性的一个重要指标,c 值与沥青的塑性和耐久性密切相关。

上述沥青黏度需用黏度仪来测量,比较复杂。工程应用中,常用以下两种方法测试沥青的黏度。

(1)针入度法。对于常温下呈固体或半固体的石油沥青,一般用针入度仪测定的针入度来评价其黏度。针入度是在规定条件下,标准针自由贯入到沥青中的深度[以(1/10)mm 为单位],如图 8.3 所示。它反映石油沥青抵抗剪切变形的能力,针入度愈大,表示沥青愈软(稠度愈小)。

（2）标准黏度计法。对于液态沥青,用标准黏度计测定黏度,如图 8.4 所示。即测量在标准温度下,50 mL 液体沥青通过规定直径的小孔所用的时间(以 s 为单位),即为条件黏度。常用试验条件以 $C_{T,d}$ 表示,其中 C 为黏度,T 为试验温度,d 为流孔直径。常用流孔直径有 3、4、5 和 10 mm 四种。按这一方法,在相同温度和流孔条件下,流出时间愈长,表示沥青的黏度愈大。

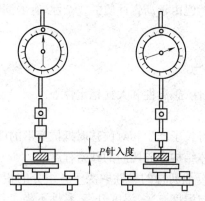

图 8.3　黏稠沥青针入度测定示意图

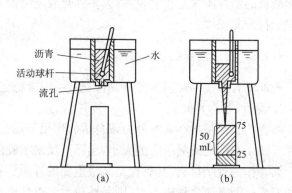

图 8.4　液体沥青标准黏度测定示意图

2. 塑性

沥青的塑性是指沥青在受到外力作用时产生变形,去除外力后,仍保持变形后形状的性质。一般用延度来表征沥青的塑性。延度是在规定的温度和拉伸速度的试验条件下,将沥青试件拉断时延伸的长度,以 cm 为单位,如图 8.5 所示。延度值越大,表示沥青的塑性越大。

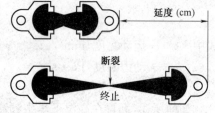

图 8.5　沥青延度测定示意图

沥青中的油分和沥青质含量适当,胶质含量越多,胶核膜层越厚,则沥青的塑性越大;温度升高时,沥青的塑性增大。塑性小的沥青在低温或负温下易开裂;塑性大的沥青,变形能力较大,不易开裂。塑性大的沥青开裂后,由于其特有的黏塑性,裂缝可能会自行愈合,即塑性大的沥青具有自愈性。沥青的塑性是沥青作为柔性防水材料的优势之一。

3. 温度稳定性

温度稳定性是指沥青的黏性和塑性随温度变化而改变的程度。沥青是非晶态热塑性高分子材料,其物理状态随温度而改变,低温(低于玻璃化温度)下呈玻璃状的弹性态,高温时呈流动态,常温时呈类似于橡胶的黏弹态。因此,随着温度由低温升至高温,沥青的状态会发生连续的变化,塑性增大,黏性减小,并逐渐软化,液化成能发生黏性流动的黏稠流体。在这一过程中,不同的沥青,其塑性和黏性变化程度也不同。如果性质变化程度小,则表明沥青的温度稳定性好;反之,温度稳定性差。

沥青由液态转变为固态时,没有明确的固化点或液化点。国际上普遍采用环球法软化点作为其评价指标,也是我国道路沥青最常用的三大指标之一,其数值表达直观,且与路面发软变形的程度相关联,也反映了沥青由固态或半固态转变为黏流态时的特征温度。软化点是在规定的试验条件下,沥青受热软化垂至规定距离时的温度(以摄氏温度计),测试方法与装置如图 8.6 所示。软化点愈高,表明沥青的温度稳定性愈好。

沥青的温度稳定性取决于沥青质的含量,其含量愈高,温度稳定性愈好。此外,沥青温度稳定性也与沥青中石蜡的含量有关,石蜡含量高,则其温度稳定性差。

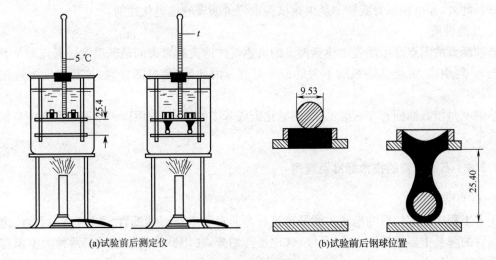

(a)试验前后测定仪　　　　(b)试验前后钢球位置

图 8.6　沥青软化点测定示意图(单位:mm)

4. 感温性

目前国际上评价沥青感温性的指标有多种表达方式,普遍采用的指标有针入度指数 PI、针入度黏度指数 PVN、黏温指数 VTS 及沥青等级指数 CI 等。实际上,上述感温性指标各反映了不同温度区间的感温性能,PI 是由 0~40 ℃的针入度变化决定的,VTS 是由60~135 ℃的黏度变化决定的,PVN 是由25 ℃的针入度及60 ℃或135 ℃的黏度决定的。然而,路面的温度一般在−30~+60 ℃之间,所以采用 PI 似乎更能说明这一实际温度区间的温度敏感性,而且测定方法亦最为简单。

5. 大气稳定性

大气稳定性是指石油沥青在阳光、热、空气和潮湿等因素的长期综合作用下抵抗老化的性能。在各种因素作用下,沥青性能衰退变化的过程称为沥青的老化,作为有机高分子材料,沥青的老化是必然的,但不同的沥青,其老化程度或抗老化的能力不同。老化后沥青的黏附性、延性等性能会出现劣化,使沥青的耐久性、水稳定性和低温抗裂性降低。

引起沥青老化的原因很多,主要有大气中的氧、光、热、雨水和环境介质(氧化剂)等因素,但主要是施工过程中的热老化和长期使用过程中的氧化。老化过程主要包括下列作用。

(1)氧化作用。沥青中的有机化合物在大气环境中发生氧化,其中含极性羟基和羧基的有机物会形成更大、更复杂的高分子化合物,使沥青硬化、脆化,逐渐失去柔性。其氧化程度与环境温度及时间有关。

(2)挥发作用。沥青中的油分等低分子化合物在空气中发生蒸发,使油分含量减少。

(3)聚合作用。沥青中性质相近的化合物分子结合成更大更复杂的化合物,使沥青中低分子量化合物含量降低。

此外,还有自然硬化和渗流硬化现象发生。因此,沥青的老化过程中,是低分子化合物将逐步转变成高分子物质,即油分和胶质逐渐减少,而沥青质逐渐增多,沥青逐步变得硬脆。

所以,石油沥青的大气稳定性(抗老化性)用蒸发损失率和针入度比表示。蒸发损失率是将沥青试样加热至160 ℃下蒸发5 h,待冷却后测得的蒸发前后的质量损失率。针入度比为上述条件下蒸发后与蒸发前沥青针入度的比值。如蒸发损失率越小,针入度比愈大,则大气稳定性愈好。此外,还可用沥青旋转薄膜烘箱试验来评价沥青的抗老化性能。

6. 其他性质

石油沥青的闪点是指沥青加热至挥发的可燃气体遇火时着火的最低温度。燃点则是若继续加热,一经引火,燃烧就能继续下去的最低温度。因此,在熬制沥青时,加热温度不应超过闪点。

溶解度是指石油沥青在三氯乙烯、四氯化碳或苯中的溶解率,用以表示石油沥青中有机物质的含量。

8.2.4 石油沥青的技术标准及选用

1. 石油沥青的标准

土木工程中使用的石油沥青主要是建筑石油沥青和道路石油沥青。建筑石油沥青、道路石油沥青的牌号主要根据针入度、延度、软化点等划分,并用针入度值表示。两种类型沥青的技术要求需满足表8.2的规定。同种石油沥青中,牌号愈大,针入度愈大(黏性愈小),延度愈大(塑性愈大),软化点愈低(温度稳定性愈差)。

表8.2 石油沥青的技术标准

质量指标	道路石油沥青(SH/T 0522—2010)					建筑石油沥青(GB 494—2010)		
	200号	180号	140号	100号	60号	40号	30号	10号
针入度(25℃,100g,5s)/(1/10)mm	200～300	150～200	110～150	80～110	50～80	36～50	25～35	10～25
针入度(46℃,100g,5s)/(1/10)mm	—					报告实测值		
针入度(0℃,200g,5s)/(1/10)mm≥	—					6	6	3
延度*(25℃)(cm)≥	20	100	100	90	70	3.5	2.5	1.5
软化点(环球法)(℃)≥	30～48	35～48	38～51	42～52	45～58	60	75	95
溶解度(三氯乙烯、三氯甲烷或苯)(%)≥	99.0							
闪点(开口)(℃)≥	180	200	230			260		
薄膜烘箱试验(163℃,5h)	—							
质量变化(%)≤	1.3	1.3	1.3	1.2	1.0	1.0		
针入度比(%)	报告实测值					≥65		
延度(25℃)(cm)	报告实测值					—		

*：如25℃延度达不到15℃延度能达到,也认为是合格的,指标要求与25℃相一致。

2. 石油沥青的选用

石油沥青应根据工程性质与要求(房屋、防腐、道路)、使用部位、环境条件等因素选用。在满足使用条件的前提下,应选用牌号较大的石油沥青,以延长使用寿命。

建筑工程中,特别是屋面防水工程,应防止沥青因软化而流淌。由于夏日太阳直射,屋面沥青防水层的温度可比环境气温高25～30 ℃。为避免夏季流淌,所选沥青的软化点应高于屋面温度20～25 ℃,并适当考虑屋面的坡度。

建筑石油沥青的黏性较大,温度稳定性较好,塑性较小,主要用于生产或配制屋面与地下防水、防腐等工程用的各种沥青防水材料(油毡、玛蹄脂等)。对不受较高温度影响的部位,宜选用牌号较大的沥青。根据要求可选用 10 号、30 号或 40 号,或将它们掺配使用。严寒地区屋面防水工程不宜单独使用 10 号沥青。建筑工程中,有时将 60 号沥青与其他建筑石油沥青掺配使用。

道路石油沥青主要用于配制沥青砂浆和沥青混合料,用于道路路面及车间地面等。

普通石油沥青的石蜡含量较多(一般均大于 5%),因而温度稳定性较差,不宜单独使用,只能与其他种类石油沥青掺配使用。

3. 石油沥青的掺配

在选用沥青牌号时,由于生产和供应的局限性,或现有沥青不能满足使用要求时,可按使用要求进行沥青的掺配,从而得到满足技术要求的沥青。

进行沥青掺配时,可按公式(8.3)和式(8.4)计算掺配比例:

$$P_1 = \frac{T - T_2}{T_1 - T_2} \times 100\% \tag{8.3}$$

$$P_2 = 100 - P_1 \tag{8.4}$$

式中　P_1——高软化点沥青的用量,%;

P_2——低软化点沥青的用量,%;

T_1——高软化点沥青的软化点值,℃;

T_2——低软化点沥青的软化点值,℃;

T——要求达到的软化点,℃。

根据计算出的掺配比例及其±(5%～10%)的邻近掺配比例,分别进行不少于三组的试配试验,绘制出掺配比例—软化点曲线,从曲线上确定实际掺配比例。

8.3　煤　沥　青

煤沥青全称煤焦油沥青,是由煤干馏得到的煤焦油蒸馏提取馏分(如轻油、酚油、萘油、洗油和蒽油等)后的残留物,而煤焦油是生产炼铁用冶金焦或民用煤气时,作为煤高温干馏的副产物得到的。

8.3.1　煤沥青的组成及性质

煤沥青常温下为黑色固体,无固定的熔点,呈玻璃体,受热后软化继而熔化,密度为1.25～1.35 g/m³。煤沥青的元素组成简单,C 占 92%～93%,H 占 3.5%～4.5%,其余为 O、N、S,其 C/H 比为 1.7～1.8。但化学组成极为复杂,已查明的化合物有 70 余种,是不饱和芳香烃和非金属衍生物的复杂混合物,大多数为二环以上的多环芳烃以及 O、N、S 等元素的杂环化合物和少量直径很小的炭粒,分子量在 170～2 000 之间。其组分有油分、固态和液态胶质及游离碳等,还有少量酸性和碱性表面活性物质。煤沥青组成既与炼焦煤性质及其杂质的含量有关,又受焦化工艺、煤焦油质量和煤焦油蒸馏条件的影响。

随着煤焦油干馏温度和蒸馏程度不同,得到的煤沥青性质也不同。按软化点区分,煤沥青分为低温煤沥青(按软化点又分为两类,一类软化点为 30～45 ℃,二类为 45～75 ℃)、中温煤沥青(软化点为 75～95 ℃)及高温煤沥青(软化点为 95～120 ℃)。土建工程中所采用的煤沥青主要是半固体状的低温煤沥青。

8.3.2　煤沥青与石油沥青的差别

由于煤沥青的组分与石油沥青有明显差别,因此,与石油沥青相比,煤沥青有如下特点:

(1)密度大。煤沥青密度比石油沥青大,一般为 1.10~1.26 g/cm³。

(2)塑性差。煤沥青中含有较多的自由碳和固体胶质,受力后变形较小,易开裂,尤其在低温条件下易硬脆。

(3)温度稳定性差。煤沥青中可溶性胶质含量较高,受热后软化溶于油分中,使煤沥青温度稳定性变差。

(4)大气稳定性差。低温煤沥青中易挥发的油分多,且化学不稳定的成分(不饱和的芳香烃)含量多,在光、热和氧的综合作用下,老化过程较快。

(5)有毒、有臭味,防腐能力强。煤沥青中含有酚、蒽等易挥发的有毒成分,施工时对人体有害。但将其用于木材防腐,效果较好,使用时需采取防毒安全措施。

(6)与矿物质材料表面黏附力较强。煤沥青中含表面活性物质较多,能与矿物质材料表面很好地黏附,提高煤沥青与矿物质材料的黏结强度。

煤沥青与石油沥青外观相似,使用时应注意区分。鉴别二者的方法见表 8.3。

表 8.3　煤沥青与石油沥青的鉴别方法

鉴别方法	煤沥青	石油沥青
密度	大于 1.1 g/cm³(约为 1.25 g/cm³)	接近 1.0 g/cm³
锤击	音清脆,韧性差	音哑,富有弹性,韧性好
燃烧	烟呈黄色,有刺激味	烟无色,无刺激性臭味
溶液颜色	用 30~50 倍汽油或煤油溶解后,将溶液滴于滤纸上,斑点分内外两圈,呈内黑外棕或黄色	溶解方法同左,斑点完全均匀散开,呈棕色

8.3.3　煤沥青的应用

煤沥青具有良好的耐水、耐潮、防霉、防微生物侵蚀、耐酸性气体等特性,对盐酸和其他稀酸均有一定的抵抗作用,被广泛应用于涂料的生产。国内外生产煤沥青涂料已有几十年的历史,由于煤沥青在生产涂料方面具有价格低廉、性能优良的特点,煤沥青涂料发展很快。根据用途不同,煤沥青涂料有很多种类。最具有代表性的是环氧煤沥青涂料,利用煤沥青改性环氧树脂制成的环氧煤沥青,综合了煤沥青和环氧树脂的优点,是一种耐酸、耐碱、耐水、耐溶剂、耐油、附着性好、保色性好、热稳定性好、抗微生物侵蚀、电绝缘良好的涂层。这种涂料应用领域非常广,在码头、港口、采油平台、矿井下的金属结构、油轮的油水舱、埋地管道、化工建筑及设备、贮池、污水处理水池等广泛采用。此外,还有无溶剂环氧煤沥青涂料、沥青清漆、沥青烘干漆、沥青瓷漆等煤沥青涂料。由于煤沥青具有抗微生物侵蚀的特性,还可用来制造船底防污漆。

将煤沥青与石油沥青按一定比例混合可制成混合沥青,其主要优点有:与石料的黏附性能好,可改善路面的坚固性,能降低沥青混合料生产、摊铺和压实的操作温度,抗油侵蚀性能好,路面抗荷载性能高,路面摩擦系数大。20 世纪 70 年代以来,德国、瑞士、法国和波兰等许多国家开始生产以石油沥青为主要成分的混合沥青,用于铺设高负荷的公路。国外混合沥青铺路材料已有多年的生产与公路应用的实际经验,而国内在混合沥青开发方面还处于试验阶段,没有工业化生产。

此外,煤沥青还可用作碳素材料制品和耐火材料工业的黏合剂。

8.4 石油沥青的改性

8.4.1 改性沥青的基本知识

沥青材料无论是用作屋面防水材料还是用作路面胶结材料,都是直接暴露于自然环境中的,而沥青的性能又受环境因素的较大影响。同时,现代土木工程要求沥青在服役条件下具有较好的使用性能,在低温条件下应具有弹性和塑性,在高温条件下要有足够的强度和稳定性,在加工和使用条件下具有抗老化能力,还应与矿料和结构表面有较强的黏附力,以及对变形的适应性和耐疲劳性,还要求具有较长的使用寿命。但常用石油沥青存在一定的缺点:低温下的塑性和韧性差,高温下的强度和稳定性低,且易老化。因此,石油沥青性质很难满足现代土木工程对沥青的多方面要求。

为此,可在沥青中加入适量的磨细矿物填充料、橡胶、胶质等添加剂,并通过充分物理化学混溶,使之均匀分散,形成各种改性沥青,以适应现代土木工程的应用要求。

图 8.7 是根据不同目的采取的改性沥青及其混合料技术,常用的改性沥青有下列几种:

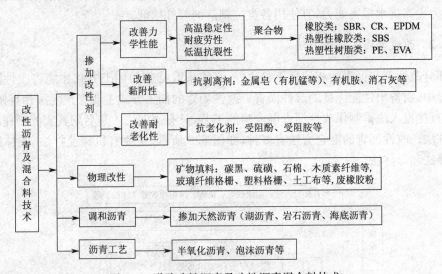

图 8.7 道路改性沥青及改性沥青混合料技术

1. 橡胶改性沥青

橡胶是沥青的重要改性材料,它和沥青有较好的混溶性,并能使沥青具有橡胶的很多优点。在沥青中掺入橡胶改善了沥青的变形性能、低温柔性和抗老化性能等。在沥青中掺入的橡胶有天然橡胶、合成橡胶和再生橡胶三类,其中合成橡胶主要有氯丁橡胶(CR)、丁苯橡胶(SBR)、丁二烯橡胶(BR)、异戊二烯橡胶(IR)、乙丙橡胶(EPDM)等,其中丁苯橡胶(SBR)是应用最广的沥青改性剂,它能显著提高沥青的低温变形能力,改善沥青的感温性和黏弹性。氯丁橡胶极性较大,主要用作煤沥青的改性剂。

橡胶改性沥青可制作建筑防水用的卷材、片材、密封材料或涂料,以及用于道路工程等。

2. 热塑性橡胶改性沥青

用于沥青改性的热塑性橡胶主要有苯乙烯—丁二烯—苯乙烯嵌段共聚物(SBS)和苯乙

烯—异戊二烯—苯乙烯嵌段共聚物(SIS)等。由于 SBS 的价格比 SIS 低,所以应用比较广泛。SBS 兼有橡胶和树脂的特性,常温下具有橡胶的弹性,高温下又能成为可塑性材料。研究表明,沥青中掺入 3%～10% 的 SBS 后,显著改善了沥青的温度稳定性、形变模量、低温弹性和塑性变形能力等,使之具有良好的耐高温性、优异的低温柔性和耐疲劳性。SBS 改性沥青主要用于制作建筑防水卷材和铺筑高速公路路面等。

3. 树脂改性沥青

用树脂改性沥青,可以提高沥青的耐寒性、耐热性、黏附性和不透水性。由于石油沥青中含芳香性化合物很少,故树脂和石油沥青的相容性较差,而且可用的树脂品种也较少。常用合成树脂有聚乙烯(PE)、无规聚丙烯(APP)、乙烯—醋酸乙烯共聚物(EVA)等。

4. 矿物填料改性沥青

为了提高沥青的黏结力、耐热性和温度稳定性,扩大沥青的使用温度范围,常加入一定数量的粉状或纤维状的矿物填料。常用的矿物粉末有滑石粉、石灰粉、云母粉、硅藻土等。

根据沥青改性的目的和要求选择改性剂时,可作如下初步选择:

(1)为提高抗永久变形能力,宜使用热塑性橡胶类及热塑性树脂类改性剂;

(2)为提高抗低温开裂能力,宜使用热塑性橡胶类及橡胶类改性剂;

(3)为提高抗疲劳开裂能力,宜使用热塑性橡胶类、橡胶类及热塑性树脂类改性剂;

(4)为提高抗水损害能力,宜使用各类抗剥落剂等外掺剂。

8.4.2　改性沥青的制备方法

大部分改性剂与沥青的相容性不是很好,必须采取特殊的加工方式才能将改性剂均匀分散在沥青中,制备出性能优良的改性沥青。改性沥青的加工方式主要有预混法和直接投入法。实际上,直接投入法是制作改性沥青混合料的工艺,只有预混法才是名副其实的制作改性沥青的工艺方法。改性沥青的混合方法有多种,如图 8.8 所示,主要有机械搅拌法、胶体磨或高速剪切搅拌法和母体法。

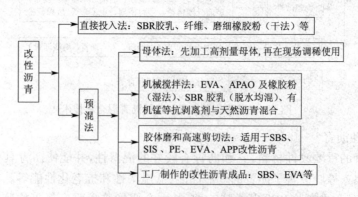

图 8.8　改性沥青的制作方法

机械搅拌法是将改性剂和沥青在加热条件下通过机械搅拌混合均匀,但由于大多数改性剂与基质沥青的相容性不好,因此,主要采用胶体磨或高速剪切法制备改性沥青。该方法是通过胶体磨或高速剪切设备等专用机械的研磨和剪切力,强制性将改性剂打碎,使改性剂充分分散到基质沥青中,这是目前最先进的方法,适合于工厂化生产。为了便于施工现场制备改性沥青,也可采用母体法。该方法先采用溶剂法或剪切混炼法制备聚合物含量高的改性沥青母体,再在现场把改性沥青母体与基质沥青掺配调稀成改性剂含量合适的改性沥青,所以又称为二次掺配法。工程应用时,应根据改性剂和基质沥青的特性和二者的相容性,选择合适的工艺方法,制备组成均匀且稳定的改性沥青。

8.4.3　改性沥青的技术性质

实践表明,用评价石油沥青的技术指标来评价改性沥青,往往会得出一些错误的结论,因此,必须有适用于改性沥青的评价指标和试验方法。我国聚合物改性沥青的技术要求见表 8.4。

表 8.4 表明,除了针入度、延度和软化点等指标外,针对改性沥青的特点,还提出了改性沥青的专项指标,不同类型的改性沥青对应不同的指标。

表 8.4　聚合物改性沥青技术要求

指　标	SBS 类(Ⅰ类)				SBR 类(Ⅱ类)			EVA、PE 类(Ⅲ类)			
	Ⅰ-A	Ⅰ-B	Ⅰ-C	Ⅰ-D	Ⅱ-A	Ⅱ-B	Ⅱ-C	Ⅲ-A	Ⅲ-B	Ⅲ-C	Ⅲ-D
针入度(25 ℃,100 g,5 s)(1/10 mm) ≥	100	80	60	40	100	80	60	80	60	40	30
针入度指数 PI[①] ≥	−1.0	−0.6	−0.2	+0.2	−1.0	−0.8	−0.6	−1.0	−0.8	−0.6	−0.4
延度(5 ℃,5 cm/min)(cm) ≥	50	40	30	20	60	50	40	—			
软化点 T　℃ ≥	45	50	55	60	45	48	50	48	52	56	60
运动黏度[②](135 ℃)　(Pa·s) ≤	3										
闪点(℃) ≥	230				230			230			
溶解度(%) ≥	99				99						
离析[③],软化点差(℃)≥	2.5				—			无改性剂明显析出、凝聚			
弹性恢复(25 ℃)　(%) ≥	55	60	65	70	—			—			
黏韧性(N·m)	—				5			—			
韧性(N·m)	—				2.5			—			
RTFOT 后残留物[④]											
质量损失　(%)≤	1.0				1.0			1.0			
针入度比(25 ℃)(%)≥	50	55	60	65	50	55	60	50	55	58	60
延度(5 ℃)　(cm)≥	30	25	20	15	30	20	10	—			

注:①针入度指数 PI 由实测 15 ℃、25 ℃、30 ℃三个不同温度的针入度按式 $\lg P = AT + k$ 直线回归求得参数 A 后由 $PI = (20 - 500A)/(1 + 50A)$ 求得,但直线回归的相关系数不得低于 0.997。

②表中 135 ℃运动黏度由布洛克菲尔德旋转黏度计(Brookfield 型)测定,若不改变改性沥青物理力学性质并符合安全条件的温度下易于泵送和搅和,或经试验证明适当提高泵送和拌和温度时能保证改性沥青的质量,容易施工,可不要求测定。有条件时应用毛细管法测定改性沥青在 60 ℃时的动力黏度。

③当 SBS 改性沥青在现场制作后立即使用或储存期间进行不间断搅拌或泵送循环时,对离析试验可不作要求。

④老化试验以旋转薄膜加热试验(RTFOT)方法为准。容许以薄膜加热试验(TFOT)代替,但必须在报告中注明,且不得作为仲裁结果。

1. 弹性恢复

弹性恢复表征改性沥青弹性能力。按沥青延度试验方法,在(20±0.5)℃的温度下,以 5 cm/min 的规定速度将试件拉伸 10 cm 时停止,用剪刀在中间将试件剪断,让其自由恢复,测量试件恢复后的长度 X，按公式(8.5)计算弹性恢复率：

$$弹性恢复率 = \frac{E-X}{E} \times 100\%$$ (8.5)

式中　　E——试样的原始长度，cm；

X——试样剪断并恢复后的试样长度，cm。

弹性恢复试验的恢复率越大，表明沥青的弹性性质越好。该指标主要适用于 SBS 改性沥青。

2. 离析试验

由于聚合物与沥青相容性不好，制备的改性沥青在静置、冷却过程中，聚合物会从沥青中析出，表现为聚合物上浮，即改性沥青不稳定。试验时，将盛有聚合物改性沥青的样品管在 163℃烘箱中保持 48 h 后，分别从样品管的顶部和底部提取试样，测定其环球法软化点，以软化点差表示离析程度，评价改性材料与沥青的相容性。软化点差越大，表明改性沥青的离析程度越大。该指标主要适用于 SBS 和 SBR 等聚合物改性沥青。

3. 黏韧性试验

沥青黏韧性试验是测定改性沥青在规定温度下高速拉伸时与金属半球的黏韧性及韧性，用以评价掺加改性剂后的改性效果，主要适用于 SBR 改性沥青。

4. 低温柔韧性

以 5 cm/min 的拉伸速度，测试改性沥青在 5℃时的低温延度作为评价改性沥青低温柔韧性（抗裂性能）的技术指标。

5. 抗老化性

由于改性沥青因热造成的质量损失很小，因此采用薄膜加热试验前后的质量损失不能正确反映改性沥青的抗老化性能。为此，采用薄膜加热试验前后的残留针入度比（25℃，100 g，5 s）、残留低温延度（5℃，5 cm/min）和残留弹性恢复（25℃，30 min，10 cm，5 cm/min）来评价改性沥青的抗老化性。残留针入度比越大，说明沥青的抗老化性能越好。残留低温延度越大，沥青混合料的低温抗裂性越好。残留弹性恢复率越大，其抗老化性能越好。

8.5　沥青混合料

8.5.1　引　言

1. 沥青混合料的定义

沥青混合料是将粗骨料、细骨料和填料经合理级配后组成的矿料与适量的沥青材料经拌和而成的均匀混合料，包括沥青混合料（压实后剩余空隙率≤10%）和沥青碎石（压实后剩余空隙＞10%）。沥青混合料主要用于道路路面，也可用于水工建筑物表面或内部的防渗层及高速铁路路基的路肩防水面层。

沥青混合料作为高等级公路最主要的路面材料，其优越性体现在以下几个方面：

(1)沥青混合料是一种黏弹性材料，它具有一定的高温稳定性和低温抗裂性，变形性较大，不需设置施工缝和伸缩缝，阻尼吸振能力强，行车比较舒适，噪声低。

(2)沥青混合料路面平整且有一定的粗糙度，具有良好的抗滑性。如高速公路路面的平整度可达 1.0 mm 以下。沥青混合料路面为黑色，无强烈反光，行车比较安全。

(3)施工方便,速度快,不需要较长的养护期,能及时开放交通。

(4)沥青混合料路面维修便捷,并可再生利用,节约资源。

当然,沥青混合料路面也存在一些不足,如路面表层因老化而松散,引起路面破坏;夏季高温时路面因软化而产生车辙、波浪等现象;冬季低温时因硬脆而产生裂缝。

2. 沥青混合料的分类

(1)按胶结材料品种,分为石油沥青混合料和煤沥青混合料。

(2)按沥青混合料施工温度,分为热拌热铺沥青混合料、热拌冷铺和冷拌冷铺沥青混合料。其中热拌沥青混合料的种类见表8.5。

表8.5 热拌沥青混合料种类

混合料类别	方孔筛系列		
	沥青混凝土	沥青碎石	最大骨料粒径(mm)
特粗式	—	AM-40	37.5
粗粒式	AC-30	AM-30	31.5
	AC-25	AM-25	26.5
中粒式	AC-20	AM-20	19.0
	AC-16	AM-16	16.0
细粒式	AC-13	AM-13	13.2
	AC-10	AM-10	9.5
砂粒式	AC-5	AM-5	4.75
抗滑表层	AK-13	—	13.2
	AK-16	—	16.0

(3)按矿料最大粒径分类,分成5种:特粗式(最大粒径大于或等于37.5 mm的沥青碎石混合料)、粗粒式(最大粒径为26.5 mm或31.5 mm的沥青混合料,一般用于高级路面的基层或双层式沥青面层的下层)、中粒式(最大粒径为16 mm或19 mm的沥青混合料,一般用于路面的面层或双层式沥青面层的下层)、细粒式(最大粒径为9.5 mm或13.2 mm的沥青混合料,一般用于双层式沥青路面面层)、砂质或砂粒式(含有最大粒径4.75 mm的天然砂或破碎砂)。

(4)按矿料级配类型,分为连续级配和间断级配沥青混合料。

(5)按沥青混合料的密实度,连续级配的沥青混合料可分为密级配、半开级配和开级配沥青混合料。

①密级配沥青混合料。由各种粒径的颗粒级配连续、相互嵌挤密实的矿料与沥青拌和而成,压实后空隙率小于10%的沥青混合料。其中,空隙率在3%～6%(城市道路为2%～6%)的为Ⅰ型密实式沥青混凝土混合料;空隙率在4%～10%的为Ⅱ型半密实式沥青混凝土混合料。按密实级配原理设计组成的各种粒径颗粒的矿料与沥青拌和而成,设计空隙率较小的密实式沥青混凝土混合料(AC)和密实式沥青稳定碎石混合料(ATB)。按关键性筛孔通过率的不同又可分为粗型(C型)或细型(F型)密级配沥青混合料等,具体见表8.6。

表8.6 粗型(C型)和细型(F型)密级配沥青混凝土的关键性筛孔通过率

混合料类型	公称最大粒径(mm)	用以分类的关键性筛孔(mm)	粗型密级配		细型密级配	
			名称	关键性筛孔通过率(%)	名称	关键性筛孔通过率(%)
AC-25	26.5	4.75	AC-25C	<40	AC-25F	>40
AC-20	19	4.75	AC-20C	<45	AC-20F	>45
AC-16	16	2.36	AC-16C	<38	AC-16F	>38
AC-13	13.2	2.36	AC-13C	<40	AC-13F	>40
AC-10	9.5	2.36	AC-10C	<45	AC-10F	>45

②半开级配沥青混合料。由适当比例的粗骨料、细骨料及少量填料(或不加填料)与沥青拌和而成,压实后空隙率大于10%的半开式沥青混合料,也称沥青碎石混合料,以AM表示。

③开级配沥青混合料。矿料级配主要由粗骨料组成,细骨料较少,矿料相互拨开,压实后空隙率大于15%的开式沥青混合料。

在各种沥青混合料中,热拌沥青混合料是最典型的品种。本节主要讲述热拌沥青混合料的一些基本原理、技术性质、影响因素和设计方法等。

8.5.2 矿料的组成设计

沥青混合料有两种组成材料——沥青和矿料(简称矿料)。欲使沥青混合料具备优良的路用性能,除各种矿质骨料的技术性质应符合技术要求外,矿料还必须满足最小空隙率和最大摩擦力的基本要求。

(1)最小空隙率。不同粒径的各矿质骨料按一定比例搭配,形成具有最小空隙率的矿料。

(2)最大摩擦力。各级矿质骨料在进行比例搭配时,应使各级骨料排列紧密,形成一个多级空间骨架结构,且具有最大摩擦力。

为达到上述要求,必须依据级配理论对矿料进行组成设计。

1. 矿料的级配曲线

与水泥混凝土用骨料的级配概念类似,为使矿料达到最小空隙率和最大摩擦力的要求,矿料级配也可采用连续级配或间断级配。

矿料的连续级配曲线和间断级配曲线如图8.9所示。

2. 级配理论

目前常用的级配理论主要有最大密实度曲线理论和粒子干涉理论。最大密度曲线理论主要描述连续级配的粒径分布。粒子干涉理论不仅可用于计算连续级配,而且也可用于计算间断级配。

(1)最大密实度曲线理论

W·B·富勒(Fuller)及其同事提出的该理论认为,矿料的颗粒级配曲线愈接近抛物线,则其密度愈大。该理论有以下3个计算公式。

①最大密实度曲线公式。根据上述理论,当矿料的级配曲线为抛物线时,符合最大密实度

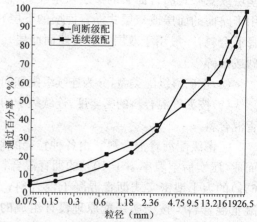

图8.9 连续级配曲线和间断级配曲线

理想曲线的矿料中,各级粒径(d_i)与通过量(p_i)关系如式(8.6)所示:

$$p_i = 100 \left(\frac{d_i}{D} \right)^{0.5} \tag{8.6}$$

式中　d_i——骨料各级粒径,mm;

　　　p_i——骨料各级粒径的通过率,%;

　　　D——矿料的最大粒径,mm。

②最大密实度曲线 n 次幂公式。Talbol 将公式(8.6)中的指数 0.5 改成 n,认为指数不应该是一个常数,而应该是一个变数。通常使用的矿料的级配范围(包括密级配和开级配)n 在 0.3～0.7 之间。因此在实际应用时,可取 n 分别为 0.3 和 0.7,按公式(8.7)计算矿料的级配上限和下限:

$$p_i = 100 \left(\frac{d_i}{D} \right)^{n} \tag{8.7}$$

式中　n——试验指数。

③苏联提出的控制筛余量递减系数 k 的方法,对此感兴趣的同学可参阅有关书刊。

(2)粒子干涉理论

C·A·G 魏矛斯研究认为,矿料堆积体积达到最大密度时,前一级颗粒之间的空隙,应由次一级颗粒填充;其所余空隙又由再次小颗粒填充,但填隙的颗粒粒径不得大于其间隙之距离,否则大小颗粒粒子之间势必发生干涉现象。为避免干涉,大小粒子之间应按一定数量分配。从临界干涉的情况下可导出前一级颗粒的距离公式:

$$t = \left[\left(\frac{\psi_0}{\psi_s} \right)^{1/3} - 1 \right] D \tag{8.8}$$

当处于临界干涉状态时,$t = d$,则公式(8.8)可写成公式(8.9):

$$\psi_s = \frac{\psi_0}{\left(\dfrac{d}{D} + 1 \right)^3} \tag{8.9}$$

式中　t——前粒级的间隙(即等于次粒级的粒径 d),mm;

　　　D——前粒级的粒径,mm;

　　　ψ_0——次粒级的理论实积率(实积率即堆积密度与表观密度之比);

　　　ψ_s——次粒级的实积率。

公式(8.9)即为粒子干涉理论公式,应用时,如已知骨料的堆积密度和表观密度,即可求得骨料理论实积率(ψ_0)。连续级配时 $d/D = 1/2$,则可按式(8.9)求得实用实积率(ψ_s)。由实积率可计算出各级骨料的配量(即各级分计筛余),据此计算的线配曲线与富勒最大密度曲线相近似。后来,R. 瓦利特又发展了粒子干涉理论,提出间断级配矿料的计算方法。

3. 矿料配合比例的确定

我国行业标准《公路沥青路面施工技术规范》(JTG F40—2004)规定,应根据不同地区、道路等级及所处层位的功能性要求,并综合考虑耐久性、抗车辙、抗裂、抗水损害、抗滑等多方面的性能要求,选择适宜的沥青混合料类型,然后确定矿料组成。矿料应满足规范中规定的级配范围要求,例如,密级配沥青混合料的矿料级配范围见表 8.7。

通常单一的骨料是不能满足上述要求的,一般需要将若干种骨料,如粗骨料、细骨料、矿粉等按一定的比例搭配,组合成一种新的矿料(简称合成骨料),才能满足上述级配范围的要求。常用的计算方法有试算法和图解法。

(1)试算法

该法适用于2~3种骨料组成的矿料。此方法的基本原理是:现有几种矿质骨料,欲配制成一种符合一定级配要求的矿料,在决定各组成骨料在混合料中的比例时,先假定混合料中某种粒径的颗粒是由某一种对这一粒径占优势的骨料组成,而其他各种骨料中不含有此粒径。这样即可根据各个主要粒径试算各种骨料在混合料中的大致比例,再经过校核调整,最终获得满足混合料级配要求的各骨料的配合比例。

表8.7 密级配沥青混凝土混合料矿料级配范围

级配类型		通过下列筛孔(mm)的质量百分率(%)												
		31.5	26.5	19	16	13.2	9.5	4.75	2.36	1.18	0.6	0.3	0.15	0.075
粗粒式	AC-25	100	90~100	75~90	65~83	57~76	45~65	24~52	16~42	12~33	8~24	5~17	4~13	3~7
中粒式	AC-20		100	90~100	78~92	62~80	50~72	26~56	16~44	12~33	8~24	5~17	4~13	3~7
	AC-16			100	90~100	76~92	60~80	34~62	20~48	13~36	9~26	7~18	5~14	4~8
细粒式	AC-13				100	90~100	68~85	38~68	24~50	15~38	10~28	7~20	5~15	4~8
4~8	AC-10						100	90~100	45~75	30~58	20~44	13~32	9~23	6~16
砂粒式	AC-5							100	90~100	55~75	35~55	20~40	12~28	7~18	5~10

例如,现有A、B、C三种骨料,欲配制成某一级配要求的混合料M。试确定这三种骨料在混合料M中的配合比例(即配合比)。先作下列两点假设:

①设X、Y、Z分别为A、B、C三种骨料在矿料M中的比例,则$X+Y+Z=100$。

②又设矿料M中某一级粒径(i)要求的含量为$a_{M(i)}$,A、B、C三种骨料在其原来级配中此粒径(i)颗粒的含量分别为$a_{A(i)}$、$a_{B(i)}$、$a_{C(i)}$,则$a_{A(i)} \cdot X + a_{B(i)} \cdot X + a_{C(i)} \cdot Z = a_{M(i)}$。

由假设a,矿料M中某一级粒径(i)主要由A骨料所提供(即A料占优势),而忽略i粒径颗粒在B、C骨料中的含量,这样即可计算出A料在矿料M中的用量比例X。因$a_{B(i)} = a_{C(i)} = 0$,则$a_{A(i)} \cdot X = a_{M(i)}$,故

$$X = \frac{a_{M(i)}}{a_{A(i)}} \times 100 \qquad (8.10)$$

同理可计算出C骨料在矿料M中的用量比例为

$$Z = \frac{a_{M(j)}}{a_{C(j)}} \times 100 \qquad (8.11)$$

因此B骨料在矿料M中的用量比例为

$$Y = 100 - (X + Z) \qquad (8.12)$$

对上述计算结果进行校核,如不在要求的级配范围内,应调整配合比,重新计算和复核。

(2)图解法

图解法是用作图的方法在图上定出各种骨料的配合比例,具体步骤如下:

①根据工程设计要求,查表确定混合料的级配范围,并以级配范围的各中值的连线作为标准级配曲线。

②把所使用的各种骨料分别做筛分试验,求出它们各自的级配参数。

③在一个普通的方格纸上绘一个矩形方框,连对角线 OO'(如图 8.10)作为合成级配的中值。纵坐标标出通过百分率(0～100％)。根据级配范围中值要求的各筛孔通过百分率 P_i 横引一条直线,与对角线相交于 S 点,过 S 点作垂线与横坐标相交(i),其交点即为各相应筛孔孔径(mm)的位置。

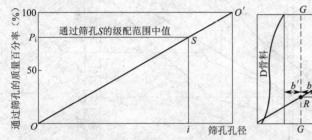
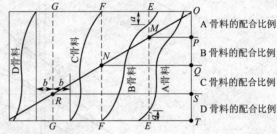

图 8.10 图解法确定矿料配合比

④在确定了矩形方框中的纵、横坐标以后,将各骨料的筛分曲线绘在图中,根据各相邻曲线的相互关系确定其各自的配合比例。各相邻曲线间的关系有如下几种情况:

第一种情况——两相邻曲线重叠。如图 8.10 中 A 骨料与 B 骨料曲线首尾搭接,在搭接区域内画一垂线 EE,使得垂线 EE 与 A、B 两曲线的交点分别与上下边框的距离相等($a = a'$)。过 EE 线与对角线的交点 M 横引一条直线与右纵轴交于 P 点,OP 即为 A 骨料的配合比例。

第二种情况——两相邻曲线相接。如图 8.10,B 骨料与 C 骨料曲线的首尾正好在同一铅垂线上,此垂线 FF 与对角线交于 N 点,过 N 点横引一条直线得 Q 点,PQ 即为 B 骨料的配合比例。

第三种情况——两相邻曲线分离。如 C 骨料与 D 骨料曲线的首尾分离一段距离,在分离区域内作一条垂直平行线 GG(使 $b = b'$),交对角线于 R 点,过 R 横引一条直线得 S 点,QS 即为 C 骨料的配合比例。ST 为 D 骨料的配合比。

⑤根据各骨料的配合比例,计算矿料的合成级配,并与规定的级配范围对照,当不相符时应适当调整,直至使合成级配均在规范规定的级配范围之内。

【例 8.1】 已知某工地需拌制中粒式 AC-16 I 型沥青混凝土混合料,料场现有 4 种矿质骨料,其各自的筛分结果如表 8.8 所示。试计算矿料中各种骨料的配合比。

表 8.8 根据矿料配合比计算混合料级配组成

项次	材料名称		在下列筛孔尺寸(mm)上存留百分率(％)											
			19	16	13.2	9.5	4.75	2.36	1.18	0.6	0.3	0.15	0.075	<0.075
1	各种矿料累计筛余(％)	细碎石	100		8	45	56	67	78	83	89	92	96	100
2		石屑	100			40	50	62	70	78	81	83	100	
3		砂	100				31	45	69	79	85	92	100	
4		矿粉	100								9	11	15	85

【解】 (1)首先根据表 8.8 计算级配范围通过量的中值,得表 8.9,由此绘制级配曲线图,如图 8.11 所示。

表 8.9 选用沥青混凝土矿料标准级配范围

筛孔(mm)	19	16	13.2	9.5	4.75	2.36	1.18	0.6	0.3	0.15	0.075
通过量	100	95~100	75~90	58~78	42~63	32~50	22~37	16~28	11~21	7~15	4~8
通过量中值	100	97.5	82.5	68	52.5	41	29.5	22	16	11	6

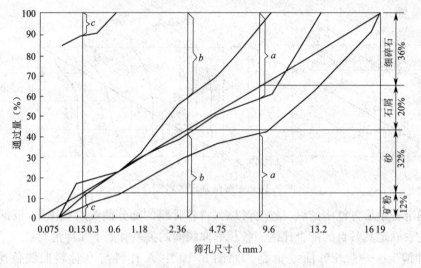

图 8.11 图解法求矿料配合比

(2)将表 8.9 中 1~4 项的累计筛余换算为通过量,得表 8.10 中的 1~4 项。并绘制级配曲线,如图 8.11 所示。

(3)根据两相邻曲线的关系得矿料的初步配合比为细碎石∶石屑∶砂∶矿粉=32%∶20%∶32%∶12%。

(4)计算矿料的合成级配。表 8.10 中的 5~9 项,必要时应适当调整,使合成级配均在规范规定的级配范围之内。

在施工中为了保证矿料配合比的准确性,对设计的合成级配除要求应落在级配范围之内外,还要求应尽可能接近级配范围的中值。

表 8.10 根据矿料配合比计算混合料级配组成

项目	材料名称			在下列筛孔尺寸(mm)上存留百分率(%)										
				19	16	13.3	9.5	4.75	2.36	1.18	0.6	0.3	0.15	0.075	<0.075
1	各种矿料通过量(%)	细碎石	100	100	92	55	44	33	22	17	11	8	4	0	
2		石屑	100	100	100	100	100	50	38	30	22	19	17	0	
3		砂	100	100	100	100	100	69	55	31	21	15	8	0	
4		矿粉	100	100	100	100	100	100	100	100	100	91	89	85	
5	各种矿料在混合料中用量(%)	细碎石	36	36	33	20	16	12	8	6	4	2	1	0	
6		石屑	20	20	20	20	20	10	7	6	4	4	3	0	
7		砂	32	32	32	32	32	22	18	10	8	5	2	0	
8		矿粉	12	12	12	12	12	12	12	12	12	11	11	10	
9	设计混合料合成级配		100	99	84	44	44	37	28	28	23	17	10		
10	AC-16 I 型级配范围		100	95~100	75~90	58~78	42~63	32~50	22~37	16~28	11~21	7~15	4~8		

8.5.3 热拌沥青混合料

热拌沥青混合料是经人工组配的矿料和黏稠沥青在专门设备中加热拌和而成的热塑性混合物。热拌沥青混合料用保温运输工具运送至施工现场,并在热态下进行摊铺和压实(本节未特别说明均为热拌沥青混合料)。

1. 组成结构

沥青混合料是由矿料和沥青胶结料组成的,沥青包裹在矿料固体颗粒表面,在高温下沥青呈黏流态,在固体颗粒间起润滑作用,从而赋予沥青混合料高温黏流性;在常温下沥青为黏弹性固态,从而起到胶结作用,将矿料颗粒胶结在一起。沥青在混合料中是连续相,而矿料是分散相,主要起骨架和填充作用。矿料骨架是由不同粒径的矿质颗粒,即粗骨料(碎石或轧制砾石)、细骨料(砂、石屑)以及矿粉所构成的密实堆积体。颗粒级配良好的矿料骨架可以减少沥青胶结料的用量,并且改善沥青混合料的体积稳定性。在一定条件下,沥青中的活性组分还能与矿料颗粒表面物质产生化学作用,从而进一步提高界面性能。根据矿料颗粒堆积体结构的密实性,沥青混合料的组成结构可分为悬浮密实结构、骨架孔隙结构和骨架密实结构,如图8.12所示。

 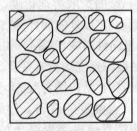 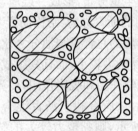

(a)悬浮密实结构   (b)骨架空隙结构   (c)骨架密实结构

图 8.12 沥青混合料的典型组成结构

(1)悬浮密实结构。由连续颗粒级配的矿料组成的密实混合料,由于矿料颗粒从大到小连续分布,较大颗粒都被较小粒径的颗粒挤开,大颗粒以悬浮状态处于较小的颗粒之中,如图8.12(a)。这种结构通常按最佳级配原理进行设计,因而密实度与强度较高,但其结构强度受沥青的性质和物理状态的影响较大,其稳定性较差。

(2)骨架空隙结构。较粗的骨料彼此紧密相接,形成骨架,而较细的颗粒数量较少,不足以充分填充粗骨料堆积空隙,矿料堆积体空隙较大,如图8.12(b)所示。这种结构中,粗骨料之间的内摩阻力起着重要的作用,其结构强度受沥青的性质和物理状态的影响较小,稳定性较好,但黏聚力较低。

(3)骨架密实结构。由间断级配的矿料与沥青组成的沥青混合料。综合以上两种结构之长处,混合料中既有一定数量的粗骨料形成骨架,又根据粗骨料堆积的空隙加入一定的细骨料,形成高度密堆积。具有此结构的沥青混合料不仅具有较高的黏聚力,而且内摩擦角也较大。

2. 强度理论

(1)沥青混合料的高温强度和稳定性

沥青混合料路面在使用中出现的破坏形式主要有:高温时因抗剪强度不足或塑性变形过大而产生的推挤等现象,以及低温时因抗拉强度不足或变形能力较差而产生裂缝现象。从工程应用出发,要求沥青混合料在高温时必须具有一定的抗剪强度和抵抗变形的能力。试验表明,沥青混合料的抗剪强度(τ)主要取决于沥青与矿料间因物理化学作用产生的黏结力(c)、矿料骨架中颗粒间的内摩阻角(φ)和外荷载产生的正应力(σ),可用公式(8.13)表示:

$$\tau = c + \sigma \cdot \tan \varphi \tag{8.13}$$

式中 τ——沥青混合料的抗剪强度,MPa;

c——沥青与矿料间的黏结力,MPa;

σ——外荷载产生的正应力,MPa;

φ——矿料骨架的内摩阻角。

公式(8.13)表明,τ 值随 c、φ 值的增大而增加。

(2)影响抗剪强度 τ 的因素

①沥青黏度。当其他因素相同时,沥青混合料的黏结力 c 随沥青黏度的提高而增加,因为沥青黏度表征了沥青抵抗剪切作用的抗力,所以沥青混合料受到剪切作用时,特别是受到短暂的瞬时荷载时,高黏度的沥青能增大沥青混合料的黏滞阻力,提高其抗剪强度。

②沥青和矿料化学性质。沥青混合料中,沥青与矿料间相互作用的物理化学过程还不是非常清晰。Π·А·列宾捷尔等认为,沥青与矿料相互作用后,沥青中有些化学组分在矿料颗粒表面发生重分布,形成一层厚度为 δ_0 的扩散溶剂化膜,如图 8.13(a)所示。在此膜的厚度 δ_0 范围内的沥青称为"结构沥青",而在 δ_0 以外的沥青称"自由沥青"。膜内的"结构沥青"的胶质和沥青质的总含量与油分之比由里向外递减,其黏度和抗剪强度由外向里递增。膜外的"自由沥青"黏结力较小,而且其组成、黏度与强度均没有变化。这说明在沥青和矿料间的界面上发生了化学作用和吸附作用,使界面膜内"结构沥青"的力学性能明显高于膜外"自由沥青"的力学性能,从而有利于沥青混合料抗剪强度的改善。如果骨料颗粒间的接触较紧密,如图 8.13(b)所示,则黏聚力较大的结构沥青使得沥青混合料的抗剪强度较高;反之,骨料颗粒间距较大,如图 8.13(c)所示,骨料颗粒间距较大,黏聚力较小的自由沥青使得沥青混合料的抗剪强度较小。

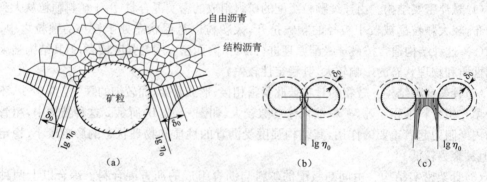

图 8.13 沥青与矿料相互作用的结构图

③矿料物理性质。矿料的物理性质包括比表面积、级配类型和表面特征等。根据结构沥青的形成机理,在沥青用量相同时,矿料比表面积越大,则形成的结构沥青膜越薄,结构沥青在沥青用量中所占比例越大,所以沥青混合料的黏结力也越高。一般来说,粗骨料的比表面积约为 $0.5 \sim 3 \text{ m}^2/\text{kg}$,而矿粉的比表面积却达到 $300 \sim 2\,000 \text{ m}^2/\text{kg}$ 以上,所以矿粉的性质与用量对沥青混合料的强度影响很大。在沥青混合料中,必须含有适量的矿粉并要求一定细度,以保证矿料有足够的总表面积。

矿料颗粒级配不同,其比表面积也不同。粗骨料少、细骨料多的连续型级配的矿料,其比表面积较大,沥青混合料的黏结力较大,内摩阻力较小;如采用适宜粗细骨料比例的间断级配,则沥青混合料具有内摩阻角和黏结力均较大的特点,其抗剪强度也高。

骨料表面特征(形状及表面粗糙度)决定着混合料压实后颗粒间的相互位置和接触面积的大小。具有棱角近似等径多面体和表面粗糙的矿料,碾压后相互嵌挤锁结,具有很大的内摩阻力。通常由这种矿料配制的沥青混合料的抗剪强度高于用圆形光滑的矿料配制的混合料的抗剪强度。试验结果表明,要想获得具有较大内摩擦角的矿料,必须采用粗大、均匀的颗粒。在其他条件相同的情况下,矿质骨料颗粒愈粗,所配制的沥青混合料的内摩擦角愈大。相同粒径组成的骨料,卵石的内摩擦角比碎石的小。

④沥青用量。沥青与矿料的质量比(即沥青用量或油石比)是影响沥青混合料抗剪强度的重要因素,如图 8.14 所示。在沥青用量较少时,沥青不足以在矿料颗粒表面形成结构沥青,黏结力较小,随沥青用量的增加,矿料颗料表面上的结构沥青逐渐形成,其黏结力随沥青用量增加而增大。当沥青用量足以形成结构沥青膜并完全包裹矿料颗粒表面时,沥青混合料的黏结力达到最大值。随后,如沥青用量继续增加,则由于沥青过多形成较多的自由沥青,加大了矿料颗粒间距,黏结力和内摩阻力随自由沥青的增加而降低。因此,当沥青用量增加至某一用量后,沥青混合料抗剪强度降低。所以,对于每一种矿料和沥青来说,沥青混合料都有一个最佳沥青用量,可综合强度要求和施工和易性要求通过试验确定,也可参照表 8.11 选用。

此外,沥青与矿料的黏结力随温度的升高而降低,随加荷速度的增加而增高,而内摩阻角几乎不受温度变化和加荷速度的影响。

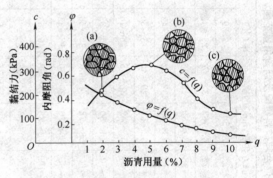

图 8.14　不同沥青用量时的沥青
混合料结构和 c、φ 值变化示意图
(a)沥青用量不足;(b)沥青用量适中;(c)沥青用量过度

3. 组成材料及其技术要求

为保证沥青混合料的技术性能,必须正确地选择沥青和矿料(包括粗、细骨料和填料)。

(1)粗骨料

沥青混合料用粗骨料包括碎石、破碎砾石、筛选砾石、矿渣等,其粒径规格应按表 8.12 的规定生产和使用,并应洁净、干燥、无风化、不含杂质。在力学性质方面,压碎值和洛杉矶磨耗率等应符合《公路沥青路面施工技术规范》(JTG F40—2004)中相应道路等级的要求(见表 8.13)。

对于抗滑表层沥青混合料用的粗骨料,应该选用坚硬、耐磨、韧性好的碎石或碎砾石。用于高速公路、一级公路、城市快速道路、主干路沥青路面表面层及各类道路抗滑层用的粗骨料,也应符合《公路沥青路面施工技术规范》中磨光值、道瑞磨耗值和冲击值的要求。在坚硬石料来源缺乏时,允许掺加一定比例的普通骨料作为中等或小颗粒的粗骨料,但掺加比例不应超过粗骨料总质量的 40%。

表 8.11 沥青混合料矿料级配及沥青用量范围

大类	粒径	级配类型	通过下列筛孔(方孔筛,mm)的质量百分率(%)															供参考的沥青用量(%)
			53.0	37.5	31.5	26.5	19.0	16.0	13.2	9.50	4.75	2.36	1.18	0.60	0.30	0.15	0.075	
沥青混合料	粗粒	AC-30 I		100	90~100	79~92	66~82	59~77	52~72	43~63	32~52	25~42	18~32	13~25	8~18	5~13	3~7	4.0~6.0
		AC-30 II		100	90~100	65~85	52~70	45~65	38~58	30~50	18~38	12~28	8~20	4~14	3~11	2~7	1~5	3.0~5.0
		AC-25 I			100	95~100	75~90	62~80	53~73	43~63	32~52	25~42	18~32	13~25	8~18	5~13	3~7	4.0~6.0
		AC-25 II			100	90~100	65~85	52~70	42~62	32~52	20~40	13~30	9~23	6~16	4~12	3~8	2~5	3.0~5.0
	中粒	AC-20 I				100	95~100	75~90	62~80	52~72	38~58	28~46	20~34	15~27	10~20	6~14	4~8	4.0~6.0
		AC-20 II				100	90~100	65~85	52~70	40~60	26~45	16~33	11~25	7~18	4~13	3~9	2~5	3.5~5.5
		AC-16 I					100	95~100	75~90	58~78	42~63	32~56	22~37	16~28	11~21	7~15	4~8	4.0~6.0
		AC-16 II					100	90~100	65~85	50~70	30~50	18~35	12~26	7~19	4~14	3~9	2~5	3.5~5.0
	细粒	AC-13 I						100	95~100	70~88	48~68	36~53	24~41	18~30	12~22	8~16	4~8	4.5~6.4
		AC-13 II						100	90~100	60~80	34~52	22~38	14~28	8~20	5~14	3~10	2~6	4.0~6.0
		AC-10 I							100	95~100	55~75	38~58	26~43	17~33	11~24	6~16	4~9	5.0~7.0
		AC-10 II							100	90~100	40~60	24~42	15~30	9~22	6~15	4~10	2~6	4.5~6.5
	砂	AC-5 I								100	95~100	55~75	35~55	20~40	12~28	7~18	5~10	6.0~8.0
沥青碎石	特粗	AM-40	100	90~100	50~80	40~65	30~54	25~30	20~45	13~38	5~25	2~15	0~6	0~8	0~6	0~5	0~4	2.5~3.5
	粗粒	AM-30	90~100	100	90~100	50~80	38~65	32~57	25~50	17~42	8~30	2~20	0~15	0~10	0~8	0~5	0~4	3.0~4.0
		AM-25		100	100	90~100	50~80	43~73	38~65	25~55	10~32	2~20	0~14	0~10	0~8	0~6	0~5	3.0~4.5
	中粒	AM-20				100	90~100	60~85	50~75	40~65	15~40	5~22	2~16	1~12	0~10	0~8	0~5	3.0~4.5
		AM-16					100	90~100	60~85	45~68	18~42	6~25	3~18	1~14	0~10	0~8	0~6	3.0~4.5
	细粒	AM-13						100	90~100	50~80	20~45	8~28	4~20	2~16	2~12	0~8	0~6	3.0~4.5
		AM-10							100	85~100	35~65	10~35	5~22	2~16	2~16	0~9	0~9	3.0~4.5
抗滑表层		AK-13A						100	90~100	60~80	30~35	20~40	15~30	10~23	7~18	5~12	4~8	3.5~5.5
		AK-13B						100	85~100	50~70	18~40	10~30	8~22	5~7	3~12	3~9	2~6	3.5~5.5
		AK-16					100	90~100	60~82	45~70	25~45	15~35	10~25	8~18	6~13	4~10	3~7	3.5~5.5

表 8.12　沥青混合料用粗骨料粒径规格

规格名称	公称粒径(mm)	106	75	63	53	37.5	31.5	26.5	19	13.2	9.5	4.75	2.36	0.6
		通过下列筛孔(mm)的质量百分率(%)												
S1	40~75	100	90~100			0~15		0~5						
S2	40~60		100	90~100		0~15		0~5						
S3	30~60		100	90~100			0~15		0~5					
S4	25~50			100	90~100			0~15		0~5				
S5	20~40				100	90~100			0~15		0~5			
S6	15~30					100	90~100			0~15		0~5		
S7	10~30					100	90~100				0~15	0~5		
S8	10~25						100	90~100		0~15		0~5		
S9	10~20							100	90~100		0~15	0~5		
S10	10~15								100	90~100	0~15	0~5		
S11	5~15								100	90~100	40~70	0~15	0~5	
S12	5~10									100	90~100	0~15	0~5	
S13	3~10									100	90~100	40~70	0~20	0~5
S14	3~5										100	90~100	0~15	0~3

表 8.13　沥青混合料用粗骨料质量技术要求

指　　标	单位	高速公路及一级公路		其他等级公路
		表面层	其他层次	
石料压碎值,不大于	%	26	28	30
洛杉矶磨耗损失,不大于	%	28	30	35
表观相对密度,不小于	—	2.60	2.50	2.45
吸水率,不大于	%	2.0	3.0	3.0
坚固性,不大于	%	12	12	—
针片状颗粒含量(混合料),不大于	%	15	18	20
其中粒径大于9.5mm,不大于	%	12	15	—
其中粒径大于9.5mm,不大于	%	18	20	—
水洗法<0.075mm 颗粒含量,不大于	%	1	1	1
软石含量,不大于	%	3	5	5

注:①坚固性试验根据需要进行;

　　②用于高速公路、一级公路,多孔玄武岩的视密度限度可放宽至 2.45 t/m³,吸水率可放宽至 3%,但必须得到建设单位的批准,且不得用于 SMA 路面;

　　③对 S14 即 3~5 规格的粗骨料,针片状颗粒含量可不予要求,小于 0.075 mm 含量可放宽到 3%。

经检验属于酸性岩石的石料,如花岗岩、石英岩等用于高速公路、一级公路、城市快速路、主干路时,宜用针入度较小的沥青,并采用下列抗剥离措施,使其对沥青的黏附性符合表 8.14 的要求。例如,用干燥的生石灰或消石灰粉、水泥作为填料的一部分,其用量宜为矿料总量的 1%~2%;在沥青中掺加剥离剂;将粗骨料用石灰浆处理后使用。

表 8.14　粗骨料与沥青的黏附性、磨光值的技术要求

雨量气候区	1(潮湿区)	2(湿润区)	3(半干区)	4(干旱区)	试验方法
年降雨量(mm)	>1 000	1 000~500	500~250	<250	
粗骨料的磨光值 PSV,不小于高速公路、一级公路表面层	42	40	38	36	T0321
粗骨料与沥青的黏附性,不小于高速公路、一级公路表面层	5	4	4	3	T0616
高速公路、一级公路的其他层次及其他等级公路的各个层次	4	4	3	3	T0663

（2）细骨料

用于热拌沥青混合料的细骨料宜采用优质的天然砂或人工砂。在缺砂地区,也可使用石屑,但用于高速公路、一级公路、城市快速路、主干路沥青混凝土面层及抗滑表层等时,石屑用量宜不超过砂的用量。细骨料应与沥青有良好的黏结力,故有时对某些岩石类细骨料,也应采用前述粗骨料的抗剥离技术措施。

天然砂宜按表 8.15 中的规格选用,石屑按表 8.16 中的规格选用。但细骨料的级配在沥青混合料中的适用性,应以其与粗骨料和填料配制成沥青砂混合料后,判定其是否符合矿料的级配(表 8.9)要求来决定。当一种细骨料不能满足级配要求时,可采用两种或两种以上的细骨料掺合使用。我国《公路沥青路面施工技术规范》(JTG F40—2004)对细骨料的技术要求见表 8.17。

表 8.15　沥青面层的天然砂规格

分　类	粗　砂	中　砂	细　砂
筛孔尺寸(mm)	通过各筛孔的质量百分率(%)		
9.5	100	100	100
4.75	90~100	90~100	90~100
2.36	65~95	75~100	85~100
1.18	35~65	50~90	75~100
0.6	15~29	30~59	60~84
0.3	5~20	8~30	15~45
0.15	0~10	0~10	0~10
0.075	0~5	0~5	0~5
细度模数 M_x	3.7~3.1	3.0~2.3	3.2~16

表 8.16　沥青混合料用机制砂或石屑规格

规格	公称直径(mm)	水洗法通过各筛孔的质量百分率(%)							
		9.5	4.75	2.36	1.18	0.6	0.3	0.15	0.075
S15	0~5	100	90~100	60~90	40~75	20~55	7~40	2~20	0~10
S16	0~3	—	100	80~100	50~80	25~60	8~45	0~25	0~15

注:当生产石屑采用喷水抑制扬尘工艺时,应特别注意含粉量不得超过表中要求。

表 8.17　沥青混合料用细骨料质量要求

项　目	单位	高速公路、一级公路	其他等级公路	试验方法
表观密度,不小于	—	2.50	2.45	T 0328
坚固性(>0.3 mm 部分),不小于	%	12	—	T 0340
含砂量(小于 0.075 mm 的含量),不大于	%	3	5	T 0333

续上表

项　目	单位	高速公路、一级公路	其他等级公路	试验方法
砂当量,不小于	%	60	50	T 0334
亚甲蓝值,不大于	g/kg	25	—	T 0349
棱角性(流动时间),不小于	s	30		T 0345

注:坚固性试验可根据需要进行。

（3）填料

填料宜采用石灰岩或岩浆岩中的强基性岩石(憎水性石料)经磨细得到的矿粉。原石料中泥土含量应小于3%,并不得有其他杂质。矿粉要求干燥、洁净,其质量应符合表8.18的技术要求。当采用水泥、石灰、粉煤灰作填料时,其用量不宜超过矿料总量的2%。

表8.18　沥青混合料用矿粉质量要求

项　目		单位	高速公路、一级公路	其他等级公路	试验方法
表观密度,不小于		t/m³	2.50	2.45	T0352
含水率,不大于		%	1	1	T0103 烘干法
粒度范围	<0.6 mm	%	100	100	T0351
	<0.15 mm	%	90～100	90～100	
	<0.075 mm	%	75～100	70～100	
外　观		—	无团粒结块		
亲水系数		—	<1		T0353
塑性指数		%	<4		T0354
加热安定性		—	实测记录		T0355

（4）沥青

一般根据气候条件、交通性质、沥青混合料的类型和施工条件等因素,选择具有所需技术性质的沥青胶结料。较热的地区,较繁重的交通段,细粒式或砂粒式混合料应采用黏度较高的沥青;反之,则采用黏度较低的沥青。

对高速公路、一级公路、城市快速路及主干路用沥青混合料,应采用符合"重交通量道路用石油沥青质量要求"规定的沥青;对于其他道路用沥青混合料,应采用符合"中、轻交通量道路用石油沥青质量要求"规定的沥青。煤沥青不得用于面层热拌沥青混合料。

4.沥青混合料的技术要求

（1）高温稳定性

沥青混合料在夏季高温条件下,经受长期交通荷载作用,不产生车辙和波浪等破坏现象的性质,称为高温稳定性。我国现行规范规定采用马歇尔稳定度和流值作为评定沥青混合料高温稳定性的指标。

马歇尔稳定度和流值用专用的马歇尔试验机测量,先按规定方法成型沥青混合料圆柱体试件(直径 101.6 mm,高 63.5 mm),然后先将试件放入 60 ℃(煤沥青 37.8 ℃)水中浸泡 30～40 min,试验时将试件侧立在试验机的上下压头之间,装好百分表(或专用流值表)后加载,分别测量试块破坏时的极限荷载 N 和最大荷载时对应的压缩变形值[以(1/10)mm 为一个流值单位]作为沥青混合料的马歇尔稳定度和流值。对于一级公路、城市快速路和主干路的沥青路面的上、中面层还应进行抗车辙能力检验,以确定其动稳定度。有关于歇尔稳定度试验详见 F.8。

（2）耐久性

沥青混合料应具有较好的耐久性,以保证在各种自然因素的长期作用下路面有较长的使用寿命。在组成材料品质、种类等条件一定时,影响沥青混合料耐久性的主要因素有沥青混合料的空隙率、耐水性和沥青用量。

对于沥青混合料来说,由于沥青具有较大的热膨胀性和感温性,因此需保留一定的空隙率,以防止高温时体积膨胀而产生路面泛油现象和内摩阻角降低过多而降低抗滑性等。但空隙率过大又会对其力学性能和耐久性产生不利影响。因此,各类沥青混合料均有一个最佳的空隙率指标,可依照有关规范通过试验确定。

沥青混合料的耐水性主要取决于沥青与矿料颗粒表面的黏结力。在饱水后矿料与沥青间的黏结力降低,易发生剥落,同时引起体积膨胀等。评价沥青混合料耐水性的指标是残留马歇尔稳定度,它被定义为浸水 48 h 和按常规试验的两种试件马歇尔稳定度的比值。

沥青用量(沥青的填隙率)对路面使用寿命有很大影响。沥青用量过少,沥青混合料的塑性显著降低,空隙率增大,耐水性下降,较大的空隙率还使沥青膜暴露在大气环境中,加速了老化作用。沥青过多则降低路面高温稳定性和抗滑性能。因此,对每一种沥青混合料的耐久性来说也都有一个最佳沥青用量,可参照有关规范通过试验确定。

除以上技术性质外,沥青混合料还有施工和易性、低温抗裂性以及抗滑性等技术性质。沥青混合料的低温抗裂性与抗疲劳性能有关。抗滑性则受矿料的级配组成、表面特征、硬度、黏结性能以及沥青用量的影响。影响施工和易性的主要因素是矿料级配和沥青用量等。

5. 沥青混合料组成设计方法

沥青混合料配合比设计包括试验室配合比设计、生产配合比设计和试拌试铺配合比调整等三个阶段。这里主要着重介绍试验室配合比设计。密级配沥青混合料目标配合比设计流程图如图 8.15 所示。

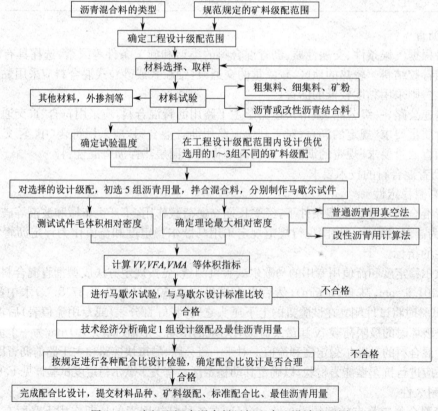

图 8.15　密级配沥青混合料目标配合比设计流程图

试验室配合比设计可分为矿料配合组成设计和沥青最佳用量确定两部分。

(1)矿料配合组成设计

其目的是选配一个具有足够密实度并且有较高内摩阻力的矿料组成。可以根据级配理论,计算出所需矿料的级配范围;但是为了应用已有的研究成果和实践经验,通常是采用规范推荐的矿料级配范围来确定。按下列步骤进行:

①确定沥青混合料类型。根据道路等级、路面类型及所处的结构层位,按表8.19选定。

表 8.19　沥青混合料类型

结构层次	高速公路、一级公路、城市快速路、主干路						其他等级公路		一般城市道路及其他道路工程		
	三层式路面			两层式路面							
上层面	AC-13 AC-16 AC-20	AK-13 AK-16	SMA-13 SMA-16	AC-13 AC-16	AK-13 AK-16	SMA-13 SMA-16	AC-13 AC-16	SMA-13 SMA-16	AC-13 AC-16 AC-20	AK-13 AK-16	SMA-13 SMA-16
中层面	AC-20 AC-25			—			—		AC-20 AC-25		
下层面	AC-25 AC-30			AC-20 AC-25 AC-30			AC-20 AC-25 AC-30	AM-25 AM-30	AC-20 AC-30	AC-25 AM-30	

②确定矿料的级配范围。根据沥青混合料类型,查阅表8.11确定所需的级配范围。

③矿料配合比例计算。计算步骤如下:

a. 对现场取样的粗骨料、细骨料和矿粉进行筛析试验,按筛析结果分别绘出各组成材料的筛分曲线。同时测出各组成材料的相对密度,以供计算物理常数备用。

b. 根据各组成材料的筛析试验数据,采用图解法或试算(电算)法,计算符合要求级配范围的各组成材料用量比例。

c. 计算得出的合成级配,应根据下列要求作必要的配合比调整:

通常情况下,合成级配曲线宜尽量接近设计级配中限,尤其应使 0.075 mm、2.36 mm 和 4.75 mm 筛孔的通过量尽量接近设计级配范围的中限。

对于高速公路、一级公路、城市快速路、主干路等交通量大、轴载重的道路,宜偏向级配范围的下限。对于一般道路、中小交通量或人行道路等宜偏向级配范围的上限。

合成级配曲线应接近连续的或合理的间断级配,但不应该有过多的犬牙交错。当经过再三调整,仍有两个以上的筛孔超出级配范围时,必须对原材料进行调整或更换原材料重新试验。

(2)确定最佳沥青用量(简称 OAC)

目前最常用的有 F·N·维姆(Heveem)煤油当量法和马歇尔法。我国现行国标规定的方法是在马歇尔法和美国沥青学会方法的基础上,结合我国多年研究成果和生产实践总结发展起来的方法,该法按下列步骤确定沥青最佳用量。

①制备试样

先按确定的矿料配合比计算各种矿料的用量;然后,根据规范推荐的沥青用量范围(或经验的沥青用量范围),估计适宜的沥青用量(或油石比)。以预估的油石比为中值,按一定间隔(对密级配沥青混合料通常为 0.5%,对沥青碎石混合料可适当缩小间隔为 0.3%~0.4%),取 5 个或 5 个以上不同的油石比分别拌制沥青混合料,成型马歇尔试件。

②测定物理指标

为确定沥青最佳用量,需测定沥青混合料的下列物理指标。

a. 视密度。可以采用水中称量法、表干法、体积法或封蜡法等方法测定沥青混合料压实试件的视密度。对于密级配沥青混合料,通常采用水中称量法,按公式(8.14)计算。

$$\rho_s = \frac{m_a}{m_a - m_w} \cdot \rho_w \tag{8.14}$$

式中　ρ_s——试件的视密度,g/cm³;

m_a——干燥试件的空中质量,g;

m_w——试件的水中质量,g;

ρ_w——常温水的密度,约等于 1 g/cm³。

b. 理论密度。沥青混合料试件的理论密度是指压实沥青混合料试件全部为矿料(包括矿料内部孔隙)和沥青所组成(空隙率为零)的最大密度。理论密度可按式(8.15)和式(8.16)计算。

按油石比(即沥青与矿料的质量比)计算时:

$$\rho_t = \frac{100 + P_a}{\dfrac{P_1}{\gamma_1} + \dfrac{P_2}{\gamma_2} + \cdots + \dfrac{P_n}{\gamma_n} + \dfrac{P_a}{\gamma_a}} \cdot \rho_w \tag{8.15}$$

按沥青含量(沥青质量占混合料总质量的百分率)计算时:

$$\rho_t = \frac{100}{\dfrac{P_1'}{\gamma_1} + \dfrac{P_2'}{\gamma_2} + \cdots + \dfrac{P_n'}{\gamma_n} + \dfrac{P_b}{\gamma_b}} \cdot \rho_w \tag{8.16}$$

式中　　　ρ_t——理论密度,g/cm³;

$P_1, \cdots, P_n$——各种矿料的配合比(矿料总和为 $\sum_1^n P_i = 100$),%;

$P_1', \cdots, P_n'$——各种矿料的配合比(矿料与沥青之和为 $\sum_1^n P_i' + P_b = 100$),%;

$\gamma_1, \cdots, \gamma_n$——各种矿料的相对密度;

P_a——油石比(沥青与矿料的质量比),%;

P_b——沥青含量(沥青质量占沥青混合料总质量的百分率),%;

γ_b——沥青的相对密度(25/25 ℃)。

c. 空隙率。根据压实沥青混合料的视密度和理论密度,按公式(8.17)计算试件的空隙率:

$$VV = \left(1 - \frac{\rho_s}{\rho_t}\right) \cdot 100 \tag{8.17}$$

式中　VV——试件的空隙率,%;

ρ_s——试件的视密度,g/cm³;

ρ_t——试件的理论密度,g/cm³。

d. 沥青体积百分率。压实沥青混合料试件中,沥青的体积占试件总体积的百分率称为沥青体积(简称 VA)百分率,按公式(8.18)计算:

$$VA = \frac{P_b \cdot \rho_s}{\gamma_b \cdot \rho_w} \quad 或 \quad VA = \frac{P_a \cdot \rho_s}{(100 + P_a)\gamma_b \cdot \rho_w} \cdot 100 \tag{8.18}$$

式中　VA——沥青混合料试件的沥青体积百分率,%;

ρ_s、ρ_w、P_a、P_b 和 γ_b 与前述公式中的意义相同。

e. 矿料间隙率。压实沥青混合料试件内矿料部分以外的体积占试件总体积的百分率称为矿料间隙率(简称 VMA),即试件空隙率 VA 与沥青体积百分率 VV 之和,按公式(8.19)计算:

$$VMA = VA + VV \tag{8.19}$$

式中 VMA——矿料间隙率,%。

f. 沥青饱和度。压实沥青混合料中,沥青的体积占矿料骨架以外空隙部分体积的百分率称为沥青填隙率(简称 VFA),也称沥青饱和度,按公式(8.20)计算:

$$VFA = \frac{VA}{VA+VV} \cdot 100 \quad 或 \quad VFA = \frac{VA}{VMA} \cdot 100 \tag{8.20}$$

式中 VFA——沥青混合料中的沥青饱和度,%。

③测定力学指标

为确定沥青混合料的沥青最佳用量,应按照标准方法测定沥青混合料的马歇尔稳定度和流值。

④马歇尔试验结果分析

a. 以沥青用量或油石比为横坐标,以视密度、空隙率、饱和度、稳定度和流值为纵坐标,将试验结果绘制成沥青用量与各项指标的关系曲线,如图8.16所示。确定所有指标均符合规范规定的沥青混合料技术标准的沥青用量范围 $OAC_{min} \sim OAC_{max}$(选择的沥青用量范围必须覆盖设计空隙率的全部范围,并尽可能覆盖沥青饱和度的要求范围,并使密度及稳定度曲线出现峰值)。

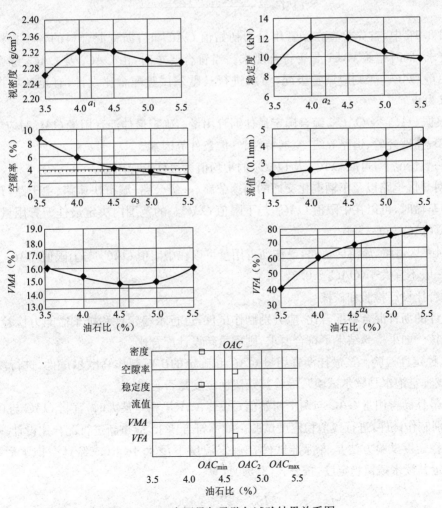

图 8.16　沥青用量与马歇尔试验结果关系图

b. 根据试验曲线走势,确定最佳沥青用量初始值 OAC_1,其步骤如下:

从图 8.16 中取对应于密度最大值的沥青用量 a_1,对应于稳定度最大的沥青用量 a_2,对应于目标空隙率(或中值)的沥青用量 a_3,相应于沥青饱和度范围的中值的沥青用量 a_4,求取这 4 个值的平均值作为最佳沥青用量的初始值 OAC_1,即

$$OAC_1 = (a_1 + a_2 + a_3 + a_4)/4 \qquad (8.21)$$

如果在所选择的沥青用量范围未能覆盖沥青饱和度的要求范围,按式(8.22)求取 a_1,a_2,a_3 三者的平均值作为 OAC_1:

$$OAC_1 = (a_1 + a_2 + a_3)/3 \qquad (8.22)$$

对于所选择试验的沥青用量范围,密度或稳定度没有出现峰值(最大值经常在曲线的两端)时,可直接以目标空隙率所对应的沥青用量 a_3 作为 OAC_1,但 OAC_1 必须介于 $OAC_{min} \sim OAC_{max}$ 的范围内,否则应重新进行配合比设计。

c. 确定沥青最佳用量的初始值 OAC_2。在图 8.16 上,求出各项指标均符合技术标准的沥青用量范围 $OAC_{min} \sim OAC_{max}$ 后,计算最大值 OAC_{max} 和最小值 OAC_{min} 的算术平均值,作为沥青最佳用量的初始值 OAC_2。

$$OAC_2 = \frac{(OAC_{min} + OAC_{max})}{2} \qquad (8.23)$$

在图 8.16 中,首先检查在沥青用量为初始值 OAC_1 时,沥青混合料的各项指标是否符合设计要求,同时检验 VMA 是否符合要求。当符合要求时,由 OAC_1 及 OAC_2 综合决定最佳沥青用量 OAC。否则应调整级配,重新进行马歇尔试验配合比设计,直至各项指标均能符合要求为止。

d. 根据 OAC_1 及 OAC_2,综合确定最佳沥青用量。确定最佳沥青用量 OAC 时应考虑沥青路面的工程实践经验、道路等级、交通特性、气候条件等因素。

(a)一般情况下,可取 OAC_1 及 OAC_2 的平均值为最佳沥青用量。

(b)对热区道路以及车辆渠化交通的高速公路、一级公路、城市快速路、主干路,预计有可能出现大车辙时,可以在中限值 OAC_2 与下限值 OAC_{min} 的范围内决定最佳沥青用量,但一般不宜小于($OAC_2 - 0.5\%$)。

(c)对寒区道路、旅游区道路,最佳沥青用量可以在中限值 OAC_2 与上限值 OAC_{max} 范围内决定,但一般不宜大于($OAC_2 + 0.3\%$)。

⑤配合比设计检验和校核

对设计的沥青混合料配合比,应分别制作试件,进行水稳定性和抗车辙能力检验,对配合比进行校核。如果检验结果不符合要求,则需重新设计配合比。

a. 水稳定性检验。按最佳沥青用量 OAC 和确定的矿料制作马歇尔试件,进行浸水马歇尔试验(或真空饱水马歇尔试验),检验其残留稳定度是否合格。

如当最佳沥青用量 OAC 与两个初始值 OAC_1、OAC_2 相差甚大时,宜将 OAC 与 OAC_1 或 OAC_2 分别制作试件,进行残留稳定度试验。如不符合要求,应重新进行配合比设计。

残留稳定度试验方法是将标准试件在规定温度下浸水 48 h(或经真空饱水后,再浸水 48 h),测定其浸水残留稳定度,按公式(8.24)计算:

$$MS_0 = \frac{MS_1}{MS} \cdot 100 \qquad (8.24)$$

式中　MS_0——试件浸水(或真空饱水)残留稳定度,%;

　　　MS_1——试件浸水 48 h(或真空饱水后浸水 48 h)后的稳定度,kN。

按我国现行规范规定,水稳定性试验时,Ⅰ型沥青混凝土,残留稳定度不低于75%;Ⅱ型沥青混凝土,残留稳定度不低于70%。如校核不符合上述要求,应重新进行配合比设计。

水稳定性检验如不符合要求,可采用掺加抗剥剂的方法来提高水稳定性。

b. 抗车辙能力检验。按最佳沥青用量 OAC 制作车辙试验试件,在 60 ℃条件下用车辙试验机检验试件动稳定度。

当最佳沥青用量 OAC 与两个初始值 OAC_1 和 OAC_2 相差甚大时,宜将 OAC 与 OAC_1 或 OAC_2 分别制作试件进行车辙试验。根据试验结果对 OAC 作适当调整,如不符合要求,应重新进行配合比设计。

抗车辙能力校核检验,按我国现行规范规定,对高速公路与城市快速道路,用于上面层、中面层的沥青混合料的 60 ℃时车辙试验的动稳定度,宜不小于 800 次/mm;对一级公路及城市干路,宜不小于 600 次/mm。如不符合上述要求,应对矿料级配或沥青用量进行调整,重新进行配合比设计。

经反复调整及综合以上试验结果,并参考以往工程实践经验,综合决定矿料级配和最佳沥青用量。

【例8.2】　试设计上海某高速公路沥青混合料路面用沥青混合料的配合组成。拟采用三层式沥青混凝土的上面层,上海地区最高月平均气温为 32 ℃,最低月平均气温为−8 ℃。可采购的原材料如下:

(1)沥青材料。可供应 40 号、60 号和 100 号的石油沥青,经检验技术性能均符合要求。

(2)矿质材料。碎石和石屑:石灰石轧制碎石,饱水抗压强度 120 MPa,洛杉矶磨耗率 12%,黏附性(水煮法)5 级,视密度 2.70 g/cm³。砂:洁净海砂,细度模数属中砂,含泥量及泥块量均小于 1%,视密度 2.65 g/cm³。矿粉:石灰石磨细石粉,粒度范围符合技术要求,无团粒结块,视密度 2 580 kg/m³。

设计要求:根据现有各种矿质材料的筛析结果,用图解法确定各种矿质材料的配合比;通过马歇尔试验,确定最佳沥青用量;沥青用量按水稳定性检验和抗车辙能力校核。

【解】　(1)矿料配合组成设计

①确定沥青混合料类型。对于路面结构为三层式的沥青混凝土上面层的高速公路,为使上面层具有较好的抗滑性,按表 8.20 选用细粒式密级配沥青混凝土。

②确定矿料级配与范围。细粒式密级配沥青混凝土的矿料级配范围见表8.20。

表 8.20　矿料要求级配范围

级配类型	方孔筛筛孔尺寸(mm)									
	16	13	9.5	4.8	2	1.18	1	0.3	0.2	0.08
细粒式沥青混凝土(AC-13,Ⅰ)	100	95~100	70~88	48~68	36~53	24~41	18~30	12~22	8~16	4~8

③矿料配合比计算:

(a)组成材料筛析试验。根据现场取样,碎石、石屑、砂和矿粉等原材料筛分结果如表 8.21 所示。

表 8.21　组成材料筛析试验结果表

材料名称	方孔筛筛孔尺寸(mm)									
	16.0	13.2	9.5	4.75	2.36	1.18	0.6	0.3	0.15	0.075
	通过百分率(%)									
碎石	100	94	26	0	0	0	0	0	0	0
石屑	100	100	100	80	40	17	0	0	0	0
砂	100	100	100	100	94	90	76	38	17	0
矿粉	100	100	100	100	100	100	100	100	100	83

(b)矿料组成配合比的计算。用图解法计算矿料配合比,如图 8.17 所示。由图解法确定的各矿料用量为碎石:石屑:砂:矿粉=36%:31%:25%:8%。各矿料组成配合比计算结果如表 8.22 所示。将表 8.22 计算的合成级配绘于矿料级配范围(图 8.18)中。

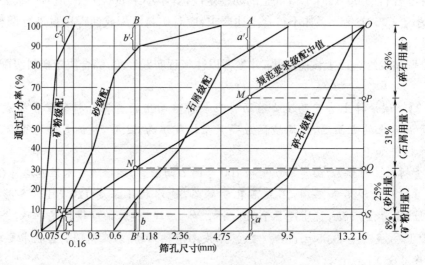

图 8.17　矿料配合比计算图

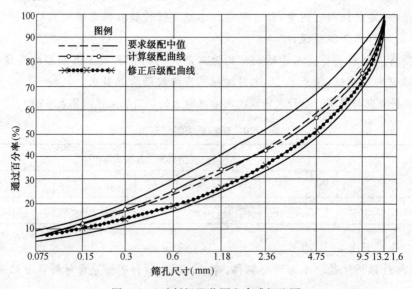

图 8.18　矿料级配范围和合成级配图

表 8.22　矿料组成配合计算表

材料组成		方孔筛筛孔尺寸(mm)									
		16.0	13.2	9.5	4.75	2.36	1.18	0.6	0.3	0.15	0.075
		通过百分率(%)									
原材料级配	碎石 100%	100	94	26	0	0	0	0	0	0	0
	石屑 100%	100	100	100	80	40	17	0	0	0	0
	砂 100%	100	100	100	100	94	90	76	38	17	0
	矿粉 100%	100	100	100	100	100	100	100	100	100	83
各矿质材料在混合料中的级配	碎石 36%	36	33.8	9.4	0	0	0	0	0	0	0
	(41%)	(41)	(38.5)	(10.7)	(0)	(0)	(0)	(0)	(0)	(0)	(0)
	石屑 31%	31	31	31	24.8	12.4	4.3	0	0	0	0
	(36%)	(36)	(36)	(36)	(28.8)	(14.4)	(6.1)	(0)	(0)	(0)	(0)
	砂 25%	25	25	25	25	23.5	23.0	19.0	9.5	4.3	0
	(15%)	(15)	(15)	(15)	(15)	(14.1)	(13.5)	(11.4)	(5.7)	(2.6)	(0)
	矿粉 8%	8	8	8	8	8	8	8	8	8	6.6
	(8%)	(8)	(8)	(8)	(8)	(8)	(8)	(8)	(8)	(8)	(6.6)
合成级配		100	97.5	73.0	57.8	43.9	35.3	27.0	17.5	12.3	6.6
		(100)	(97.5)	(69.7)	(51.8)	(36.5)	(27.6)	(19.4)	(13.7)	(10.6)	(6.6)
级配范围 (AC-13,Ⅰ)		100	95~10	70~88	48~68	36~53	24~41	18~30	12~20	8~16	4~8
级配中值		100	98	79	58	45	33	24	17	12	6

注:括号内的数字为级配调整后的各项相应数值。

(c)调整配合比。由于高速公路交通量大、轴载重,为使沥青混合料具有较高的高温稳定性,合成级配曲线应偏向级配曲线范围的下限,而从图8.18可以看出,计算结果的合成级配曲线接近级配范围中值,为此应调整配合比。

经过配合比调整,各种矿料用量为碎石∶石屑∶砂∶矿粉=41%∶36%∶15%∶8%。按此计算的结果列于表8.23中的括号内,并将合成级配绘于图8.18中。可以看出,调整后的合成级配曲线为一光滑平顺接近级配下限的曲线。确定矿料组成为:碎石41%,石屑36%,砂15%,矿粉8%。

(2)确定沥青最佳用量

①成型试件。根据当地气候条件,最高月平均温度为32℃,最低月平均温度为−8℃,按照沥青路面温度分区属1-4夏炎热冬温区,采用60号沥青。以预估沥青用量为中值,采用0.5%的间隔变化和前述计算的矿料配合比,成型5组试件。

表 8.23　矿料组成配合计算表

材料组成		筛孔尺寸(方孔筛)(mm)									
		16	13	9.5	4.8	2	1.18	1	0.3	0.2	0.08
		通过百分率(%)									
原材料级配	碎石100%	100	94	26	0	0	0	0	0	0	0
	石屑100%	100	100	100	80	40	17	0	0	0	0
	砂100%	100	100	100	100	94	90	76	38	17	0
	矿粉100%	100	100	100	100	100	100	100	100	100	83
各矿质材料在混合料中的级配	碎石36% (41%)	36 (41)	33.8 (38.5)	9.4 (10.7)	0 (0)	0 (0)	0 (0)	0 (0)	0 (0)	0 (0)	0 (0)
	石屑31% (36%)	31 (36)	31 (36)	31 (36)	24.8 (28.8)	12.4 (14.4)	4.3 (6.1)	0 (0)	0 (0)	0 (0)	0 (0)
	砂25% (15%)	25 (15)	25 (15)	25 (15)	25 (15)	23.5 (14.1)	23 (13.5)	19 (11.4)	9.5 (5.7)	4.3 (2.6)	0 (0)
	矿粉8% (8%)	8 (8)	8 (8)	8 (8)	8 (8)	8 (8)	8 (8)	8 (8)	8 (8)	8 (8)	6.6 (6.6)
合成级配		100 (100)	97.5 (97.5)	73 (69.7)	57.8 (51.8)	43.9 (36.5)	35.3 (27.6)	27 (19.4)	17.5 (13.7)	12.3 (10.6)	6.6 (6.6)
级配范围(AC-13,I)		100	95~100	70~88	48~68	36~53	24~41	18~30	12~20	8~16	4~8
级配中值		100	98	79	58	45	33	24	17	12	6

②马歇尔试验:

(a)物理指标测定。24 h后,测定所成型试件的视密度、空隙率及沥青饱和度等物理指标。

(b)力学指标测定。测定物理指标后的试件,在 60 ℃下,测定其马歇尔稳定度和流值。马歇尔试验结果如表 8.24 所示。

③马歇尔试验结果分析:

(a)根据表 8.24 马歇尔试验结果汇总表,绘制沥青用量与毛体积密度、空隙率、饱和度、矿料间隙率、稳定度、流值的关系图,如图 8.19 所示。

表 8.24　马歇尔试验物理—力学指标测定结果汇总表

试件组号	沥青用量(%)	技术性质						
		视密度 ρ_s (g/cm³)	空隙率 VV (%)	矿料间隙率 VMA(%)	沥青饱和度 VFA(%)	稳定度 MS (kN)	流值 FL (0.1 mm)	马歇尔模数 (kN/mm)
01	5.0	2.328	5.8	18	65	6.7	21	31.9
02	5.5	2.346	4.7	18	72	7.7	23	33.5
03	6.0	2.354	3.6	17	80	8.3	25	33.2
04	6.5	2.353	2.9	18	82	8.3	28	29.3
05	7.0	2.348	2.5	18	86	7.8	37	21.1
技术标准 JTG F40—2004			3~6	不少于15	70~85	7.5	20~40	

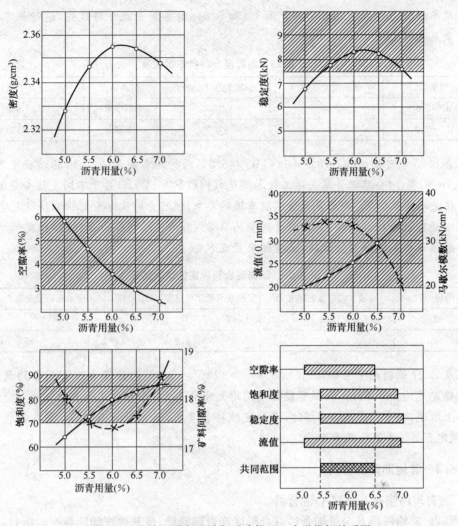

图 8.19　沥青用量与马歇尔试验物理—力学指标关系图

(b)从图 8.19 得稳定度最大值对应的沥青用量 $a_1 = 5.4\%$，密度最大值对应的沥青用量 $a_2 = 6.0\%$，规定空隙率范围的中值对应的沥青用量 $a_3 = 5.1\%$，沥青饱和度范围的中值对应的沥青用量 $a_4 = 4.9\%$，则沥青用量初始值 OAC_1 为：

$$OAC_1 = (a_1 + a_2 + a_3 + a_4)/4 = 5.35\%$$

(c)由图 8.19 得各技术指标符合沥青混合料技术指标要求的沥青用量范围：

$$OAC_{min} = 5.30\%, \quad OAC_{max} = 6.45\%$$

$$OAC_2 = (5.30\% + 6.45\%)/2 = 5.88\%$$

(d)通常情况下，取 OAC_1 及 OAC_2 的中值作为计算的最佳沥青用量 OAC：

$$OAC = (5.35\% + 5.88\%)/2 = 5.6\%$$

(e)按计算所得的沥青最佳用量 $OAC = 5.6\%$，检查各项指标均能符合要求，综合确定沥青最佳用量为 $OAC = 5.6\%$。

当地气候属于炎热地区，并考虑高速公路重载交通，预计有可能出现车辙，宜在空隙率符合要求的范围内，将计算的最佳沥青用量减小 $0.1\% \sim 0.5\%$ 作为设计沥青用量，则调整后的最佳沥青用量为 $OAC' = 5.3\%$。

④抗车辙能力校核。以沥青用量5.3%和5.6%制备沥青混合料试件,进行抗车辙试验,试验结果见表8.25。

表8.25 沥青混合料抗车辙试验

沥青用量(%)	试验温度 $T(℃)$	试验轮压 $P(MPa)$	试验条件	动稳定度 DS(次/mm)
$OAC=5.6$	60	0.7	不浸水	1 030
$OAC'=5.3$	60	0.7	不浸水	1 320

从表8.26中可知,$OAC=5.6$%和$OAC'=5.3$%两种沥青用量的试件,其动稳定度均大于1 000次/mm,符合《公路沥青路面施工技术规范》(JTG F40—2004)关于不同气候分区的沥青混合料动稳定动技术要求。符合高速公路抗车辙的要求,但沥青用量为5.3%时,动稳定度较高。

⑤水稳定性检验。同样,采用沥青用量为5.3%和5.6%制备的试件,按规定的方法进行浸水马歇尔试验和冻融劈裂试验,试验结果见表8.26。

表8.26 沥青混合料稳定性试验结果

沥青用量(%)	马歇尔稳定度 $SM(kN)$	浸水马歇尔稳定度 $SM_1(kN)$	浸水残留稳定度 $SM_0(\%)$
$OAC=5.6$	8.3	7.6	92
$OAC'=5.3$	8	6.8	85

从表8.27试验结果可知,$OAC=5.6$%和$OAC'=5.3$%两种沥青用量制备的试件,其浸水残留稳定度均大于80%,冻融劈裂强度比均大于75%,符合水稳定性要求。

综上所述,沥青用量为5.3%时,水稳定性符合要求,且动稳定度较高,抗车辙能力较高。所以,确定5.3%是最佳沥青用量。

8.5.4 其他沥青混合料

1. 沥青玛蹄脂碎石(SMA)混合料

由沥青、矿粉纤维及少量细骨料混合形成沥青玛蹄脂,使其填充间断级配的粗骨料碎石骨架的间隙形成的混合料称为沥青玛蹄脂混合料(SMA)。或者说SMA是由互相嵌挤的粗骨料骨架和沥青玛蹄脂两部分组成的,如图8.20所示。

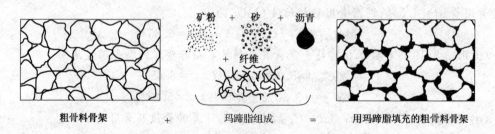

图8.20 沥青玛蹄脂碎石混合料的构成

将SMA与普通密级配沥青混凝土(AC)相比,AC的组成中,细骨料以下的部分约占一半。从钻芯试件可以清楚地看到沥青砂浆已经把粗骨料撑开,粗骨料实际上是悬浮在沥青砂浆中,彼此互相并未紧密接触,由于粗骨料之间有相当大的空隙,故而交通荷载主要是由沥青砂浆承受着。AC抵抗荷载变形的能力很大程度上受到矿料级配、矿料间隙率(VMA)、空隙率以及沥青砂浆比例的影响。在高温条件下,沥青砂浆的黏度变小,承受变形的能力急剧降低,很容易产生永久变形,造成车辙、推挤等。而 SMA 的组成中,粗骨料的骨架占到 70% 以上,细骨料很少,混合料中粗骨料之间的接触面(或支撑点)很多,玛蹄脂仅仅填充了粗骨料之间的空隙,交通荷载主要由粗骨料骨架承受。由于粗骨料颗粒之间良好的嵌挤作用,沥青混合料抵抗荷载变形的能力很强,即使在高温条件下,沥青玛蹄脂的黏度下降,对这种抵抗能力的影响也会小,因而具有较强的高温抗车辙能力,即充分利用骨料的嵌挤作用提高高温抗车辙能力。

在低温条件下,抗裂性能主要由结合料的拉伸性能决定。由于 SMA 的骨料之间填充了相当数量的沥青玛蹄脂,它包在粗骨料表面,玛蹄脂在低温下具有较好韧性和柔性,使混合料有较好的低温变形性能,如果再同时使用提高沥青性能的措施,则混合料的低温抗裂性能更可大幅度提高。

此外,SMA 混合料的空隙率很小,几乎不透水,混合料受水的影响很小,再加上玛蹄脂与骨料的黏结力好,混合料的水稳定性有较大改善,并对下面的沥青层和基层有较强的保护和隔水作用,使路面能保持较高的整体强度和稳定性。因采用坚硬的、粗糙的、耐磨的优质石料,且是间断级配,粗骨料含量高,因此,路面压实后表面形成大的孔隙的构造深度一般超过 1 mm,抗滑性能提高。此外,试验证明,这种混合料的耐疲劳性能大大优于密级配沥青混凝土,具有较好的耐久性。所以,SMA 结构能全面提高沥青混合料和沥青路面的使用性能,减少维修养护费用,延长使用寿命。

2. 冷拌沥青混合料

冷拌沥青混合料也称常温沥青混合料,是指矿料与乳化沥青或稀释沥青在常温状态下拌和、铺筑的沥青混合料。这种混合料一般比较松散,存放时间达 2 个月以上,可随时取料施工。

(1)组成材料

冷拌沥青混合料中对矿料的要求与热拌沥青混合料大致相同,可采用液体石油沥青、乳化沥青、软煤沥青等,一般采用乳化沥青。乳化沥青用量应根据当地实践经验以及交通量、气候、石料情况、沥青标号、施工机械等条件确定,沥青用量一般比热拌沥青碎石混合料减少15%~20%。

(2)技术性质

①混合料压实前的性质

a. 冷拌沥青混合料在道路铺筑前,常温条件下保持疏松,易于施工,不易结团。

b. 冷拌沥青混合料不能在道路修筑时达到完全固结压实的程度,而是在开放交通后在车辆的作用下逐渐使路面固结起来,达到要求的密实度。

②铺筑压实后的性质

a. 抗压强度:以标准试件($h = 50$ mm, $d = 50$ mm)在温度 20 ℃时的极限抗压强度值表示。

b. 水稳定性:水稳性是以标准试件在常温下,经真空抽气 1 h 后的饱水率表示,其饱水率在 3%~6% 之间。

(3)应用

冷拌沥青混合料适用于三级及三级以下的公路的沥青面层、二级公路的罩面层,以及各级公路沥青路面的基层、联结层或平整层。冷拌改性沥青混合料可用于沥青路面的坑槽冷补。

3. 沥青胶黏剂

沥青胶黏剂由沥青、石粉、石棉屑和橡胶屑混合配制而成,其各组成材料的典型比例见表

8.27。其制备方法是：首先将沥青脱水加热至140 ℃；称取各组成材料拌和均匀。掺有橡胶屑或橡胶粉的胶黏剂，应将橡胶预先溶于有机溶剂中或与少量沥青溶解，然后拌和。沥青胶粘剂主要用于水泥混凝土路面预设伸缩缝的填塞，以防止雨水进入混凝土路面内部。因此，沥青胶粘剂应具有足够的弹性、柔韧性和黏结力，在低温条件下，受荷载作用不产生脆裂；具有较高的软化点（60～85 ℃），在高温条件下，不因软化膨胀而挤出，能够适应混凝土路面接缝间隙的热胀冷缩变形。

表 8.27　沥青胶各组成材料比例

编号	材 料 组 成	软化点（℃）
1	油－100，沥青60%，石粉(石灰石)20%，7级石棉屑20%	70～85
2	油－100，沥青60%，石粉(石灰石)20%，石棉屑15%，橡胶屑5%	60～70
3	油－60甲，沥青60%，石粉(石灰石)25%，7级石棉屑15%	60～65

4. 乳化沥青稀浆封层混合料

乳化沥青稀浆封层混合料是用适当级配的石屑或砂、填料（水泥、石灰、粉煤灰、石粉等）与乳化沥青、外加剂和水，按一定比例拌和而成的流动状态的沥青混合料，将其均匀地摊铺在路面上形成的沥青封层。

（1）乳化沥青稀浆封层混合料的组成

①骨料。骨料必须是坚硬、耐磨、无风化并且表面干净的碱性矿料。若采用酸性矿料时，需参加消石灰或抗剥离剂。细骨料可采用机制砂或石屑，不得采用天然砂。

②乳化沥青。常用阳离子慢凝型乳化沥青，也可采用慢裂或中裂的拌和型乳化沥青，国外多采用改性乳化沥青。

③填料。为提高骨料的密实度，需掺加石灰或粉煤灰和石粉等小于 0.075 mm 的粉料。

④水。为润湿骨料，使稀浆混合料具有要求的流动度，需掺加适量的水。

⑤外加剂。为调节稀浆混合料的和易性和凝结时间，需添加氯化铵、氯化钠、硫酸铝等助剂。

（2）乳化沥青稀浆封层的配合比设计

根据不同的用途要求，由室内试验确定乳化沥青稀浆封层混合料的配合比。乳化沥青稀浆封层混合料应满足稀浆封层厚度、抗磨耗、抗滑、龟网裂处治、稠度、易拌和摊铺、初凝时间等性能要求。在实际操作中，一般是先根据需要初步确定配合比范围，然后进行稠度、凝结时间、养护时间、湿轮迹等试验来检验配合比是否符合要求，若不符合要求则需调整配合比，直至符合要求为止。

（3）乳化沥青稀浆封层混合料的应用

由于稀浆封层具有防水、防滑、耐磨、平整及恢复路面表面功能的作用，因此，它既可作为新建、改建路面的表面磨耗层，又可作为维修旧路面病害的加铺层，可以处理路面早期病害如磨损、老化、细小裂缝、光滑、松散等，延长路面使用寿命。

5. 多孔隙沥青混凝土表面层（PAWC）

这种沥青基材料有很多名称，如多孔隙沥青混凝土表面层、多孔隙沥青混凝土磨耗层、开级配磨耗层（OGFC）、排水沥青混凝土磨耗层和透水沥青混凝土磨耗层。经压实后，其空隙率在 15%～30%，从而在层内形成一个水道网。

多孔隙沥青混凝土表面层因层内孔隙吸音而可降低噪声；显著改善潮湿气候（即降雨时）

条件下和高速行驶时的抗滑能力;可在相当程度上减少由行车引起的水雾现象,40 mm 厚的多孔隙沥青路面足以吸收 8 mm 的雨量才使内部空隙趋于饱和状态。其缺点是耐久性较差,易剥落;沥青含量允许范围较小。

在组成材料上,多孔隙沥青混凝土表面层应采用坚固、耐久、高强度(骨料压碎值不大于20%)、低扁平指数和高磨光值的碎石;填料用熟石灰粉,其含量为 2%～5%;应使用孔隙率大于 20% 的矿料,通常采用 2.36～9.5 mm 之间的间断级配矿料,间断的量值取决于所用结合料和设计的空气率。为达到目标空气率,级配中应含高比例的粗骨料,大于 4.75 mm 的矿料含量宜超过 75%。沥青结合料的耐久性好,与填料和细料混合后应有足够的黏度;可采用聚合物、废橡胶粉或纤维等改性剂改性的沥青。

由于 PAWC 既有利于环境,又有利于交通安全,所以从 20 世纪 70 年代末以来,对要求低噪音的高速公路,都尽可能地使用 PAWC。

6. 多碎石沥青混凝土(SAC)

4.75 mm 以上碎石含量占主要部分的密级配沥青混凝土称多碎石沥青混凝土。当前使用的多碎石沥青混凝土矿料组成中,4.75 mm 方孔筛以上的碎石含量为 60%(范围中值)。

(1)性能特点。空隙率大,表面构造深度深,抗变形能力和抗滑性能较强。

(2)应用。广泛应用于高速公路的表面层。

7. 再生沥青混合料

再生沥青路面就是利用已破坏的旧沥青路面材料,通过添加再生剂、新沥青和新骨料,合理设计配合比,重新铺筑的沥青路面。再生沥青混合料有表面处治型再生混合料、再生沥青碎石以及再生沥青混凝土三种形式。按骨料最大粒径的尺寸,可以分成粗粒式、中粒式和细粒式三种。按施工温度可分热拌再生混合料和冷拌再生混合料两种。热拌再生混合料由于在热态下拌和,旧油和新沥青处于熔融状态,经过机械搅拌,能够充分地混合,再生效果较好;而冷拌再生沥青混合料再生效果较差,成型期较长,通常限于低交通量的道路上。

再生沥青混合料由再生沥青和骨料组成。再生沥青由旧沥青、添加剂以及新沥青材料组成,通过调节旧沥青的化学组分,使其重新达到拌制沥青混合料的要求。骨料包括旧骨料和新骨料。

再生沥青混合料组成设计步骤有:确定旧路面材料掺配比例、选择再生剂和新沥青材料并确定其用量,选择砂石骨料,确定新旧骨料的配合比例,检验再生沥青品质并确定再生混合料最佳油石比,根据路用要求检验再生混合料的物理力学性质等步骤。

8. 其他新型沥青混合料

(1)法国的薄沥青面层(Ruflex)。法国的薄沥青混凝土没有一个级配范围。薄沥青混凝土的标准只有一根级配曲线,并且是明显的间断级配。根据使用和级配,薄沥青混凝土的摊铺厚度约 2～5 cm。

薄沥青混凝土标准要求 15 ℃和 10 Hz 下的劲度模量要大于或等于 5 400 MPa。

(2)超薄热拌沥青混合料面层。法国的超薄热拌沥青混合料面层厚 25 mm,用砂含量少的断级配以改善宏观表面构造,采用高结合料含量和聚合物改性沥青或添加纤维以改善宏观表面构造的耐久性。由于超薄沥青混凝土的宏观构造深度好,因此它保障了行车安全。

(3)新粗骨架高结合料混合料(CMHB)。美国得克萨斯州运输局开发了一种新型的粗骨架高结合料含量(CMHB),不需要添加剂或填料。在 CMHB 混合料中,骨料级配设计成允许粗碎石互相接触。当达到碎石与碎石间互相接触时,行车荷载由粗骨料承担并传递到下层路面。由于粗碎石是混合料中承担荷载的主要组成部分,就预防车辙而言,混合料对细和中等尺寸骨料的质量和数量的依赖性明显减少。

由于 CMHB 混合料中粗骨料高度集中,可以使用较多的沥青。较高的沥青含量和矿料上较厚的沥青膜将改善混合料的耐久性。当粗骨料含量增加时,沥青膜的厚度也增加,同时细、中等尺寸的骨料减少。减少细骨料用量同时增加沥青膜厚度,使混合料较易压实,更加致密。

(4)水泥—乳化沥青复合结合料 指在沥青中渗入水泥、石灰或采用沥青、水泥分层包裹骨料。在水的参与下,以获得半刚性面层材料。其施工工艺最好采用冷拌冷铺工艺进行。

 复习思考题

8.1 沥青有哪些组分?石油沥青胶体结构有何特点?溶胶结构和凝胶结构有何区别?

8.2 试述石油沥青的黏性、塑性、温度稳定性及大气稳定性的概念和表达方法。

8.3 沥青按用途分为几类?其牌号是如何划分的?牌号大小与其性质有何关系?

8.4 试验室有 A、B、C 三种石油沥青,但不知其牌号。经过性能检测,针入度(1/10 mm)、延度(cm)、软化点(℃)结果分别为:①70、50、45;②100、90、45;③15、2、100。请确定三种石油沥青的牌号。

8.5 某工程欲配制沥青胶,需软化点不低于 85 ℃的混合石油沥青 15 t,现有 10 号石油沥青 10.5 t,30 号石油沥青 3 t 和 60 号石油沥青 9 t。试通过计算确定出三种牌号的沥青各需用多少吨?

8.6 高聚物改性沥青的主要品种有哪些?其技术性能有哪些?

8.7 常用高聚物改性材料对沥青主要性能的影响如何?

8.8 矿物粉末填料能使沥青哪些性能得到改善?为什么能改善?

8.9 试论 SBR 和 SBS 改性沥青及其混合料在高等级沥青路面上应用可带来哪些技术经济效益?

8.10 何谓沥青混合料?高等级公路路面用沥青混合料有哪几类?试述其结构和性能特点。

8.11 沥青混合料对矿料和沥青有哪些技术要求?

8.12 为什么要进行沥青混合料用矿料的组成设计?

8.13 沥青混合料的结构有哪几种?它们各有什么特点?

8.14 简述沥青混合料的强度理论。

8.15 什么是马歇尔试验和马歇尔稳定度?

8.16 为什么沥青混合料的配比中有最佳沥青用量?沥青用量较多或较少会有什么影响?

8.17 简述沥青混合料配合比设计方法和步骤。

8.18 如何确定沥青混合料中的最佳沥青用量?

8.19 沥青混凝土在使用过程中,容易出现沥青与粗骨料界面脱黏现象,请设想一种改善方法。

8.20 请设想一种提高沥青混合料高温稳定性的技术措施,并说明原理。

纤维增强复合材料

随着科学技术的发展,人们对工程结构物的安全性、适用性和耐久性的要求也不断提高,对于新结构、新技术及新材料都提出了新的挑战。相比传统的土木工程材料,纤维增强复合材料具有高强、轻质、耐久、耐腐蚀、可设计性强、热膨胀系数小等诸多优异性能,近些年来已成为土木工程领域研发和应用的热点,在高性能结构构件的制作和结构的补强与加固方面都取得了很好的应用效果。

本章将在复合材料的基础上,重点向读者介绍目前在工程领域应用广泛的纤维增强复合材料——纤维增强水泥基复合材料和纤维增强聚合物基复合材料。

9.1 复合材料基础

材料的复合化是材料发展的必然趋势。自然界中存在许许多多的天然复合材料。例如,树木和竹子是纤维素和木质素的复合体;动物的骨骼则由无机磷酸盐和蛋白质胶原复合而成。人类很早就接触和使用天然复合材料,并仿效自然界制作出了各种各样的复合材料,例如用草茎和泥土混合而成的建筑材料,用石灰与土壤混合而成的筑路材料等。

9.1.1 复合材料的定义

复合材料种类繁多,涉及的学科领域广泛,很难给出一个精确和统一的定义。广义上讲,由两种或两种以上物理和化学性质不同的材料通过一定的方式组合而成,除了保留原组成材料各自的特性外,还具有某些显著优于其组成材料性能的新材料,均称为复合材料(Composite Materials)。

与单体材料相比,复合材料最突出的特点是可以发挥各组成材料的优点,使其原材料的性能能够相互补充,并产生叠加效果,从而使复合材料具备一些单体材料所不具备的优异性能。

当今材料领域,复合化是改进与提高材料性能、开发新型材料并扩大其应用范围的重要技术途径。复合材料在我们生活中随处可见(图9.1),比如工程中所使用的水泥混凝土就是由水泥、砂、石组成的复合材料,是目前应用最为广泛的复合材料之一;家具制作中经常使用的胶合板就是由树脂和木纤维板黏合而成的复合材料;我们乘坐的高铁列车的许多构件都是采用不同复合材料制作完成的,这些复合材料除了能够满足列车运行需要的基本性能要求之外,还可以有效减轻列车质量,以达到节约能源的目的。另外,我们经常见到的复合门窗、汽车轮胎、羽毛球拍、钓鱼竿、自行车的车架和飞机的机身等,都是采用复合材料制成的。

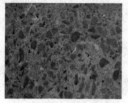   

(a) 水泥混凝土　　　　(b) 胶合板　　　　(c) 自行车　　　　(d) 高铁列车

图 9.1　日常生活中常见的复合材料

9.1.2　复合材料的组成结构

复合材料通常由连续相的基体(matrix)、非连续相(也称为分散相)的增强材(reinforcement)和它们之间的界面相(interface)组成。

基体是复合材料的主要组成部分,是增强材的载体,作用是将增强材黏合成整体并使复合材料具有一定的形状,传递外界作用力,保护增强体免受外界的各种侵蚀破坏。基体材料可分为金属和非金属两大类。金属基体常用的有铝、镁、铜、钛及其合金;非金属基体主要有合成树脂、橡胶、陶瓷、石墨、碳等。

黏结在基体内部以改进其力学性能的材料,称为增强材,也可称为增强体。增强材是以独立的形态分布在整个连续相基体中的分散相,与连续相相比,这种分散相的优越性能会使材料的性能显著增强。增强材主要有玻璃纤维、碳纤维、硼纤维、芳纶纤维、碳化硅纤维、石棉纤维、晶须、金属丝和硬质细粒等。

界面相是位于增强材和基体之间并使两者彼此相连,并能够在相邻两相间起传递荷载作用的区域,其化学成分和力学性质与相邻两相有明显区别。界面区的范围是从增强材内部性质不同的一点开始,到基体内整体性质一致的点之间的区域。界面是基体和增强体之间连接的纽带,是应力及其他信息传递的桥梁,它的结构、性能以及结合强度等因素,直接关系到复合材料的性能。

9.2　纤维增强复合材料

纤维增强复合材料(Fiber Reinforced Composite,简称FRC)是由纤维材料与基体材料按一定的比例混合,经过一定的物理或化学处理过程,然后通过特别模具成型的高性能复合材料。

9.2.1　纤维增强复合材料的组成与结构

从宏观结构上看,纤维增强复合材料可以简单地理解为是将纤维增强材嵌入或分散在基体材料中而形成的多组分材料,如图 9.2(a)所示。从微观结构上看,纤维增强复合材料由连续相的基体、非连续相的纤维和基材与纤维之间的接触界面组成,如图 9.2(b)所示。

由于纤维增强复合材料其结构特征和应用范围不同,所以在不同应用领域中的定义也稍有区别。在材料科学领域,虽然根据基体的不同类型可以将复合材料分为多种类别,但是纤维增强复合材料通常就是指纤维增强树脂(Fiber Reinforced Polymer,简称FRP,也可以叫做纤维增强塑料)和纤维增强聚合物基复合材料(Fiber Reinforced Polymer-Based Composite),它是纤维和聚合物树脂经过一系列成型工艺复合而成的材料。纤维是纤维增强复合材料中的主要承载单元,纤维的类型、数量、大小和取向对纤维增强复合材料的性能有十分重要的影响;而基体是组成复合材料的主要成分,赋予复合材料整体结构性,它把纤维材料固结在一起,使其保持特定的位置和特定的方向,并保护纤维免受环境损害和加工处理的影响,所以基体在整个结构中不是主要的承载单元,只是用于将纤维包裹起来从而能够更好地发挥其承载能力的载体。

(a) 结构形式

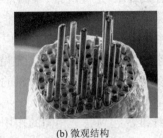

(b) 微观结构

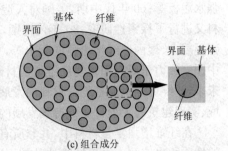

(c) 组合成分

图 9.2　纤维增强复合材料内部组合结构示意图

但是,在土木工程领域,纤维增强复合材料的定义更广,包含的材料种类更多,认为凡是以纤维作为增强材料而制成的复合材料都可称为纤维增强复合材料。目前,在土木工程领域常用的纤维增强复合材料有:纤维增强水泥基复合材料(Fiber Reinforced Cement-Based Composite)、纤维增强沥青基复合材料(Fiber Reinforced Asphalt-Based Composite)和纤维增强树脂基复合材料。

与纤维增强树脂基复合材料不同,在纤维增强水泥基和纤维增强沥青基复合材料中,纤维就是根据材料的工程性能的需要而加入的一种增强材,是对复合材料整体结构的一种有益补充,此时的纤维不是复合材料中的主要承载单元,而是对复合材料整体力学性能起到增强和改善作用的辅助单元。比如钢纤维水泥混凝土中的钢纤维,聚丙烯纤维混凝土中的聚丙烯纤维,它们本身并不是承载的主体,但是却可以改善整个复合材料的抗拉性能、抗裂性能、抗渗和耐久性能等。

因此,需要特别指出的一点是,土木工程领域中所指的纤维增强复合材料与材料学意义上的纤维增强复合材料(即纤维增强树脂或纤维增强塑料)是不完全相同的,它们的基体材料、纤维的作用、制作工艺等均不相同。但是,为了便于理解,我们在此将纤维增强水泥基、纤维增强沥青基复合材料和纤维增强聚合物基复合材料都归为纤维增强复合材料的一种来进行学习。目前,土木工程领域常见的纤维增强复合材料如图 9.3 所示。

(a) 纤维增强聚合物

(b) 纤维增强水泥

(c) 纤维增强混凝土

图 9.3　土木工程领域常用的纤维增强复合材料

9.2.2　纤维增强复合材料的增强材

纤维作为增强材料应用于土木工程中已有上千年的历史。早在 1000 多年前,人们就用天然植物纤维作为某些无机胶凝材料的增强材料,以实现增强、增韧和阻裂的作用。例如,历时千余年的中国山西平遥古城附近的双林寺,其内部 10 余座大殿的砖墙,均用掺有麻丝的石灰黏土做抹灰料;古罗马人将马的鬃毛剪短掺入到石膏浆体中以提高其结构的力学性能和耐久性。

随着科技的进步，人们对纤维的增强机理的研究不断深入，纤维的品种和应用领域也不断拓展。20 世纪初至 30 年代，石棉水泥制品成为了世界范围内的一大产业；20 世纪中期，研发出了钢纤维和玻璃纤维，并逐渐将其应用于水泥基材料中，如钢纤维增强混凝土、玻璃纤维增强水泥板等；60 年代中期，美国对人造合成纤维（尼龙纤维、聚丙烯纤维等）增强水泥砂浆等材料又进行了探索性研究；80 年代初期，美国进一步开发了合成纤维增强混凝土，如尼龙纤维增强混凝土、聚丙烯纤维增强混凝土等，并在实际工程中得到广泛应用；21 世纪初期，不少发展中国家致力于研究用植物纤维增强材制造价格低廉的纤维水泥制品，并取得了阶段性的进展。未来，纤维增强水泥基复合材料的发展方向之一是实现纤维材料的绿色化，这也是保护生态环境、实现建筑与工程行业可持续发展的客观要求。

在纤维增强复合材料中，并非所有纤维都起到完全相同的作用，这是由不同纤维之间不同的性质所决定的。由于纤维的种类不同，它们的物理力学性能（包括抗拉强度、弹性模量、断裂伸长率和泊松比等）也不尽相同，甚至存在很大的差异。按照纤维的材质和长度可以将目前常用的纤维增强材料进行如表 9.1 所示的分类。

表 9.1 常用纤维增强材料的分类

分类依据	纤维类别
按材质分类	金属纤维——钢纤维、金属玻璃纤维等。
	无机纤维： (1)天然矿物纤维——石棉等； (2)人造矿物纤维——抗碱玻璃纤维、抗碱矿棉等； (3)碳纤维。
	有机纤维： (1)合成纤维——聚丙烯纤维、尼龙纤维等； (2)植物纤维——棉花、亚麻、剑麻等。
按长度分类	非连续的短纤维——钢纤维、石棉、短切玻璃纤维、聚丙烯单丝纤维、尼龙纤维、杜拉纤维等。
	连续的长纤维——连续的玻璃纤维、纤化聚丙烯薄膜等。

9.3 纤维增强水泥基复合材料

目前，工程领域常用的水泥基复合材料主要有水泥净浆、水泥砂浆与水泥混凝土。水泥基复合材料通常具有较高的抗压强度、较大的刚度和较好的耐久性能，但同样也存在着凝结与硬化过程中收缩大、抗拉强度低、极限伸长率小、抗冲击性能和抗裂性能差的先天性缺陷。

随着工程建设的需要和科学技术的发展，人们对水泥基复合材料的工程性能也提出了更高的要求，水泥基材料抗压强度的大幅度提高使得其干缩与脆性大的问题也更为突出。为了全面发展高性能的水泥基复合材料，克服其先天性的缺陷，最有效的办法就是掺加纤维。在脆性的水泥基体材料中加入纤维，可以通过柔性纤维吸收断裂能和阻止裂纹扩展，来达到改善脆性、提高韧性的目的。我国著名混凝土专家、中国工程院院士吴中伟教授生前曾多次提出："复合化是水泥基复合材料高性能化的主要途径，纤维增强是其核心"。

9.3.1 纤维增强水泥基复合材料的定义

纤维增强水泥基复合材料是以水泥净浆、水泥砂浆或水泥混凝土作为基材，以非连续的短纤维或连续的长纤维作为增强材组合的复合材料。也就是说,纤维增强水泥基复合材料是一种以水泥胶凝材料为基体,纤维作为增强材的复合材料。

事实上,纤维增强混凝土的利用并非是现代的设想,早在古代的民间便有了将稻草或毛发混入泥浆中制造成土坯或土墙的经验,至于利用纤维来改善混凝土的性能,则是随着混凝土技术的发展到近代才出现的新技术。

9.3.2 纤维增强水泥基复合材料的种类

1. 按照基体材料的不同来分类

在纤维增强水泥基复合材料中,基体和纤维的不同类型会使得纤维与基体的相互作用以及复合材料本身的制备工艺有很大的差别,从而影响到复合材料的性能及其应用范围。表9.2对纤维增强水泥和纤维增强水泥混凝土的主要特点进行了对比。

表 9.2　纤维增强水泥和纤维增强水泥混凝土的主要特点对比

对比项目	纤维增强水泥	纤维增强水泥混凝土
水泥基体	水泥净浆、水泥砂浆	水泥混凝土
纤维类型	短纤维、长纤维、纤维织物。主要有:纤维素、聚乙烯醇纤维、温石棉、玻璃纤维、玻璃纤维网格布、钢纤维、钢纤维网等	短纤维。主要有:钢纤维、碳纤维、聚丙烯纤维等
纤维体积率	3%～20%	0.05%～2%
成型工艺	需要采用专门的工艺与设备,主要包括:稀浆脱水、浓浆脱水、喷浆、注浆、灌浆、压浆和挤浆	一般采用普通水泥混凝土的制备工艺,主要包括:浇灌、喷射、自密实、碾压和层布
物理力学性能	有显著的改进或提高,尤其是力学性能,多用于防裂、抗渗结构	对某些性能无影响,对某些性能有适度的改善效果
应用范围	主要用于制作薄壁(厚度为3～20 mm)的预制品,主要包括:薄壁板、管、瓦、薄壳、空心墙板和异形制品等	可以根据需要采用不同的成型方法用于现场浇筑的各种构件或构筑物(一般厚度为50 mm以上)

2. 按照纤维增强材的不同类型来分类

利用不同种类的纤维可以制备得到不同的纤维增强水泥基复合材料。用于增强水泥基复合材料的纤维品种很多,主要有石棉纤维、钢纤维、玻璃纤维、碳纤维、天然纤维和合成纤维等,见图9.4。

(a)石棉纤维　　(b) 钢纤维　　　　(c)碳纤维　　　　(d) 玻璃纤维　　　(e)聚丙烯纤维

图 9.4　纤维增强水泥基复合材料的几种常用纤维

(1)石棉纤维增强水泥基复合材料

石棉纤维增强水泥基复合材料是现代应用最早和应用量最大的纤维增强水泥基复合材料。石棉纤维来源丰富,价格低廉,具有很高的强度和模量,且纤维与水泥基体相互作用良好,因此是一种理想的水泥制品增强纤维。据统计,目前每年用于增强水泥材料的石棉纤维约为200万t。但是,目前研究发现部分石棉纤维对人身危害很大,许多国家已经开始逐步禁止使用石棉纤维作为水泥制品的增强纤维,并正在努力寻找石棉纤维的替代纤维。

(2)钢纤维增强水泥基复合材料

钢纤维增强水泥基材料是纤维增强水泥基材料理论研究最早的一种。目前,钢纤维增强水泥基材料在工程建设中应用最为广泛,钢纤维的消耗量仅次于石棉纤维。钢纤维加入到水泥基材料中后,改变了材料的破坏形态,提高了材料的抗弯拉强度,特别是大幅度提高了材料的韧性。另外,钢纤维对复合材料的耐磨性、耐疲劳性、抗冲击性和抗冻融性等也有不同程度的改善。钢纤维增强水泥基材料的用途广泛,主要应用于公路路面、飞机跑道、工厂地板、堤坝桥墩以及河流水库、隧道的衬砌等。

(3)玻璃纤维增强水泥基复合材料

玻璃纤维具有很高的强度和模量,并且来源丰富,制造成本较低,是复合材料增强纤维的主要品种之一。玻璃纤维增强水泥作为一种新型的无机复合材料具有许多独特的优点,首先它质量较轻,一般以水泥砂浆为基体的玻璃纤维增强水泥基复合材料的干容重比普通混凝土约低20%;在抗弯破坏强度相当的条件下,玻璃纤维增强水泥基复合材料的容重可减小50%;玻璃纤维增强水泥基复合材料较高的抗弯拉强度和抗冲击韧性使得它能够以较薄的厚度获得所需的力学性能;作为以水泥为胶凝材料的复合材料,它不仅不怕潮湿而且防火,而且工艺性能好,可任意模造出各种复杂的造型。但是,由于玻璃纤维的耐碱性能较差,在水泥基体这样的碱性环境中极易失去其强度和刚性,所以为确保玻璃纤维增强水泥基复合材料的长期耐久性,应尽量降低水泥基体的碱度。

(4)合成纤维增强水泥基复合材料

合成纤维是将人工合成的、具有适宜分子量并具有可溶(或可熔)性的线型聚合物,经纺丝成形和后处理而制得的化学纤维。迄今为止,在国际上已被用以替代石棉制造纤维水泥板的合成纤维主要有维纶(聚乙烯醇纤维)、脂纶(聚丙烯脂纤维)、丙纶(聚丙烯纤维)与乙纶(聚乙烯纤维)。虽具有较高的弹性模量(可与石棉纤维的弹性模量相近),但由于此种纤维的价格太高,尚难为纤维水泥工业所采用。

(5)天然纤维增强水泥基复合材料

天然纤维是自然界中最大品种的纤维,取之不尽,用之不竭。近几年来出于环境污染和制造成本的考虑,天然纤维增强水泥基材料的研发成果也越来越多,具有重要的意义和广阔的前景。用于增强水泥基材料的天然纤维很多,目前主要有棉杆秸、玉米秸、黄麻、亚麻、剑麻、椰子壳、甘蔗渣、木纤维等。天然纤维加入到水泥基材料中后,复合材料的强度和韧性都有明显的提高。与玻璃纤维相似,在碱性环境中,天然纤维会发生分子降解而失去力学性能。因此,天然纤维增强水泥基材料同样存在一个长久使用性的问题。如何提高天然纤维的耐碱性,提高天然纤维增强水泥基材料的耐久性将是未来研究的重要课题。

9.3.3　纤维的作用

纤维对水泥基复合材料的增强作用主要体现在以下三个方面。

1. 增强作用

任意分布的短切纤维在复合材料硬化过程中改变了其内部结构,减少了内部缺陷,提高了材料的连续性。在水泥基复合材料受力过程中,纤维与基体共同受力变形,纤维的牵连作用使基体裂而不断,并能进一步承受载荷,可使水泥基材的抗拉强度得到充分的保证。当所用纤维的力学性能、几何尺寸与掺量等适宜时,可使复合材料的抗拉强度有明显的提高。

2. 阻裂作用

纤维可阻止水泥基材料中微裂缝的产生和扩展。这种阻裂作用既存在于水泥基材未硬化的塑性阶段,也存在于水泥基体的硬化阶段。

在水泥基复合材料新拌的初期,增强纤维就能构成一种网状承托体系,产生二级加强效果,从而有效的减少材料的内分层和毛细腔的产生。水泥基材在浇筑后的 24 h 内尚处于塑性阶段,此时抗拉强度极低,极易产生微裂缝,若掺入一定量的纤维,则均匀分布在水泥基复合材料基体中的纤维可承受或分担一部分由于塑性收缩所引起的拉应力,从而阻止基材中裂缝的扩展并延缓或抑制新裂缝的产生,使得纤维增强水泥基复合材料的抗渗、抗裂和抗冻等性能较之原基材有显著的提高。

水泥基材料硬化后,当周围环境温度与湿度的变化而使干缩引起的拉应力超过其抗拉强度时,容易产生大量的裂缝,此情况下纤维也可有效抑制或减少裂缝的产生。另外,对于硬化后的水泥基复合材料,在其承受弯(拉)荷载作用时,其内部会因为某一"危险裂缝"的迅速扩展而导致突然的脆断,纤维增强水泥基复合材料则因纤维的阻裂作用而使其受弯(拉)的破坏过程延长,并在破坏前有一定的征兆。

3. 增韧作用

在荷载作用下,即使水泥基材料出现了大量的分散裂缝,但由于纤维的桥架作用,仍可以继续承受一定的外力作用并具有一定的假延性,使得水泥基复合材料的韧性有所增强。从宏观上看,当基体材料受到应力作用产生微裂缝后,纤维能够承担因基体开裂而转移给它的应力,基体收缩产生的能量被高强度、低弹性模量的纤维所吸收,有效增加了材料的韧性,提高了其初裂强度,延迟了裂缝的产生时间;同时,纤维的乱向分布还有助于减小水泥基复合材料的塑性收缩及温度应力。

9.3.4　影响纤维增强作用的主要因素

纤维作为纤维增强复合材料的增强材,它对复合材料的增强作用取决于其自身的性质、尺寸、含量及其在复合材料中的分布状态。所以,在纤维增强水泥基复合材料中,纤维能否发挥其功效,起到改善复合材料性能的作用,主要取决于以下几个因素。

1. 纤维的品种

由于纤维品种的不同,它们的物理力学性能(包括抗拉强度、弹性模量、断裂伸长率和泊松比等)也不尽相同,甚至其中某些性能指标有较大差异。表 9.3 比较了几种常用纤维和水泥基体材料的基本性能。

表 9.3　几种常用纤维和水泥基材料性能的比较

纤维名称	相对密度(g/cm³)	抗拉强度(MPa)	弹性模量(GPa)	断裂伸长率(%)	泊松比
碳钢纤维	7.80	500~2 000	200~210	3.5~4.0	0.30~0.33
不锈钢纤维	7.80	2 100	150~170	3.0	
温石棉纤维	2.60	500~1 800	150~170	2.0~3.0	
青石棉纤维	3.40	700~2 500	170~200	2.0~3.0	

纤维名称	相对密度(g/cm³)	抗拉强度(MPa)	弹性模量(GPa)	断裂伸长率(%)	泊松比
金属玻璃纤维	7.20	2 000	140		
抗碱玻璃纤维	2.70	1 400~2 500	70~80	2.0~3.5	0.22
中碱玻璃纤维	2.60	1 000~2 000	60~70	3.0~4.0	
无碱玻璃纤维	2.54	3 000~3 500	72~77	3.6~4.8	
高弹碳纤维	1.99	1 400~2 100	385~455	0.4	
高强碳纤维	1.74	2 450~3 150	2 450~3 150	245~315	0.20~0.40
聚丙烯单丝	0.91	400~650	5~7	18	0.20~0.40
Kevlar-29	1.44	2 900	69	4.0	
纤维素纤维	1.20	300~500	10		
尼龙单丝	1.1	900	4	13.0~15.0	
水泥净浆	2.0~2.2	3~6	10~25	0.01~0.05	0.25 左右
水泥砂浆	2.2~2.3	2~4	25~35	0.005~0.015	0.25 左右
水泥混凝土	2.3~2.40	1~4	30~40	0.01~0.02	0.25 左右

2. 纤维的长度和长径比

当使用连续的长纤维时，因为纤维与水泥基体的黏结较好，所以可分充分发挥纤维的增强作用；但是当使用短纤维时，只有当纤维的长度和长径比大于它们的临界值时才能有效的发挥纤维的作用。纤维的临界长径比是纤维的临界长度与其直径的比值。若纤维的实际长径比小于临界长径比，则复合材料破坏时，纤维会从水泥基体内拔出；若纤维的实际长径比等于临界长径比，只有基体的裂缝发生在纤维中央时纤维才能拉断，否则纤维短的一侧将从基体内拔出；若纤维的实际长径比大于临界长径比，则复合材料破坏时纤维可以承担一部分的拉应力而被拉断。

3. 纤维的体积率

纤维的体积率表示单位体积内的复合材料中纤维所占有的体积百分数。用各种纤维制成的纤维增强复合材料都具有一临界纤维体积率，当纤维的实际体积率大于临界体积率时，复合材料的抗拉强度才能得以提高。

4. 纤维的取向

纤维在纤维增强水泥基复合材料中的取向对其利用效率有很大的影响。当纤维取向与应力方向一致时，其利用率较高，纤维的增强作用更加明显。

5. 纤维的外形和表面状况

纤维的外形和表面状况对纤维和水泥基体的黏结强度有很大的影响。纤维的外形主要是纤维横断面的形状及其沿纤维长度方向的变化，纤维是单丝状还是束状等。纤维的表面状况主要指纤维表面的粗糙程度以及是否被覆盖等。横截面为矩形或异形的纤维与水泥基体的黏结强度要大于横截面为圆形的纤维；横截面沿长度方向变化的纤维与水泥基体的黏结强度大于横截面不变的纤维；当束状纤维与单丝纤维的直径相同时，前者经适度松开后，有利于与水泥基体的黏结；另外，纤维表面的粗糙程度越大，则越有利于纤维与水泥基体的黏结。

9.3.5 纤维增强水泥基复合材料的主要力学性能及测试方法

纤维增强水泥基复合材料在受压时的性能与普通水泥基材料基本相似，其抗压强度主要取决于水泥基体的强度,纤维对水泥基复合材料的抗压强度的改进效果不明显,仅在某些情况下可适度提高和延缓其破坏过程。也有研究表明,纤维的掺入对高强混凝土抗压强度的增强效果要好于普通混凝土。

根据纤维的增强作用,纤维增强水泥基复合材料的力学性能主要体现于以下两个方面:一是在静荷载作用下的抗拉伸和抗弯曲的性能;二是在动荷载和反复荷载作用下的抗冲击和抗疲劳性能。

1. 抗拉伸性能

水泥基体的断裂伸长率很低,以硅酸盐水泥为例,水泥净浆为 0.01%~0.05%,水泥砂浆与混凝土为 0.005%~0.015%。在拉伸荷载的作用下,水泥基体内原有的缺陷和微裂缝迅速扩展并延伸成为大裂缝,因而导致无预兆的脆性断裂。在纤维增强水泥基复合材料中,纤维的作用在于抑制水泥基体内新裂缝的生成并延缓原有微裂缝的扩展与延伸,所以纤维增强水泥基复合材料的抗拉伸性能是其最重要的力学性能之一。

目前国际上尚未形成测定纤维增强水泥拉伸性能的标准试验方法,而主要采用劈裂拉伸和直接拉伸试验来评价纤维增强水泥混凝土的抗拉伸性能,见图 9.5。

(a) 劈裂拉伸试验

(b) 直接拉伸试验

图 9.5　纤维增强水泥基复合材料的拉伸性能测试方法

2. 抗弯曲性能

在抵抗弯曲荷载时,普通水泥基复合材料的失效形态为脆性、突然的断裂。当掺入一定量的纤维后,复合材料的脆性下降,延性和韧性明显增大。当材料达到极限强度后,纤维逐渐脱黏或被拔出,通过纤维自身的抵抗拉伸荷载和变形的能力,复合材料呈现较为稳定的破坏状态。目前,通常是采用三分点弯拉(四点弯拉)试验来测定纤维增强水泥基复合材料的弯拉强度,以反映它的抗弯曲性能,见图 9.6。

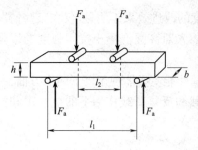  

图 9.6　三分点(四点)弯拉试验

另外,还可以通过三分点弯拉试验来评价钢纤维混凝土的弯曲韧性。弯曲韧性是指材料在受力破坏前吸收断裂能量的性能,它是纤维增强混凝土的一种重要特性,是衡量纤维增强混凝土韧性的重要指标,欧美等发达国家在各自的规范或标准中都规定了测量钢纤维混凝土弯曲韧性的试验标准与计算方法。这些标准都是通过由试验测试得到的荷载—挠度曲线下的面积来评价钢纤维混凝土的韧性。

3. 抗冲击性能

抗冲击性能是纤维增强水泥基复合材料一项突出的力学性能,虽然在某些情况下纤维的增强作用对复合材料的静载强度影响不大,但对其抗冲击强度的提高幅度却相对可观。因为,纤维增强水泥基复合材料在冲击荷载作用下破坏时,裂缝扩展过程中纤维克服基体黏结而被拔出或屈服而被拉断,均需相当大的能量,故具有很好的冲击韧性。纤维增强水泥基复合材料优良的抗冲击性能还表现为裂而不碎的良好抗裂性。纤维增强水泥基复合材料抗冲击性能的试验结果随试验方法的不同而异,按受力方式可分为冲击弯曲和冲击受压两种,按加载方法可分落锤冲击和摆锤冲击两类,所以需根据不同的研究目的和应用要求来选用不同的试验方法。

国外通常采用摆锤冲击法测试纤维增强水泥的抗冲击性能,如图 9.7 所示。摆锤式冲击法就是利用摆锤冲击弯曲试件的中点,通常采用夏式抗冲击试验机,由摆锤冲击试件前后的高度差来计算试件破坏时的冲击能。若已知冲击前后摆锤所摆到的高度,并假定因冲击引起的全部能量损失都被用于折断试件,便可计算试件受到摆锤冲击破坏时所吸收的能量,以此来评价材料的抗冲击性能。

图 9.7　摆锤冲击试验

国内主要采用落锤法来测定纤维混凝土的抗冲击性能。根据所用试件的形状和尺寸、冲击体的形状与重量以及冲击方式的不同,可分为冲压冲击试验法和弯曲冲击试验法。

冲压冲击试验[图 9.8(a)]是将试件放在底板上的定位块间定位,抹光面向上,试件的上表面正中心放置一个直径为 63.5 mm 的传力钢球,用一个质量为 4.5 kg 的钢锤从落距为 457 mm 的高度自由下落冲击放置在试件中心的钢球,每完成一次冲击即为一个循环。在多次冲击循环中,仔细观察试件表面,记录试件顶部出现第一条可见裂缝时的冲击次数,即初裂冲击次数;并记录试件裂缝开展直到混凝土碎块接触到底板上四个定位支托中的三个时所需的锤击次数,即破坏冲击次数。根据破坏次数便可由相关公式计算得到纤维混凝土的冲击韧性。

　　弯曲冲击试验[图 9.8(b)和 9.8(c)]是利用一定质量的落锤从一定高度自由下落来反复冲击梁形试件的跨中位置,直至试件破坏。试验时在试件底面的中心位置粘贴应变片或安装位移传感器,在试件上表面安置加速度仪,通过计算机采集试件在受到落锤冲击荷载作用时产生的拉应变或挠度。试件在试验过程中随着落锤冲击次数的增加裂缝逐渐开展,当试件底部的拉应变或挠度值发生突变时,认为试件发生了初裂,当裂缝贯穿至试件的上表面时认为试件已经被冲击破坏。

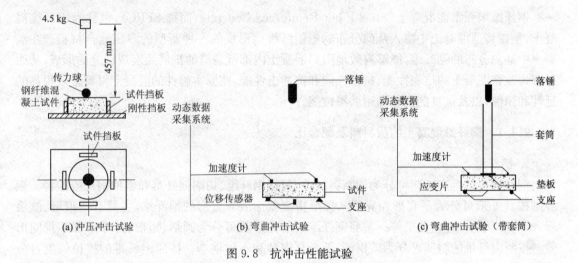

(a) 冲压冲击试验　　　　　　(b) 弯曲冲击试验　　　　　　(c) 弯曲冲击试验（带套筒）

图 9.8　抗冲击性能试验

4. 抗疲劳性能

　　在水泥基复合材料中存着这较多的缺陷和微裂缝,在重复荷载作用下,材料中的这些缺陷会不断的发展和扩张,产生累积的疲劳损伤,从而使得结构在低于静荷载的极限强度时便发生破坏,即疲劳破坏。在水泥基复合材料中掺入纤维有助于改善其疲劳性能,由于纤维的阻裂作用,可降低裂缝尖端的应力集中,减缓裂缝的扩展速度,从而提高复合材料在反复荷载作用下的使用寿命,也可以在保证结构耐久性的同时适当地减小结构的尺寸,相应地降低工程造价。

　　为测定纤维增强混凝土的抗疲劳性能,需要进行大量和长时间的试验,为了尽可能接近工程实际,通常采用弯曲疲劳试验(试验设置与三分点弯拉试验相同),然后通过对大量的试验结果进行统计、回归和分析来评价纤维增强混凝土的疲劳性能。

9.4　钢纤维混凝土

　　水泥混凝土具有强度高、原材料来源广、制作工艺简单、成本较低等特点,是目前世界上应用最为广泛、用量最大的工程建设材料。然而,由于水泥的脆性大、抗拉强度低、抗冲击性和韧性差等缺点,影响了水泥混凝土结构物的应用范围和使用寿命。在水泥混凝土基体中加入适量纤维而形成的纤维增强混凝土则可以赋予其高强度、高韧性、高阻裂、高抗渗、高耐久、体积稳定等诸多的优异特性。目前,在工程中较为常用的纤维增强混凝土主要有钢纤维混凝土(SFRC)、碳纤维混凝土(CFRC)、聚丙烯纤维混凝土(SNFRC)和玻璃纤维混凝土(GFRC),如图9.9所示。本节将着重介绍钢纤维混凝土及其在土木工程中的应用。

图9.9　钢纤维混凝土

钢纤维增强水泥混凝土(Steel Fiber Reinforced Concrete,简称SFRC),也称为钢纤维混凝土,是在普通混凝土中掺入乱向分布的短钢纤维而形成的一种新型的多相复合材料。在混凝土中乱向分布的钢纤维,能够有效地阻碍混凝土内部微裂缝的扩展及宏观裂缝的形成,从而显著地改善混凝土的抗裂性能、抗渗性能和抗冲击性能,使原本脆性的混凝土材料呈现很高的延性和韧性,以及优良的抗冻和耐磨损性能。

9.4.1　钢纤维混凝土的原材料及配合比

1. 钢纤维

钢纤维按其生产工艺可分为切断钢纤维、剪切钢纤维、切削钢纤维和熔抽钢纤维四种。钢纤维按其外形可分为平直形和异形。异形指变截面或非直形的钢纤维,主要有压痕形、波浪形、端钩形、墩头型、扭曲形等。按照钢纤维的断面形状可分为圆形、矩形、月牙形和不规则形等。按照钢纤维的材质可分为碳钢型、低合金钢型和不锈钢型。按照钢纤维的抗拉强度可分为380级(380 MPa≤抗拉强度<600 MPa)、600级(600 MPa≤抗拉强度<1 000 MPa)和1 000级(600 MPa≤抗拉强度<1 000 MPa)。按施工用途可分为浇筑混凝土用钢纤维和喷射混凝土用钢纤维。

虽然钢纤维抗拉强度很高,但与水泥胶凝材料基体的界面黏结性能较差。所以通常需要对钢纤维表面进行处理来改善其力学性能,制成表面有刻痕的、末端带钩的、波纹形的或者圆截面与扁平截面交替的呈规律性变化的钢纤维。常用的钢纤维外形主要有圆直形、方直形、扭曲形、墩头形、刻痕形、端钩形、波浪形等。图9.10所示为水泥混凝土中常见的钢纤维类型。

(a) 平直形　　　　　　(b) 端钩形　　　　　　(c) 圆面波浪形　　　　　(d) 矩形面波浪形

图9.10　钢纤维混凝土中的常用的钢纤维类型

2. 钢纤维混凝土配合比的要求

钢纤维混凝土的配合比除满足普通混凝土的一般要求外,还应满足抗拉强度或弯拉强度、韧性及施工时拌和物的和易性和钢纤维不结团的要求。

(1)满足工程需要的强度和耐久性。对建筑工程,一般应满足抗压强度和抗拉强度的要求;对道路路面工程,一般应满足抗弯拉强度和抗压强度的要求。

(2)配制成的钢纤维混凝土拌合料的和易性应满足施工要求。

(3)在满足工程要求的条件下,应充分发挥钢纤维的增强和增韧作用,合理确定钢纤维和水泥用量,降低钢纤维混凝土的成本。

3. 钢纤维混凝土配合比的主要特点

(1)在水泥混凝土中加入钢纤维主要是为了提高混凝土的抗拉、抗弯、韧性和耐久性。当有抗压强度要求时,除按抗压强度控制外,还应根据工程性质的要求,分别按抗拉强度或抗弯强度控制,确定拌和物的配合比,以充分发挥钢纤维的增强作用。而普通混凝土一般以抗压强度(道路路面混凝土以抗弯拉强度控制)来控制其配合比设计。

(2)在进行配合比设计时,应考虑掺入拌和物中的钢纤维能均匀分散,并使钢纤维被水泥砂浆很好的包裹,以保证混凝土的质量。在配制钢纤维混凝土时,为使钢纤维较均匀地分散于砂浆或混凝土中,并增大纤维的长径比,可使用由水溶性胶将钢纤维黏结在一起成集束状的钢纤维。

(3)在混凝土拌合料中加入钢纤维,其和易性会受到影响,为了获得适宜的和易性可以适当增加单位用水量或添加适量的减水剂。

9.4.2 钢纤维对混凝土的增强机理

钢纤维在混凝土中起到限制混凝土早期裂缝的产生及裂缝进一步扩展的作用。在钢纤维混凝土受力初期,纤维与混凝土共同受力,此时混凝土是外力的主要承担者。随着外力的不断增加或者外力持续一定时间,当裂缝扩展到一定程度之后,混凝土退出工作无法继续承受荷载,钢纤维便成为了外力的主要承担者,由于混凝土与钢纤维接触界面之间有很大的界面黏结力,因而可将外力传到抗拉强度大、延伸率高的钢纤维上(见图 9.11),使钢纤维混凝土作为一个均匀的整体来抵抗外力的作用,显著提高了混凝土原有的抗拉、抗弯强度和韧性。

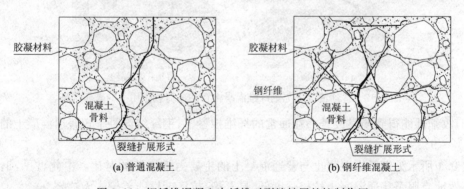

(a) 普通混凝土　　　　　　　　　　(b) 钢纤维混凝土

图 9.11　钢纤维混凝土中纤维对裂缝扩展的抑制作用

钢纤维混凝土中钢纤维的增强作用具体可以体现在以下几个方面:

(1)改善了混凝土的先天结构特性。混凝土在凝固过程中伴随着体积收缩产生了早期裂纹。在浇注以后 10~24 h 内,由于体积收缩和温度变化,早期裂纹逐渐扩展并互相贯通。通过加入乱向分布的钢纤维,可以对混凝土内部裂缝的产生和发展起到阻滞作用,自然断缝间距可延长 5 倍以上。

(2)起到分散裂缝的作用。当混凝土承受弯拉荷载时,由于荷载反复作用使得结构裂缝呈临界扩展状态,结构在低于静力极限荷载下断裂。在钢纤维增强混凝土中,钢纤维可以把集中的宽裂缝分散成若干条细小的裂纹,延迟了裂纹的扩展和贯通,从而提高了混凝土的抗裂能力和抗疲劳能力。

(3)提高了混凝土的韧性。当钢纤维增强混凝土达到极限强度时,钢纤维能起到比钢筋更致密的连续作用,一直到钢纤维断裂或被拉出才最终失去承载能力,这就使得混凝土材料表现出较高的韧性。

9.4.3 钢纤维混凝土的主要性能和特点

钢纤维混凝土的主要性能和特点可以概括如下:

(1)强度和重量的比值增大。这是纤维增强混凝土具有优越经济性的主要表现,也是它具有广阔发展前景的重要保证。

(2)良好的经济性。钢纤维混凝土其抗裂、抗拉、抗弯、抗剪性能均较普通混凝土有大幅提高。因此,可减少钢筋材料消耗并减少混凝土的用量。另外,由于改善了混凝土的性能,钢纤维混凝土的寿命能够大大延长,维护修理费用也能够大幅度降低。

(3)良好的耐久性和韧性。由于钢纤维在混凝土中的阻裂和增韧机制,可以大大提高混凝土的抗裂、抗渗、抗冻、耐磨和抗疲劳性能。

(4)具有卓越的抗冲击性能。钢纤维混凝土在纤维掺量为 0.8%~2% 时,其冲击韧性指标可以提高 50~100 倍,甚至更多。图 9.12 表明了由于混凝土中分散的钢纤维可以吸收材料受到冲击荷载作用时的能量,加之其对混凝土的增韧作用,使得混凝土材料在冲击荷载作用下不易出现脆裂,从而获得较强的承受冲击和振动荷载的能力。

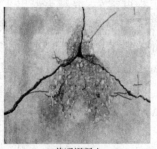 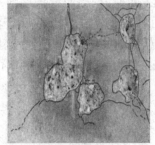

(a) 普通混凝土   (b) 钢纤维混凝土

图 9.12 普通混凝土与钢纤维混凝土在冲击荷载作用下的破坏状态

(5)收缩性能得到明显改善。在通常的纤维掺量下,钢纤维混凝土较普通混凝土的收缩值降低 7%~9%。

表 9.4 所示为钢纤维混凝土与普通混凝土的主要力学性能的对比。由此可见,钢纤维混凝土有效地克服了普通混凝土抗拉强度低、易开裂、抗疲劳性能差等先天缺陷。

表 9.4 普通混凝土与钢纤维混凝土主要性能对比

物理力学性质指标	普通混凝土	钢纤维混凝土
极限抗弯拉强度	2~5.5 MPa	5~26 MPa
极限抗压强度	21~35 MPa	35~56 MPa
抗剪强度	2.5 MPa	4.2 MPa
弹性模量	20~35 GPa	15~35 GPa

续上表

物理力学性质指标	普通混凝土	钢纤维混凝土
热膨胀系数	9.9~10.8 m/m·k	10.4~11.1 m/m·k
抗冲击力	480 N·m	1 380 N·m
抗磨指数	1	2
抗疲劳限值	0.5~0.55	0.80~0.95
抗裂指标比	1	7
韧性	1	10~20
抗冻融破坏指数	1	1.9

1. 强度特征

钢纤维的增强作用对混凝土的抗压强度影响不大,而对其抗拉强度、抗弯强度和抗剪强度都有明显的改善效果。

(1)普通钢纤维混凝土的纤维体积率在 1%~2% 之间,其抗压强度随着纤维掺量的增加而稍有提高,一般在 0~25% 之间。从钢纤维混凝土抗压试验的破坏形态来看,无碎块、无崩裂,基本保持原来的外形,只出现局部的裂缝和脱皮,如图 9.13 所示,改变了混凝土脆性破坏的形态,由脆性破坏变为近似于延性断裂。在断裂前出现较大变形,裂缝扩展速度较慢,提高了混凝土的韧性和抗裂性。

(a) 普通混凝土　　　　　　　　　　　(b) 钢纤维混凝土

图 9.13　普通混凝土与钢纤维混凝土破坏特征对比

(2)钢纤维混凝土的抗拉强度、抗弯强度和抗剪强度随着纤维掺量的提高而明显增加,抗拉强度可提高 40%~80%,抗弯强度提高 60%~120%,抗剪强度提高 50%~100%。

2. 耐久性

钢纤维混凝土的耐久性能主要包括耐腐蚀性、耐冻融性以及耐磨性能等。腐蚀、冻融和钢材锈蚀都能使钢纤维混凝土的耐久性能显著降低。

钢纤维混凝土的耐腐蚀性,主要取决于水泥品种、水泥用量和水灰比等。因钢纤维均匀分散在基材中,纤维本身不会对混凝土的耐腐蚀性产生多大的危害。但由于钢纤维能限制混凝土内部裂缝的产生与发展,所以腐蚀介质很难侵入钢纤维混凝土内部,一般认为钢纤维混凝土具有良好的耐腐蚀性能。

由于钢纤维的存在使得混凝土的抗冻融性大大改善。尤其是混凝土含气量较大时,钢纤维对混凝土的抗冻融性的提高更为有利。掺有 1.5% 的钢纤维的混凝土经 150 次冻融循环,其抗压和抗弯强度下降约 20%，而同条件下的普通混凝土却下降 60% 以上；经过 200 次冻融循环，钢纤维混凝土试件仍可保持完好。

在混凝土中掺入钢纤维，其耐磨性能和抗冲刷性能要优于混凝土基体的耐磨性能和抗冲刷性能。掺量为 1%、强度等级为 CF35 的钢纤维混凝土耐磨耗损失比普通混凝土降低 30%。掺有 2% 钢纤维的高强混凝土抗气蚀能力较同条件下的高强混凝土提高 1.4 倍以上。钢纤维混凝土在空气、污水和海水中都呈现良好的耐腐蚀性，暴露在污水和海水中 5 年后的试件碳化深度小于 5 mm，只有表层的钢纤维产生锈斑，内部钢纤维未锈蚀，不像普通钢筋混凝土中钢筋锈蚀后，锈蚀层体积膨胀而使混凝土胀裂。

钢纤维混凝土的抗弯和抗压疲劳性能比普通混凝土都有较大改善。掺有 1.5% 钢纤维的混凝土，抗弯疲劳寿命为 1×10^6 次时，应力比为 0.68，而普通混凝土仅为 0.51；当掺有 2% 钢纤维的混凝土抗压疲劳寿命达 2×10^6 次时，应力比为 0.92，而普通混凝土仅为 0.56。

9.4.4　钢纤维混凝土在工程中的应用

钢纤维混凝土近些年来在国内外发展迅速。与普通混凝土相比，钢纤维混凝土不仅能有效地改善结构的抗弯、抗拉、抗剪和抗裂性能，而且可以大大改善其断裂韧性和抗冲击性能，显著地提高结构的疲劳性能及其耐久性，加之其施工简便，价格相对低廉，所以在桥梁结构、机场道路、铁路轨枕、大坝等工程中大量应用。

（1）水利工程。钢纤维混凝土在水利工程中的应用比较广泛，主要将其用于受高速水流作用以及受力比较复杂的结构部位，如溢洪道、泄水孔、有压疏水道、消力池、闸底板和水闸、船闸、渡槽、大坝防渗面板及护坡等。这些部位对混凝土材料自身的抗拉强度、抗剪强度以及抗渗和抗裂性能的要求都比较高，也正好可以发挥钢纤维混凝土的自身优势。我国在实际工程中的应用主要有：三峡工程、小浪底水利枢纽工程、三门峡泄水排砂底孔等工程。以上工程都获得了较为满意的效果，并取得了良好的经济效益。

（2）建筑工程。钢纤维混凝土在建筑工程中的应用也越来越广泛，一般应用于房屋建筑工程、预制桩工程、框架节点、屋面防水工程、地下防水工程等工程领域中。如抗震框架节点中使用钢纤维混凝土，能代替箍筋满足节点对强度、延性、耗能等方面的要求，而且还能提供类似于箍筋约束混凝土的作用，并解决节点区钢筋挤压使混凝土难于浇注的施工问题；钢纤维混凝土还具有良好的抗裂性能，可使构件在标准荷载作用下处于弹性状态而不脆裂，不出现应力的重分布；用钢纤维混凝土制成的自防水预应力屋面板，不仅提高了自防水预应力屋面板的抗渗性能，同时也减少了纵向预应力筋的配筋率，提高了结构的耐久性。钢纤维混凝土在我国建筑工程中的应用实例有：福州东方大厦、沈阳市急救中心站综合楼、江苏省丹阳市中医院、辽阳市食品公司办公楼等工程。

（3）道路与桥梁工程。钢纤维混凝在道路和桥梁工程方面的应用广泛，主要用于路面、桥梁、机场跑道等工程中，包括新建及已有工程的修补加固。钢纤维混凝土较普通混凝土有较好的韧性、抗冲击和抗疲劳性。它可使结构面层厚度减小，伸缩缝间距加长，使用性能提高，维修费用降低，寿命延长。钢纤维混凝土面层较普通混凝土可减少 30%～50%，路面伸缩缝间距可达 30～100 m，机场跑道的伸缩缝间距可达 30 m。用于路面及桥面修补时，其罩面厚度可减小至 3～5 cm。在实际工程中的应用有：北京东西环路立交桥、沪杭高速公路成渝公路、大足朱溪大桥、广州解放大桥等工程中都采用了钢纤维混凝土来解决工程难题，使用效果良好，经济效益显著。

（4）铁路工程。在铁路工程方面,钢纤维混凝土主要可用于预应力钢纤维混凝土铁路轨枕、双块式铁路轨枕及抢修铁路桥面防水保护层中。铁路工程承受较大的荷载、较高的速度和反复的振动荷载的作用,所以要求混凝土必须具有较高的强度、较高的抗冲击性及较好的韧性。这正好符合钢纤维混凝土的抗冲击性和韧性好的特点。在实际工程中的应用有:沈阳铁路局长达线维修工程、柳州铁路局黔桂铁路铺设工程、南昆铁路隧道工程和西安安康铁路椅子山隧道等。钢纤维混凝土的应用,使维修工作量大为减少,并提高了线路的使用寿命,效果良好。

（5）港口及海洋工程。钢纤维混凝土在海洋工程中的应用主要是钢纤维混凝土的耐腐蚀性问题。日本采用钢纤维混凝土作钢管桩防腐层,在海水中浸泡 10 年,钢纤维混凝土防腐完好,钢管表面无锈蚀,仍有金属光泽。挪威将钢纤维混凝土用于北海海底输气管道的隧道衬砌、核电站海底核废料库的支护结构、海洋平台后张预应力管道孔的封堵以及码头混凝土受海水腐蚀部位的修补等,都取得了良好的应用效果。我国江苏石臼港码头的轨道梁工程中也使用了钢纤维混凝土。

（6）隧道、矿井、边坡等支护工程。钢纤维混凝土由于其抗弯、抗拉、抗渗性能优异,能承受较大的变形作用而保持良好的整体性,因此可用于隧洞支护、山体护坡等工程中,见图 9.14。例如,浙江省开化县齐溪水电站有压隧洞在两个工程段内采用喷射钢纤维混凝土衬砌,使围岩自身能在较大程度上发挥作用,减少了衬砌厚度,使原设计 500 mm 厚的钢筋混凝土衬砌减小到了 60 mm 厚的喷射钢纤维混凝土衬砌,省去了钢筋加工和绑扎工程量,同时不需立模和回填灌浆,节省钢材 2.7 倍,造价降低了 53%,施工工作量减少了近 3/4。挪威采用喷射钢纤维混凝土占全国隧洞衬砌工程量的 60%,同钢筋网喷射混凝土相比,在等厚度情况下造价降低 5%~15%。根据挪威的经验,用钢纤维混凝土湿喷法具有回弹率低、效率高、无粉尘、纤维混合均匀、水灰比易控制等优点。

图 9.14　钢纤维混凝土在隧道喷射混凝土和预制支护管片中的应用

（7）储水、防渗、输水管道工程。钢纤维混凝土由于抗裂性能好、收缩率低,因而可用于低压输水管、蓄水池、地下室防渗等工程中。在储水和防渗结构中钢纤维混凝土既可作为防水层,也可兼作结构层代替钢筋混凝土。如浙江省余姚岭水库混凝土坝面多次出现裂缝、下游面局部出现渗水,在混凝土面层采用喷射钢纤维混凝土,厚度 50 mm,达到了加固和防渗的效果,与高频振荡钢丝网水泥砂浆防渗面板相比,具有工艺简单、施工方便、造价低等优点。

除了上述领域外,钢纤维混凝土还在许多工程项目的建设中发挥着作用,如承受重级工作制造工业厂房和仓库地面、薄壁蓄水结构、预制板、离心管、污水井盖、游泳池、耐火混凝土和耐火材料、抗爆结构、各类建筑物和构筑物的修补、补强加固、抗震加固等。

9.5 非金属纤维增强水泥基复合材料

除了常用的钢纤维增强水泥基复合料外，在土木工程领域，非金属纤维增强水泥基复合材料也有着广泛的应用空间。常用的非金属纤维增强水泥基复合材料有玻璃纤维和合成纤维增强水泥基复合材料。

9.5.1 玻璃纤维增强水泥基复合材料

玻璃纤维增强水泥基复合材料是以玻璃纤维为增强材，以水泥砂浆为基体而制备成的一种复合材料，通常称为玻璃纤维增强水泥（简称 GRC）或玻璃纤维增强混凝土（简称 GFRC）。

水泥基材料的主要缺点是抗弯拉强度低和韧性差，在水泥基材料中加入适量的玻璃纤维可以改善水泥基材料的这些缺点，一定量的耐碱玻璃纤维与水泥基材料相匹配即可制成抗弯、抗拉、抗冲击强度均较高的玻璃纤维增强水泥基复合材料。由于硅酸盐水泥水化时产生大量 $Ca(OH)_2$，使混凝土具有较强的碱性，普通玻璃纤维常因被碱蚀而导致脆化，使复合材料的韧性和抗弯拉强度严重下降。目前可采用抗碱玻璃纤维代替普通玻璃纤维作为复合材料的增强材，使玻璃纤维的碱蚀脆化现象得到了一定的改善。目前各国使用的玻璃纤维增强水泥基复合材料一般都是使用抗碱玻璃纤维和低碱水泥作为原材料的。

1. GRC 的主要性能

玻璃纤维较高的抗拉强度（单丝抗拉强度可达 $1\,770 \sim 2\,550$ MPa）和较高的弹性模量（约为 70 GPa，为水泥基体的 2.5 倍）为其能够大幅度提高水泥基材的强度和韧性提供了必要的保证。国内外对 GRC 性能的研究表明，在水泥基材中加入 $4\% \sim 5\%$ 的玻璃纤维即可大大改善其力学性能。一般素水泥砂浆的抗拉强度为 $2 \sim 3$ MPa，极限延伸变形为 $100 \sim 150\ \mu\varepsilon$，抗弯拉强度为 $5 \sim 7$ MPa，抗冲击强度约为 2 kJ/m^2，当加入 $4\% \sim 5\%$ 的玻璃纤维后，复合材料的抗拉强度可以达到 $9 \sim 12$ MPa，极限延伸变形可达到 $8\,000 \sim 12\,000\ \mu\varepsilon$，抗弯拉强度达到 $20 \sim 25$ MPa，抗冲击强度达到 $15 \sim 20$ kJ/m^2。

GRC 材料的密度不受龄期的影响，其质量比普通的混凝土预制板轻 20%。GRC 的比强度高，因此能采用较小的截面尺寸，并且早期便具有较高抗冲击性能；GRC 对化学腐蚀的抵抗力与普通水泥基材料相近，但比大多数水泥砂浆和混凝土的孔隙率低，所以，GRC 的抗化学腐蚀性能稍好。但对酸类及硫酸盐类抗腐蚀较差，要用特种水泥代替普通硅酸盐水泥作为 GRC 的基体材料。GRC 具有优良的不燃性和阻止火焰传播的性能，在建筑物内部可以起到分散火势的作用。

另外，GRC 易于成型成各种形状，可以与其他材料形成隔热结构高强度组件，能用简单工具造型及切割，便于施工，有广幅光滑表面可供使用。

GRC 的主要缺点是：尚不能很好地应用于承重结构中。它能用于结构的部分构件，如各种隔墙（帷幕墙），可用于替代相应的金属墙材及塑料墙材。在生产过程中玻璃纤维不易在水泥砂浆中均匀地分散而缠绕成团，不仅影响了复合材料的性能，而且还影响了新拌混合料的和易性。另外，具有较好的增强效果的一些玻璃纤维价格较贵，增加了材料的成本。

2. GRC 在工程中的应用

在世界范围内开发的玻璃纤维增强水泥制品遍及建筑、农业、城市景观等各个领域。在建筑工程领域已经开发应用的主要产品有:建筑外墙、永久性模板、内隔墙板、粮仓结构、网架屋面板、通风道、沼气池、声屏障、建筑装饰品、波形瓦与半波瓦等,典型工程应用如图 9.15 所示。

(a) 世博会法国馆外墙

(b) 外墙板

(c) 瓦片

图 9.15　GRC 在工程中的应用

(1)建筑外墙。玻璃纤维增强水泥可以被设计作为墙体的外墙板、窗墙构件、拱肩和柱面板,通常按尺寸设计以适应建筑结构的形式。玻璃增强水泥的各种制造方法为建筑设计提供了广泛的创作空间,设计者可以选择从深浮雕到复杂条纹和曲线形状,在一块板内能够获得多种整体颜色和装饰,在板的各个位置可形成颜色的转变,与其他建筑材料相比具有更加丰富的装饰效果。

(2)外墙内保温板。以玻璃纤维增强水泥为面板,以聚苯乙烯泡沫塑料板或其他绝热材料为芯材复合而成的预制板材可以用作于建筑的外墙内保温板,具有轻质、施工方便、保温效果好的特点。

(3)工业建筑屋面构件。屋面夹芯构件:玻璃纤维增强水泥构件是在两层玻璃纤维增强水泥薄板之间加入岩棉或玻璃棉,为了使夹芯层与玻璃纤维增强水泥层紧密连接,岩棉或玻璃棉方向应与玻璃纤维水泥板表层垂直。此种断面结构对于整体构件的结构牢固性以及提高抗剪强度非常重要。屋面板:玻璃纤维增强水泥可以通过一定的工艺制成不同形状的屋面板,具有轻质、耐用、安装方便、便于维修的特点。

(4)噪声屏障。玻璃纤维增强水泥可以容易地制造在外形上可以分散和吸收噪声的隔音屏障,或者是制造成具有渗透性格栅和绝缘芯料的吸声板。玻璃纤维增强水泥制品作为噪声屏障具有性能和美学上的竞争力。在桥上使用混凝土或砖石结构的噪声屏障可能是不实际的,因为混凝土结构和砖石结构会增加结构的自重。而玻璃纤维增强水泥制品质量轻,可以预制成不同的形状,便于安装。

(5)永久性模板。玻璃纤维增强水泥制成的永久性模板不仅具有便于安装、不易变形的特点,并且还能够对混凝土中的钢筋提供防腐蚀性的保护。

9.5.2　聚丙烯纤维增强水泥基复合材料

聚丙烯纤维是世界上最早用于混凝土中的合成纤维。由于此种纤维的原料来源广泛,生产成本低,抗碱性能好,自 20 世纪 70 年代以来就在许多国家得到日益广泛的应用。目前,聚丙烯纤维在全世界用于混凝土工程的年消耗量仅次于钢纤维。

我国从 20 世纪 90 年代中期开始在混凝土工程中使用国外进口的聚丙烯纤维,发现掺入适量的聚丙烯纤维有助于提高混凝土的抗裂性与耐久性。在此基础上,自 21 世纪起,随着我国化纤企业的增多,自行研发了适用于混凝土的聚丙烯纤维,并大量应用于各种混凝土工程中,成效显著。

1. 聚丙烯纤维

聚丙烯纤维是由丙烯聚合物或共聚物制成的烯烃类纤维。聚丙烯在熔融状态下经过牵拉使纤维分子定向,再挤压成薄片或形成长丝。聚丙烯纤维的相对密度为 0.91,强度高,抗拉强度可达 200～300 MPa,弹性模量为 3 400～3 500 MPa,完全不吸水,为中性材料,与酸碱不起作用,熔点为 160～170 ℃,燃点为 590 ℃。掺加在混凝土中的聚丙烯纤维长度一般为 12～30 mm,直径通常为几十微米。当掺量为混凝土体积的 0.1% 时,在 1 m³ 混凝土中可以有数百万根至数千万根纤维随机分布,使混凝土性能得到很大改善。

2. 杜拉纤维

近些年来,国内外在不少混凝土工程中使用了一种名为"杜拉(Du-rafiber)"的合成纤维(图 9.16),对提高混凝土的浇筑质量,尤其是对混凝土的防裂抗渗、抗冻融性能的改善很有成效。此种纤维是美国所产混凝土专用纤维的一个品牌,是一种聚丙烯短纤维,目前在北美、澳洲以及亚洲均得到了广泛的应用。

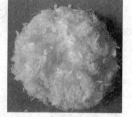

图 9.16   杜拉纤维

杜拉纤维可以极为有效地控制混凝土(砂浆)由于塑性收缩、干缩、温度变化等因素引起的微裂缝,防止及抑制裂缝的形成及发展,大大改善混凝土的抗渗性能、抗冲击及抗震能力;其分散性好,握裹力强;乱向分布,自动补强;施工简易,无毒安全;无磁防锈,防腐耐碱;经济合算,效果可靠。目前,杜拉纤维混凝土被大量应用于地下工程防水,工业民用建筑工程的屋面、墙体、地坪、水池等,以及道路和桥梁工程中,其显著的效果已为大量实践所证明。

9.5.3 聚丙烯纤维混凝土的主要性能和特点

根据国内外的试验研究和工程应用经验,与普通混凝土相比,聚丙烯纤维混凝土具有以下几个方面的特点:

(1)防止或减少混凝土收缩裂缝的产生。混凝土因失水收缩产生的裂缝主要在早期发生。聚丙烯的掺入,可以在混凝土塑性阶段、变形模量较低时,有效地减小收缩和裂缝的产生,在硬化后期也可使干缩裂缝得到一定程度的抑制,从而使裂缝细化,使之对工程无害或危害较小。上述特性使聚丙烯纤维在板式结构中作为次要加强筋而得到最广泛的应用。

(2)改善混凝土的变形特性和韧性。混凝土是一种由多种成分形成的非均质脆性材料,在各组成成分的结合处很容易产生应力集中而使其进一步脆化。聚丙烯纤维的加入,可使混凝土的这一弱点得到很大程度的改善。一是提高了混凝土的极限拉伸率。有大量试验资料证明,一定掺量的聚丙烯纤维混凝土的极限拉伸率比普通混凝土提高 0.5～2 倍。二是大大提高了混凝土的韧性。普通混凝土在受拉伸、弯折荷载破坏时,一般表现为脆性断裂,在混凝土发生裂缝后就基本不能再承受荷载。而聚丙烯纤维混凝土在初裂缝发生后,仍具有一定的承载能力,实质上是对外荷能量吸收能力的提高以及混凝土变形性能的改善。根据美国 ASTM 规范进行的韧度试验结果表明,聚丙烯纤维混凝土的韧度指数比普通混凝土增加 15%～70%。三是抗破碎性。普通混凝土在受压破坏后,往往成碎断状,而聚丙烯纤维混凝土在受压破坏后,仍能保持一定程度的整体性。

(3)提高混凝土强度。试验证明,加入聚丙烯纤维,并不能提高混凝土的静力强度。但由于韧性得到改善,抗冲击能力可以提高 2 倍以上,抗磨损能力也可提高 20%～105%。

(4)提高混凝土的耐久性。由于聚丙烯纤维混凝土能大大减少裂缝发生和使裂缝细化,从而使混凝土的抗渗能力得到较大提高。根据国内外的应用和研究结果,掺加纤维后,混凝土渗漏可减少 25%～79%,抗渗性能的改善必然使混凝土的抗冻融能力得到提高。许多研究成果还说明了聚丙烯纤维混凝土能显著减少海水等侵蚀性环境对钢筋的锈蚀作用。

聚丙烯纤维混凝土具有经济性好、施工便捷、适用广泛、造价低等优点,可广泛应用于地下工程、屋面工程、超长建筑、水工结构和大体积混凝土等工程建设中。

9.6 纤维增强树脂基复合材料

纤维增强树脂基复合材料是以聚合物树脂为基体,纤维为增强材的复合材料,也称为纤维增强聚合物和纤维增强塑料(简称 FRP)。FRP 是由多股连续纤维丝通过基体材料胶合后,经过特制的模具挤压、拉拔成型的。FRP 作为现代人工复合材料的历史并不长,这与近代工业和科技的发展有着密切的关系,特别是与塑料和各种人造纤维的发展是密不可分的。

近些年,FRP 以其轻质高强、耐腐蚀性好、可设计性强、介电性好等优点,在建筑工程领域有着广泛的应用。FRP 在结构中的应用方式主要有旧结构的修复与加固及 FRP 替换钢材和混凝土直接应用于新建结构中。传统的钢筋混凝土、钢管混凝土结构由于钢材的锈蚀带来结构耐久性能的下降,大大降低了结构的使用寿命。由于 FRP 具有不易腐蚀、强度高等特点,FRP 可替代钢材,解决普通钢筋、钢管容易锈蚀的问题,较传统的钢筋混凝土结构和钢管混凝土结构更适合应用于沿海腐蚀性环境及对电磁环境有特殊要求的结构中,受到土木工程领域的广泛关注。FRP 材料的质量较轻,可大大降低运输成本及施工难易程度。世界各地对基础设施加固、修复和改造的巨大需求,以及 FRP 材料本身的优异性能使得该项技术得以迅猛发展。

9.6.1 FRP 的树脂基体

树脂基体是 FRP 的一个必需组分。在复合材料成型过程中,基体经过复杂的物理、化学变化过程,与增强纤维复合成具有一定形状的整体,因而树脂基体的性能对复合材料的整体性能有着很大的影响。树脂基体能将纤维黏合成整体并使纤维位置固定,在纤维间传递载荷,并使载荷均衡;树脂基体决定了复合材料的一些性能,如高温使用性能(耐热性)、横向性能、剪切性能、耐介质性能(如耐水、耐化学品性能)等;树脂基体还决定了复合材料成型工艺方法以及工艺参数选择等。树脂基体还能保护复合材料中的纤维免受各种损伤。

此外,树脂基体对复合材料的另外一些性能也有一定程度的影响,如纵向拉伸,尤其是压缩性能、疲劳性能和断裂韧性等。

9.6.2 FRP 中的纤维

纤维是 FRP 复合材料中的增强材,其主要作用是承受荷载,在 FRP 中纤维承受荷载的比例远大于基体。对于 FRP 复合材料,通常可以按照纤维类型来进行分类。例如,玻璃纤维增强树脂基复合材料(简称 GFRP)、碳纤维增强树脂基复合材料(简称 CFRP)、芳纶纤维增强树脂基复合材料(简称 ArFRP)、硼纤维增强树脂基复合材料(简称 BFRP)等。

纤维的类别需要根据结构物的功能和其所需要的物理、力学和化学性能来进行选择。玻璃纤维、芳纶纤维、碳纤维和硼纤维是目前工程上常用的制作 FRP 的增强材料,如图 9.17所示。

(a) 玻璃纤维片材

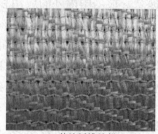
(b) 芳纶纤维片材

(c) 碳纤维片材

图 9.17　FRP 常用的几种纤维类型

FRP 中常用纤维的主要力学性能与钢材对比见表 9.5。对于性能很好的硼纤维,一方面由于其价格昂贵,另一方面由于其刚度大和直径粗,弯曲半径大,成型困难,所以应用范围受到了很大程度的限制,但是随着纤维生产技术的进步,性能优异的硼纤维将会在建筑工程领域有越来越大的应用前景。

表 9.5　FRP 中常用纤维的主要力学性能与钢材对比

纤维类型		相对密度 γ	抗拉强度 σ_0 (GPa)	弹性模量 E (GPa)	热膨胀系数 $\alpha(10^{-6}/℃)$	延伸率 δ (%)	比强度 σ_0/γ (GPa)	比模量 E/γ (GPa)
玻璃纤维	S(高强)	2.49	4.6	84	2.9	5.7	1.97	34
	E(低导)	2.55		74	5	4.8	1.37	29
	M(高模)	2.89	3.5	110	5.7	3.2	1.21	38
	AR(抗碱)	2.68	3.5	75	7.5	4.8	1.31	28
碳纤维	普通	1.75	3.0	230	0.8	1.3	1.71	131
	高强	1.75	4.5	240	0.8	1.9	2.57	137
	高模	1.75	2.4	350	0.6	1.0	1.37	200
	极高模	2.15	2.2	690	1.4	0.5	1.02	321
芳纶纤维	Kelvar 49	1.45	3.6	125	2.5~4.0	2.8	2.48	86
	Kelvar 29	1.44	2.9	69		4.4	2.01	48
	HM-50	1.39	3.1	77		4.2	2.23	55
钢材	HRB 400	7.8	0.42	200	12	18	0.05	26
	钢绞线	7.8	1.86	200	12	3.5	0.24	26

除了选用单一纤维外,纤维增强复合材料还可以采用多种纤维混合制成混杂纤维增强复合材料。混杂纤维增强复合材料的特点在于可以以一种纤维的优点来弥补另一种纤维的缺点,而使得复合材料能够综合多种纤维的优点。

9.6.3　FRP 的主要产品形式与生产工艺

FRP 材料可以根据其应用形式加工成不同类型的产品。目前,在建筑工程领域应用最为广泛的 FRP 产品有:FRP 片材、FRP 棒材和 FRP 网格材,如图 9.18 所示。

1. FRP 片材——FRP 布和 FRP 板

FRP 布是目前土木工程中应用最广泛的 FRP 制品。它由连续的长纤维编织而成,通常

(a) FRP布　　　　　　　(b) FRP板　　　　　　　(c) FRP筋

(d) FRP网格　　　　　　(e) FRP格栅　　　　　　(f) FRP拉挤型材

(g) FRP缠绕管　　　　　(h) FRP蜂窝板　　　　　(i) FRP层压板

图 9.18　土木工程领域常用的 FRP 产品形式

是单向纤维布,且使用前不浸润树脂,施工时用树脂浸润粘贴,主要应用于结构的加固和补强,也可以作为生产其他的 FRP 制品的原料。FRP 板是将纤维在工厂中经过平铺、浸润树脂、固化成型而制成,施工中再用树脂粘贴。FRP 布一般只能承受单向拉伸,FRP 板可以承受沿纤维方向上的拉压,但在垂直纤维方向上强度和弹性模量很低。

2. FRP 棒材——FRP 索和 FRP 筋

FRP 索是将连续的长纤维单向编织,形成绳索状的 FRP 制品,再用树脂浸润固化而制成。FRP 筋采用拉挤工艺生产,在表面进行处理,可以带肋。FRP 棒材可替代钢筋,也可以作为预应力筋使用。

3. FRP 网格材和格栅

将长纤维束按照一定的间距相互垂直交叉编织,再用树脂浸润固化形成 FRP 网格、格栅和格构型材。FRP 网格可以直接代替钢筋网片,也可以使用三维的 FRP 网笼直接代替钢筋笼。

4. FRP 拉挤型材

FRP 拉挤型材的生产工艺,是将纤维束或纤维织物通过纱架连续喂入,经过树脂胶槽将纤维浸渍,再穿过热成型模具后进入拉引机构,形成连续的 FRP 制品。通过拉挤工艺可以生产出截面形状复杂的连续型材,纤维主要沿轴向排列,而且纤维含量可以达到 $60\%\sim70\%$,具有很好的受力性能。FRP 拉挤型材可以直接作为结构构件,也可以与其他材料组合使用。

5. FRP 缠绕型材

缠绕工艺是将连续纤维束或纤维织物浸渍树脂后,按照一定的规律缠绕到芯模(或衬胆)表面,再经过固化形成以环向纤维为主的型材,常见的有管、罐、球等。FRP 缠绕型材可以承受很大的内压,已广泛用于压力容器、管道等。在工程结构中,FRP 缠绕管内充填混凝土可以作为柱、桩,甚至梁使用,构件性能大大优于普通钢筋混凝土。

6. FRP 夹层结构和蜂窝板

FRP 夹层板、蜂窝板由上下面的 FRP 板和夹心材料组成,充分利用了面层 FRP 材料强度,有很高的强度质量比和刚度质量比,是非常合理的构件形式。FRP 夹层板、蜂窝板的生产成型方法主要有两种:一次成型和二次成型。一次成型方法有手糊和真空树脂传递模塑法;二次成型方法主要是型材粘接。FRP 夹层板和蜂窝板主要应用于梁和桥板中。

7. 其他工艺的 FRP 产品

由于 FRP 材料良好的可设计性,还可以根据工程需要经过特殊工艺制作出其他的产品,如模压产品、层压和卷管产品、热塑性成型产品以及手糊产品(低压接触)等等。

9.6.4　FRP 材料的特点

FRP 材料具有许多与传统工程材料所不同的特点,了解和掌握 FRP 材料的优缺点,才能在设计和应用中充分发挥出它的优势,克服劣势。

1. FRP 材料的主要优点

(1)比强度高。FRP 材料最突出的优点在于它具有很高的比强度(极限强度/相对容重),即通常所说的轻质高强。FRP 的比强度是钢材的 20～50 倍,因此采用 FRP 材料将会大大减轻结构自重。在桥梁工程中,使用 FRP 结构或 FRP 组合结构作为上部结构可使桥梁的极限跨度大大增加,并且可以减小地震作用的影响。

(2)抗拉强度高。FRP 的抗拉强度明显高于钢筋,与高强钢丝抗拉强度差不多,一般是钢筋的 2 倍甚至达 10 倍。但 FRP 材料在达到抗拉强度前,几乎没有明显的塑性变形产生,受拉时应力、应变呈线弹性上升直至脆断,因此 FRP 复合材料在与混凝土结构共同作用的过程中,往往不是由于 FRP 材料被拉断破坏,而是由于 FRP—混凝土界面黏结强度不足导致界面被剥离而破坏,所以,FRP—混凝土界面黏结性能的问题成为了今后工程应用的一个重点和难点。

(3)良好的耐腐蚀性。可以在酸、碱、氯盐和潮湿的环境中抵抗化学腐蚀,这是传统材料难以比拟的。目前在化工建筑、地下工程和水下特殊工程中,FRP 材料耐腐蚀的优点已经在实际工程中得到验证。在瑞士、英国、加拿大等国家的寒冷地区以及一些国家的近海地区已经开始在桥梁、建筑结构中采用 FRP 结构代替传统结构以抵抗除冰盐和空气中盐分的腐蚀,使得结构的维护费用和周期都大大降低和延长。

(4)良好的可设计性。这是 FRP 所独有的特性。工程师可以通过使用不同纤维种类控制纤维的含量和纤维的方向,设计出各种强度和弹性模量的 FRP 产品。

(5)弹性性能好。FRP 材料的应力—应变曲线接近线性,在发生较大变形后还能恢复原状,塑性变形很小,这对于承受较大动载的结构比较有利。

FRP 产品非常适合于在工厂生产、运送到工地、现场安装的工业化施工过程,有利于保证工程质量,提高劳动效率和工程建设的工业化。

FRP 产品还有一些其他优势,如透电磁波、绝缘、隔热、热胀系数小等等,这使得 FRP 结构和 FRP 组合结构在一些特殊场合能够发挥难以取代的作用。

FRP 筋材具有自感知智能性能,可以在 FRP 筋材的生产过程中将光纤传感器埋置于纤维和树脂之中,利用光纤传感器的传感原理实现实时监控,通过 FRP 筋材受力过程中电阻的变化来获得构件的应力和应变信息。

2. FRP 材料的缺点

(1)与传统结构材料不同,FRP 材料通常表现为各向异性,纤维方向的强度和弹模较高,而垂直纤维方向的强度和弹模很低。有关资料表明,两个方向的抗拉强度相差可达 25 倍,抗压强度相差可达 5 倍,弹性模量相差可达 13 倍。此外,沿纤维方向的抗拉强度比抗压强度高 30%。因此在设计 FRP 构件时,需要对两个方向分别进行设计。由于 FRP 材料各向异性的特点,在受力上有许多不同于传统结构材料的现象,例如拉伸翘曲现象,这在各向同性材料中是没有的,这也加大了设计难度。

(2)与钢材相比较,大部分的 FRP 产品的弹性模量较低,大约为钢材的 $1/20 \sim 1/2$,大致与混凝土和木材在同一数量级。弹模低是 FRP 作为结构材料最大的劣势,在设计中要充分考虑这个特点,应尽量使用几何刚度来弥补材料刚度的不足。

(3)FRP 材料的剪切强度、层间拉伸强度和层间剪切强度仅为其抗拉强度的 5%~20%,而金属的剪切强度约为其拉伸强度的 50%。这使得 FRP 构件的连接成为突出的问题。FRP 结构可以采用铆接、拴接和粘接的连接方式,但不管那种连接方式,连接部位都是整个构件的薄弱环节。

(4)与钢材相比,FRP 材料强度有较大的离散性。钢材屈服强度的离散系数约为 0.1,而 FRP 产品拉伸强度的离散系数约为 0.15。

(5)与混凝土相比,一般 FRP 材料的耐火性能较差。临界温度为 300℃左右,而且部分树脂材料有可燃性。目前采用环氧树脂的 FRP 材料,多在树脂中掺入阻燃剂,表面进行防火处理,其耐火效果已经可以与混凝土结构相当。

表 9.6 列出了几种工程常用 FRP 材料的特点,可以为 FRP 的选择提供参考。

表 9.6　几种工程常用 FRP 材料的特点

项　目	玻璃纤维增强树脂 GFRP	芳纶纤维增强树脂 ArFRP	碳纤维增强树脂 CFRP
成本	低	中等	高
密度	大	小	中等
加工工艺	容易	困难	中等
抗冲击性	中等	好	差
透波性	良好	最佳	不透电波,半导体性质
可选用形式	多	厚度规格较多	厚度规格较少
使用经验	丰富	不多	较多
强度	较高	比拉伸强度高 比压缩强度低	比拉伸强度高 比压缩强度高
刚度	低	中等	高
断裂伸长率	大	中等	小

项目	玻璃纤维增强树脂 GFRP	芳纶纤维增强树脂 ArFRP	碳纤维增强树脂 CFRP
耐湿性	差	差	好
热膨胀系数	适中	沿纤维方向接近零	沿纤维方向接近零
总　结	抗拉强度较高,电绝缘性好,价格便宜;但脆性大,耐碱性差,长期受力下易断裂	抗拉强度高,韧性好;但抗压强度较低,大约为其抗拉强度的1/8	高强高模,密度小,耐腐蚀等;但各向异性,耐冲击性较差,价格较贵

9.6.5　FRP 材料的发展状况

20 世纪 40 年代,FRP 最开始应用于航空航天领域。到了 20 世纪 70 年代,才开始应用于土木工程领域。美国、英国和以色列最先应用这种新型材料作为建筑结构和桥梁结构的主要构件,当时大多数采用玻璃纤维增强树脂复合材料,即玻璃钢。在日本和欧洲一些国家,FRP 预应力筋也被用于桥面板的铺设中,将 FRP 制成悬索用于悬索桥中。1984 年,瑞士科学家首先提出应用 FRP 板代替钢板,开始了外部粘贴纤维复合材料加固技术的试验研究,并成功地应用碳纤维对多跨连续箱形梁桥进行了加固处理。此后,日本、美国及欧洲一些发达国家相继开展了 FRP 应用于结构加固方面的研究。特别是 1995 年日本阪神大地震后,碳纤维增强树脂加固技术在日本迅速发展起来,仅在 1995 到 1997 年之间,FRP 加固技术在工程中的应用就增长了 5 倍,并编制了相应的设计和施工规范。目前在日本,树脂基复合材料在土木工程中的应用达到了聚合物基复合材料总产量的 40％以上。同时,美国各研究机构也先后开展了 FRP 加固混凝土结构的研究,美国混凝土协会(ACI)在 1991 年编制并发布了 FRP 加固混凝土结构的设计、施工和试验方法指南。英国在 1997 年就有 30 座桥和结构物采用了 FRP 加固技术。

由于 FRP 优良的力学性能和经济有效的加固效果,在 20 世纪 90 年代末被引入我国之后,也迅速得以广泛地应用。1997 年,我国首先进行了碳纤维增强聚合物复合材料加固混凝土梁的试验研究。2000 年,北京市运用碳纤维增强树脂布对四环路上大型立交桥的盖梁进行了加固,加固的碳纤维面积近 400 m²。随后,上海、广州很多工程采用了碳纤维加固技术,例如广州古建筑六塔的加固工程、上海展览中心中央大厅弓形屋面板的加固等。这些实例在技术性、经济性、使用性和美观性等方面都说明了 FRP 在加固工程中的可靠性和可行性。2003 年,我国工程建设标准化协会正式出台了《碳纤维片材加固混凝土结构技术规程》(CECS 146—2003(2007)),在此基础上,新的《纤维增强复合材料建设工程应用技术规范》(GB 50608—2010)也于 2010 年颁布。至此,FRP 加固技术已经成为混凝土结构的主要加固和维修的主要方法之一。相比早期的应用情况,近年来,FRP 材料的应用技术有了很大的发展,设计方法也更加完善,FRP 的产品也更加丰富,应用形式更加多样,施工管理和质量检测手段也更加规范,FRP 在建筑工程领域的应用正经历着前所未有的发展时期。

9.6.6　FRP 材料在土木工程领域的应用

随着制造工艺的日渐成熟和成本的降低,纤维增强聚合物材料也被越来越多的应用于工程建设中。实践表明,随着现代工程结构向大跨、重载、高强、轻质和耐久方向的发展,纤维增强树脂基复合材料在桥梁、各类民用建筑、海洋和近海、地下工程等结构的修建、加固和维修中发挥了重要的作用。

就目前的发展情况来看,FRP复合材料在建筑工程中的应用形式主要有两种:一是用于对现有结构的加固与维修;二是直接应用于新建结构中。

1.FRP对现有结构的加固与维修

外贴FRP片材是利用FRP对现有结构进行加固与维修的主要方式。外贴FRP片材加固技术是通过配套黏结树脂将FRP片材(包括纤维布和FRP板)粘贴于混凝土构件表面从而起到加固补强的作用,这种加固方法是FRP在建筑工程结构中最主要的应用方法。外贴FRP加固技术的成型工艺主要有两种:第一种工艺为湿粘法,即将纤维布在现场用树脂浸润粘贴,是目前应用最为广泛的一种方法;第二种工艺是将FRP材料预制成各种型材,如用于受弯加固的拉挤成型板材。湿粘法在现场施工中使用广泛,特别是可用于曲面和角部的粘贴,而预制法则可以使材料的质量得到更好的控制。

外贴FRP片材加固结构通常的施工方法是:在粘贴FRP板之前,用吹砂机或者打磨机将混凝土结构表面粘贴位置的表面水泥浮浆打磨掉,露出坚实的混凝土层,以保证FRP同混凝土间粘接紧密。然后清理表面,用环氧树脂黏结FRP片材于构件表面。

外贴FRP片材加固技术已经成为世界范围被广泛使用的结构加固技术。图9.19所示为外贴FRP片材对混凝土结构的梁、板、柱进行加固的工程应用实例。

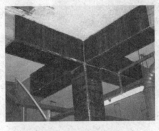

图9.19　外贴FRP片材结构加固技术

传统的混凝土结构加固方法有加大截面法、置换混凝土加固法、粘结外包钢加固法、绕丝加固法、锚栓锚固法、预应力加固法、增设支承加固法等,这些加固方法都存在一定的缺点,比如会增加结构的自重、施工难度大、工艺复杂、节点不宜处理、易锈蚀等。相比之下,外贴FRP片材加固技术则具有高强高效、施工便捷、耐久性好和适用面广的特点。

2.FRP在新建结构中的应用

(1)FRP材料在新建结构中的应用特点

FRP材料具有诸多与传统建筑材料所不同的特点,除用于结构加固之外,在新建结构中也有很大的发展空间,应用实例见图9.20。主要体现在:

①轻质高强,FRP的比强度是钢材的20~50倍,采用FRP可以大大减轻结构自重,可使大跨度桥梁和建筑物的极限跨度大为增加。

②良好的耐腐蚀性,可满足处于特殊环境条件下的港口工程、地下工程、桥梁、化工建筑物等的需要。

③可设计性强,FRP产品成型方便,形状可灵活设计。

④FRP为线弹性材料,在发生较大变形后还能恢复原状,对承受较大动荷载和冲击荷载的结构较为有利。

⑤FRP材料还具有透电磁波、绝缘(CFRP除外)、隔热、热膨胀系数小等特点,可以在一些特殊工程结构中发挥其他材料难以取代的作用。

(2)FRP在新建结构中的应用方式

①在新建结构中替代钢筋——FRP筋混凝土结构、预应力FRP筋混凝土结构。

传统的钢筋混凝土结构中配置非预应力和预应力钢筋,当结构处于恶劣的环境条件时,极易引起钢筋的锈蚀,从而影响结构的耐久性和适用性。相比之下,防腐性能好、黏结性能与钢筋相差不大且抗拉强度高的FRP筋成为替代钢筋的一个选择。通过测算,工程结构中,利用GFRP筋替代普通钢筋,仅考虑材料的拉伸强度或达到的截面拉伸强度,材料价格能降低将近一半。

图9.20　FRP筋在新建结构物中的应用

②FRP结构与组合结构——全FRP桥梁结构、FRP桥面板、FRP—混凝土结构等。

由于FRP材料具有高强、轻质、耐腐蚀等优点,FRP结构和FRP组合结构的应用也日益受到工程界的重视。FRP结构是指主要结构完全采用FRP材料制成的结构物,FRP组合结构是指FRP与传统材料(主要是混凝土和钢材)通过合理的组合,共同承受荷载的结构形式。

除了重量轻,耐腐蚀,强度高,降低生命周期成本外,FRP结构还具有更快的安装速度。预装的FRP桥面板能够迅速的完成安装工作,而且仅需简单的机械设备在施工现场就可完成安装任务,如图9.21所示。而传统的桥梁施工则需要耗费大量精力在架设桥梁结构,安装钢筋,浇注混凝土并等待其凝固等过程上面。

图9.21　FRP材料作为桥面板

随着 FRP 材料制备技术的发展,价格的逐渐降低,FRP 在桥梁工程中的发展非常迅速。英国、瑞士、丹麦、美国及中国等国家都成功建造了一系列的全 FRP 结构的人行天桥。同时,FRP 结构也被应用于承受较大反复动荷载作用的公路桥梁中。1982 年,我国在北京密云建成了一座跨度为 20.7 m 的 GFRP 蜂窝箱梁公路桥;1994 年,英国建造了由 GFRP 拉挤型材组合而成的 Bondmill 桥,可满足 40 t 卡车的通行要求。位于西班牙 Lleida 市的 Lleida 人行天桥是目前世界上最长的采用全 GFRP 材料建成的拱桥(见图 9.22)。该桥长 38 m,高 6.2 m,桥面宽 3 m,全桥采用 GFRP 拉挤型材制造,总造价为 32 万美元,每平米约 2 350 美元。该桥于 2001 年 10 月建成,所使用的预制 GFRP 梁和板都是在丹麦制成,然后在西班牙组装完成的,该桥的建设总共只花了 3 个月的时间。

图 9.22　西班牙 Lleida 全 GFRP 人行天桥

③FRP 空间结构——FRP 空间网架、FRP 屋盖等。

由于 FRP 材料的轻质高强和耐腐蚀的优点,非常适合用于大跨度空间结构。用 FRP 制成杆件,可应用于网架或网壳等结构中。从 20 世纪 70 年代到 80 年代初,英国建造了几处网架结构,杆件采用钢或混凝土,用 GFRP 板填充网格作为受力或部分受力构件,例如伦敦的 Covent 花卉市场尝试性地用 GFRP 杆件代替部分钢构件。1974 年,在伦敦建造了一座全 FRP 空间网格结构,由 35 块四面体拼装而成,但由于 GFRP 弹性模量低,并且节点难处理,FRP 在更大跨度的网格结构中很难发挥出优势。

CFRP 网架结构重量轻,仅为钢网架的 1/5～1/4,施工强度小,周期短,耐腐蚀性好,可避免凝露,维护费用低,线胀系数小,大跨度温度效应小,因此它非常适合在超大跨度的空间结构和环境比较恶劣的大跨结构中应用,如体育馆、游泳馆、大型温室、展览馆等,见图 9.23。CFRP 网架的价格是钢网架的 2 倍,而维护费用是钢网架的 1/5。根据经济性分析,CFRP 网架和钢网架在第 8 年持平,此后 CFRP 网架的费用就少于钢网架。

图 9.23　大跨度 FRP 网架和屋盖

9.6.7　FRP 在建筑工程领域的应用前景

FRP 复合材料在建筑工程领域可用于包括柱、墙、梁、板及面板的抗震及补强加固,新的增强构件、结构形式及结构体系也正在研究、开发和应用。

(1)建筑工程:结构设计正转向基于性能的设计,对结构及材料性能和特殊使用功能的要求也提高了。FRP材料已用于新建结构的框架以提高其结构性能,还被大量应用于原有民用建筑的维修加固。今后,FRP在建筑工程结构的特殊使用功能方面的发展将会日益增多,比如FRP隔热、隔音和遮光材料等等。

(2)岩土工程:FRP纤维复合材料在长期恶劣的地质条件下具有良好的耐腐蚀性能,由FRP材料制成的土工格栅已广泛用于加筋土结构中;FRP复合材料易被掘进机具切断,故可用于盾构法掘进竖井的混凝土墙、土钉及临时支护用的复合材料地锚,如用钢锚则会导致挖掘机机头的断裂。因GFRP复合材料价格低廉,安装方便,耐久性强,已用作潮汐变化和干湿交替的挡土墙、地基锚杆及喷射混凝土筋等。

(3)桥梁工程:高强、耐久、质轻的FRP材料可用作悬索桥及斜拉桥的缆索、预应力混凝土桥中的预应力筋,甚至可以用于整个桥梁结构体系。今后,随着FRP制造工艺的进步和价格的降低,全FRP桥结构在日常生活中将会越来越多见。

(4)海洋结构和近海工程:海洋结构和近海工程结构的腐蚀问题一直比较突出,对于钢结构更是如此,因而采用抗腐蚀性能良好的FRP可以很好地解决该问题,具有很好的发展前景。在建的海洋钢筋混凝土结构,采用最厚的混凝土保护层(一般为150 mm左右,相当于陆地混凝土结构保护层的5倍以上)及防腐措施,其对内部钢筋防氯盐腐蚀也仅有15年左右,这与永久或半永久性的海洋结构耐久性的要求相距甚远。采用FRP混凝土或FRP-混凝土组合结构就可以从根本上解决海洋工程中的钢筋(钢材)腐蚀问题,其发展前景巨大。

FRP复合材料的研发和应用在欧美发达国家以及日本,已成为十分活跃的领域。在今后一个时期,FRP作为一种高性能材料以其轻质高强、耐腐蚀、耐久性能好、施工便捷等性能特点,必将成为我国各类道路、桥梁、民用建筑结构的养护、检测和维修的必要补充材料,并得到广泛应用,给我国的建筑经济领域带来不可忽视的综合效益。

 复习思考题

9.1 什么是材料的复合化?为什么说材料的复合化是材料发展的必然趋势?

9.2 试述复合材料的特点及其组成结构形式。

9.3 举例说明工程中常用的复合材料及其组成成分。

9.4 纤维在纤维增强复合材料中的增强作用有哪些?

9.5 纤维增强水泥基复合材料主要包括哪些种类?并举例说明几种常用的纤维增强水泥基复合材料及其特点。

9.6 钢纤维混凝土与普通混凝土相比具有哪些特点?

9.7 如何测试和评价钢纤维混凝土的力学性能?

9.8 钢纤维混凝土在土木工程领域有哪些应用?

9.9 目前在工程领域常用的非金属增强水泥基复合材料有哪些?它们各具有哪些特殊的工程性能?

9.10 什么是FRP材料?它具有哪些优良的工程性质?

9.11 试述FRP材料在土木工程领域的发展和应用状况。

 建筑功能材料

10.1 建筑功能材料的定义

建筑材料按其性能和用途可分为建筑结构材料和建筑功能材料。前者以材料的力学性能为特征,后者则是以力学性能以外的功能为特征,并赋予建筑结构特殊的功能,如建筑结构防水材料、防火材料、保温材料、隔热材料、采光材料、防腐材料、生态材料、相变材料、智能材料等功能材料。

建筑功能材料与建筑结构材料的关系主要体现在以下几个方面:

(1)建筑功能材料是建筑材料的一部分;

(2)建筑功能材料的品种多,作用大;

(3)建筑功能材料发展快,更新快;

(4)建筑功能材料的综合作用远超过普通建筑材料。

目前,常用的建筑功能材料主要有:防水材料、绝热材料、吸声材料、装饰材料等。

10.2 建筑功能材料的发展趋势

随着建筑结构用途的拓展以及人们对生活环境的要求的提高,建筑材料对某些功能的要求也越来越高,在此基础上,建筑功能材料也得到了不断的发展,它为人们的居住生活提供了更优质的服务。近些年来,建筑功能材料被越来越多地应用于现代建筑,而现代化建筑结构新理念的实现也需要更多更好的新型功能材料。

建筑功能材料的发展趋势主要表现在三个方面:

(1)更加注重环境协调性,注重生态效益。随着自然环境的恶化和人们对生活环境的要求不断提高,具有良好的生态效益的建筑功能材料有着越来越广阔的应用空间。

(2)多种功能集于一种材料或者说一种材料有多种功能。如保温吸声材料板、防水保温屋面材料、防火保温板、防水装饰屋面板、保温承重墙、装饰吸声板等。

(3)建筑功能材料的高性能化:如高保温、高吸声、高防火、高防水、高耐磨等。

(4)智能化建筑材料的发展。所谓智能化建筑材料是指材料本身具有自我诊断和预告失效、自我调节和自我修复的功能。当这类材料的内部发生异常变化时,能将材料的内部状况反映出来,以便在材料失效前采取措施,甚至材料能够在材料失效初期自动进行自我调节,恢复材料的使用功能。

10.3 防水材料

凡建筑物为了满足防潮、防渗、防漏功能所采用的材料统称为建筑防水材料。防水材料是

土木工程中不可缺少的建筑材料之一。防水材料的主要作用是防潮、防漏、防渗,避免水和盐分对建筑物的侵蚀,保护建筑结构构件。土木工程防水分为防潮和防渗(漏)两种。防潮是指应用防水材料封闭建筑物表面,防止液体物质渗入建筑物内部。防渗(漏)是指防止液体物质通过建筑物内部空洞、裂缝及构件之间的接缝渗漏到建筑物内部,或防止建筑构件内部液体渗出。

目前,以沥青为基础的传统防水材料仍然有着广泛的应用范围。在我国,沥青基防水材料占总使用量的90%以上,但由于沥青材料先天固有的缺陷(热粘冷脆、易老化开裂、易起鼓、施工条件差、污染环境等),所以防水材料已逐渐转向了高聚物改性沥青系列及合成高分子材料的发展方向。

土木工程领域常用的防水材料有:防水卷材、防水涂料、防水密封材料等。

10.3.1　防水材料的分类与选用原则

防水材料按材质可分为:沥青类防水材料、改性沥青类防水材料、高分子类防水材料;按外观形状可分为:防水卷材、防水涂料、密封材料(密封膏或密封胶条)。

```
                    ┌ 防水卷材 ┬ 沥青防水卷材
                    │          ├ 高聚物改性沥青防水卷材
                    │          └ 合成高分子防水卷材
                    │
                    │          ┌ 沥青基防水涂料
                    │ 防水涂料 ├ 高聚物改性沥青防水涂料
                    │          ├ 合成高分子防水涂料
建筑防水材料 ┤          └ 水泥基防水涂料
                    │ 防水密封材料
                    │
                    │ 刚性防水材料 ┬ 防水混凝土
                    │              └ 防水砂浆
                    │ 瓦防水材料
                    └ 堵漏材料
```

土木工程中许多部位都离不开防水材料,如房屋建筑的屋面防水、地下室墙体防水、公路桥梁的桥面防水、水利工程中的防水等。对于目前市场上五花八门的产品,防水材料的选用直接关系到防水的效果,需要根据以下原则来进行选择:

(1)防水材料应该严格按有关规范进行选材;

(2)根据不同部位的防水工程选择防水材料;

(3)根据环境条件和使用要求选择防水材料,确保耐用年限;

(4)根据防水工程施工时的环境温度选择防水材料,根据结构形式选择防水材料;

(5)根据技术可行、经济合理的原则选材。

10.3.2　防水卷材

防水卷材是一种具有一定宽度和厚度并可卷曲的片状防水材料,是工程防水材料的重要品种之一,在防水材料的应用中处于主导地位,它占整个建筑防水材料的80%左右。随着橡胶、树脂等合成高分子防水卷材的发展,油毡的胎体也从纸胎向玻璃纤维胎或聚酯胎方向发展,防水层的构造由多层向单层方向发展,施工方法由热熔法向冷贴法方向发展。防水卷材主要用于建筑墙体、屋面以及隧道、公路、垃圾填埋场等处,起到抵御外界雨水和地下水渗漏的作用,是整个工程防水的第一道屏障,对整个工程起着至关重要的作用。

目前,防水卷材主要包括沥青防水卷材、高聚物改性沥青防水卷材和合成高分子卷材。沥青防水卷材属于传统的防水卷材,在性能上存在着一些先天缺陷,正在逐渐被淘汰。比如石油沥青纸胎油毡,由于耐久性差和环保的原因,已经在很多国家被禁止生产与使用。但是由于沥青防水卷材本身价格低廉,货源充足,对其胎体材料进行改进之后,性能有所改善,故在对防水等级要求较低的工程中仍有一定的使用量。而性能优越的高聚物改性沥青防水卷材和合成高分子防水卷材则应用日益广泛,成为建材市场的主导。图 10.1 为防水卷材施工场景。

图 10.1 防水卷材在工程中的应用

1. 沥青防水卷材

沥青防水卷材是指以各种石油沥青或煤沥青为防水基材,以原纸、织物、毯等为胎基,用不同矿物粉料、粒料或合成高分子薄膜、金属膜作为隔离材料所制成的可卷曲片状防水材料,具有原材料广、价格低、施工技术成熟等特点,可以满足建筑物的一般防水要求。

常用的沥青防水卷材包括:石油沥青纸胎油毡、石油沥青石棉纸油毡、石油沥青玻璃布油毡、石油沥青玻纤毡油毡、石油沥青麻布油毡和石油沥青铝箔油毡等。常用沥青防水卷材的特点及适用范围见表 10.1。

表 10.1 沥青防水卷材的特点及适用范围

名 称	特 点	适用范围
石油沥青纸胎油毡	资源丰富,价格低廉,抗拉性能差,低温柔性差,温度敏感性强,使用寿命短,是我国传统的防水材料,现已禁止生产和使用	三毡四油、二毡三油叠层铺设的屋面防水
石油沥青玻璃布油毡	抗拉性能好,胎体耐腐蚀性好,柔韧性好,耐久性比纸胎油毡高一倍以上	用作纸胎油毡的增强附加层和突出部位的防水层
石油沥青玻纤毡油毡	抗拉性能和柔韧性优于纸胎油毡,耐腐蚀性和耐久性好	常用于屋面和地下防水工程
石油沥青黄麻胎油毡	抗拉性能好,耐水性和柔韧性好,但胎体材料耐腐蚀性较差	常用于屋面增强附加层
石油沥青铝箔油毡	防水性能好,隔热和隔水汽性能好,柔韧性好,且具有一定的抗拉强度	与带孔玻纤毡配合或单独使用,用于热反射屋面和隔气层

2. 高聚物改性沥青防水卷材

高聚物改性沥青防水卷材是在沥青中添加适当的高聚物改性剂,可改善传统沥青防水卷材温度稳定性差、延伸率低的缺点。高聚物改性沥青防水卷材具有高温不流淌、低温不脆裂、拉伸强度高和延伸率较大等优点。主要的高聚物改性沥青防水卷材有：弹性体(SBS)改性沥青防水卷材、塑性体(APP)改性沥青防水卷材和其他改性沥青油毡。

(1)SBS 改性沥青防水卷材

SBS(Styrene Butadiene Styrene)改性沥青防水卷材是以聚酯毡或玻纤毡为胎基，以苯乙烯、丁二烯－苯乙烯(SBS)热塑性弹性体作改性剂，两面覆以隔离材料所制成的建筑防水卷材。SBS 改性沥青防水卷材的物理力学性能应符合国家标准《弹性体改性沥青防水卷材》(GB 18242—2008)中的规定。SBS 卷材按胎基可分为聚酯毡(PY)、玻纤毡(G)和玻纤增加聚酯毡(PYG)三类；按上表面隔离材料分为聚乙烯膜(PE)、细砂(S)与矿物粒(片)料(M)三种；按下表面隔离材料分为细砂(S)和聚乙烯膜(PE)。厚度有 3 mm、4 mm、5 mm 三种；按物理力学性能分为Ⅰ型和Ⅱ型。其基本物理力学性能见表 10.2。

表 10. 2　SBS 改性沥青防水卷材的物理力学性能

序号	项目		指标				
			Ⅰ		Ⅱ		
			PY	G	PY	G	PYG
1	可溶物含量(g/m²) ≥	3 mm	2 100				—
		4 mm	2 900				—
		5 mm	3 500				
		试验现象	—	胎基不燃烧	—	胎基不燃烧	—
2	耐热性	℃	90		105		
		≤mm	2				
		试验现象	无流淌、滴落				
3	低温柔性(℃)		—20		—25		
			无裂缝				
4	不透水性 30 min		0.3 MPa	0.2 MPa	0.3 MPa		
5	拉力	最大峰拉力(N/50 mm)≥	500	350	800	500	900
		次高峰拉力(N/50 mm)≥	—	—	—	—	800
		试验现象	拉伸过程中，试件中部无沥青涂盖层开裂或与胎基分离现象				
6	延伸率	最大峰时延伸率(%)≥	30		40		—
		第二峰时延伸率(%)≥	—		—		15
7	浸水后质量增加(%) ≤	PE、S	1.0				
		M	2.0				
8	热老化	拉力保持率(%)≥	90				
		延伸率保持率(%)≥	80				
		低温柔性(℃)	—15		—20		
			无裂纹				
		尺寸变化率(%)≤	0.7	—	0.7	—	0.3
		质量损失(%)≤	1.0				
9	渗油性	张数≤	2				

续上表

序号	项　目	指　标				
		Ⅰ		Ⅱ		
		PY	G	PY	G	PYG
10	接缝剥离强度(N/mm)≥	1.5				
11	钉杆撕裂强度ª(N)	—				300
12	矿物颗粒粘附性ᵇ(g)≤	2.0				
13	卷材下表面沥青涂盖层厚度ᶜ(mm)≥	1.0				
14	人工气候加速老化 外观	无滑动、流淌、滴落				
	拉力保持率(%)≥	80				
	低温柔性(℃)	−15		−20		
		无裂缝				

a. 仅适用于单层机械固定施工方式卷材。

b. 仅适用于矿物粒料表面的卷材。

c. 仅适用于热熔施工的卷材。

SBS改性沥青防水卷材具有较好的耐穿刺、耐撕裂、耐疲劳性能,优良的弹性延伸和较高的承受基层裂缝的能力;有一定的弥合裂缝的自愈力;在低温下仍保持优良的性能,即使在寒冷气候时也可以施工;可热熔搭接,接缝密封保持可靠。但厚度小于3 mm的卷材不得采用热熔法施工;SBS改性沥青防水卷材温度敏感性大,大坡度斜屋面不宜采用。SBS卷材适用于工业与民用建筑的屋面和地下防水工程,尤其适用于较低气温环境的建筑防水。

(2)APP改性沥青防水卷材

APP(Atactic Polypropylene)改性沥青防水卷材是以聚酯毡或玻纤毡为胎基,以无规聚丙烯(APP)或聚烯烃类聚合物(APAO、APO)热塑性塑料改性沥青浸渍和涂覆胎基,两面覆以隔离材料所制成的建筑防水卷材(统称APP卷材)。APP改性沥青防水卷材的基本力学性能应符合国家标准《塑性体改性沥青防水卷材》(GB 18243—2008)的规定。APP卷材按胎基分为聚酯胎(PY)、玻纤胎(G)、玻纤增强聚酯胎(PYG);按上表面隔离材料分为聚乙烯膜(PE)、细砂(S)与矿物粒料(M)三种;按下表面隔离材料分为细砂(S)、聚乙烯膜(PE);厚度有3 mm、4 mm、5 mm三种;按物理力学性能分为Ⅰ型和Ⅱ型。其基本物理力学性能见表10.3。

表10.3　APP改性沥青防水卷材的物理力学性能

序号	项　目	指　标				
		Ⅰ		Ⅱ		
		PY	G	PY	G	PYG
1	可溶物含量(g/m²)≥	3 mm	2 100			—
		4 mm	2 900			—
		5 mm	3 500			
		试验现象	—	胎基不燃烧	—	胎基不燃烧	—

续上表

序号	项目		指标				
			I		II		
			PY	G	PY	G	PYG
2	耐热性	℃	110		130		
		≤mm	2				
		试验现象	无流淌、滴落				
3	低温柔性(℃)		−7		−15		
			无裂缝				
4	不透水性 30 min		0.3 MPa	0.2 MPa	0.3 MPa		
5	拉力	最大峰拉力(N/50 mm)≥	500	350	800	500	900
		次高峰拉力(N/50 mm)≥	—	—	—	—	800
		试验现象	拉伸过程中,试件中部无沥青涂盖层开裂或与胎基分离现象				
6	延伸率	最大峰时延伸率(%)≥	25		40		—
		第二峰时延伸率(%)≥	—		—		15
7	浸水后质量增加(%)≤	PE、S	1.0				
		M	2.0				
8	热老化	拉力保持率(%)≥	90				
		延伸率保持率(%)≥	80				
		低温柔性(℃)	−2		−10		
			无裂纹				
		尺寸变化率(%)≤	0.7	—	0.7	—	0.3
		质量损失(%)≤	1.0				
9	接缝剥离强度(N/mm)≥		1.0				
10	钉杆撕裂强度[a](N)		—				300
11	矿物颗粒粘附性[b](g)≤		2.0				
12	卷材下表面沥青涂盖层厚度[c](mm)≥		1.0				
13	人工气候加速老化	外观	无滑动、流淌、滴落				
		拉力保持率(%)≥	80				
		低温柔性(℃)	−2		−10		
			无裂缝				

a. 仅适用于单层机械固定施工方式卷材。

b. 仅适用于矿物粒料表面的卷材。

c. 仅适用于热熔施工的卷材。

　　APP 卷材耐热性优异,耐水性、耐腐蚀性好,低温柔性较好(但不及 SBS 卷材)。其中聚酯毡的机械性能、耐水性和耐腐蚀性性能优良。玻纤毡的价格低,但强度较低无延展性。APP 卷材适用于工业与民用建筑的屋面和地下防水工程以及道路、桥梁等建筑物的防水,尤其适用于较高气温环境的建筑防水。

（3）自粘橡胶改性沥青防水卷材

自粘橡胶改性沥青防水卷材是以自粘性橡胶改性沥青为涂盖材料，以无纺玻纤毡、无纺聚酯布等为胎体，在常温下可以自行与基层或卷材黏结的改性沥青防水卷材，简称自粘卷材。其黏结面具有自粘胶，上表面覆以聚乙烯膜，下表面用防粘纸隔离。

自粘卷材分为无胎基（N）和聚酯胎基（PY）两类。无胎基自粘橡胶改性沥青防水卷材是以沥青、SBS、和SBR等弹性体材料为基料，并掺入增塑、增黏材料和填充材料，采用聚乙烯膜（PE）、聚酯膜（PET）为表面材料或无表面覆盖层双面自粘（D），底表面或上、下表面涂覆硅隔离防粘材料制成的可自行黏结的防水卷材。聚酯胎基自粘防水卷材是以聚合物改性沥青为基料，以改性沥青胶料预浸的高强聚酯为胎基，采用聚乙烯膜（PE）、细砂（S）为表面材料或无膜双面自粘（D），防粘隔离膜为隔离层。无胎基和聚酯胎基自粘卷材的性能指标应符合《自粘聚合物改性沥青防水卷材》（GB 23441—2004）要求，按其物理力学性能分为Ⅰ型和Ⅱ型，如表10.4和表10.5所示。

表 10.4　N类卷材物理力学性能

序号	项　目		PE Ⅰ	PE Ⅱ	PET Ⅰ	PET Ⅱ	D
1	拉伸性能	拉力（N/50mm）≥	150	200	150	200	—
		最大拉力时延伸率（%）≥	200		30		—
		沥青断裂延伸率（%）≥	250		15		450
		拉伸时现象	拉伸过程中，在膜断裂前沥青涂盖层与膜分离现象				—
2	钉杆撕裂强度（N）≥		50	110	30	40	
3	耐热性		70℃滑动不超过2 mm				
4	低温柔性（℃）		−20	−30	−20	−30	−20
			无裂纹				
5	不透水性		0.2 MPa,120 min 不透水				—
6	剥离强度（N/mm）≥	卷材与卷材	1.0				
		卷材与铝板	1.5				
7	钉杆水密性		通过				
8	渗油性（张数）≤		2				
9	持黏性（min）≥		20				
10	热老化	拉力保持率（%）	80				
		最大拉力时延伸率（%）≥	200		30		400（沥青层断裂延伸率）
		低温柔性（℃）	−18	−28	−18	−28	−18
			无裂纹				
		剥离强度卷材与铝板（N/mm）≥	1.5				
11	热稳定性	外观	无起鼓、褶皱、滑动、流淌				
		尺寸变化（%）≤	2				

表 10.5 PY 类卷材物理力学性能

序号	项 目			指 标	
				I	II
1	可溶物含量/(g/m²) ≥		2.0mm	1 300	—
			3.0mm	2 100	
			4.0mm	2 900	
2	拉伸性能	拉力/(N/50mm)≥	2.0mm	350	—
			3.0mm	450	600
			4.0mm	450	800
		最大拉力时延伸率(%)≥		30	40
3	耐热性			70 ℃无滑动、流淌、滴落	
4	低温柔性(℃)			−20	−30
				无裂纹	
5	不透水性			0.3 MPa,120 min 不透水	
6	剥离强度(N/mm)≥		卷材与卷材	1.0	
			卷材与铝板	1.5	
7	钉杆水密性			通过	
8	渗油性(张数)≤			2	
9	持黏性(min)≥			15	
10	热老化	最大拉力时延伸率(%)≥		30	40
		低温柔性(℃)		−18	−28
				无裂纹	
		剥离强度卷材与铝板(N/mm)≥		1.5	
		尺寸稳定性(%)≤		1.5	1.0
11	自粘沥青再剥离强度(N/mm)≥			1.5	

有胎基自粘橡胶改性沥青防水卷材实际上是在工厂将胶黏材料与卷材复合,具有 SBS 改性沥青卷材的特点,并能在常温下自行黏结。自粘聚酯胎改性沥青防水卷材应符合《自粘聚合物改性沥青聚酯胎防水卷材》(JC 898—2002)的规定。

(4)再生橡胶改性沥青防水卷材

指用废旧橡胶粉作改性剂,掺入石油沥青中,再加入适量的改性剂,经过高温高压处理后而成的无胎体防水卷材。其特点是重量轻、延伸性好,耐腐蚀性均较普通油毡好,而且价格低廉。适用于屋面或地下接缝等防水工程,尤其是适用于基层沉降较大或沉降不均匀的建筑物变形缝处的防水,其基本性能见表 10.6。

表 10.6 再生橡胶防水卷材性能

项 目	指 标
抗拉强度(25 ℃±2 ℃)(MPa)	2.5
断裂延伸率(%)	≥250

续上表

项　目	指　标
柔性(−20 ℃,对折,2 h)	无裂纹
耐热性(140 ℃,5 h)	不起泡,不发黏
透水性(0.3 MPa,1.5 h)	不渗漏
适用温度(℃)	−20～80
热老化(80 ℃,168 h,各项指标保持率)	≥80

3. 合成高分子防水卷材

合成高分了防水卷材是近年来大力发展的防水卷材。合成高分了防水卷材是以合成橡胶、合成树脂或者两者共混体为基料,加入适量的化学助剂、填充料等,经混炼、压延或挤出等过程而制成的防水卷材或片材。合成高分了防水卷材耐热性和低温柔韧性好,拉伸强度、抗撕裂强度高,断裂伸长率大,耐腐蚀,耐老化,使用寿命长,一般合成高分子防水卷材的耐用年限均在 10 年以上。

合成高分了防水卷材品种很多,目前最具代表的有合成橡胶类三元乙丙橡胶防水卷材、聚氯乙烯防水卷材和氯化聚乙烯—橡胶共混防水卷材。

(1)三元乙丙(EPDM)橡胶防水卷材

EPDM 卷材是以 EPDM 与丁基橡胶为基本原料,添加软化剂、填充补强剂、促进剂以及硫化剂等,经混炼、过滤、精炼、挤出(或压延)成型,并经硫化等工序制成的片状防水材料。

EPDM 和丁基橡胶在各种橡胶材料中耐老化性能最优,日光、紫外线对其物理力学性能及外观几乎没有影响。EPDM 防水卷材经过几年的风化,物性保持率非常稳定。由于没有双键,EPDM 表现出非常良好的耐臭氧性,几乎不发生龟裂。与丁基橡胶共混后,可以进一步增加其耐臭氧性。EPDM 和丁基橡胶表现出比其他橡胶更优越的热稳定性,能在高温下长时间使用。耐低温性亦优良,适用温度范围广。此外 EPDM 防水卷材耐蒸汽性良好,在 200℃左右,其物理性能也几乎不变。EPDM 的溶解度参数值为 7.9 左右,有比较强的耐溶剂性和耐酸碱性。因此,EPDM 防水卷材可以广泛地用于防腐工程领域。另外,EPDM 密度小,作为防水卷材可以减轻屋顶结构的负荷。

(2)聚氯乙烯(PVC)防水卷材

PVC 防水卷材以聚氯乙烯树脂为主原料,加入增塑剂、稳定剂、耐老化剂、填料,经捏合、混炼、(造粒)、压延(或挤出)、检验、卷取、包装等工序制成。PVC 防水卷材防水效果好,抗拉强度高,聚氯乙烯防水卷材的抗拉强度是氯化聚乙烯防水卷材拉伸强度的两倍,抗裂性能高,防水、抗渗效果好,使用寿命长。根据抗老化试验测定,其使用寿命长达 20 年;断裂伸长率高,断裂伸长率是纸胎油毡的 300 倍以上,对基层伸缩和开裂变形的适应性较强。高低温性能良好。聚氯乙烯防水卷材的使用温度范围在−40～90 ℃之间。聚氯乙烯防水卷材一般采用空铺施工,卷材与卷材的搭接用热风焊进行熔接,常温下施工,操作简便,不污染环境。

(3)氯化聚乙烯—橡胶共混防水卷材

以氯化聚乙烯树脂和丁苯橡胶混合体为基本原料,加入适量软化剂、防老剂、稳定剂、填充剂和硫化剂等,经捏合、混炼、过滤、挤出或压延成型、硫化等工序制成的防水卷材。它不但有氯化聚乙烯赋予优异的抗臭氧老化性能,极高的拉伸强度和阻燃性,同时又具有了橡胶赋予的优良延伸率和回弹性能。

氯化聚乙烯—橡胶共混防水卷材由塑料和橡胶共混而成,兼具塑料和橡胶的特点,性能比单一材料更优异:不但具有氯化聚乙烯所特有的高强度和优异的耐臭氧、耐老化性能,而且具有橡胶类材料的高弹性、高延伸性及良好的低温柔韧性能。氯化聚乙烯—橡胶共混防水卷材属易粘物质,卷材整体性好,使用寿命长,因而被广泛用于对防水有较高要求的工程结构中。

10.3.3　防水涂料

防水涂料又称涂膜防水材料,一般是由沥青、合成高分子聚合物、合成高分子聚合物与沥青、合成高分子聚合物与水泥或以无机复合材料等为主要成膜物质,掺入适量的颜料、助剂、溶剂等加工制成的溶剂型、水乳型或反应型的,在常温下无固定形状的黏稠状液态或粉末状的可液化固态,经涂布能在结构物表面结成连续、无缝、坚韧的防水膜,能满足工程不同部位防水、抗渗要求的一类材料的总称。防水涂料按其成膜物质可分为沥青类、高聚物改性沥青类、合成高分子类、水泥基类等。图 10.2 为防水涂料施工现场。

(a) 屋顶防水

(b) 外墙防水

图 10.2　防水涂料在工程中的应用

防水涂料具有以下一些特点:

(1)常温下呈液态,特别适宜在立面、阴阳角、穿结构层管道、不规则屋面、节点等细部构造处进行防水施工,固化后能形成完整的防水膜。

(2)涂膜防水层自重轻,特别适宜于轻型薄壳屋面的防水。

(3)属于冷施工,可刷涂、喷涂,操作简便,速度快,环境污染小。

(4)温度适应性强,在 $-30\sim80$ ℃条件下均可使用。

(5)涂膜防水层可通过加贴增强材料来提高抗拉强度。

(6)容易修补,发生渗漏时可在原防水涂层的基础上修补。

1. 沥青基防水涂料

(1)溶剂型沥青防水涂料

溶剂型沥青防水涂料(冷底子油)其实质是一种沥青溶液,是将石油沥青溶解于有机溶剂(如汽油、煤油、柴油等)中制得的胶体溶液。这类沥青溶液在常温下能够均匀地涂刷在木材、金属、混凝土、砂浆等结构基面上,形成一层粘附牢固的沥青薄膜,而起到防水作用。但是,由于此类涂料所形成的涂膜较薄,沥青又未经过改性,故一般不单独作防水涂料使用,仅作某些防水涂料的配套材料使用,且常用于防水层的底层,因此又称为冷底子油。

冷底子油黏度小,具有良好的流动性。涂刷在混凝土、砂浆或木材等基面上,能很快渗入基层孔隙中,待溶剂挥发后,便与基面牢固结合。

冷底子油要随配随用。溶剂型沥青防水材料的分散度高,在密闭容器内长期贮存而不变质,涂膜干燥快,质地致密,并可负温施工,但施工中要消耗大量的有机溶剂,成本较高,且污染环境,故其发展和使用受到了一定的限制。

(2)水乳型沥青防水涂料

水乳型沥青防水涂料是以乳化沥青为基料的防水涂料,是将沥青热融,经过机械剪切的作用,以细小的微滴状态分散于含有乳化剂的水溶液中,形成水包油型的沥青乳液,或将微小的水滴稳定地分散在沥青中形成油包水型的沥青乳液。

水乳型沥青防水涂料在常温下呈液态,可以自由流动,也可根据需要制成不同的浓度。在一定的配制工艺下加入改性剂,又可以得到改性水乳型沥青防水涂料。水乳型沥青防水涂料除了应用于建筑防水外,还广泛应用于道路工程、洞库防水、金属材料表面防腐等方面。

水乳型沥青防水涂料施工方便,价格低廉,但是它的稳定性不如溶剂型涂料和热熔型涂料。水乳型沥青的贮存时间一般不超过半年,储存时间过长容易分层变质,变质以后的乳化沥青不能再用。一般不能在0℃以下储存和运输,也不能在0℃以下施工和使用。乳化沥青中添加抗冻剂后虽然可以在低温下储存和运输,但这样乳化沥青防水涂料价格也会相应的提高。

2. 高聚物改性沥青防水涂料

高聚物改性沥青防水涂料一般是指以沥青为基料,用各种高聚物进行改性制成的水乳型或溶剂型防水涂料。

(1)水乳型再生橡胶沥青防水涂料

水乳型再生橡胶沥青防水涂料是以石油沥青为基料和再生橡胶为改性材料复合而成的水性防水涂料。该防水涂料是由再生橡胶和石油沥青的微粒,借助阴离子型表面活性剂的作用,使阴离子型再生胶乳和沥青乳液稳定分散在水中形成乳状混合液。

水乳型橡胶沥青类防水涂料是国内外较常用的一种防水涂料,与同类溶剂型产品比较,它以水取代了汽油,其安全性、环境性更胜一筹。这种涂料因以合成胶乳为原料,因而其价格较贵。

水乳型再生橡胶沥青防水涂料,能够在各种复杂表面形成防水膜,具有一定的柔韧性和耐久性。以水为分散剂,无毒、不燃、无异味,安全可靠。可在常温下施工,操作简单,维护方便,能够在潮湿无积水的表面施工。原料来源广泛,价格较低。其缺点是一次涂刷成膜较薄,产品质量易受生产条件的影响,气温低于5℃时不易施工。产品适用于工业与民用建筑的混凝土基层、屋面、浴厕、厨房的防水,地下混凝土建筑防潮,旧油毡屋面翻修和刚性自防水屋面的维修。

(2)SBS改性沥青防水涂料

SBS改性沥青防水涂料是将SBS橡胶掺入不同形态的沥青中,从而改变沥青的性能,如改善沥青的耐高温性和耐久性,使其具有很大的延伸和抗裂性能,是较为理想的中档防水涂料。SBS改性沥青防水涂料适用于复杂基层的防水防潮工程中,如卫生间、地下室、厨房、水池等,特别适合于寒冷地区的防水工程。

3. 合成高分子防水涂料

合成高分子防水涂料是以合成橡胶或合成树脂为主要成膜物质,加入其他辅助材料配制而成。合成高分子防水涂料强度高、延伸大、柔韧性好,耐高、低温性能好,耐紫外线和酸、碱、盐老化能力强,使用寿命长。一般涂膜设计厚度为1.0~2.5 mm。

(1)聚氨酯防水涂料

聚氨酯防水涂料又称聚氨酯涂膜防水材料,是由异氰酸酯基的聚氨酯预聚体和含有多羟基或氨基的固化剂以及其他助剂的混合物按一定比例混合所形成的一种反应型涂膜防水材料。

该种材料具有优异的耐油、耐磨、耐臭氧、耐海水侵蚀及一定的耐碱性能,柔软、富于弹性,对基层伸缩和开裂的适应性强,黏结性能好,并且由于固化前是一种无定型的黏稠物质,对于形状复杂的屋面、管道纵横部位、阴阳角、管道根部及端部收头都容易施工,因此是目前最常用和有发展前途的高分子防水材料。缺点是原材料为较昂贵的化工材料,成本较高,不易维修,完全固化前变形能力比较差,施工中易受损伤,并且有一定的可燃性和毒性,施工时需注意安全。

聚氨酯防水涂料可用于各种屋面做防水层,也可用于外墙、地下室、浴室、厨房的室内外防水,气密性仓库等特殊防水,贮水池、游泳池、地铁、地下建筑、地下管道的防水和防腐,道路、桥梁、混凝土构件的防水等。

(2)丙烯酸防水涂料

丙烯酸防水涂料是以纯丙烯酸共聚物、改性丙烯酸或纯丙烯酸酯乳液为主要成分,加入适量填料、助剂及颜料等配制而成,属合成树脂类单组分防水涂料。

该类防水徐料的最大优点是具有优良的耐候性、耐热性和耐紫外线性,在 30～80 ℃范围内性能基本无变化。延伸性能好,可达 250%,能适应基层一定幅度的开裂变形;一般为白色,也可通过着色使之具有各种色彩,兼具防水、装饰和隔热效果;以水作为分散介质,无毒、无味、不燃、安全可靠;可在常温下冷施工作业,也可在稍潮湿而无积水的表面施工,操作简单,维修方便,不污染环境。

10.3.4　防水密封材料

土木工程中为了保证建筑物的水密性和气密性,凡具备防水功能和防止液、气、固侵入的密封材料,均称为防水密封材料。它的基本功能是填充构形复杂的间隙,通过密封材料的变形或流动润湿,使缝隙、接头不平的表面紧密接触或粘接,从而达到防水密封的作用。以下介绍几种常用的防水密封材料。

1. 聚氨酯密封膏

以聚氨酯为主要组分,加入其他组分材料而制成。聚氨酯密封膏的弹性大,黏结力强,防水性能优良。耐油性、耐候性、耐磨性及耐久性都很好,与混凝土的黏结性也很好,而且不需要打底。聚氨酯密封膏可用作混凝土屋面和墙面的水平或垂直接缝的密封材料,也是公路及机场跑道补缝、接缝的好材料,还可用于玻璃、金属材料的嵌缝,特别适用于游泳池工程,是最好的密封材料之一。

2. 丙烯酸类密封膏

丙烯酸类密封膏是在丙烯酸类树脂中掺入填料、增塑剂、分散剂等配制而成,分溶剂型和水乳型两种。目前应用的以水乳型为主。丙烯酸类密封膏具有优良的抗紫外线性能,耐老化性、低温柔性、延伸性都很好,可在表面润湿的混凝土基层上施工,并保持良好的黏结性,由于历稀酯类密封膏无毒、无味、不燃、不污染环境,主要用于屋面、墙板、门、窗嵌缝。由于其耐水性不够好,故不宜用于长期浸水的工程,如水池、污水厂、灌溉系统、堤坝等水下接缝。该类密封膏的价格和性能均属中等。

3. 聚氯乙烯胶泥(PVC 胶泥)

聚氯乙烯胶泥是以煤焦油为基料,加入少量的聚氯乙烯树脂粉、增塑剂、稳定剂、填料等在140 ℃下塑化而成的热施工的黏稠体。PVC 胶泥自重轻,价格较低,具有良好的弹性、耐热性、耐寒性、耐老化性、黏结性、耐腐蚀性和抗老化性,能在 -20～80℃的条件下使用,能很好地适应伸缩和结构局部变形,除热用外,也可以冷用,冷用时需加溶剂稀释。适用于各种屋面的嵌缝密封及墙板、水渠、地下工程伸缩缝的密封防水和维修,还可用于生产硫酸、盐酸、硝酸、氢氧化钠等有腐蚀性气体的工艺厂房的屋面防水密封。

10.4　绝 热 材 料

10.4.1　绝热材料的定义

绝热材料又称保温隔热材料,是对热流具有显著阻抗性的材料或材料复合体。

在土木工程材料中,习惯上把用于控制室内热量外流的材料叫做保温材料;把防止室外热量进入室内的材料叫做隔热材料。保温材料和隔热材料的本质是一样的,其标准术语为绝热材料。在建筑工程中绝热材料主要用于墙体、屋顶的保温隔热;热工设备、热力管道的保温;有时也用于冬期施工的保温;一般在空调房间、冷藏室、冷库等的围护结构上也大量使用。

10.4.2　绝热材料的作用机理

热从本质上是由组成物质的分子、原子和电子等,在物质内部的移动、转动和振动所产生的能量,即热能。在任何介质中,当两点之间存在温度差时,就会产生热能传递现象,热能将由温度较高点传递至温度较低点。传热的基本形式有热传导、热对流和热辐射三种。热传导是指由于物体各部分直接接触的物质质点(分子、原子、自由电子)作热运动而引起的热传递的过程;热对流是指流体各部分发生相对移动而引起的热量交换;热辐射是指一种由电磁波来传递能量的现象。

通常情况下,三种传热方式是共存的,但因保温隔热性能良好的材料是多孔且封闭的,虽然在材料的孔隙内有空气起着对流和辐射作用,但与热传导相比,热对流和热辐射所占的比例很小,大部分绝热材料的传热以导热为主,其绝热性主要由材料的导热性来决定。材料的导热性是材料本身传导热量的能力,用导热系数 λ 表示。其物理意义是:厚度为 1 m 的材料,当温度差为 1K 时,在 1 s 内通过 1 m^2 面积的热量。

通常绝热材料的导热系数 $\lambda < 0.175$ W/(m·K)。材料的导热系数愈小,表示其绝热性能愈好。导热系数是评价建筑材料保温绝热性能好坏的主要指标。影响材料导热系数的主要因素有材料的物质构成、微观结构、孔隙率与孔隙特征、温度、湿度和热流方向等。

绝热材料主要用于建筑物的屋面、外墙和地面等建筑外围护结构以及供暖、空调设备和管道;也适用于房屋分户楼板、分户隔墙以及地下室外围护结构的保温隔热(见图 10.3)。建筑物保温隔热的主要目的是保证居住及工作环境的舒适性,节约能耗和防止表面结露。

(a) 用于建筑外墙　　　　　　　　(b) 用于屋顶

图 10.3　绝热材料在工程中的应用

10.4.3 常用的绝热材料

常用的绝热材料按其成分可分为有机和无机两大类。有机绝热材料主要有:泡沫塑料、植物纤维类绝热板、窗用绝热薄膜;无机绝热材料主要有:①纤维状绝热材料:石棉、玻璃棉、矿棉及制品;②颗粒状绝热材料:膨胀珍珠岩基制品等;③多孔材料:泡沫混凝土、加气混凝土、泡沫玻璃等。

1. 无机绝热材料

无机保温隔热材料一般是用矿物质原料制成,呈散粒状、纤维状或多孔状构造。无机绝热材料的表观密度较大,但不易腐朽,不会燃烧,有的能耐高温。

(1)无机纤维状绝热材料

① 矿棉及其制品

矿棉一般包括矿渣棉[图 10.4(a)]和岩石棉[图 10.4(b)]。矿渣棉所用原料有高炉硬矿渣、铜矿渣等,并加一些调节原料(钙质和硅质原料)。岩石棉的主要原料为天然岩石(白云石、花岗石、玄武岩等)。天然岩石原料经熔融后,用喷吹法或离心法制成细纤维。矿石棉具有轻质、不燃、绝热和电绝缘等性能,且原料来源广,成本较低,可制成矿棉板、矿棉毡及管壳等。可用作建筑物的墙壁、屋顶、天花板等处的保温和吸声材料,以及热力管道的保温材料。

(a) 矿渣棉　　　　　　　(b) 岩石棉　　　　　　　(c) 玻璃棉

图 10.4　无机纤维状绝热材料

② 玻璃棉及其制品

玻璃棉是玻璃纤维的一种[图 10.4(c)],具有表观密度小,热导率低,耐温性高等特点。玻璃棉是用玻璃原料或碎玻璃经熔融后经喷吹制成的纤维状材料。玻璃棉是一种优良的保温、绝热、吸声、过滤材料,广泛应用于国防、石油化工、建筑、冶金、冷藏、交通等领域。玻璃棉毡主要用于建筑物的隔热、隔声,通风空调设备的保温,播音室、消音室及噪声车间的吸声;玻璃棉板用于冷库、仓库、隧道及房屋建筑的隔热、隔声;玻璃棉管套主要用于通风、供热、供水、动力等设备管道的保温。玻璃棉制品的技术性能指标见表 10.7。

表 10.7　玻璃棉制品的技术性能

产品名称	表观密度(kg/m³)	纤维直径(μm)	常温热导率[W/(m·K)]	使用温度(℃)
原棉	65～90	<7	0.031 2	700
缝毡	100～120	<7	0.032 7	600
保温带	100～120	<7	0.032 7	600
半硬板	100～120	<7	0.039 7	400
管壳	100～150	<7	0.032 9	400

产品名称	表观密度(kg/m³)	纤维直径(μm)	常温热导率[W/(m·K)]	使用温度(℃)
缝板	100~150	<7	0.032 7	600
阀件	120~160	<7	0.032 9	>400

(2)无机散粒状绝热材料

① 膨胀蛭石及其制品

蛭石是一种天然矿物,经 850~1 000 ℃燃烧,体积急剧膨胀(可膨胀 5~20 倍)而成为松散颗粒[图 10.5(a)],其堆积密度为 80~200 kg/m³,导热系数为 0.046~0.07W/(m·K),可用于填充墙壁、楼板及平屋顶,保温效果佳。可在 1 000~1 100 ℃下使用。膨胀蛭石也可与水泥、水玻璃等胶凝材料配合,制成砖、板、管壳等,用于围护结构及管道的保温。

② 膨胀珍珠岩及其制品

膨胀珍珠岩是由天然珍珠岩、黑耀岩或松脂岩为原料,经煅烧体积急剧膨胀(约 20 倍)而得蜂窝状白色或灰白色松散颗料[图 10.5(b)]。堆积密度为 40~300 kg/m³,λ=0.025~0.048 W/(m·K),耐热可达 800 ℃,为高效能保温保冷填充材料。建筑工程中广泛用于围护结构、低温和超低温保冷设备、热工设备等处的绝热保温,也可以用作制作吸声制品。

(a) 膨胀蛭石　　　　　　　　　　　(b) 膨胀珍珠岩

图 10.5　无机散粒状绝热材料

(3)无机多孔类绝热材料

① 硅藻土

硅藻土是一种生物成因的硅质沉积岩[图 10.6(a)],由古代硅藻的遗骸组成,其化学成分主要为 SiO_2 此外还有少量 Al_2O_3、CaO、MgO 等。主要用做吸附剂、助滤剂和脱色剂等。硅藻土孔隙率约为 50%~80%,导热系数 λ=0.060W/(m·K),最高使用温度可达 900 ℃,常用做填充材料,制作硅藻砖。

② 泡沫混凝土

由水泥、发泡剂、外加剂等材料混合后经搅拌发泡、成型、养护而成的一种多孔、轻质、保温隔热、吸音材料[图 10.6(b)]。也可用粉煤灰、石膏和泡沫剂制成粉煤灰泡沫混凝土。泡沫混凝土的表现密度为 300~500 kg/m³,导热系数为 0.082~0.186 W/(m·K)。

③ 加气混凝土

由水泥、石灰、粉煤灰和发气剂(铝粉)配制而成,是一种保温绝热性能良好的轻质材料[图 10.6(c)]。用作绝热材料的加气混凝土砌块表观密度为 400~1000 kg/m³,抗压强度在 3~10 MPa 以上,导热系数为 0.10 W/m·K 左右,比黏土砖小许多,耐火性能良好。

④ 泡沫玻璃

是以天然玻璃或人工玻璃碎料和发泡剂配置成的混合物经高温煅烧而得到的一种内部多孔的块状绝热材料[图 10.6(d)]。玻璃质原料在加热软化或熔融冷却时具有很高的黏度,此时引入发泡剂,体内有气泡产生,使黏流体发生膨胀,冷却固化后,便形成微孔结构。泡沫玻璃具有均匀的微孔结构,孔隙率高达 80%～90%,且多为封闭气孔,因此,具有良好的防水抗渗性。随着时间的增长,泡沫玻璃的绝热效果会降低,但热导率则长期稳定,不会因环境改变而发生改变。

泡沫玻璃作为绝热材料在建筑上主要用于保温墙体、地板、天花板及屋顶保温。可用于寒冷地区建筑低层的建筑物。

(a) 硅藻土　　　　　　(b) 泡沫混凝土　　　　　　(c) 加气混凝土　　　　　　(d) 泡沫玻璃

图 10.6　无机多孔类绝热材料

2. 有机绝热材料

(1)泡沫塑料

泡沫塑料也称多孔塑料,是以各种树脂为基料,加入各种辅助料经加热发泡制得的内部具有无数微孔的轻质保温材料(图 10.7)。泡沫塑料目前广泛用作建筑上的保温隔声材料,其表观密度很小,隔热性能好,加工使用方便。

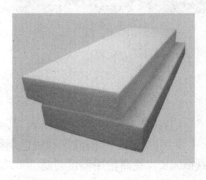

图 10.7　泡沫塑料

常用的泡沫塑料有聚苯乙烯泡沫塑料、脲醛泡沫塑料、聚氨脂泡沫塑料、聚氯乙烯泡沫塑料、酚醛泡沫塑料等。其中,聚苯乙烯泡沫塑料的吸水性小,耐酸碱,且有一定的弹性;脲醛泡沫塑料耐腐蚀性好,吸水性较大,电绝缘性良好,不易燃烧,但是对水与蒸汽的作用不甚稳定,脆性较大,易碎;聚氨酯泡沫塑料是泡沫塑料中重量最轻的,强度较低,但吸水性强;聚氯乙烯泡沫塑料具有不吸水、不燃、耐酸碱、耐油等特点;酚醛泡沫塑料具有保温、耐热、阻燃,在火中无穿透、无滴落物、低烟雾、价格低廉和制作工艺简单等优点,是一种在国内外发展迅速、应用前景广阔的绝热保温材料。常用泡沫塑料的技术性能见表 10.8。

表 10.8　常用泡沫塑料的种类及其技术性能

材料名称	表观密度 (kg/m³)	热导率 [W/(m·K)]	抗压强度 (MPa)	抗拉强度 (MPa)	耐热度 (℃)	耐寒度 (℃)
聚苯乙烯泡沫塑料	21～51	0.03～0.04	0.14～0.36	0.13～0.14	75	−80
硬质聚氯乙烯泡沫塑料	≤45	≤0.043	≥0.18	≥0.40	80	−35
硬质聚氨酯泡沫塑料	30～40	0.037～0.048	≥0.12	≥0.244	—	—
脲醛泡沫塑料	≤15	0.028～0.03	0.015～0.025		—	—

（2）软木板

软木板是用栓皮栎或黄菠萝树皮等为原料经加工制成的一种板状材料（图 10.8）。它耐腐蚀、耐水，能阻燃不起火焰，并且软木中含有大量微孔，所以质轻，表观密度为 150～250 kg/m³，热导率为 0.046～0.070 W/(m·K)。软木板是一种优良的吸声、防震材料，多用于天花板、隔墙板或护墙板。

（3）硬质泡沫橡胶

硬质泡沫橡胶（图 10.9）用化学发泡法制成，特点是热导率小而强度大。硬质泡沫橡胶的表观密度在 64～20 kg/m³ 之间。表观密度越小，保温性能越好，但强度越低。硬质泡沫橡胶的抗碱和抗盐的侵蚀能力较强，但强的无机酸及有机酸对它有侵蚀作用。硬质泡沫橡胶不溶于醇等弱溶剂，但易被某些强有机溶剂软化溶解。硬质泡沫橡胶为热塑性材料，耐热性不好，在 65 ℃左右开始软化。硬质泡沫橡胶有良好的低温性能，低温下强度较高且有较好的体积稳定性，可用于冷冻库。

图 10.8　软木板

图 10.9　硬质泡沫橡胶

10.5　吸声材料

吸声材料是一种能在较大程度上吸收由空气传递的声波能量的建筑材料，在音乐厅、影剧院、大会堂、播音室等内部的墙面、地面、顶棚等部位，适当采用吸声材料，能改善声波在室内传播的质量，保持良好的音响效果。

吸声材料吸声的原理是：声波通过材料的孔隙与固体骨骼相互摩擦而消耗其能量。当声波遇到材料表面时，一部分被反射，另一部分穿透材料，其余的部分则被材料吸收。被材料吸收的声能（包括部分穿透材料的声能在内）与原先传递给材料的全部声能之比，是评定材料吸

声性能好坏的主要指标,称为吸声系数,用公式表示如下:

$$a = \frac{E}{E_0}$$

(10-1)

式中　a——材料的吸声系数;

　　　E_0——传递给材料的所有入射声能;

　　　E——被材料吸收(包括透过)的声能。

材料的吸声性能除了与材料本身性质、厚度及材料表面状况(有无空气层及空气层的厚度)有关外,还与声波的入射角及频率有关。一般而言,材料内部开放连通的气孔越多,吸声性能越好。同一材料,对于高、中、低不同频率的吸声系数不同。为了全面反映材料的吸声性能,规定取 125 Hz、250 Hz、500 Hz、1 000 Hz、2 000 Hz、4 000 Hz 六个频率的吸声系数来表示材料的吸声特性。任何材料对声音都能吸收,只是吸收程度有很大的不同。通常对上述六个频率的平均吸声系数大于 0.2 的材料,认为是吸声材料。

同种材料在不同构造下的吸声性能可能会有很大的差别,吸声材料(结构)按材料的吸声机理或结构特征分为多孔吸声材料、共振吸声结构和特殊吸声结构。

10.5.1　多孔吸声材料

1. 材料特性与吸声机理

多孔吸声材料内部具有大量互相连通的微孔或间隙,孔隙细小并且在材料内部均匀分布(图 10.10)。其吸声机理是当声波入射到材料表面时,一部分在材料表面反射,另一部分则透入到材料内部向前传播,在传播过程中,引起孔隙中的空气运动,与形成孔壁的固体孔筋或孔壁发生摩擦,由于黏滞性和热传导效应,将声能转变为热能而耗散掉。声波在刚性壁面反射后,经过材料回到表面时,一部分声波透射到空气中,一部分又反射回材料内部,声波通过这种途径反复传播,使能量不断转换耗散,如此反复,直到平衡,由此使材料吸收部分声能。

图 10.10　多孔吸声材料

2. 常见的多孔吸声材料

(1)有机纤维

传统的有机纤维吸声材料在中、高频范围具有良好的吸声性能,如棉麻纤维、毛毡、甘蔗纤维板、木质纤维板、水泥木丝板等有机天然纤维材料,以及丙烯腈纤维、聚酯纤维、三聚氰胺等化学纤维材料,但这类材料的防火、防腐、防潮等性能较差,应用时受环境条件的制约。

(2)无机纤维

无机纤维(如玻璃棉、矿渣棉和岩石棉等)不仅具有良好的吸声性能,而且具有质轻、不燃、不腐、不易老化、价格低廉等特性,从而可以替代天然纤维的吸声材料,在声学工程中获得了广泛的应用。

无机纤维吸声材料的缺点是:在施工安装过程中因纤维性脆,容易折断形成粉尘而污染环境,影响呼吸,刺痒皮肤。其表面质软,所以需要保护层(如穿孔板、透气织物等)进行保护和装饰,构造比较复杂,体积大,储存和运输不便。遇水或吸潮后其吸声性能会大大减弱,故不适于在潮湿、高温、气流较大的场所或室外等环境使用。

10.5.2　泡沫材料

根据泡孔形成的不同,可分开孔型泡沫材料和闭孔型泡沫材料。前者的泡孔是相互连通的,属于吸声泡沫材料,如吸声泡沫塑料、吸声泡沫玻璃、吸声陶瓷、吸声泡沫混凝土等。后者的泡孔是封闭的,泡孔之间是互不相通的,其吸声很差,但具有保温隔热的特点。如聚苯乙烯泡沫、隔热泡沫玻璃、普通泡沫混凝土等。泡沫塑料易老化,对中高频(500 Hz以上)吸声性能优异,而对低频吸声效果不够理想。

10.5.3　共振吸声结构

1. 结构特性与吸声机理

建筑空间中的物体,在声波激发下会发生震动,振动着的结构和物体由于自身内摩擦和与空气的摩擦,要把一部分振动能量转变成热能而损耗。根据能量守恒定律,这些损耗的能量都是来自激发结构和物体振动的声波能量,因此,振动结构和物体都会消耗声能,产生吸声效果。结构和物体有各自的固有振动频率,当声波频率与结构和物体的固有频率相同时,就会发生共振现象。这时,结构和物体的振动最强烈,振幅和振速达到极大值,从而引起能量损耗也最多,所以吸声结构的吸声系数在共振频率处为最大。

共振吸声结构(图10.11)是靠共振作用吸声的柔性材料(如闭孔型泡沫塑料,吸收中频)、膜状材料(如塑料膜或布、帆布、漆布和人造革,吸收低中频)、板状材料(如胶合板、硬质纤维板、石棉水泥板和石膏板,吸收低频)和穿孔板(各种板状材料或金属板上打孔而制得,吸收中频)。

图10.11　共振吸声结构

共振吸声结构与之前提到的多孔吸声材料复合使用,可扩大吸声范围,提高吸声效果。例如,用装饰吸声板贴壁或吊顶,多孔材料和穿孔板或膜状材料组合装于墙面,甚至采用浮云式悬挂,都可改善室内音质,控制噪声。多孔材料除吸收空气声外,还能减弱固体声和空室气声所引起的振动。将多孔材料填入各种板状吸声结构组成的复合结构内,可提高隔声能力并减轻结构重量。

2. 常见的共振吸声结构

(1)空腔共振吸声结构

空腔共振吸声结构内部为硬表面的封闭体,连接一条颈状的狭窄通道,以便声波通过狭窄通道进入封闭体内,利用声波与结构开口的摩擦及进入共振吸声结构产生的共振来克服摩擦阻力而消耗声能。为获得较宽频带的吸声性能,常采用组合共振吸声结构。

(2)穿孔板组合共振吸声结构

这种吸声结构是把穿孔的胶合板、硬质纤维板、石膏板、铝合板、薄钢板等的周边固定在龙骨上,并在背后设置空气层而构成。其原理同共振器相似,它们相当于若干个共振器并列在一起,这类结构取材方便,并有较好的装饰效果,所以使用广泛。穿孔板具有适合于中频的吸声特性。穿孔板吸声结构还受其板厚、孔径、穿孔率、孔距、背后空气层厚度的影响,这些因素会改变穿孔板的主要吸声频率范围和共振频率,若在穿孔板背后空气层中填充多孔吸声材料,则吸声效果更佳。

(3)薄板共振吸声结构

薄板共振吸声结构的工作原理是:在声波作用下薄板发生振动,薄板振动时由于板内部和龙骨之间出现摩擦损耗,使声能转变为机械振动,从而起到吸声作用。由于低频声波比高频声波容易激起薄板振动,所以薄板振动吸声结构具有低频声波吸声特性。土木工程中常用的薄板振动吸声结构的共振频率在 80 Hz～300 Hz 之间,在此共振频率附近的吸声系数最大,为 0.2～0.5,而在其他共振频率附近的吸声系数就相对较低。

4. 膜式共振吸声结构

皮革、人造革、塑料薄膜等材料具有不透气、柔软、受张拉时富有弹性等特性,这些薄膜材料可与其背后封闭的空气层形成共振系统,用以吸收共振频率附近的入射声能。共振系统的弹性与膜所受的张力和背后空气层的弹性有关。薄膜吸声结构频率通常在 200 Hz～1 000 Hz范围,最大吸声系数为 0.3～0.4,一般作为中频范围的吸声材料。

10.5.4　特殊吸声结构

1. 吸声尖劈

吸声尖劈由尖劈和连接固定尖劈的底座两部分组成(图 10.12)。吸声尖劈是利用特殊阻抗的逐渐变化,由尖劈端面特性阻抗接近空气的特性阻抗,逐步过渡到接近吸声材料的特性阻抗,从而达到最高的声吸收效果,其平均吸声系数可达到 1.0。吸声尖劈一般吊挂在屋顶或四壁,其背后与墙壁应留有一定空间,为 0.05～0.1 m,这是为了形成一段空气层,提高吸声性能。当空气层厚度为 1/4 波长时,吸声系数最大。同时,入射声波可穿透吸声尖劈或通过四周绕射到尖劈背后,通过与屋顶的折射和反射使尖劈多次吸声。

图 10.12　吸声尖劈材料

2. 空间吸声体

空间吸声体是一种分散悬挂于建筑空间上部,用以降低室内噪声或改善室内音质的吸声构件(图 10.13)。空间吸声体与室内表面上的吸声材料相比,在同样投影面积下,空间吸声体具有较高的吸声效率。这是由于空间吸声体具有更大的有效吸声面积(包括空间吸声体的上顶面、下底面和侧面);另外,由于声波在吸声体的上顶面和建筑物顶面之间多次反射,从而被多次吸收,使吸声量增加,提高了吸声效率。通常以中、高频段吸声效率的提高最为显著。

图 10.13　悬挂空间吸声体

3. 帘幕吸声体

帘幕吸声体是指用具有通气性能的纺织品安装在墙面或窗洞一定距离处(背后设置空气层,图 10.14)形成。这种吸声体对中、高频声波都有一定的吸声效果。帘幕吸声效果与材料的种类和褶皱有关。幕帘吸声体拆装方便,兼具装饰效果,应用价值极高。

图 10.14　帘幕吸声体

10.6　装　饰　材　料

10.6.1　装饰材料的基本性质

建筑装饰材料一般是指主体结构工程完成后,进行室内外墙面、顶棚、地面和室内空间装饰装修所需要的材料。对装饰材料的基本要求是:装饰材料应具有装饰功能、保护功能及其他特殊功能。

1. 装饰功能

建筑物的内外装饰是通过装饰材料的质感、线条和色彩表现的。根据建筑物的特点以及对外观效果、室内美化和使用功能的要求,选用性质不同的装饰材料或对一种装饰材料采用不同的施工方法,就可使建筑物获得所需要的色彩、色调,从而满足所要求的装饰效果。

2. 保护功能

建筑物外墙结构材料直接受到风吹、日晒、雨淋、霜雪和冰雹的袭击,以及腐蚀气体和微生物的作用,耐久性受到威胁。内墙材料同样在水汽、阳光、磨损等作用下也会损坏,金属材料会锈蚀,木材会腐朽。选用性能适当的装饰材料,能有效地保护建筑物主体,提高建筑的耐久性,降低维修费用。

3. 其他特殊功能

装饰材料除了有装饰和保护功能外,还有改善室内使用条件(如光线、温度、湿度)、吸音、吸湿、隔音、防灰等功能。

10.6.2　装饰材料的选用原则

建筑物的种类繁多,不同功能的建筑物对装饰的要求不同。即使同一类建筑物,也因设计标准的不同对装饰的要求也不同。在建筑装饰工程中,应根据不同的装饰档次、使用环境及要求,正确合理地选择建筑装饰材料,使自然环境与人造环境高度和谐与统一。由于材料的品种很多,性能和特点各异,用途亦不尽相同,因此,在选择材料时,需要考虑以下几方面的问题。

1. 安全与健康

现代建筑装饰材料中,绝大多数装饰材料对人体是无害的。但是也有少数装饰材料含有对人体有害的物质,如有的石材中含有对人体有害的放射性元素;油漆、涂料中含有的苯、二甲苯、甲醛等挥发性物质均会对人体健康造成危害。因此,在选用装饰材料时一定要选择符合相关国家标准的材料。

2. 色彩的选择

建筑装饰效果最突出的一点就是材料的色彩,它是构成人造环境的主要内容。建筑物外部色彩的选择,要根据建筑物的规模、环境及功能等因素来定。对于建筑物内部色彩的选择,不仅要从美学上考虑,还要考虑色彩功能的重要性,力求合理应用色彩,以便在心理上和生理上均能产生良好的效果。颜色对人体生理的影响主要为:红色有刺激兴奋作用;绿色是一种柔和舒适的色彩,能消除精神紧张和视觉疲劳;黄色和橙色可刺激胃口,增加食欲。

3. 耐久性的选择

建筑物外部装饰材料要经历日晒、雨淋、霜雪、冰冻、风化、介质侵蚀,而内部装饰材料则要经受摩擦、潮湿、洗刷等作用。因此,在选择装饰材料时,既要美观,又要经久耐用。主要包括以下几个方面:

(1)力学性能。包括强度(抗压、抗拉、抗弯、耐冲击性等)、变形性、黏结性、耐磨性以及可加工性。

(2)物理性能。包括密度、吸水性、耐水性、抗渗性、抗冻性、耐热性、吸声性、隔声性、光泽度、光吸收及光反性。

(3)化学性能。包括耐酸碱性、耐大气腐蚀性、耐污染性、抗风化性及阻燃性等。在选用装饰材料时应根据建筑物不同的部位、不同的使用条件,对装饰材料提出相应的要求。

4. 经济性的选择

选购装饰材料时,还必须考虑装饰工程的造价问题,既要体现建筑物装饰的功能性和艺术效果,又要做到经济合理。因此,在建筑装饰工程的设计、材料的选择上一定要做到精心设计、精心选择。根据工程的装饰要求、装饰档次,合理选择装饰材料。

10.6.3　常用装饰材料

1. 装饰石材

(1)天然石材

所谓天然石材是指从天然岩体中开采出来的毛料,或经过加工成为板状或块状的饰面材料。用于建筑装饰的材料主要有花岗石板和大理石板两大类。

① 花岗石板(图 10.15)

花岗石是一种火成岩,属硬石材。花岗石岩的化学成分随产地不同而有所区别,其主要矿物成分是长石、石英,并含有少量云母和暗色矿物。花岗石岩是岩石中最坚固的一种,它不仅质地坚硬,而且不易被水溶解,不易受酸碱的侵蚀。

花岗石板根据加工程度不同分为粗面板材(如剁斧板、机刨板等)、细面板材和镜面板材三种。其中粗面板材表面平整、粗糙,具有较规则的加工条纹,主要用于建筑外墙面、柱面、台阶、勒脚、街边石和城市雕塑等部位,能产生近看粗犷、远看细腻的装饰效果;而镜面板材是经过锯解后,再经研磨、抛光而成,产品色彩鲜明,光泽动人,形象倒映,极富装饰性,主要用于室内外墙面、柱面、地面等。某些花岗石岩含有微量放射性元素,应避免用于室内。

(a) 花岗石岩　　　　　(b) 地板装饰　　　　　(c) 路面装饰

图 10.15　花岗岩在建筑工程中的应用

②大理石板(图 10.16)

天然大理石是石灰岩与白云岩在高温、高压作用下的矿物结晶。纯大理石为白色,也称为汉白玉。大理石经据切、打磨后,就成为大理石装饰板材。由于它天然生成的致密结构和色彩、斑纹,磨后光洁细腻,如脂如玉,其花色品种可达上百种。一般天然大理石的化学稳定性差,不耐酸、碱,不适宜用作露天装饰,只作为室内装饰材料。

图 10.16　大理石及大理石室内装饰

(2)人造石材

人造石材是采用无机或有机胶凝材料作为黏结剂,以天然砂、碎石、石粉等为粗、细填充料,经成型、固化、表面处理而成的一种人造材料。常见的有人造大理石和人造花岗石,其色彩和花纹均可根据要求设计制作,如仿大理石、仿花岗石等,还可以制作成弧形、曲面等天然石材难以加工的复杂形状。

① 水泥型人造大理石

这种人造大理石是以各种水泥作为黏结剂,砂为细骨料,碎大理石、花岗石、工业废渣等为粗骨料,经配料、搅拌、成型、加压蒸养、磨光、抛光而制成,俗称水磨石。

② 聚酯型人造大理石

这种人造大理石是以不饱和聚酯为黏结剂,与石英砂、大理石、方解石粉等搅拌混合,浇铸成型,在固化剂作用下产生固化作用,经脱模、烘干、抛光等工序而制成。我国多用此法生产人造大理石。不饱和聚酯光泽好、颜色浅,可调成不同的鲜明颜色,这种树脂黏度低、易于成型、固化快,可在常温下固化。

③ 复合型人造大理石

这种人造大理石是以无机材料和有机高分子材料复合组成。用无机材料将填料黏结成型后,再将坯体浸渍于有机单体中,使其在一定条件下聚合。对板材而言,底层可用低廉而性能稳定的无机材料,面层用聚酯和大理石粉制作。

④ 烧结型人造大理石

这种人造大理石是将长石、石英、辉石、方解石粉和赤铁矿粉及少量高岭土等混合,用泥浆法制备坯料,用半干压法成型,在窑炉中用 1 000 ℃左右的高温烧结而成。

2. 装饰陶瓷

陶瓷最基本的三个组分是黏土、石英、长石粉。陶瓷的主要化学组成包括 SiO_2、Al_2O_3、K_2O、Na_2O 等。普通陶瓷制品可分为陶质制品和瓷质制品。陶质制品是以陶土、河砂等为主要原料,经低温烧制而成的,呈多孔状,有一定的吸水率,断面粗糙无光,不透明,敲之声音粗哑,可施釉或无釉。瓷质制品是以高岭石或磨细的岩石粉,如瓷土粉、长石粉、石英粉为原料,经过精细加工,成型后,在 1 250~1 450 ℃的温度下烧制而成。瓷质制品的坯体致密,基本不吸水,色泽好,强度高,耐磨,具有半透明性,表面通常施釉。常见的装饰陶瓷有以下几种:

(1)釉面砖

釉面砖是用于建筑物内墙装饰的薄板状精陶制品,正面挂釉,背面有凹槽纹(深度不应小于 0.2 mm),是用瓷土或优质陶土煅烧而成的,分成坯体和面层两部分,表面挂釉可获得各种色彩。主要用于建筑物内墙饰面,又称为内墙面砖。

釉面砖的吸水率应不大于 18%;弯曲强度平均值应不大于 16 MPa,当厚度不大于或等于7.5 mm 时,弯曲强度和平均值应不小于 13 MPa;经耐急冷、急热试验和抗龟裂试验后釉面不应出现裂纹。

釉面砖具有强度高、抗冻、防潮、耐酸碱、抗急冷急热、易清洗等特点,且美观耐用,装饰性好。但是,不适用于室外,在室外经长期冻融,会出现剥落掉皮等现象。釉面砖是多孔的精陶坯体,长期与空气中的水分接触,会吸收大量水分而产生吸湿膨胀的现象;而釉的吸湿膨胀非常小,当坯体吸湿膨胀增长到使釉面处于张应力状态,特别是当应力超过釉面抗张拉强度时,釉面会被拉裂。

(2)琉璃瓦

琉璃制品是以难熔优质黏土作为原料,经配料、成型、干燥、素烧、表面涂以琉璃釉料后,再经烧制而成的制品。琉璃制品坯体质地坚实,烧成温度较高,耐久性好,不易剥釉,不易褪色,表面光滑,不易玷污,色泽丰富多彩(常用的有黄、绿、黑、青、紫、翡翠等色),装饰效果富丽堂皇,雄伟壮观。琉璃瓦品种繁多,造型各异,主要有板瓦、筒瓦、滴水、勾头等,有时候还制成飞禽、走兽、龙纹大吻等形象,作为檐头和屋脊的装饰。

琉璃瓦因价格较贵,且自重大,故主要用于民族色彩的宫殿式房屋,以及少数纪念性建筑物上,另外还常用以建造园林中的亭、台、楼阁,以增加园林的景色和建筑物的美感。

(3)卫生陶瓷

卫生陶瓷是以含有较多杂质的可塑性黏土为原料,经配料、制浆、灌浆成型、上釉焙烧而成。卫生陶瓷制品要求达到规定的尺寸精度、冲洗功能和外观质量,一件产品或全套产品之间无明显色差。陶瓷卫生洁具具有表面光亮、结构致密、气孔率小、强度较高、热稳定性好、不易玷污、便于清洁、耐化学腐蚀等特点,且釉面光亮,色泽柔润,造型统一,性能良好。

3. 装饰玻璃

装饰玻璃常进行热加工处理,目的是为了改善其性能及外观质量。热加工原理主要是利用玻璃黏度随温度改变的特性以及其表面张力与导热系数的特点来进行的。各种类型的热加工,都需要把玻璃加热到一定温度。由于玻璃的黏度随温度升高而减小,同时玻璃导热系数较小,所以能采用局部加热的方法,在需要加热的地方使其局部达到变形、软化、甚至熔化流动的状态,再进行切割、钻孔和焊接等加工。利用玻璃的表面张力大和有使玻璃表面趋向平整的作用,可将玻璃制品在火焰中抛光和烧口。

玻璃的表面处理主要分为三类,即化学刻蚀、化学抛光和表面金属涂层。化学刻蚀是用氢氟酸溶掉玻璃表层的硅氧,根据残留盐类溶解度的不同,而得到有光泽的表面或无光泽毛面的过程。化学抛光的原理与化学蚀刻一样,是利用氢氟酸破坏玻璃表面原有的硅氧膜而生成一层新的硅氧膜,提高玻璃的光洁度与透光率。玻璃表面镀上一层金属薄膜,广泛用于加工制造热反射玻璃、护目玻璃、膜层导电玻璃、保温瓶胆、玻璃器皿和装饰品等。

(1)普通平板玻璃

平板玻璃有透光、隔声、透视性好的特点,并有一定隔热、隔寒性。平板玻璃硬度高、抗压强度好、耐风压、耐雨淋、耐擦洗、耐酸碱腐蚀;但是普通平板玻璃质脆,怕强震、敲击。平板玻璃主要用于木质门窗、铝合金门宙、室内各种隔断、橱窗、橱柜、柜台、展台、展架、玻璃隔架、家具玻璃门等方面。

(2)压花玻璃

压花玻璃又称花纹玻璃或滚花玻璃。由于表面凹凸不平,所以当光线通过时即产生漫反射,因此,从玻璃的一面看另一面的物体时,物像就模糊不清,透光不明是这种玻璃的特点。另外,压花玻璃表面可以制成各种压花图案,所以具有一定的装饰效果。这种玻璃多用于办公室、会议室、浴室、厕所、卫生间等公共场所分隔室的门窗和隔断处。

(3)镀膜反光平板玻璃

镀膜反光平板玻璃是在蓝色或紫色吸热玻璃表面经特殊工艺,使玻璃表面形成金属氧化膜,能像镜面一样反光。该玻璃有单向透视性,即在强光处看不见位于玻璃背面弱光处的物体。该玻璃主要用于宾馆、饭店、商场、影剧院等建筑的外立面、门面、门窗等处。也可用于室内隔断墙、造型面、屏风等处。

(4)钢化玻璃

钢化玻璃是将普通退火玻璃加热到一定温度后迅速冷却,并用化学方法特殊处理的玻璃。该玻璃除具有普通平板透明玻璃同样的透明度外,还具有很高的温度急变抵抗性、耐冲击性和机械强度高等特点。钢化玻璃破碎后,碎片小而无锐角,因此在使用中较其他玻璃安全,故又称安全玻璃。常用于高层建筑门窗以及商场、影剧院、候车厅、医院等人流量较大的公共场所的门窗、橱窗、展台、展柜等处。

(5)磨砂玻璃

磨砂玻璃是采用普通平板玻璃,以硅砂、金刚砂、石棉石粉为研磨材料,加水研磨而成。具有透光而不透明的特点。由于光线通过磨砂玻璃后形成漫射,所以这种玻璃还具有避免眩光刺眼的优点。该玻璃主要用于室内门窗、各种隔断、各式屏风等处。

(6)装饰玻璃镜

装饰玻璃镜是采用高质量平板玻璃、茶色平板玻璃为基材,在其表面经镀银工艺,再覆盖一层镀银,加之一层涂底漆,最后涂上灰色面漆而制成。装饰玻璃镜与手工镀银镜、真空镀铝镜相比,具有镜面尺寸大,成像清晰逼真,抗盐雾、抗温热性能好,使用寿命长的特点。特别适合各种商业广场和娱乐性的墙面、柱面、天花面、造形面的装饰,以及洗手间、家具上用于整衣装的穿戴镜。装饰玻璃镜分白镜和茶镜两种。

(7)玻璃空心砖

玻璃空心砖一般由两块压铸成凹型的玻璃,经熔接或胶结成整块的空心砖。砖面可为光平,也可在内外面压铸各种花纹。砖的腔内可为空气或填充玻璃棉等。砖形有方形、长方形和圆形等。玻璃砖具有一系列优良的性能,如绝热、隔声,透光率达80%。玻璃空心砖的砌筑方法基本与普通砖相同。

 复习思考题

10.1 试述沥青防水卷材的改性目的及方法。

10.2 简述防水涂料的特点及适用范围。

10.3 简述常用建筑密封材料的特点及其适用范围。

10.4 什么是绝热材料?绝热材料的主要绝热机理是什么?工程上对绝热材料有哪些要求?

10.5 绝热材料有哪些选用原则?

10.6 工程材料可以通过哪些途径降低其热传导性?

10.7 常用绝热材料有哪几类?有哪些品种?

10.8 吸声材料有哪些基本特征?

10.9 简述吸声材料与吸声结构的吸声原理。

10.10 多孔吸声材料和绝热材料在构造上有何异同?

10.11 建筑装饰材料的作用有哪些?

10.12 装饰材料的性能要求有哪些?如何选择装饰材料?

10.13 试述装饰涂料的主要组成及其作用。

10.14 天然大理石与花岗石主要性能有何区别?

附录 土木工程材料试验

F.1 试验1——水泥试验

本试验根据《水泥细度检验方法》(筛析法)(GB/T 1345—2005)、《水泥标准稠度用水量、凝结时间、安定性检验方法》(GB/T 1346—2011)及《水泥胶砂强度检验方法》(ISO法)(GB/T 17671—1999)、《水泥胶砂流动度测定方法》(GB/T 2419—2005)等测定水泥的有关性能和胶砂强度。

F.1.1 水泥试验的一般规定

1. 取样方法

同一试验用的水泥应在同一水泥厂出产的同品种、同强度等级、同编号的水泥中取样。当试验水泥从取样至试验时间超过24 h以上时,应将其贮存在基本装满和气密的容器中,容器应不与水泥发生反应。

2. 试验与养护条件

试验时温度应保持在(20±2)℃,相对湿度不低于50%。养护箱温度为(20±1)℃,相对湿度不低于90%。试体养护池水温度应在(20±1)℃范围内。

3. 对试验材料的要求

水泥试样应充分拌匀,且用0.9 mm方孔筛过筛,并记录筛余百分率及筛余物情况。试验用水必须是洁净的淡水,水泥试样、标准砂、拌和用水及试模等的温度应与试验室温度相同。

F.1.2 水泥细度测定

1. 试验目的

细度是水泥的一个重要技术指标,水泥的物理力学性质与其有关,因此必须测定。

水泥细度检验有负压筛法、水筛法和干筛法三种,在检验中,如负压筛法与其他方法的测定结果有争议时,以负压筛法为准。

本试验介绍负压筛法。用筛网上所得筛余物的质量占试样原始质量的百分数来表示水泥样品的细度。

2. 主要仪器设备

(1)负压筛。负压筛由圆形筛框和筛网组成,筛框有效直径为142 mm,高度为25 mm,方孔边长为0.080 mm。

(2)负压筛析仪。负压筛析仪由筛座、负压筛、负压源及吸尘器组成,如附图1.1所示。其中筛座由转速为(30±2)r/min的喷气嘴、负压表、控制板、微型电动机及壳体构成。筛析仪负压可调范围为4 000~6 000 Pa。

（3）天平。最大称量为 100 g，最小分度值不大于 0.01 g。

3. 试验步骤

（1）筛析试验前，所用试验筛应保持清洁、干燥。把负压筛放在筛座上，盖上筛盖，接通电源，检查控制系统，调节负压至 4 000～6 000 Pa 内。

（2）80 μm 筛析试验称取试样 25 g，45 μm 筛析试验称取试样 10 g，精确至 0.01 g，置于洁净负压筛中，盖上筛盖，放在筛座上，开动筛析仪连续筛析 2 min。在此期间如有试样附着在筛盖上，可轻敲筛盖使试样落下。筛毕，用天平称量全部筛余物，精确至 0.01 g。

4. 试验结果计算

水泥试样筛余百分数按下式计算（结果精确至 0.1%）：

$$F = \frac{R_s}{W} \times 100\%$$

式中　F——水泥试样的筛余百分数，%；

　　　R_s——水泥筛余物的质量，g；

　　　W——水泥试样的质量，g。

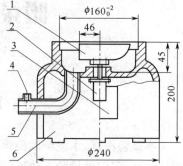

1—喷气嘴；2—微电机；
3—控制板开关；4—负压表接口；
5—负压源及吸尘器接口；6—壳体。

附图 1.1　负压筛析仪筛座
示意图（单位：mm）

F.1.3　水泥标准稠度用水量测定（标准法）

1. 试验目的

测定水泥净浆达到标准稠度时的用水量，为水泥凝结时间和安定性试验作准备。水泥的凝结时间和安定性都与用水量有很大关系，为了使试验结果具有可比性，测定时必须采用标准稠度的水泥净浆。

2. 主要仪器设备

水泥净浆搅拌机、维卡仪（附图 1.2）、量水器和天平等。

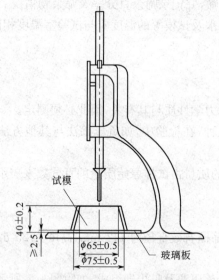

（a）初凝时间测定用立式试模的侧视图

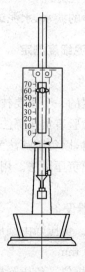

（b）终凝时间测定用反转试模的前视图

附图　1.2

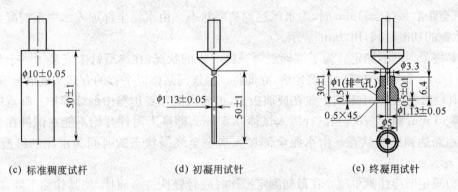

(c) 标准稠度试杆　　　　　(d) 初凝用试针　　　　　(e) 终凝用试针

附图 1.2　测定水泥标准稠度和凝结时间用的维卡仪(单位:mm)

3. 试验步骤

(1)试验前须保证:维卡仪的金属棒能自由滑动,调整至试杆接触玻璃板时指针对准零点,搅拌机运行正常。

(2)水泥净浆的拌制。用水泥净浆搅拌机搅拌,搅拌锅和搅拌叶片先用湿布擦过。将拌和水倒入搅拌锅内,然后在 5~10 s 内小心将称好的 500 g 水泥试样加入水中,防止水和水泥溅出。拌和时,先将锅放到搅拌机锅座上,升至搅拌位置,启动搅拌机,低速搅拌 120 s,停拌 15 s,同时将叶片和锅壁上的水泥浆刮入锅中间,接着高速搅拌 120 s,停机。

(3)标准稠度用水量的测定。拌和结束后,立即将拌好的净浆一次装满试模,浆体超过试模上端,用宽约 25 mm 的直边刀轻轻拍打超出试模的浆体 5 次以排除浆体中的气泡,然后在试模表面约 1/3 处,倾斜于试模分别向外刮去多余的净浆,再从试模边沿轻抹顶部一次,使浆体表面光滑。抹平后迅速将试模和底板移到维卡仪上,并将其中心定在试杆下,降低试杆直至与水泥净浆表面接触。拧紧螺钉 1~2 s 后,突然放松,使试杆垂直自由地沉入净浆中。在试杆停止沉入或释放试杆 30 s 时,记录试杆距底板之间的距离。升起试杆后,立即擦净。整个操作应在搅拌后 1.5 min 内完成。

(4)试验结果判定。以试杆沉入净浆并距底板(6±1)mm 的水泥净浆为标准稠度净浆。其拌和水量为该水泥的标准稠度用水量(P),按水泥质量的百分比计。

F.1.4　水泥凝结时间测定(标准法)

1. 试验目的

测定水泥的凝结时间(用"min"表示),用以评定水泥的质量。

2. 主要仪器设备

水泥净浆搅拌机、标准法维卡仪、试针和圆模(附图 1.2)、量水器和天平等。

3. 试验步骤

(1)试验前的准备工作。调整凝结时间测定仪的试针接触玻璃板时,刻度指针对准零点。

(2)试件的制备。以标准稠度用水量,按标准稠度用水量试验相同的方法制成标准稠度净浆,并立即一次装满试模,振动数次后刮平,立即放入湿气养护箱内,记录水泥全部加入水中的时间,作为凝结时间的起始时间。

(3)初凝时间的测定。试件在湿气养护箱中养护至加水后 30 min 时进行第一次测定。测定时,从湿气养护箱中取出试模放到试针下,降低试针至水泥净浆面接触。拧紧螺钉 1~2 s 后,突然放松,试针垂直自由沉入净浆,观察试针停止下沉或释放试针 30 s 时指针的读数。当试针沉至距底板(4±1)mm时,为水泥达到初凝状态。由水泥全部加入水中至初凝状态的时间为水泥的初凝时间,用"min"表示。

(4)终凝时间的测定。为了准确观测试针沉入的状况,在终凝针上安装了一个环形附件(附图1.2)。在完成初凝时间测定后,立即将试模连同浆体以平移的方式从玻璃板取下,翻转180°,直径大端向上,小端向下放在玻璃板上,再放入湿气养护箱中继续养护。临近终凝时间时每隔15 min测定一次,当试针沉入试体0.5 mm,即环形附件开始不能在试件在留下痕迹时,为水泥达到终凝状态。由水泥全部加入水中至终凝状态的时间为水泥的终凝时间,用"min"表示。

(5)测定时应注意事项。在最初测定操作时应轻轻扶持金属棒,使其徐徐下降,以防试针撞弯,但测定结果以自由下落为准。在整个测试过程中,试针沉入的位置至少要距试模内壁10 mm。临近初凝时,每隔5 min测定一次,达到初凝或终凝状态时应立即重复一次,当两次结论相同时,才能定为达到初凝或终凝状态。到达终凝,需要在试件另外两个不同点测试,确认结论相同时才能确定到达终凝状态。每次测定不得让试针落入原针孔,每次测试完毕须将试针擦净,并将试模放回湿气养护箱内,整个测定过程中要防止圆模受振。

F.1.5 水泥安定性测定

1. 试验目的

检验水泥浆体在硬化时体积变化的均匀性,观察是否有因体积变化不均匀而引起膨胀、开裂或翘曲的现象,以决定水泥的品质。

安定性试验分标准法(雷氏法)和代用法(试饼法),有争议时以标准法为准。

2. 主要仪器设备

水泥净浆搅拌机、沸煮箱、雷氏夹(附图1.3)、雷氏夹膨胀值测定仪(标尺最小刻度为1 mm,附图1.4)、量水器和天平等。

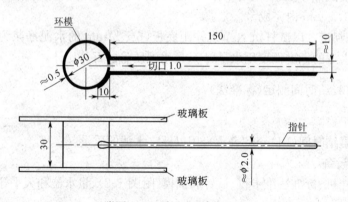

附图1.3 雷氏夹(单位:mm)

3. 标准法(雷氏法)试验步骤

(1)试验前的准备工作。试验前检查雷氏夹的质量是否符合要求。每个试样需成型2个试件,每个雷氏夹需配备质量75~85 g的玻璃板两块,凡与水泥净浆接触的玻璃板和雷氏夹内表面都要稍稍涂上一层油。

(2)水泥标准稠度净浆制备。称取500 g(精确至1 g)水泥,以标准稠度用水量制作水泥净浆,方法同前。

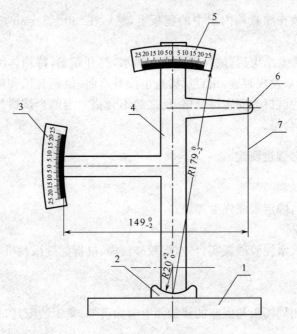

1—底座；2—模子座；3—测弹性标尺；4—立柱；5—测膨胀值标尺；6—悬臂；7—悬丝。

附图1.4 雷氏夹膨胀值测定仪(单位:mm)

(3)雷氏夹试件制备方法。将预先准备好的雷氏夹放在已擦油的玻璃板上,并立刻将已制好的标准稠度净浆一次装满雷氏夹;装浆时一只手轻轻扶持雷氏夹,另一只手用宽约25 mm的直边刀在浆体表面轻轻插捣3次,然后抹平,盖上稍涂油的玻璃板,立即将试模移至养护箱内养护(24±2)h。

(4)煮沸。调整好煮沸箱内的水位,使其能保证在整个煮沸过程中都超过试件,不需中途添补试验用水,同时能保证在(30±5)min 内加热至沸腾。

(5)试件检验。脱去玻璃板取下试件,先测量雷氏夹指针尖端间的距离(A),精确到0.5 mm。接着将试件放入沸煮箱水中的试件架上,指针朝上,然后在(30±5)min 内加热至沸腾,并恒温(180±5)min。

(6)结果判别。沸煮结束后,放掉沸煮箱中热水,打开箱盖特箱体冷却至室温,取出试件并测量雷氏夹指针尖端的距离(C),精确到0.5 mm。当两个试件沸煮后指针增加的距离($C-A$)的平均值不大于5.0 mm 时,即认为该水泥安定性合格;当两个试件沸煮后指针增加距离平均值大于5.0 mm,应用同一样品重做一次试验。以复检结果为准。

4. 代用法(试饼法)试验步骤

(1)试验前的准备工作。每个样品需准备2块约100 mm×100 mm 的玻璃板,凡与水泥净浆接触的玻璃板都要稍稍涂上一层油。

(2)试饼的成型方法。将制好的标准稠度净浆取出一部分分成两等份,使之成球形,放在预先准备好的玻璃板上。轻轻振动玻璃板,并用湿布擦过的小刀由边缘向中央抹,做出70～80 mm、中心厚约10 mm、边缘渐薄、表面光滑的试饼。接着将试饼放入湿气养护箱内养护(24±2)h。

(3)煮沸。调整好沸煮箱内的水位,使其能保证在整个煮沸过程中都超过试件,不需中途添补试验用水,同时能保证在(30±5)min 内加热至沸腾。脱去玻璃板取下试件,在试饼无缺陷的情况下,将试饼放在沸煮箱内水中的箅板上,然后在(30±5)min 内加热至沸腾,并恒温(180±5)min。

(4)结果判别。沸煮结束后,放掉沸煮箱中热水,打开箱盖,待箱体冷却至室温,取出试件进行判别。目测试饼未发现裂缝,用直尺检查也没有弯曲(使钢直尺和试饼底部紧靠,以两者间不透光为不弯曲)的试饼为安定性合格,反之为不合格。当两个试饼判别结果有矛盾时,该水泥的安定性也为不合格。

F.1.6 水泥胶砂强度测定

1. 试验目的

检验水泥的强度,确定水泥强度等级。

2. 主要仪器设备

水泥胶砂搅拌机、水泥胶砂振实台、水泥胶砂试模、抗折强度试验机、抗压试验机等。

3. 试验步骤

(1)试件成型

①将试模擦净,四周模板与底座的接触面上应涂黄油,紧密装配,防止漏浆,内壁均匀薄刷机油。

②试验用砂采用 ISO 标准砂,其颗粒分布和湿含量应符合 GB/T 17671—1999 的要求。水泥与 ISO 砂的质量比为 1∶3,硅酸盐水泥、普通硅酸盐水泥、矿渣水泥、火山灰水泥、粉煤灰水泥、复合硅酸盐水泥、石灰石硅酸盐水泥的水灰比均为 0.5。

③每成型 3 条试件需称量的材料及用量为:水泥(450±2)g、ISO 砂(1 350±5)g、水(225±1)mL。

④每锅胶砂均用搅拌机进行搅拌。按下列程序操作:

a. 胶砂搅拌时,先把水加入锅里,再加水泥,将锅放在固定架上,上升至固定位置。

b. 立即开动机器,低速搅拌 30 s 后,在第二个 30 s 开始的同时均匀地加入砂子。若各级砂是分装时,从最粗粒级开始,依次将所需的每级砂量加完,将机器转至高速再拌 30 s。

c. 停拌 90 s,在第一个 15 s 内用一胶皮刮具将叶片和锅壁上的胶砂刮入锅中间,在高速下继续搅拌 60 s,各搅拌阶段的时间误差应在±1 s 以内。整个搅拌过程可自动,也可手动。

⑤用振实台成型。将空试模和模套固定在振实台上,用一个适当勺子直接从搅拌锅里将胶砂分两层装入试模。装第一层时,每个槽里约放 300 g 胶砂,用大播料器垂直架在模套顶部沿每个模槽来回一次将料层播平,接着振实 60 次。再装入第二层胶砂,用小播料器播平,再振实 60 次。移走模套,从振实台上取下试模,用一金属刮平尺以近 90°的角度架在试模模顶的一端,然后沿试模长度方向以横向锯割动作慢慢向另一端移动,一次将超过试模部分的胶砂刮去,并用同一直尺在近乎水平的情况下,将试件表面抹平。

⑥在试模上做标记或加字条标明试件编号和试件相对于振实台的位置。两个龄期以上的试件,编号时应将同一试模中的 3 条试件分在两个以上的龄期内。

⑦试验前或更换水泥品种时,应将搅拌锅、叶片等用湿布抹擦干净。

(2)试件的脱模和养护

将做好标记的试模放入雾室或湿箱的水平架上,养护至规定龄期时取出脱模。脱模前,对试体编号。对 24 h 龄期的,在破型试验前 20 min 内脱模;龄期 24 h 以上的,在成型后 20~24 h 之间脱模。试体脱模后立即放入(20±1)℃的恒温水槽中或标准养护箱内养护,试体之间应留有空隙。水槽中的水面至少高出试件 2 cm,养护水每两周换一次。

（3）强度试验

①强度试验试体的龄期。试体龄期从水泥加水搅拌开始时算起。不同龄期强度试验试件应符合试表 1.1 的规定。

附表 1.1　水泥胶砂强度试验时间

龄期	24 h	48 h	3 d	7 d	28 d
试验时间	24 h±15 min	48 h±30 min	72 h±45 min	7 d±2 h	28 d±8 h

在强度试验前 15 min 将试件从水中取出,擦去试体表面沉积物,并用湿布覆盖至试验为止。

②抗折强度试验。每龄期取出 3 条先做抗折强度试验。试验前,须擦去试体表面附着水分和砂粒,清除夹具上圆柱表面黏着的杂物,试体放入抗折夹具内,应使侧面与圆柱接触。采用杠杆式抗折试验机时,试体放入前应使杠杆成平衡状态;放入后调整夹具,使杠杆在试体折断时尽可能地接近平衡位置。抗折试验的加荷速度为(50±10)N/s。

③抗压强度试验。抗折强度试验后的断块应立即进行抗压试验。抗压试验须用抗压夹具进行,试体受压面为 40 mm×40 mm。试验前,应清除试体受压面与压板间的砂粒或杂物。试验时,以试体的侧面作为受压面,底面靠紧夹具定位销,并使夹具对准压力机压板中心。压力机加荷速度应控制在(2 400±200)N/s 范围内,在接近破坏时更应严格控制。

（4）试验结果计算及处理

①抗折试验结果

抗折强度 R_f 按下式进行计算(精确至 0.1 MPa):

$$R_f = \frac{1.5 F_f L}{b^3}$$

式中　R_f——水泥抗折强度,MPa;

　　　F_f——施加于棱柱体中部的破坏荷载,N;

　　　L——支撑圆柱中心距,100 mm;

　　　b——棱柱体正方形截面的边长,40 mm。

以一组 3 个棱柱体抗折结果的平均值作为试验结果。如果 3 个强度值中有一个超过平均值±10%时,应剔除后再取平均值作为试验结果;当有两个超过平均值±10%时,应重做试验。

②抗压试验结果

抗压强度 R_c 按下式进行计算(精确至 0.1 MPa):

$$R_c = \frac{F_c}{A}$$

式中　R_c——水泥抗压强度,MPa;

　　　F_c——破坏荷载,N;

　　　A——受压部分面积,mm^2。

以一组 3 个棱柱体上得到的 6 个抗压强度测定值的算术平均值作为试验结果。如果 6 个测定值中有一个超过 6 个平均值±10%时,应剔除这个结果,而以剩下 5 个的平均值作为试验结果;如果 5 个测定值中再有两个超过平均值±10%时,则此组结果作废。

F.2 试验2——骨料试验

骨料试验依据规范为《建设用砂》(GB/T 14684—2011)，《建筑用卵石、碎石》(GB/T 14685—2011)主要包括砂、石两种骨料的颗粒级配、表观密度、松散堆积密度等试验。

F.2.1 骨料试验取样的一般规定

(1)在料堆上取砂样时，取样部位应均匀分布。取样前先将取样部位表层铲除，然后从不同部位抽取大致等量的砂8份，组成一组样品。将所取试样置于平板上，在潮湿状态下拌和均匀，并堆成厚度约为20 mm的圆饼，然后沿互相垂直的两条直径把圆饼分成大致相等的四份，取其中对角线的两份重新拌匀，再堆成圆饼。重复上述过程，直至把样品缩分到试验所需的量为止。

(2)在料堆上取石样时，取样部位应均匀分布。取样前先将取样部位表层铲除，然后从不同部位抽取大致等量的石子15份(在料堆的顶部、中部和底部均匀分布的15个不同部位取得)组成一组样品。试样也进行缩分。

F.2.2 砂的筛分试验

1. 试验目的

通过砂子筛分试验，绘出颗粒级配曲线，并计算砂的细度模数，由此可以确定砂的级配好坏和粗细程度。砂的级配好坏和粒度大小，对于混凝土的水泥用量具有显著的影响。

2. 主要仪器设备

(1)方孔标准筛：孔径为150 μm、300 μm、600 μm、1.18 mm、2.36 mm、4.75 mm、9.50 mm的标准筛以及底盘和盖各一个。

(2)天平，称量1 kg，感量1 g。

(3)烘箱、摇筛机、瓷盘、容量、毛刷等。

3. 试样制备

将试样缩分至约1 100 g，放在烘箱中于(105±5)℃下烘干至恒重，待冷却至室温后，筛除大于9.50 mm的颗粒(并算出其筛余百分率)，分为大致相等的两份备用。

4. 试验步骤

(1)称取烘干试样500 g，精确到1 g。

(2)将试样倒入按孔径大小从上到下组合的套筛(附筛底)上，然后进行筛分。将套筛置于摇筛机上，摇10 min；取下套筛，按筛孔大小顺序再逐个用手筛，筛至每分钟通过量小于试样总量的0.1%为止。通过的试样并入下一号筛中，并和下一号筛中的试样一起过筛，按此顺序进行，直至各号筛全部筛完为止。

(3)称出各号筛的筛余量，精确至1 g，试样在各号筛上的筛余量不得超过按下式计算出的量：

$$G = \frac{A \times \sqrt{d}}{200}$$

式中　G——在一个筛上的筛余量，g；

　　　A——筛面面积，mm^2；

　　　d——筛孔尺寸，mm。

超过时应按下列方法之一进行处理：

(1)将该粒级试样分成少于上式计算出的量,分别筛分,并以筛余量之和作为该号筛的筛余量。

(2)将该粒级及以下各粒级的筛余混合均匀,称出其质量,精确至 1 g。再用四分法缩分为大致相等的两份,取其中一份,称出其质量,精确至 1 g,继续筛分。计算该粒级及以下各粒级的分计筛余量时应根据缩分比例进行修正。

4. 试验结果计算

(1)分计筛余百分率:各号筛的筛余量与试样总量之比,计算精确至 0.1%。

(2)累计筛余百分率:该号筛的筛余百分率加上该号筛以上各筛余百分率之和,计算精确至 0.1%。筛分后,如每号筛的筛余量与筛底的剩余量之和与原试样质量之差超过 1% 时,须重新试验。

(3)砂的细度模数可按下式计算(精确至 0.01):

$$M_x = \frac{(A_2 + A_3 + A_4 + A_5 + A_6) - 5A_1}{100 - A_1}$$

式中 $A_1 \sim A_6$ 分别为 4.75 mm、2.36 mm、1.18 mm、600 μm、300 μm、150 μm 各筛上的累计筛余百分率。

(4)累计筛余百分率取两次试验结果的算术平均值,精确至 1%。细度模数取两次试验结果的算术平均值,精确至 0.1。如两次试验的细度模数之差超过 0.02 时,须重新检验。

F.2.3 砂的表观密度试验

1. 试验目的

测定砂的表观密度,以此评定砂的质量。砂的表观密度也是进行混凝土配合比设计的必要数据之一。

2. 主要仪器设备

(1)托盘天平:称量 1 000 g,感量 1 g。

(2)容量瓶:容积为 500 mL。

(3)烘箱、干燥器、浅盘、料勺、温度计等。

3. 试样制备

将取回的试样用四分法缩分至约 660 g,放在烘箱中于(105±5)℃下烘干至恒量,待冷却至室温后分成两份备用。

4. 试验步骤

(1)称取烘干试样 300 g(G_0),精确至 1 g,将试样装入容量瓶,注入 15~25 ℃冷开水至接近 500 mL 的刻度处,用手旋转摇动容量瓶,使砂样充分摇动,排除气泡,塞紧瓶塞,静置 24 h。然后用滴管小心加水至容量瓶 500 mL 刻度处,塞紧瓶塞,擦干瓶外水分,称出其质量(G_1),精确至 1 g。

(2)倒出瓶内的水和试样,洗净容量瓶,再向容量瓶内注入 15~25 ℃水至 500 mL 刻度处,塞紧瓶塞,擦干瓶外水分,称出其质量(G_2),精确至 1 g。

5. 试验结果计算

试样的表观密度 ρ' 按下式计算:

$$\rho' = \frac{G_0}{G_0 + G_2 - G_1} \times \rho_{\text{水}}$$

式中　ρ'——砂的表观密度，kg/m³；

$\quad G_0$——烘干试样的质量，g；

$\quad G_1$——试样、水及容量瓶的总质量，g；

$\quad G_2$——水及容量瓶的总质量，g；

$\quad \rho_{\text{水}}$——水的密度，取 1 000 kg/m³。

表观密度取两次试验结果的算术平均值，精确至 10 kg/m³；如两次试验结果之差大于 20 kg/m³，须重新试验。

F.2.4　砂的堆积密度试验

1.试验目的

测定砂的堆积密度并计算空隙率，借以评定砂的质量。砂的堆积密度也是混凝土配合比设计必需的重要数据之一。在运输中，可以根据砂的堆积密度换算砂的运输质量和体积。

2.主要仪器设备

(1)天平：称量 10 kg，感量 1 g。

(2)容量筒：圆柱形金属桶，内径 108 mm，净高 109 mm，壁厚 2 mm，筒底厚约 5 mm，容积为 1 L。容量筒应先校正体积，将温度为(20±2)℃的饮用水装满容量筒，用玻璃板沿筒口滑移，使其紧贴水面并擦干筒外壁水分，然后称出其质量，精确至 1 g。用下式计算容积：

$$V = G_1 - G_2$$

式中　V——容量筒容积，mL；

$\quad G_1$——容量筒、玻璃板和水的总质量，g；

$\quad G_2$——容量筒和玻璃板质量，g。

(3)烘箱、漏斗或料勺、毛刷、搪瓷盘、直尺等。

3.试样制备

用搪瓷盘装取试样约 3 L，放在烘箱中于(105±5)℃下烘干至恒量，待冷却至室温后，筛除大于 4.75 mm 的颗粒，分为大致相等的两份备用。

4.试验步骤

称容量筒质量(G_1)，用漏斗或料勺将试样从容量筒中心上方 50 mm 处徐徐倒入，让试样以自由落体落下，当容量筒上部试样呈锥体，且容量筒四周溢满时，即停止加料。然后用直尺沿筒口中心线向两边刮平，称出试样和容量筒的总质量(G_2)，精确至 1 g。

5.试验结果计算

(1)堆积密度 ρ'_0 按下式计算(精确至 0.01)：

$$\rho'_0 = \frac{G_2 - G_1}{V}$$

式中　ρ'_0——堆积密度，kg/m³；

$\quad G_1$——容量筒质量，g；

$\quad G_2$——试样和容量筒的总质量，g；

$\quad V$——容量筒的容积，L。

(2)空隙率 P' 按下式计算(精确至1%):

$$P' = \left(1 - \frac{\rho_0'}{\rho'}\right) \times 100\%$$

式中　P'——砂的空隙率;

　　　ρ'——砂的表观密度;

　　　ρ_0'——砂的堆积密度。

堆积密度取两次试验结果的算术平均值,精确至 $10\ kg/m^3$。空隙率取两次试验结果的算术平均值,精确至1%。

F.2.5　石子的筛分试验

1. 试验目的

石子的颗粒级配对于混凝土中水泥用量的大小具有显著的影响,它是评定石子质量的一个重要依据。

2. 主要仪器设备

(1)方孔标准筛:孔径为 2.36 mm、4.75 mm、9.50 mm、16.0 mm、19.0 mm、26.5 mm、31.5 mm、37.5 mm、53.0 mm、63.0 mm、75.0 mm、90.0 mm 的筛各一只,并附有底盘和筛盖(筛框内径为 300 mm)。

(2)台秤:称量 10 kg,感量 1 g。

(3)烘箱、摇筛机、瓷盘、毛刷等。

3. 试样制备

将试样缩分至略大于附表 2.1 规定的数量,烘干或风干后备用。

附表 2.1　颗粒级配试验所需试样数量

最大粒径(mm)	9.5	16.0	19.0	26.5	31.5	37.5	63.0	75.0
最少试样质量(kg)	1.9	3.2	3.8	5.0	6.3	7.5	12.6	16.0

4. 试验步骤

(1)称取按附表 2.1 规定数量的试样一份,精确到 1 g。

(2)试样倒入按孔径大小从上到下组合的套筛(附筛底)上,然后进行筛分。将套筛置于摇筛机上,摇 10 min,取下套筛,按筛孔大小顺序再逐个用手筛,筛至每分钟通过量小于试样总量的 0.1% 为止。通过的试样并入下一号筛中,并和下一号筛中的试样一起过筛,按此顺序进行,直至各号筛全部筛完为止。当筛余颗粒的粒径大于 19.0 mm 时,允许用手指拨动颗粒。

(3)称出各号筛的筛余量,精确至 1 g。

5. 试验结果计算

(1)分计筛余百分率:各号筛的筛余量与试样总量之比,计算精确至 0.1%。

(2)累计筛余百分率:该号筛的筛余百分率加上该号筛以上各筛余百分率之和,计算精确至 0.1%。筛分后,如每号筛的筛余量与筛底的剩余量之和同原试样质量之差超过 1% 时,须重新试验。

(3)根据各号筛的累计筛余百分率,评定该试样的颗粒级配。

F.2.6　卵石或碎石的表观密度(近似密度)试验(广口瓶法)

1. 试验目的

石子的表观密度是指不包括颗粒之间空隙在内,但却包括颗粒内部孔隙在内的单位体积的质量。

石子的表观密度与石子的矿物成分有关。测定石子的表观密度,可以鉴别石子的质量,同时也是计算空隙率和进行混凝土配合比设计的必要数据之一。此法可用于最大粒径不大于37.5 mm 的卵石或碎石。

2. 主要仪器设备

(1)天平。最大称量 2 kg,感量 1 g。

(2)广口瓶。容积为 1 000 mL,磨口并带有玻璃片。

(3)筛(孔径 4.75 mm)、烘箱、搪瓷盘、毛巾、温度计等。

3. 试样制备

按规定取样,并缩分至略大于附表 2.2 规定的数量,风干后筛除小于 4.75 mm 的颗粒,然后洗刷干净,分为大致相等的两份备用。

附表 2.2　表观密度试验所需试样数量

最大粒径(mm)	<26.5	31.5	37.5	63.0	75.0
最少试样质量(kg)	2.0	3.0	4.0	6.0	6.0

4. 试验步骤

(1)将试样浸水饱和后,装入广口瓶中。装试样时,广口瓶应倾斜放置,注入饮用水,用玻璃片覆盖瓶口。以上下左右摇晃的方法排除气泡。

(2)气泡排尽后,向瓶中添加饮用水,直至水面凸出瓶口边缘。然后用玻璃片沿瓶口迅速滑行,使其紧贴瓶口水面。擦干瓶外水分后,称出试样、水、瓶和玻璃片总质量,精确至 1 g。

(3)将瓶中试样倒入搪瓷盘,放入烘箱中于(105±5)℃下烘干至恒量,待冷却至室温后,称出其质量,精确至 1 g。

(4)将瓶洗净并重新注入饮用水,用玻璃片紧贴瓶口水面,擦干瓶外水分后,称出水、瓶和玻璃片总质量,精确至 1 g。

5. 试验结果计算

试样的表观密度 ρ 按下式计算:

$$\rho_0 = \left(\frac{G_0}{G_0 + G_2 - G_1} - \alpha_T \right) \times \rho_{水}$$

式中　ρ ——石子的表观密度,kg/m³;

G_0 ——烘干试样的质量,g;

G_1 ——试样、水、瓶和玻璃片的总质量,g;

G_2 ——水、瓶和玻璃片的总质量,g;

$\rho_{水}$ ——水的密度,取 1 000 kg/m³;

α_T ——水温对表观密度影响的修正系数,见附表 2.3。

附表2.3　不同水温对碎石或卵石的表观密度影响的修正系数

水温(℃)	15	16	17	18	19	20	21	22	23	24	25
α_T	0.002	0.003	0.003	0.004	0.004	0.005	0.005	0.006	0.006	0.007	0.008

表观密度取两次试验结果的算术平均值，精确至 10 kg/m³；如两次试验结果之差大于 20 kg/m³，须重新试验。对颗粒材质不均匀的试样，如两次试验结果之差超过 20 kg/m³，可取 4 次试验结果的算术平均值。

F.2.7　卵石或碎石的堆积密度试验

1. 试验目的

测定干燥石子堆积密度并计算空隙率，借以评定石子质量的好坏。同时，石子的堆积密度也是混凝土配合比设计必需的重要数据之一。

2. 主要仪器设备

(1)台秤：称量 10 kg，感量 10 g。

(2)磅秤：最大称量 50 kg 或 100 kg，感量 50 g。

(3)容量筒：其规格见附表2.4。容量筒应先校正体积，将温度为(20±2)℃的饮用水装满容量筒，用玻璃板沿筒口滑移，使其紧贴水面并擦干筒外壁水分，然后称出其质量，精确至 10 g。用下式计算容积：

$$V=G_1-G_2$$

式中　V——容量筒容积，mL；

G_1——容量筒、玻璃板和水的总质量，g；

G_2——容量筒和玻璃板质量，g。

附表2.4　容量筒的规格要求

最大粒径(mm)	容量筒容积(L)	容量筒规格		
		内径(mm)	净高(mm)	壁厚(mm)
9.5,16.0,19.0,26.5	10	208	294	2
31.5,37.5	20	294	294	3
53.0,63.0,75.0	30	360	294	4

(4)直尺、小铲等。

3. 试样制备

按 F.2.1 规定取样。试样烘干或风干后，拌匀并分为大致相等的两份备用。

4. 试验步骤

取试样一份，用小铲将试样从容量筒中心上方 50 mm 处徐徐倒入，让试样以自由落体落下，当容量筒上部试样呈锥体，且容量筒四周溢满时，即停止加料。除去凸出容量筒表面的颗粒，并以合适的颗粒填入凹陷部分，使表面稍凸起部分和凹陷部分的体积大致相等，称出试样和容量筒的总质量，精确至 10 g。

5. 试验结果计算

(1)堆积密度 ρ_0' 按下式计算(精确至 10 kg/m³)：

$$\rho'_0 = \frac{G_2 - G_1}{V}$$

式中　ρ'_0——堆积密度,kg/m³;

　　　G_1——容量筒质量,g;

　　　G_2——试样和容量筒的总质量,g;

　　　V——容量筒的容积,L。

（2）空隙率 P' 按下式计算（精确至 1%）：

$$P' = \left[1 - \frac{\rho'_0}{\rho'}\right] \times 100\%$$

式中　P'——石子的空隙率;

　　　ρ'——石子的表观密度;

　　　ρ'_0——石子的堆积密度。

堆积密度取两次试验结果的算术平均值,精确至 10 kg/m³。空隙率取两次试验结果的算术平均值,精确至 1%。

F.2.8　卵石或碎石的含水率试验

1. 试验目的

测定石子的含水率,用于混凝土调整加水量之用。

2. 主要仪器设备

（1）天平,称量 5 kg,感量 5 g。

（2）烘箱、浅盘等。

3. 试验制备

按 F.2.1 规定取样,并将试样缩分至 4.0 kg,拌匀后分为大致相当的两份备用。

4. 试验步骤

（1）称取试样一份,装入已称得质量为 G_1 的浅盘中,称出试样连同浅盘的总质量 G_2。摊开试样,置于温度为（105±5）℃的烘箱中烘干至恒重,然后置于干燥器中冷却至室温。

（2）称烘干试样连同浅盘的总质量 G_3。

5. 试验结果计算

试样的含水率 w 按下式计算（精确至 0.1%）：

$$w = \frac{G_2 - G_3}{G_3 - G_1} \times 100\%$$

式中　G_1——容器的质量,g;

　　　G_2——未烘干试样和容器的总质量,g;

　　　G_3——烘干试样和容器的总质量,g。

以两次测定值的算术平均值作为试验结果。

F.3　试验 3——混凝土拌和物试验

混凝土在未凝结硬化以前,称为混凝土拌和物。它必须具有良好的和易性,便于施工,以保证能获得良好的浇灌质量；混凝土拌和物凝结硬化以后，应具有足够的强度，以保证建筑物能安全地承受设计荷载。混凝土应具有必要的耐久性。

混凝土拌和物试验包括取样及试样制备、和易性、表观密度等。依据规范为《普通混凝土拌和物性能试验方法标准》(GB/T 50080—2002)。

F.3.1　取样及试样制备

(1)同一组混凝土拌和物的取样应从同一盘混凝土或同一车混凝土中取样。取样量应多于试验所需量的 1.5 倍，且宜不小于 20 L。

(2)混凝土拌和物的取样应具有代表性，宜采用多次采样的方法。一般在同一盘混凝土或同一车混凝土中的约 1/4 处、1/2 处和 3/4 处之间分别取样，从第一次取样到最后一次取样不宜超过 15 min，然后人工搅拌均匀。

(3)在试验室制备混凝土拌和物时，试验室的温度应保持在(20±5)℃，所用材料的温度应与试验室温度保持一致。需要模拟施工条件下所用的混凝土时，所用原材料的温度宜与施工现场保持一致。

(4)试验室拌制混凝土时，材料用量应以质量计。称量精度：骨料为±1%，水、水泥、掺合料、外加剂均为±0.5%。

(5)从取样或制样完毕到开始做各项性能试验均不宜超过 5 min。

(6)主要拌和设备如下：

①搅拌机。容积为 75～100 L，转速为 18～22 r/min。

②天平。最大称量 5 kg，感量 1 g。

③台称。最大称量 50 kg，感量 50 g。

④量筒。200 mL、1 000 mL。

⑤容器。1 L、5 L、10 L。

⑥拌板和拌铲。拌板为 1.5 m×2 m 的钢板。

(7)拌和方法如下。

①人工拌和法

a. 测定砂、石含水率，按所定配合比备料。

b. 将拌板和拌铲用湿布润湿后，将砂倒在拌板上，然后加入水泥，用铲自拌板一端翻到另一端，如此重复，直至充分混合，颜色均匀。再加上石料，翻拌至均匀混合为止。

c. 将干拌和料堆成堆，在中间作一凹槽，将已称量好的水，倒入一半左右在凹槽中，注意勿使水流出，然后仔细翻拌，并徐徐加入剩余的水，继续翻拌，每翻拌一次，用铲在拌和物上铲切一次。从加水完毕时算起，至少应翻拌六次。拌和时间(从加水完毕时算起)，应大致符合下列规定：

拌和料体积为 30 L 以下时，为 4～5 min；

拌和料体积为 30 L～50 L 时，为 5～9 min；

拌和料体积为 51 L～75 L 时，为 9～12 min。

d. 拌好后应根据试验要求，立即做坍落度试验或成型试件。从加水时算起，全部操作必须在 30 min 内完成。

②机械搅拌法

a. 按试验配合比备料。

b. 搅拌前,要用相同配合比的水泥砂浆,对搅拌机进行涮膛,然后倒出并刮去多余的砂浆。其目的是让水泥砂浆薄薄粘附在搅拌机的筒壁上,以免正式拌和时影响配合比。

c. 开动搅拌机,向搅拌机内按顺序加入石子、砂和水泥。干拌均匀,再将水徐徐加入,全部加料时间不应超过 2 min。

d. 水全部加入后,继续拌合 2 min。

e. 将混凝土拌和物从搅拌机中卸出,倾倒在拌和板上,再经人工翻拌 1～2 min,使拌和物均匀一致,即可进行试验。

F. 3. 2　混凝土拌和物和易性试验

混凝土拌和物应具有适应构件尺寸和施工条件的和易性,即应具有适宜的流动性和良好的黏聚性与保水性,以保证施工质量,从而获得均匀密实的混凝土。测定混凝土拌和物和易性最常用的方法是测定它的坍落度与坍落扩展度或维勃稠度。

1. 坍落度与坍落扩展度试验

(1)试验目的

坍落度是表示新拌混凝土稠度大小的一种指标,以它来反映混凝土拌和物流动性的大小。对于高流态混凝土是以坍落度与坍落扩展度来反映拌和物的流动性。

本方法适用于骨料最大粒径不大于 40 mm、坍落度不小于 10 mm 的混凝土拌和物稠度的测试。

(2)主要仪器设备

标准圆锥坍落筒。坍落度与坍落扩展度试验所用的混凝土坍落度仪应符合《混凝土坍落度仪》JG 3021 中有关技术要求的规定。

(3)试验步骤

①湿润坍落度筒、底板,在坍落度筒内壁和底板上应无明水。底板应放置在坚实水平面上,并把筒放在底板中心,然后用脚踩住两边的脚踏板,坍落度筒在装料时应保持固定的位置。

②取得的混凝土试样用小铲分三层均匀地装入筒内,使捣实后每层高度为筒高的 1/3 左右。每层用捣棒插捣 25 次。插捣应沿螺旋方向由外向中心进行,各次插捣应在截面上均匀分布。插捣筒边混凝土时,捣棒可以稍稍倾斜。插捣底层时,捣棒应贯穿整个深度,捣插第二层和顶层时,捣棒应插透本层至下一层的表面;浇灌顶面时,混凝土应灌到高出筒口。插捣过程中,如混凝土沉落到低于筒口,则应随时添加。顶层插捣完后,刮去多余的混凝土,用抹刀抹平。

③清除筒边底板上的混凝土后,垂直平稳地提起坍落度筒。坍落度筒的提高过程应在5～10 s 内完成;从开始装料到提坍落度筒的整个过程应不间断地进行,并应在 150 s 内完成。

④提起坍落度筒后,测量筒高与坍落后混凝土试体最高点之间的高度差,即为该混凝土拌和物的坍落度值,见附图 3.1。坍落度筒提离后,如混凝土发生崩塌

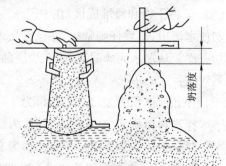

附图 3.1　坍落度测量

或一边剪坏现象,则应重新取样另行测定;如第二次试验仍出现上述现象,则表示该混凝土和易性不好,应予记录备查。

⑤观察坍落后的混凝土试体的黏聚性及保水性。黏聚性的检查方法是用捣棒在已坍落的混凝土锥体侧面轻轻敲打,此时如果锥体逐渐下沉,则表示黏聚性良好,如果锥体倒塌、部分崩裂或出现离析现象,则表示黏聚性不好。保水性以混凝土拌和物稀浆从底部析出的程度来评定,锥体部分的混凝土因失浆而骨料外露,则表明此混凝土拌和物的保水性能不好;如坍落度筒提起后无稀浆或仅有少量稀浆自底部析出,则表示此混凝土拌和物保水性良好。混凝土拌和物的砂率、黏聚性和保水性观察方法分别见附表3.1、附表3.2和附表3.3。

附表 3.1 混凝土砂率的观察方法

用抹刀抹混凝土面次数	抹面状态	判 断
1～2	砂浆饱满,表面平整,不见石子	砂率过大
5～6	砂浆尚满,表面平整,微见石子	砂率适中
＞6	石子裸露,有空隙,不易抹平	砂率过小

附表 3.2 混凝土黏聚性的观察方法

测定坍落度后,用弹性头棒轻轻敲击锥体侧面	判 断
锥体渐渐向下沉落,侧面看到砂浆饱满,不见蜂窝	黏聚性良好
锥体突然崩坍或溃散,侧面看到石子裸露,浆体流淌	黏聚性不好

附表 3.3 混凝土保水性的观察方法

做坍落度试验在插捣时和提起圆锥筒后	判 断
有较多水分从底部流出	保水性差
有少量水分从底部流出	保水性稍差
无水分从底部流出	保水性良好

⑥当混凝土拌和物的坍落度大于 220 mm 时,用钢尺测量混凝土扩展后最终的最大直径和最小直径,在这两个直径之差小于 50 mm 的条件下,用其算术平均值作为坍落扩展度值;否则,此次试验无效。

如果发现粗骨料在中央集堆或边缘有水泥浆析出,表示此混凝土拌和物抗离析性不好,应予记录。

⑦混凝土拌和物坍落度和坍落扩展度值以毫米为单位,测量精确至 1 mm,结果表达修约至 5 mm。

(4)和易性调整

如果坍落度不符合设计要求,就应立即调整配合比。具体地说,当坍落度过小时,应保持水灰比不变,适当添加水泥和水;当坍落度过大时,则应保持砂率不变,适当添加砂与石子;当黏聚性不良时,应酌量增大砂率(增加砂子用量);反之,若砂浆显得过多时,则应酌量减少砂率(可适当增加石子用量)。根据实践经验,要使坍落度增大 10 mm,水泥和水各需添加约 2%(相当于原用量);要使坍落度减少 10 mm,则砂子和石各添加约 2%(相当于原用量)。添加材料后,应重新测坍落度。调整时间不能拖得太长。从加水时算起,如果超过 0.5 h,则应重新配料拌和,进行试验。

2. 维勃稠度试验

(1)试验目的

较干硬的混凝土拌和物(坍落度小于 10 mm)用维勃稠度仪测定其稠度,作为它的和易性指标。本方法适用于骨料最大粒径不大于 40 mm、维勃稠度在 5~30 s 之间的混凝土拌和物稠度的测定。

(2)主要仪器设备

①维勃稠度仪。应符合《维勃稠度仪》JG 3043 中有关技术要求的规定。

②弹头形捣棒。直径 16 mm、长 650 mm 的金属棒,端部磨圆。

(3)试验步骤

①维勃稠度仪应放置在坚实水平面上,用湿布把容器、坍落度筒、喂料斗内壁及其他用具湿润。

②将喂料斗提到坍落度筒上方扣紧,校正容器位置,使其中心与喂料斗中心重合,然后拧紧固定螺丝。

③将混凝土拌和物经喂料斗分三层装入坍落度筒。装料及插捣方法同坍落度试验。

④把喂料斗转离,抹平后垂直提起坍落度筒,此时应注意不使混凝土试体产生横向的扭动。

⑤把透明圆盘转到混凝土圆台顶面,放松测杆螺钉,降下圆盘,使其轻轻接触到混凝土顶面。

⑥拧紧定位螺钉,并检查测杆螺钉是否已经完全放松。

⑦在开启振动台的同时用秒表计时,当振动到透明圆盘的底面被水泥浆布满的瞬间停止计时,并关闭振动台。

⑧由秒表读出时间,即为该混凝土拌和物的维勃稠度值,精确至 1 s。

F.3.3 新拌混凝土表观密度试验

1. 试验目的

测定混凝土拌和物单位体积的质量,可作为评定混凝土质量的一项指标,也可用来计算 1 m³ 混凝土所需材料用量。

2. 主要仪器设备

(1)台称。称量 50 kg,感量 50 g。

(2)容量筒。金属制成的圆筒,两旁有提手。对骨料最大粒径不大于 40 mm 的拌和物采用容积为 5 L 的容量筒,其内径与内高均为(186±2)mm,筒壁厚为 3 mm;骨料最大粒径大于 40 mm 时,容量筒的内径与内高均应大于骨料最大粒径的 4 倍。容量筒的上缘及内壁应光滑平整,顶面与底面平行并与圆柱体的轴垂直。

容量筒容积应予以标定,标定方法可采用一块能覆盖住容量筒顶面的玻璃板,先称出玻璃板和空筒的质量,然后向容量筒中灌入清水,当水接近上口时,一边不断加水,一边把玻璃板沿筒口徐徐推入盖严,应注意使玻璃板下不带入任何气泡,然后擦净玻璃板面及筒壁外的水分,将容量筒连同玻璃板放在台称上称其质量;两次质量之差即为容量筒的容积。

(3)振动台、捣棒等。

3. 试验步骤

(1)用湿布把容量筒内外擦干净,称出容量筒质量,精确至 50 g。

（2）混凝土的装料及捣实方法应根据拌和物的稠度而定。坍落度不大于 70 mm 的混凝土，用振动台振实为宜；大于 70 mm 的用捣棒捣实为宜。采用捣棒捣实时，应根据容量筒的大小决定分层与插捣次数：用 5 L 容量筒时，混凝土拌和物应分两层装入，每层的插捣次数应大于 25 次；用大于 5 L 的容量筒时，每层混凝土的高度不应大于 100 mm，每层的插捣次数应按每 10 000 mm² 截面不小于 12 次计算。各次插捣应由边缘向中心均匀地插捣，插捣底层时捣棒应贯穿整个深度，插捣第二层时，捣棒应插透本层至下层的表面；每一层捣完后用橡皮锤轻轻沿容器外壁敲打 5～10 次，进行振实，直至拌和物表面插捣孔消失并不见大气泡为止。

采用振动台振实时，应一次将混凝土拌和物灌到高出容量筒口。装料时可用捣棒稍加插捣，振动过程中如混凝土低于筒口，应随时添加混凝土，振动直至表面出浆为止。

（3）用刮尺将筒口多余的混凝土拌和物刮去，表面如有凹陷应填平；将容量筒外壁擦净，称出混凝土试样与容量筒总质量，精确至 50 g。

4. 试验结果计算

混凝土拌和物表观密度按下式计算（精确至 10 kg/m³）：

$$\rho_0 = \frac{m_2 - m_1}{V_0} \times 1\,000$$

式中 ρ_0——表观密度，kg/m³；

     m_1——容量筒质量，kg；

     m_2——容量筒和试样总质量，kg；

     V_0——容量筒容积，L。

F.4 试验4——普通水泥混凝土力学性能试验

F.4.1 混凝土力学性能试验的一般规定

1. 取样

普通混凝土力学性能试验以三个试件为一组，每一组试件所用的混凝土拌和物，均应从同一拌和的拌和物中取得。

2. 试件的尺寸、形状和公差

试件的尺寸应根据混凝土中骨料的最大粒径按附表 4.1 选定。

附表 4.1 混凝土试件尺寸选用表

试件横截面尺寸（mm）	骨料最大粒径（mm）	
	劈裂抗拉强度试验	其他试验
100×100	19.0	31.5
150×150	37.5	37.5
200×200	—	63.0

参照 GB/T 50081—2002 及 GB/T 14685—2001

对于抗压强度和劈裂抗拉强度试验，边长为 150 mm 的立方体试件是标准试件；边长为 100 mm 和 200 mm 的立方体试件是非标准试件。

对于轴心抗压强度和静力受压弹性模量试验，边长为 150 mm×150 mm×300 mm 的棱柱体试件是标准试件；边长为 100 mm×100 mm×300 mm 和 200 mm×200 mm×400 mm 的棱柱体试件是非标准试件。

对于抗折强度试验,边长为 150 mm×150 mm×600 mm(或 550 mm)的棱柱体试件是标准试件;边长为 100 mm×100 mm×400 mm 的棱柱体试件是非标准试件。

试件承压面的平整度公差不得超过 0.000 5 d(d 为边长);试件相邻面间的夹角应为 90°,其公差不得超过 0.5°;试件各边长、直径和高的尺寸的公差不得超过 1 mm。

3. 试件制作

(1)根据混凝土拌和物的坍落度确定混凝土成型方法,坍落度不大于 70 mm 的混凝土宜用振动振实;大于 70 mm 的宜用捣棒人工捣实;检验现浇混凝土或预制构件的混凝土,试件成型方法宜与实际采用的方法相同。

(2)取样或拌制好的混凝土拌和物应至少用铁锹再来回拌和三次。

(3)采用振动台成型时,可将混凝土拌和物一次装入试模,装料时应用抹刀沿各试模壁插捣,并使混凝土拌和物高出试模口。振动时试模不得有任何跳动,振动应持续到表面出浆为止,不得过振。刮除试模上口多余的混凝土,待混凝土临近初凝时,用抹刀抹平。

(4)采用人工插捣制作试件时,混凝土拌和物应分两层装入模内,每层的装料厚度大致相等。插捣应按螺旋方向从边缘向中心均匀进行。在插捣底层混凝土时,捣棒应达到试模底部;插捣上层时,捣棒应贯穿上层后插入下层 20~30 mm;插捣时捣棒应保持垂直,不得倾斜。然后用抹刀沿试模内壁插拔数次。每层插捣次数按在 10 000 mm² 截面积内不得少于 12 次计;插捣后应用橡皮锤轻轻敲击试模四周,直至插捣棒孔留下的空洞消失为止。刮除试模上口多余的混凝土,待混凝土临近初凝时,用抹刀抹平。

4. 试件养护

(1)试件成型后应立即用不透水的薄膜覆盖表面。

(2)采用标准养护的试件,应在温度为(20±5)℃的环境中静置一昼夜或二昼夜,然后编号、拆模。拆模后应立即放入温度为(20±2)℃,相对湿度为 95% 以上的标准养护室中养护,或在温度为(20±2)℃的不流动的 Ca(OH)$_2$ 饱和溶液中养护。标准养护室内的试件应放在支架上,彼此间隔 10~20 mm,试件表面应保持潮湿,并不得被水直接冲淋。

(3)同条件养护试件的拆模时间可与实际构件的拆模时间相同,拆模后,试件仍需保持同条件养护。

(4)标准养护龄期为 28 d(从搅拌加水开始计时)。

5. 材料试验机

(1)所采用试验机的精确度为 ±1%,试件破坏荷载应大于全量程的 20% 且小于全量程的 80%。

(2)应具有加荷速度指示装置或加荷速度控制装置,并应能均匀、连续地加荷,试件破坏荷载应大于压力机全量程的 20% 且小于压力机全量程的 80%。

(3)上下压板应有足够的刚度,其中的一块应带有球形支座,以便于试件对中。

F. 4. 2 立方体抗压强度试验

1. 试验目的

测定混凝土立方体试件的抗压强度,为评价混凝土质量提供依据。

2. 试件制作

混凝土抗压强度试件应以同龄期者为一组,每组为三个同条件制作和养护的混凝土试块。采用不同尺寸的试件时应按附表 4.2 进行换算。

附表 4.2　混凝土不同试件尺寸之间的换算系数

粗集料最大粒径(mm)	试件尺寸(mm)	结果乘以换算系数
31.5	100×100×100	0.95
40	150×150×150	1.00
63	200×200×200	1.05

注:当混凝土强度等级大于等于 C60 时,宜用标准试件,使用非标准试件时,换算系数由试验确定。

3. 试验步骤

试件从养护室取出后应尽快试验。将试件擦拭干净,测量其尺寸(精确至 1 mm),据此计算出试件的受压面积。如实测尺寸与公称尺寸之差不超过 1 mm,则按公称尺寸计算。

将试件安放在试验机的下压板上,试件的承压面与成型面垂直。开动试验机,当上压板与试件接近时,调整球座,使其接触均匀。混凝土强度等级大于等于 C60 时,试验机上、下压板之间应各垫一钢垫板,其平面尺寸应不小于试件的承压面,其厚度至少为 25 mm。钢垫板应机械加工,其平面度允许偏差为 ±0.04 mm,表面硬度大于等于 55HRC;硬化层厚度约 5 mm。试件周围应设置防崩裂网罩。

加荷时应连续而均匀,加荷速度为:当混凝土强度等级低于 C30 时,取 0.3~0.5 MPa/s;强度大于 C30 小于 C60 时,取 0.5~0.8 MPa/s;强度等级大于 C60 时,取 0.8~1.0 MPa/s。

当试件接近破坏而开始迅速变形时,停止调整试验机油门,直至试件破坏,记录破坏荷载 F_{max}。

4. 试验结果计算

混凝土立方体抗压强度按下式计算(精确至 0.1 MPa):

$$f_{cu} = \frac{F_{max}}{A}$$

式中　f_{cu}——混凝土立方体抗压强度,MPa;

　　F_{max}——试件破坏时的荷载,N;

　　A——试件承压面积,mm²。

以三个试件强度值的算术平均值作为该组试件的抗压强度代表值(精确至 0.1 MPa)。三个测值中的最大值或最小值中如有一个与中间值之差超过中间值的 15% 时,则取中间值作为该组试件的抗压强度代表值;如最大值和最小值与中间值之差均超过中间值的 15% 时,则该组试件的试验结果无效。

F.4.3　轴心抗压强度试验

测定混凝土棱柱体试件的轴心抗压强度,以提出设计参数和抗压弹性模量试验的荷载标准。

1. 试验准备

试件采用 150 mm×150 mm×300 mm 的棱柱体试件,每组 3 个试件,在标准养护条件下养护至规定龄期。

试件从养护地点取出后应及时进行试验,用干毛巾将试件表面与上下承压板面擦干净。检查试件外观,在其中部量取试件尺寸(精确至 1 mm)。

2. 试验步骤

将试件直立放置在试验机的下压板或钢垫板上,并使试件轴心与下压板中心对准。开动试验机,当上压板与试件或钢垫板接近时,调整球座,使之接触均衡。加荷时应连续而均匀,加荷速度为:当混凝土强度等级低于 C30 时,取 0.3~0.5 MPa/s;强度等级大于等于 C30 小于 C60 时,取 0.5~0.8 MPa/s;强度等级大于 C60 时,取 0.8~1.0 MPa/s。

当试件接近破坏而开始迅速变形时,停止调整试验机油门,直至试件破坏,记录破坏荷载 F_{max}。

3. 试验结果计算

混凝土试件轴心抗压强度应按下式计算(精确至 0.1MPa):

$$f_{cp} = \frac{F_{max}}{A}$$

式中 f_{cp}——混凝土轴心抗压强度,MPa;

F_{max}——试件破坏时的荷载,N;

A——试件承压面积,mm^2。

混凝土强度等级小于 C60 时,用非标准试件测得的强度值应乘以尺寸换算系数。200 mm×200 mm×400 mm 的试件尺寸换算系数为 1.05;对 100 mm×100 mm×300 mm 的试件尺寸换算系数为 0.95。当混凝土强度等级大于 C60 时,宜采用标准试件;使用非标准试件时,尺寸换算系数应由试验确定。

F.4.4 静力受压弹性模量试验

测定混凝土在静力作用下的受压弹性模量方法,以评价混凝土在受到应力作用时抵抗变形的能力。

1. 主要仪器设备

微变形测定仪:符合《杠杆千分表产品质量分等》(JB/T 54255—1999)中技术要求,千分表 2 个(0 级或 1 级),或精度不低于 0.001 mm 的其他仪表。

微变形测量仪固定架二对:标距 150 mm,金属刚性框架,正中为千分表插座,两端有三个圆头长螺杆,可以调整高度。

其他:502 胶水、平口刮刀、小一字螺丝刀、直尺、铅笔等。

2. 试验准备

采用 150 mm×150 mm×300 mm 棱柱体标准试件或 100 mm×100 mm×300 mm 非标准棱柱体试件进行试验。试件从养护地点取出后先将试件表面与上下承压板面擦干净。

取 3 个试件按"普通混凝土轴心抗压强度试验"的规定,测定混凝土的轴心抗压强度 f_{cp},另 3 个试件用于测定混凝土的静力受压弹性模量。在测定混凝土弹性模量时,变形测量仪应安装在试件两侧的中线上并对称于试件的两端。

3. 试验步骤

应仔细调整试件在压力试验机上的位置,使其轴心与下压板的中心线对准。开动压力试验机,当上压板与试件接近时,调整球座,使其接触匀衡。加荷至基准应力为 0.5 MPa 的初始荷载值 F_0,保持恒载 60 s 并在以后的 30 s 内记录每测点的变形读数 ε_0。应立即连续均匀地加荷至应力为轴心抗压强度 f_{cp} 的 1/3 的荷载值 F_a，保持恒载 60 s 并在以后的 30 s 内记录每一测点的变形读数 ε_a。加荷时应连续而均匀，加荷速度为：当混凝土强度等级低于 C30 时，取 0.3～0.5 MPa/s；强度大于 C30 小于 C60 时，取 0.5～0.8 MPa/s；强度等级大于 C60 时，取 0.8～1.0 MPa/s。

当以上这些变形值之差与它们平均值之比大于 20% 时，应重新对中试件并重复试验。如果无法使其减少到低于 20% 时，则此次试验无效。

在确认试件对中后，以与相同的加荷速度卸荷至基准应力 0.5 MPa（即 F_0），保持恒载 60 s；然后用同样的加荷和卸荷速度以及 60 s 的保持恒载（即 F_0 及 F_a）至少进行两次反复预压。在最后一次预压完成后，在基准应力 0.5 MPa（即 F_0）持荷 60 s 并在以后的 30 s 内记录每一测点的变形读数 ε_0；然后，再用同样的加荷速度加荷至 F_a，持荷 60 s 并在以后的 30 s 内记录每一测点的变形读数 ε_a。弹性模量试验方法见附图 4.1。

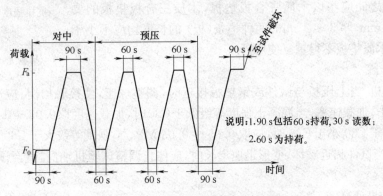

附图 4.1　静力受压弹性模量试验加荷方式

卸除变形测量仪，以同样的速度加荷至破坏，记录破坏荷载；如果试件的抗压强度与 f_{cp} 之差超过 f_{cp} 的 20% 时，则应在报告中注明。

4. 试验结果计算

混凝土抗压弹性模量 E_c 按下式计算（精确至 100 MPa）：

$$E_c = \frac{F_a - F_0}{A} \times \frac{L}{\Delta n}$$

式中　E_c——混凝土弹性模量，MPa；

F_a——终荷载（$f_{cp}/3$ 时对应的荷载值），N；

F_0——初始荷载（0.5 MPa 时对应的荷载值），N；

L——测量标距，mm；

A——试件承压面积，mm²；

Δn——最后一次加载时，试件两侧在 F_a 及 F_0 作用下千分表两侧的差值，计算公式如下：

$$\Delta n = \varepsilon_a - \varepsilon_0$$

其中　ε_a——F_a 时试件两侧变形的平均值，mm，

ε_0——F_0 时试件两侧变形的平均值，mm。

弹性模量按三个试件测值的算术平均值计算。如果其中有一个试件的轴心抗压强度值与用以确定检验控制荷载的轴心抗压强度值相差超过后者的 20% 时，则弹性模量值按另两个试

件测值的算术平均值计算;如有两个试件都超过上述规定时,则此次试验无效。

F.4.5 劈裂抗拉强度试验

测定混凝土立方体试件的劈裂抗拉强度,以评价混凝土抵抗拉伸荷载的能力。

1. 试验准备

试件采用边长为 150 mm 的立方体标准试件,每组 3 个试件。

试件从养护地点取出后应及时进行试验,用干毛巾将试件表面与上下承压板面擦干净。检查试件外观,并测量尺寸。

在成型时的顶面和底面画出劈裂面的位置。试验时,试件的轴心应对准试验机下压板的中心,垫条应垂直于试件成型时的顶面。

试验机与试件之间采用如附图 4.2 所示的钢制弧形垫条。在钢制垫条与试件之间应垫以木质三合板垫板,木质三合板垫板的要求:宽15～20 mm,厚3～4 mm。两种垫条(板)的长度均应不小于试件的边长,木质垫板不得重复使用。

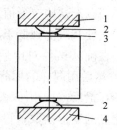

附图 4.2　混凝土劈裂抗拉强度试验示意图
1— 试验机上压板;
2— 钢制弧垫条;
3— 垫条;4— 试验机下压板

2. 试验步骤

开动试验机,当上压板与试件或钢垫板接近时,调整球座,使接触均衡。应连续均匀地加荷,不得有冲击。加载速率:当混凝土强度等级低于C30时,加载速度取0.02～0.05 MPa/s;强度等级大于等于 C30 小于 C60 时,应取 0.05～0.08 MPa/s;强度等级大于 C60 时,取 0.08～0.10 MPa/s。当试件临近破坏、变形迅速增长时,应停止调整试验机油门,直至试件破坏,记录最大荷载 F_{max}。

3. 试验结果计算

混凝土立方体试件的劈裂抗拉强度按下式计算:

$$f_{ts} = \frac{2F_{max}}{\pi A} = 0.637 \frac{F_{max}}{A}$$

式中　　f_{ts}—— 混凝土劈裂抗拉强度,MPa;

　　　　F_{max}—— 最大荷载,N;

　　　　A—— 试件劈裂面面积,mm^2。

以三个试件测值的算术平均值作为该组试件的劈裂抗拉强度值,精确到 0.01 MPa。三个测值中的最大值或最小值中如有一个与中间值的差值超过中间值的 15% 时,则把最大及最小值一并舍去,取中间值作为该组试件的劈裂抗拉强度值;如最大值机最小值与中间值的差均超过中间值的 15%,则该组试件的试验结果无效。

采用100 mm×100 mm×100 mm非标准试件测得的劈裂抗拉强度值,应乘以尺寸换算系数0.85;当混凝土强度等级大于等于 C60 时,宜采用标准试件;使用非标准试件时,尺寸换算系数应由试验确定。

F.4.6 抗折强度

测定混凝土的抗折强度,以评价混凝土抵抗弯拉荷载的能力。

1. 试验准备

试件采用150 mm×150 mm×600 mm(或550 mm)的小梁标准试件,每组 3 个试件。检查试件的外观,不得有明显的缺陷,在跨中 1/3 的受拉区内,不得有直径大于 7 mm,深度大于

2 mm 的表面孔洞。

2. 试验步骤

试验机应能施加均匀、连续、速度可控的荷载,并带有能使二个相等荷载同时作用在试件跨度 3 分点处的抗折试验装置,见附图 4.3。试件放稳对中后开动试验机,当压头与试件接近时,调整压头和支座,使接触均衡。若压头及支座不能前后倾斜时,各接触不良处应予以垫平。

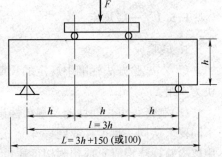

试件的支座和加荷头应采用直径为 20 ~ 40 mm、长度不小于 $b+10$ mm 的硬钢圆柱,支座立脚点固定铰支,其他应为滚动支点。

对试件连续均匀加载,当试件的强度等级低于 C30 时,加载速度取 0.02 ~ 0.05 MPa/s;当试件的强度等级大于等于 C30 且小于 C60 时,取 0.05 ~ 0.08 MPa/s;当试件的强度等级大于 C60 时,取 0.08 ~ 0.10 MPa/s。

附图 4.3　混凝土抗折强度试验示意图

当试件临近破坏、变形迅速增长时,应停止调整试验机油门,直至试件破坏。记录最大荷载 F_{max} 及试件下边缘断裂位置。

3. 试验结果计算

若试件下边缘断裂位置处于两个集中荷载作用线之间,则试件的抗折强度 f_f 按下式计算(精确至 0.1MPa):

$$f_f = \frac{F_{max} l}{bh^2}$$

式中　f_f——混凝土的抗折强度,MPa;

　　F_{max}——最大荷载,N;

　　　l——支座间距,mm;

　　　b——试件截面宽度,mm;

　　　h——试件截面高宽,mm。

三个试件中若有一个折断面位于两个集中荷载之外,则混凝土抗折强度值按另两个试件的试验结果计算。若这两个测值的差值不大于这两个测值的较小值的 15% 时,则该组试件的抗折强度值按这两个测值的平均值计算,否则该组试件的试验无效。若有两个试件的下边缘断裂位置位于两个集中荷载作用线之外,则该组试件试验无效。

当试件尺寸为 100 mm×100 mm×400 mm 的非标准试件时,应乘以尺寸换算系数 0.85,当混凝土强度等级大于 C60 时,宜采用标准试件;使用非标准试件时,尺寸换算系数应由试验确定。

F.5　试验5——混凝土耐久性试验

混凝土的耐久性是指混凝土在使用过程中抵抗由外部或内部原因而造成破坏的能力,主要包括渗透性、碳化、冻融、化学腐蚀、碱骨料反应、磨蚀等。混凝土耐久性是一综合性质,在不同的工程环境条件下,同种混凝土材料抵抗破坏的能力并不相同,在几种因素共同作用下,混凝土的破坏现象更为严重。

现代工程中对混凝土耐久性的要求愈来愈高,提出耐久性指标的工程设计也愈来愈多。未来的工程设计中将用耐久性设计取代目前按强度进行的设计。

实践证明:在一定的环境条件下,合理选择混凝土的原材料及其配比参数,正确施工、使用、维护,可以提高混凝土的耐久性,延长使用寿命,降低维修费用,获得显著的综合技术和经济效益。因而,进行混凝土耐久性试验研究,掌握各因素对混凝土耐久性影响规律,具有十分重要的意义。

F.5.1　一般规定

1. 试验成型

(1)本试验方法标准中规定的长期性能和耐久性试验用试件,除抗渗、疲劳试验以外以三块为一组。

(2)制作每组长期性能及耐久性试验的试件及其相应的对比所用的混凝土拌和物应根据不同要求从同一盘搅拌或同一车运送的混凝土中取出,或在试验室用机械或人工单独拌制。用以检验现浇混凝土或预制构件质量的试件分组及取样原则,应按现行《钢筋混凝土工程施工及验收规范》及其他有关规定执行。

(3)试验室制作混凝土试件时,其材料用量应以质量计,称量的精度应为:水泥、水和外加剂均为±0.5%;骨料为±1%。

(4)所有试件均应在拌制或取样后立即制作。

(5)确定混凝土设计特征值、强度或进行材料性能研究时,试件的成型方法应按混凝土的稠度而定。坍落度不大于70 mm的混凝土,宜用震动台振实。检验现浇混凝土工程和预制构件质量的混凝土,试件的成型方法应与施工采用的方法相同。

(6)棱柱体试件宜采用卧式成型。埋有钢筋的试件在灌注及捣实混凝土时,应特别注意钢筋和试模之间的混凝土能保持灌注密度及捣实良好。

(7)用离心法、压浆法、真空作业法及喷射法等特殊方法成型的混凝土,其试件的制作应按相应的规定进行。

(8)制作试件用的试模应由铸铁或钢制成,应具有足够的刚度并拆装方便。试模的内表面应机械加工,其不平度应为每100 mm不超过0.05 mm,组装后各相邻面的不垂直度不应超过±0.5°。

(9)在制作试件前应将试模擦干净,并应涂以脱模剂。

(10)用震动台成型时,应将混凝土拌和物一次装入试模,装料时应用抹刀沿试模内壁略加插捣并应使混凝土拌和物高出试模上口。振动时应防止试模在振动台上自由跳动。应持续到混凝土表面出浆为止,刮除多余的混凝土并用抹刀抹平。

(11)试验室用震动台的振动频率应为(50±3)Hz,空载时振幅为0.5 mm。人工振捣时,混凝土拌和物应分两层装入试模,每层的装料厚度应大致相等。振捣用的钢制捣棒长600 mm,直径16 mm,端部磨圆。插捣按螺旋方向从边缘向中心均匀进行。插捣底层时,捣棒应达到试模底面;插捣上层时,捣棒应插入下层深度20～30 mm。插捣时捣棒应保持垂直,不得倾斜,并用抹刀沿试模内壁插入数次。每层的插捣次数应根据试件的截面而定。一般为每100 cm² 截面积不应少于12次,插捣完后,刮除多余的混凝土,并用抹刀抹平。

2. 试件养护

按各试验方法的具体规定,长期性能及耐久性试验有标准养护、同条件养护及自然养护等几种养护形式。采用标准养护的试件成型后应覆盖表面,以防止水分蒸发,并应在室温为(20±5)℃情况下静置一至二昼夜,然后编号拆模。拆模后的试件应立即放在温度(20±3)℃、湿度为90%以上的标准养护室内,试件应放在架上,彼此间隔应为10～20 mm。应避免用水直接淋刷试件。当无标准养护室时,混凝土试件可在(20±3)℃的不流动水中养护。水的pH值不应小于7。采用与构筑物或构件同条件养护的试件成型后即覆盖保湿,试件的拆模时间与标准养护的试件相同,拆模后,试件仍需保持同条件养护。放置并晾干的试件应放置在干燥通风的室内,每块试件之间至少留有10~20 mm的间隙。

F.5.2　氯离子渗透性试验

1. 试验目的

了解并熟悉氯离子渗透性试验方法,掌握采用氯离子渗透性试验评价混凝土渗透性的原理。

2. 试验方法

氯离子渗透性试验方法主要有以下几种:扩散槽法,测试周期为数月或数年;浸泡法,测试周期为35 d;稳态电迁移法,测试周期为数周或数月;非稳态氯离子电迁移快速试验法(RCM),测试周期为24 h或最长一周;电通量法,测试周期为6 h。本节将主要介绍电通量法和非稳态氯离子电迁移快速试验法。电通量法测试通过混凝土试件6 h的电通量来评价混凝土抗氯离子渗透性能等级或高密实性混凝土的密实度。非稳态氯离子电迁移快速试验法(RCM)测定混凝土中氯离子非稳态快速迁移的扩散系数,可定量评价混凝土抵抗氯离子扩散的能力,为氯离子侵蚀环境中的混凝土结构耐久性设计与施工以及使用寿命的评估与预测提供特性参数。

3. 电通量法

(1)仪器设备与试剂

试验应采用符合如附图5.1所示原理的电通量测试装置。

①直流稳压电源:0~80 V,0~10 A。可稳定输出60 V直流电压,精度±0.1 V。

②试验槽:由耐热塑料或耐热有机玻璃制成。

③紫铜垫板和铜网:紫铜垫板宽度为(12±2)mm,厚度为0.51 mm。铜网孔径为0.95 mm或20目。

④1 Ω标准电阻和直流数字电流表:标准电阻精度0.1%;直流数字电流表量程0~20 A,精度0.1%。

⑤真空泵:能够保持容器内的气压低于50 kPa(5 mbar)。

⑥真空表或压力计:精度±665 Pa(5 mm Hg柱),量程0~13 300 Pa。

⑦真空干燥器:内径≥250 mm。

⑧硫化橡胶垫:外径100 mm、内径75 mm、厚6 mm。

⑨切割试件的设备:可移动的、水冷式金刚锯或碳化硅锯。

⑩烧杯、真空干燥器、真空泵、分液装置、真空表组合成真空饱水系统。

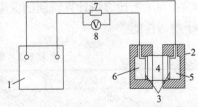

1—直流稳压电源;2—试验槽;3—铜网;
4—混凝土试件;5—NaCl溶液;
6—NaOH溶液;7—标准电阻;8—电压表。
附图5.1　试验装置示意图

(2)试件制备

标准试件尺寸为直径 $\phi(100\pm1)$ mm,高度 h 为 (50 ± 2) mm的圆柱体。试件在试验室制作时,可采用 $\phi100$ mm×100 mm或 $\phi100$ mm×200 mm试模成型,试件成型后应立即用塑料薄膜覆盖并移至标准养护室,24 h后拆模并浸没于标准养护室的水池中。试件也可采用钻芯取样方法制备,即先在尺寸较大的混凝土试件上钻取直径为 $\phi(100\pm1)$ mm的圆柱体,然后再用切割机切取高度为(50 ± 2)mm的标准试件。

（3）试验步骤

①试件饱水过程。将尺寸为$\phi100$ mm$\times50$ mm的混凝土试件在空气中放置至表面风干，密封试件的侧表面，放入真空干燥器中，并保证试件两端表面暴露。密闭干燥器，打开真空泵，将内部大气压力减小至133 Pa(1 mm Hg)，并保持此压力3 h。然后打开分液漏斗活塞，将去空气水（过沸水）压入真空干燥器并完全覆盖试块。关闭分液漏斗活塞，使真空泵继续工作1 h。此后，关闭真空管道活塞，再关闭真空泵。打开真空管道活塞，让空气重新进入干燥器。继续将试块浸泡在水中并保持(18 ± 2)h。

②测试过程。将按上述方法饱水后的试件拿出，抹去表面多余的水，固定在装好铜网电极的外加电压池之间，用硅胶密封试块与电压池之间的孔隙（或采用橡皮密封垫圈）。等硅胶凝固后，在外加电压池两边分别注入3.0% NaCl溶液和0.3 mol/L的NaOH溶液。用电导线连接加压装置、读数装置及电压池，其连接方式如附图5.1所示。然后将电源打开，设定电压为(60 ± 0.1)V，记录初始电流读数。此后一直保持60 V电压，至少每隔30 min记录一次电流值。6 h后终止试验。

（4）试验结果计算

将记录的电流(A)对时间(s)作图，通过数据点画一条光滑曲线，对曲线下的面积积分即可得到6 h期间通过的总电量安培·秒，即库仑，或根据梯形法则，采用下式进行求和：

$$Q=900(I_0+2I_{30}+2I_{60}+2I_{90}+\cdots+2I_{300}+2I_{330}+2I_{360})$$

式中　Q——6 h通过的总电量，C；

　　　I_0——施加电压后的初始电流，A；

　　　I_t——施加电压t分钟以后的电流，A。

如果试块的直径不是95 mm(3.75英寸)，总电量必须调整，即按下式进行校正计算：

$$Q_s=Q_x^*\ (95/X)^2$$

式中　Q_s——通过直径为95 mm的试块的电量，C；

　　　Q_x——通过直径为X mm的试块的电量，C；

　　　X——非标准试块的直径，mm。

利用上述方法计算得到的混凝土试块6 h库仑电量，可根据附表5.1评价混凝土抗氯离子渗透性能。

附表5.1　混凝土氯离子渗透性能与库仑电量的关系

通过混凝土的电量(C)	混凝土的氯离子渗透性	典型混凝土种类
>4 000	高	水灰比$W/C>06$的普通混凝土
2 000～4 000	中	中等水灰比(0.5～0.6)的普通混凝土
1 000～2 000	低	低水灰比($\leqslant0.4$)的混凝土
100～1 000	极低	低水灰比，掺硅灰5%～7%的混凝土
<100	可忽略	聚合物混凝土、掺入硅灰10%～15%的混凝土

4.RCM法

（1）试验装置和化学试剂

①RCM测定仪，如附图5.2所示。

②含5%NaCl的0.2 mol/L溶度的KOH溶液和0.2 mol/L溶度的KOH溶液。

③显色指示剂：0.1 mol/L 的 $AgNO_3$ 溶液。

④水砂纸（200～600 号），细锉刀，游标卡尺（精度 0.1 mm）。

⑤超声浴箱，电吹风（2 000 W），万用表，温度计（精度 0.2 ℃）。

⑥扭矩扳手（20～100 N·m，测量误差±5％）。

（2）试验步骤

①试件准备。试件标准尺寸为直径 $\phi(100\pm1)$mm，高度 $h=(50\pm2)$mm。试件加工时至少切除混凝土表层 20 mm。试件在试验室制作时，一般可使用 $\phi 100$ mm×300 mm 或 150 mm×150 mm×150 mm 试模，制作后立即用塑料薄膜覆盖并移至标准养护室，24 h 后拆模并浸没于标准养护室的水池中。试验前 7 d 加工成标准尺寸的试件，并用水砂纸（200～600 号）、细锉刀打磨光滑，然后继续浸没于水中养护至试验龄期。

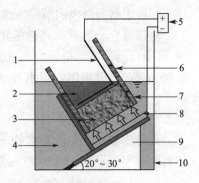

1—阳极；2—阳极溶液；3—试件；
4—阴极溶液；5—直流稳压电源；
6—橡胶筒；7—箍环；8—阴极；
9—支架；10—试验槽。

附图 5.2　RCM 快速测量试验装置

试件在实体混凝土结构中钻取时，应先切割成标准试件尺寸，再在标准养护室水池中浸泡 4 d，然后才可以进行试验。

②试验准备。试验室温度控制在（20±5）℃。试件安装前需进行 15 min 超声浴，超声浴槽事先需用室温饮用水冲洗干净。

试件的直径和高度应该在试件安装前用游标卡尺测量（精度 0.1 mm），安装前的试件表面应该干净，无油污、灰砂和水珠。

RCM 测定仪的试验槽在试验前需用（40±2）℃的温饮用水冲洗干净，然后把试件装入橡胶筒内，置于筒的底部。在与试件齐高（50 mm）的橡胶筒体外侧处，安装两个环箍（每个箍高 25 mm）并拧紧环箍上的螺丝至扭矩达 30～35 N·m，使试件的侧面处于密封状态。若试件的柱状曲面有可能会造成液体渗漏的缺陷时，则要用密封剂保持其密封性。

③电迁移试验过程。在无负荷状态下，将 40 V/5 A 的直流电源调到（30±0.2）V，然后关闭电源。把装有试件的橡胶筒安装到试验槽中，安装好阳极板，然后在橡胶筒中注入约 300 mL 的 0.2 mol/L 浓度的 KOH 溶液，使阳极板和试件表面均浸没于溶液中。

在试验槽中注入含 5％NaCl 的 0.2 mol/L 浓度的 KOH 溶液，直至与橡胶筒中的 KOH 溶液的液面齐平。按附图 5.2 连接电源、分配器和试验槽，阳极连至橡胶筒中的阳极板，阴极连至试验槽电解液中的阴极板。

打开电源，记录时间，立即同步测定并联电压、串联电流和电解液初始温度。测量电压时，万用表调到 200 V 挡，若电压偏离（30±1）V，则断开连接，重调电源无荷电压；测量电流时，万用表调到 200 mA 挡；溶液的温度测定应精确到 0.2 ℃。

试验时间按测定的初始电流确定。试验结束时，先关闭电源，测定阳极电解液最终温度和电流，断开连线，取出装有试件的橡胶筒，倒除 KOH 溶液，松开环箍螺丝，然后从上向下移出试件。

④氯离子扩散深度测定。试件从橡胶筒移出后，立即在压力试验机上劈成两半。在劈开的试件表面喷涂显色指示剂，混凝土表面一般变黄（实际颜色与混凝土颜色相关），其中含氯离子部分明显较亮；表面稍干后喷 0.1 mol/L 的 $AgNO_3$ 溶液；然后将试件置于采光良好的试验室中，含氯离子部分不久即变成紫罗兰色（颜色可随混凝土掺和料的不同略有变化），不含氯离子部分一般显灰色。若直接在劈开的试件表面喷涂 0.1 mol/L 的 $AgNO_3$ 溶液，则可在约

15 min后观察到白色硝酸银沉淀。

测量显色分界线离底面的距离,把如附图5.3所示位置的测定值(精确到 mm)填入记录表,计算所得的平均值即为显色深度。试验后排除试验溶液,结垢或沉淀物用黄铜刷清除,试验槽和橡胶筒仔细用饮用水和洗涤剂冲洗 60 s,最后用蒸馏水洗净并用电吹风(用冷风挡)吹干。

(3)试验结果计算

混凝土氯离子扩散系数按下式计算(中间运算精确到四位有效数字,最后结果保留三位有效数字):

$$D_{RCM}=\frac{0.0239(273+T)L}{(U-2)t}(X_d-0.0238\sqrt{\frac{(273+T)LX_d}{U-2}})$$

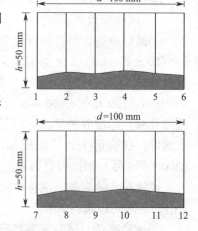

附图5.3　显色分界线位置编号

式中　D_{RCM}—— RCM 法测定的混凝土氯离子扩散系数,m^2/s;

U—— 所用电压的绝对值,V;

T—— 阳极电解液初始和最终温度的平均值,K;

L—— 试件厚度,m;

X_d—— 氯离子扩散深度的平均值,m;

t—— 试验持续时间,s。

混凝土氯离子扩散系数为 3 个试样的算术平均值。如任一个测值与中值的差值超过中值的 15%,则取中值为测定值;如有两个测值与中值的差值都超过中值的 15%,则该组试验结果无效。

F.5.3　碳化试验

1. 试验目的

了解在一定浓度的二氧化碳气体介质中混凝土试件的碳化深度试验方法,以评定该混凝土的抗碳化能力。

2. 主要仪器设备

(1)碳化箱,如附图5.4所示。带有密封箱的密闭容器,容器的容积至少应为预定进行试验的试件体积的两倍。箱内应有架空试件的铁架、二氧化碳引入口、分析取样用的气体引入口、箱内气体对流循环装置、温湿度测量以及为保持箱内恒温恒湿所需的设施。必要时,可设玻璃观察口以对箱内的温湿度进行读数。

(2)气体分析仪,能分析箱内气体中的二氧化碳浓度,精确到 1%。

(3)二氧化碳供气装置,包括气瓶、压力表及流量计。

附图5.4　混凝土碳化试验箱

3. 试件制备与处理

(1)碳化试验应采用棱柱体混凝土试件,以 3 个试件为一组,试件的最小边长应符合附表5.2的要求。棱柱体的高宽比应不小于3。无棱柱体试件时,也可用立方体试件,但其数量应相应增加。

（2）试件一般应在养护 28 d 龄期后再进行碳化，含掺合料的混凝土可根据其特性决定碳化前的养护龄期。碳化试验的试件宜采用标准养护。但应在试验前 2 d 从标准养护室取出。然后在 60 ℃ 温度下烘 48 h。

试件最小边长(mm)	骨料最大粒径(mm)
100	30
150	40
200	60

（3）经烘干处理后的试件，除留下一个或相对的两个侧面外，其余表面应用加热的石蜡予以密封。在侧面上顺长度方向用铅笔按 10 mm 间距画出平行线，以预定碳化深度的测量点。

（4）试验步骤：

① 将经过处理的试件放入碳化箱内的铁架上，各试件经受碳化的表面之间的间距至少应不小于 50 mm。

② 将碳化箱盖严密封。密封可采用机械办法或油封，但不得采用水封以免影响箱内的湿度调节。开动箱内气体对流装置，徐徐充入二氧化碳，并测定箱内的二氧化碳浓度，逐步调节二氧化碳的流量，使箱内的二氧化碳浓度保持在(20±3)％。在整个试验期间可用去湿装置或放入硅胶，使箱内的相对湿度控制在(70±5)％ 的范围内。碳化试验应在(20±5)℃ 的温度下进行。

③ 每隔一定时间对箱内的二氧化碳浓度、温度及湿度作一次测定。一般在第一、二天每隔 2 h 测定一次，以后每隔 4 h 测定一次。并根据所测得的二氧化碳浓度随时调节其流量。去湿用的硅胶应经常更换。

④ 碳化到了 3、7、14 及 28 d 时，取出试件，破型以测定其碳化深度。棱柱体试件在压力试验机上用劈裂法从一端开始破型。每次切除的厚度约为试件宽度的一半，用石蜡将破型后试件的切断面封好，再放入箱内继续碳化，直到下一个试验期。如采用立方体试件，则在试件中部劈开。立方体试件只作一次检验，劈开后不再放回碳化箱重复使用。

⑤ 将切除所得的试件部分刮去断面上残存的粉末，随即喷上（或滴下）浓度为 1％ 的酚酞酒精溶液（含 20％ 的蒸馏水）。经 30 s 后，按原定计划的每 10 mm 一个测量点用钢板尺分别测出两侧面各点的碳化深度。如果测点处的碳化分界线上刚好嵌有粗骨料颗粒，则可取该颗粒两侧处碳化深度的平均值作为该点的深度值。碳化深度测量精确至 1 mm。

（5）结果处理。混凝土各试验龄期时的平均碳化深度应按下式计算，精确到 0.1 mm：

$$d_t = \frac{\sum\limits_{i=1}^{n} d_i}{n}$$

式中　d_t——试件碳化 t 天后的平均碳化深度，mm；

　　　d_i——两个侧面上各测点的碳化深度，mm；

　　　n——两个侧面上的测点总数。

以在标准条件下［即二氧化碳浓度为(20±3)％，温度为(20±5)℃，湿度为(70±5)％］的 3 个试件碳化 28 d 的碳化深度平均值作为供相互对比用的混凝土碳化值，以此值来对比各种混凝土的抗碳化能力及对钢筋的保护作用。以各龄期计算所得的碳化深度绘制碳化时间与碳化深度的关系曲线，以表示在该条件下的混凝土碳化发展规律。

F.5.4　冻融试验

评价混凝土抗冻性能主要有两种方法：慢冻法和快冻法。

1. 慢冻法

本方法适用于检验以混凝土试件在气冻水融条件下所能经受的冻融循环次数为指标的抗冻标号。慢冻法混凝土抗冻性能试验应采用立方体试件。试件尺寸应根据混凝土中骨料的最大粒径按附表 5.2 选定。每次试验所需的试件组数应符合附表 5.3 的规定,每组试件立为 3 块。

附表 5.3　　慢冻法试验所需的试件组数

设计抗冻标号	D50	D100	D150	D200	D250	D300	D300 以上
冻融循环次数	50	50 及 100	100 及 150	150 及 200	200 及 250	250 及 300	300 及设计次数
28 d 强度	1	1	1	1	1	1	1
冻融试件组数	1	2	2	2	2	2	2
对比试件组数	1	2	2	2	2	2	2
总计试件组数	3	5	5	5	5	5	5

(1)试验设备

①冷冻箱(室)。装有试件后能使箱(室)内温度保持在 $-20 \sim -18$ ℃ 的范围以内。

②融解水槽。装有试件后能使水温保持在 $18 \sim 20$ ℃ 的范围以内。

③筐篮。用钢筋焊成,其尺寸应与所装的试件相适应。

④案秤。称量 10 kg,感量为 5 g。

⑤压力试验机。精度至少为 $\pm 2\%$,其量程应能使试件的预期破坏荷载值不小于全量程的 20%,也不大于全量程的 80%。

(2)一般规定

①如无特殊要求,试件应在 28 d 龄期时进行冻融试验。试验前 4 d 应把冻融试件从养护地点取出,进行外观检查,随后放在 (20 ± 2) ℃ 水中浸泡,浸泡时水面至少应高出试件顶面 20 mm,冻融试件浸泡 4 d 后进行冻融试验。对比试件则应保留在标准养护室内,直到完成冻融循环后,与抗冻试件同时试压。

②养护至 28 d 龄期后,及时取出试件,用湿布擦除表面水分,称重,按编号置入筐篮后即可放入冷冻箱(室)开始冻融试验。在箱(室)内,筐篮应架空,试件与筐篮接触处应垫以垫条,并保证至少留有 20 mm 的空隙,筐篮中各试件之间至少保持 50 mm 的空隙。

③抗冻试验冻结时温度应保持在 $-20 \sim -18$ ℃。冷冻时间以试件箱内温度降至 -18 ℃ 时开始计时。从装入试件到试验箱温度降至 -18 ℃ 所需的时间不应超过 $1.5 \sim 2$ h。冷冻箱(室)内温度均以其中心处温度为准。

④每次循环中试件的冻结时间应按最大尺寸而定,对 100 mm × 100 mm × 100 mm 及 150 mm × 150 mm × 150 mm 试件的冻结时间不应小于 4 h,对 200 mm × 200 mm × 200 mm 试件不应小于 6 h。

⑤如果在冷冻箱(室)内同时进行不同规格尺寸试件的冻结试验,其冻结时间应按最大尺寸试件计。

⑥冻结试验结束后,应立即加入温度为 $18 \sim 20$ ℃ 的水使试件进行融化。控制系统应保证 30 min 内水温不低于 10 ℃,且在 30 min 后水温保持在 $18 \sim 20$ ℃。试验箱内水面应至少高出试件表面 20 mm,试件在水中融化的时间不应少于 4 h。融化完毕即为该次冻融循环结束,可进行下一次循环试验。

⑦每隔 25 次对冻融试件进行外观检查。发现有严重破坏时应进行称重,如试件的平均质

量损失率超过 5%,即可停止其冻融循环试验。

⑧ 混凝土试件达到附表 5.3 规定的冻融循环次数后,即应进行抗压强度试验。抗压试验前应称重并进行外观检查,详细记录试件表面破损、裂缝及边角缺损情况。如果试件表面破损严重,则应该用石膏找平后再进行试压。

⑨ 在冻融过程中,如因故需中断试验,为避免失水和影响强度,应将冻融试件移入标准养护室保存,直至恢复冻融试验为止。此时应将故障原因及暂停时间在试验结果中注明。

(3)试验结果计算

① 强度损失率按下式计算:

$$\Delta f_c = \frac{f_{c_0} - f_{c_n}}{f_{c_0}} \times 100$$

式中 Δf_c——N 次冻融循环后的混凝土强度损失率,以 3 个试件的平均值计算,%;

      f_{c_0}—— 对比试件的抗压强度平均值,MPa;

      f_{c_n}—— 经 N 次冻融循环后的 3 个试件抗压强度平均值,MPa。

② 质量损失率按下式计算:

$$\Delta \omega_n = \frac{G_0 - G_n}{G_0} \times 100$$

式中 $\Delta \omega_n$——N 次冻融循环后的质量损失率,以 3 个试件的平均值计算,%;

      G_0—— 冻融循环试验前的试件质量,kg;

      G_n——N 次冻融循环后的试件质量,kg。

混凝土的抗冻标号,以强度损失率不超过 25%,或者质量损失率不超过 5% 时的最大循环次数来表示。

2. 快冻法

本方法适用于测定混凝土在水冻水融条件下所经受的快速冻融循环次数为指标的混凝土抗冻等级。

本试验采用 100 mm×100 mm×400 mm 的棱柱体试件。混凝土试件每组 3 块,在试验过程中可连续使用,除制作冻融试件外,尚应制备同样形状尺寸,中心埋有热电偶的测温试件。制作测温试件所用混凝土的抗冻性能应高于冻融试件。

(1)试验设备

① 快速冻融装置。能使试件静置在水中不动,依靠热交换液体的温度变化而连续、自动地按照本方法规定的冻融循环过程要求进行冻融的装置。满载运转时冻融箱内各点温度的极差不得超过 2 ℃。

② 试件盒。由 1~2 mm 厚的钢板制成。其净截面尺寸应为 110 mm×110 mm;高度应比试件高出 50~100 mm。试件底部垫起后盒内水面应至少能高出试件顶面 5 mm。

③ 案秤。称量 10 kg,感量 5 g,或称量 20 kg,感量 10 g。

④ 动弹性模量测定仪。共振法或敲击法混凝土动弹性模量测定仪。

⑤ 热电偶、电位差计。能在 −20~20 ℃ 范围内测定试件中心温度,测量精度不低于 ±0.5 ℃。

(2)试验步骤

① 如无特殊规定,试件应在 28 d 龄期时开始冻融试验。冻融试验前 4 d 应把试件从养护地点取出,进行外观检查,然后在温度为(20±2) ℃ 的水中浸泡(包括测温试件)。浸泡时水面至少应高出试件顶面 20 mm,试件浸泡 4 d 后进行冻融试验。

② 养护至 28 d 龄期后,取出试件,用湿布擦除表面水分,称重,并按本试验中规定的动弹模量试验方法测定其横向基频的初始值。

③ 将试件放入试件盒内,为了使试件受温均衡,并消除试件周围因水分结冰引起的附加压力,试件的侧面与底部应垫放适当宽度与厚度的橡胶板,在整个试验过程中,盒内水位高度应始终保持高出试件顶面 5 mm 左右。

④ 把试件盒放入冻融箱内。其中装有测温试件的试件盒应放在冻融箱的中心位置,此时即可开始冻融循环。

⑤ 冻融循环过程应符合下列要求:

每次冻融循环应在 2~4 h 内完成,其中用于融化的时间不得小于整个冻融时间的 1/4。

在冻结和融化终了时,试件中心温度应分别控制在(−18±2)℃ 和(5±2)℃。

每次试件从 3 ℃ 降至 −16 ℃ 所用的时间不得少于整个冻结时间的 1/2,每次试件从 −16 ℃ 升至 3 ℃ 所用的时间不得少于整个融化时间的 1/2,试件内外的温差不宜超过 28 ℃。

冻和融之间的转换时间不宜超过 10 min。

⑥ 试件一般应每隔 25 次循环作一次横向基频测量,测量前应将试件表面浮渣清洗干净,擦去表面积水,并检查其外部损伤及质量损失。测完后,应即把试件掉一个头重新装入试件盒内。试件的测量、称量及外观检查应尽量迅速,以免水分损失。

⑦ 为保证试件在冷液中冻结时温度稳定均衡,当有一部分试件停冻取出时,应另用试件填充空位。如冻融循环因故中断,试件应保持在冻结状态下,并最好能将试件保存在原容器内用冰块围住。如无这一可能,则应将试件在潮湿状态下用防水材料包裹,加以密封,并存放在(−18±2)℃ 的冷冻室或冰箱中直至恢复冻融试验为止,并应将故障原因及暂停时间在试验结果中注明。试件处在非冻结状态下发生故障的时间不宜超过两个冻融循环时间。特殊情况下,超过两个循环周期的次数在整个试验过程中只允许 1~2 次。

⑧ 冻融循环出现以下三种情况之一即可停止试验:

a. 已达到规定的冻融循环次数;

b. 试件相对动弹性模量下降到 60%;

c. 试件质量损失率达 5%。

(3)试验结果计算

强度损失率和质量损失率计算方法和慢冻法相同。

3. 动弹性模量试验

本方法适用于测定混凝土的动弹性模量,以检验混凝土在经受冻融或其他侵蚀作用后遭受破坏的程度,并以此来评定它们的耐久性能。

本试验采用截面为 100 mm × 100 mm 的棱柱体试件,其高宽比一般为 3~5。

(1)主要仪器设备

混凝土动弹性模量测定仪,该仪器有如下两种形式。

① 共振法混凝土动弹性模量测定仪(简称共振仪)。输出频率可调范围为 100~200 Hz,输出功率应能激励试件使其产生受迫振动,以便能用共振的原理定出试件的基频率(基频)。

在无专用仪器的情况下,可用通用仪器进行组合,其基本原理示意图如附图 5.5 所示。

通用仪器组合后,其输出频率的可调范围应与所测试件尺寸、容重及混凝土品种相匹配,一般为 100~20 000 Hz,输出功率也应能激励试件产生受迫振动。

② 敲击法混凝土动弹性模量测定仪。应能从试件受敲击后的复杂振动状态中析出基频振

动,并通过计数显示系统显示出试件基频振动周期。仪器相应的频率测量范围应为 $30 \sim 30\,000\ \mathrm{Hz}$。

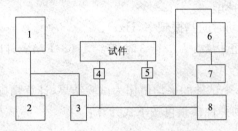

1—振荡器；2—频率计；3—放大器；4—激振换能器；5—接受换能器；
6—放大器；7—电表；8—示波器。

附图 5.5　共振法混凝土动弹性模量测定基本原理示意图

③ 试件支承体。硬橡胶韧型支座或约 20 mm 厚的软泡沫塑料垫。

④ 案秤。称量 10 kg,感量 5 g,或称量 20 kg,感量 10 g。

(2) 试验步骤

① 测定试件的质量和尺寸。试件质量的测量精度应在 $\pm 0.5\%$ 以内,尺寸的测量精度应在 $\pm 1\%$ 以内。每个试件的长度和截面尺寸均取 3 个部位测量的平均值。

② 将试件安放在支承体上,并定出换能器或敲击及接受点的位置。

③ 用共振法测量混凝土动弹性模量时,先调整共振仪的激振功率和接受增益旋钮至适当位置,变换激振频率,同时注意观察指示电表的指针偏转,当指针偏转为最大时,即表示试件达到共振状态,这时所显示的激振频率即为试件的基频振动频率。每一测量应重复测读两次以上,如两次连续测值之差不超过 0.5%,就把两个测值的平均值作为该试件的测试结果。

④ 采用示波器作显示的仪器时,把示波器的图形调成一个正圆时的频率即为共振频率;当仪器同时具有指示电表和示波器时,以电表指针达最大值时的频率作为共振频率。

在测试过程中,如发现两个以上峰值时,宜采用以下方法测出其真实的共振峰:

a. 将输出功率固定,反复调整仪器输出频率,从指示电表上比较幅值的大小,幅值最大者为真实的共振峰。

b. 把接收换能器移至距端部 0.224 倍试件长度处,此时如指示电表的示值为零,即为真实的共振峰值。

⑤ 用敲击法测量混凝土动弹性模量时,用锤击激振。敲击时敲击力的大小以能激起试件振动为度,锤击下落后应任其自由弹起,此时即可从仪器数码管中读出试件的基频振动周期,试件的基频振动频率应按下式计算:

$$f = \frac{1}{T} \times 10^6$$

式中　f——试件横向振动时的基振频率,Hz;

　　　T——试件基频振动周期(微秒),取 6 个连续测值的平均值。

(3) 试验结果与处理

① 混凝土动弹性模量应按下式计算:

$$E_\mathrm{d} = 9.46 \times 10^{-4} \frac{WL^3 f^2}{a^4} \times K$$

式中　E_d——混凝土动弹性模量,MPa;

a——正方形截面试件的边长,mm;

L——试件的长度,mm;

W——试件的质量,kg;

f——试件横向振动时的基振频率,Hz;

K——试件尺寸修正指数:$L/a = 3$ 时,$K = 1.68$;$L/a = 4$ 时,$K = 1.40$;$L/a = 5$,时 $K = 1.26$

混凝土动弹性模量以 3 个试件的平均值作为试验结果,计算精确到 100 MPa。

② 混凝土试件的相对动弹性模量可按下式计算:

$$P = \frac{f_n}{f_0} \times 100$$

式中　P——经 N 次冻融循环后试件的相对动弹性模量,以 3 个试件的平均值计算,%;

f_n——N 次冻融循环后试件的横向基频,Hz;

f_0——冻融循环试验前测得的试件横向基频初始值,Hz。

③ 混凝土耐快速冻融循环次数应以同时满足相对动弹性模量值不小于 60% 和质量损失率不超过 5% 时的最大循环次数来表示。

④ 混凝土耐久性系数应按下式计算:

$$K_n = \frac{P \times N}{300}$$

式中　K_n——混凝土耐久性系数;

N——达到本试验方法规定的冻融循环过程要求的冻融循环次数;

P——经 N 次冻融循环后试件的相对动弹性模量。

F.5.5　抗硫酸盐侵蚀试验

1. 试验目的

掌握混凝土抗硫酸侵蚀性能试验方法,了解混凝土抗侵蚀性能的影响因素及改善措施。

2. 试件制备

(1) 采用尺寸为 100 mm×100 mm×100 mm 的立方体混凝土试件,每组采用 3 块混凝土试件。

(2) 混凝土的取样、试件的制作和养护见 F.4.1。

(3) 除制作抗硫酸盐浸浊试验用试件外,还应按照同样方法,同时制作抗压强度对比用试件。试件数量应符合附表 5.4 的要求。

附表 5.4　抗硫酸盐侵蚀试验所需的试件组数

设计抗硫酸盐侵蚀等级	KS15	KS30	KS60	KS90	KS120	KS150	KS150 以上
检查强度所需干湿循环次数	15	15 及 30	30 及 60	60 及 90	90 及 120	120 及 150	150 及以上
鉴定 28 d 强度所需试件组数	1	1	1	1	1	1	1
干湿循环试件组数	1	2	2	2	2	2	2
对比试件组数	1	2	2	2	2	2	2
总计试件组数	3	5	5	5	5	5	5

3. 主要仪器与试剂

(1) 烘箱。应能使温度稳定在(80±5)℃。

（2）容器。应至少能够装 27 L 溶液（供 3 组试件试验）的带盖耐盐腐蚀的容器。

（3）台秤。最大量程 20 kg,感量 1 g。

（4）试剂。无水硫酸钠和化学纯试剂。

4. 试验步骤

（1）在试件养护到 28 d 或 56 d 龄期的前两天,将试件从标准养护室取出,擦干表面水分,放入烘箱中,在(80±5)℃ 温度下烘 48 h,烘干结束后将试件在干燥环境中冷到室温。

（2）将试件放入试件盒中,试件之间应保持 50 mm 的间距,试件与试件盒侧壁的间距不小于 20 mm。

（3）将配制好的 5%Na₂SO₄ 溶液放入试件盒直到溶液超过最上层试件表面 20 mm 左右,从试件开始浸泡,到浸泡结束的时间为(15±0.5)h。

（4）试验过程中宜定期检查和调整溶液的 pH 值,一般每隔 15 个循环测试一次溶液 pH 值,始终维持溶液的 pH 值在 6～8 之间。溶液的温度应控制在 25～30 ℃。也可不检测其 pH 值,但每月更换一次试验溶液。

（5）浸泡过程结束后,立即排液,在 30 min 内将溶液排空,溶液排空后将试件风干 30 min,从溶液开始排液到试件风干的时间为 1 h。

（6）风干过程结束后立即升温,将试件盒内的温度升到 80 ℃ 开始烘干过程。升温过程在 30 min 内完成。温度升到 80℃ 后,将温度维持在(80±5)℃。从升温开始到烘干过程结束的时间为 6 h。

（7）烘干过程结束后,应立即对试件进行冷却,从开始冷却到将试件盒内的试件表面温度冷却到 25～30 ℃ 的时间为 2 h。

（8）试件冷却到规定温度后,完成一个干湿循环试验。每个干湿循环的总时间为(24±2)h。然后再次放入溶液,按照上述(3)～(7)的步骤进行下一个循环。

（9）按照附表 5.4 进行干湿循环试验,并在达到相应的干湿循环次数后,进行抗压强度试验,同时观察经过循环后混凝土表面的破损情况并进行外观描述。另取一组标准养护的对比试件进行抗压强度试验。

（10）当干湿循环试验出现下列三种情况之一时,可停止试验:

① 抗压强度耐蚀系数达到 75%;

② 干温循环次数达到 150 次;

③ 达到设计的抗硫酸盐等级相应的干湿循环次数。

5. 试验结果与计算

混凝土强度耐蚀系数和质量耐蚀系数应分别按下式进行计算。

$$K_f = \frac{f_0 - f_n}{f_0} \times 100$$

式中　　K_f——混凝土的强度抗蚀系数(%);

　　　　f_n——N 次循环后受硫酸盐侵蚀的一组混凝土试件的抗压强度平均值(MPa);

　　　　f_0——与受硫酸盐侵蚀试件同龄期标准养护的一组混凝土试件抗压强度平均值(MPa)。

f_n、f_0 应以 3 个试件抗压强度的算术平均值作为测定值。当最大值或最小值与中间值之差超过中间值的 15% 时,应剔除此值,取其余两值的算术平均值作为测定值;当最大值和最小值与中间值之差均超过中间值的 15% 时,取中间值作为测定值。

F.6 试验6——建筑钢材试验

F.6.1 一般规定

1. 钢筋取样方法与验收规则

(1) 钢筋混凝土用热轧钢筋，应分批验收，每批由同一牌号、同一炉罐号、同一规格、同一尺寸、同一交货状态组成，每批质量不大于 60 t。

(2) 钢筋应有出厂证明书和试验报告单。验收时应抽样检验，热轧光圆钢筋检验项目主要有拉伸、冷弯、尺寸、表面及重量偏差等；热轧带肋钢筋还需进行反向弯曲、疲劳试验和晶粒度三项检验。钢筋在使用中如有脆断、焊接性能不良或机械性能显著不正常时，尚应进行化学成分分析（熔炼分析）。

(3) 钢筋拉伸与冷弯试验用的试样不允许进行车削加工。

(4) 验收取样时，自每批钢筋中任取2根截取拉伸试样，任取2根截取冷弯试样。在拉伸试验的2根试件中，若有1根试件的屈服点、拉伸强度和伸长率三个指标中有一个达不到标准中的规定值，或冷弯试验的2根试件中有1根不符合标准要求，则在同一批中再抽取双倍数量的试样进行该不合格项目的复验，复验结果中如有一个指标不合格，则该试验项目判为不合格。

2. 试验温度

一般在室温 10 ~ 35 ℃ 范围内进行仲裁试验，对温度要求严格的试验，试验温度为 (23±5)℃。

F.6.2 拉伸性能试验

1. 试验目的

测定钢筋的屈服强度、抗拉强度与伸长率，评定钢筋的强度等级。

2. 主要仪器设备

(1) 全能材料试验机。试验荷载的范围应在全能试验机最大荷载的 20% ~ 80%。试验机的测力示值误差不大于 1%。

(2) 游标卡尺（精确度为 0.1 mm）、天平、钢筋画线机等。

3. 试验步骤

(1) 试件制作和准备。抗拉试验用钢筋试件不得进行车削加工，可以用两个或一系列等分小冲点或细画线标出原始标距（标记不应影响试样断裂），测量标距长度 L_0（精确至 0.1 mm）。

热轧钢筋 $L_0 = 5.65\sqrt{S_0} = 5d_0$。测试试样的质量和长度，不经车削的试样按下式计算截面面积 A_0（mm²）：

$$A_0 = \frac{m}{7.85L}$$

式中　m——试样的质量，g；

　　　L——试样的长度，mm。

(2) 将试件上端固定在试验机夹具内，调整试验机零点，装好描绘器、纸、笔等，再用下夹具固定试件下端。

(3) 开动全能试验机，加荷速度为：屈服前，应力增加速度按附表6.1的规定，试验机控制器应尽可能保持这一速率，直至测出屈服强度为止；屈服后或只需测定抗拉强度时，试验机活动夹头在荷载下的移动速度不大于 $0.5 L_c/\text{min}$。不经车削的试样 $L_c = L_0 + 2h$。

附表 6.1 屈服前的加荷速率

材料的弹性模量（MPa）	应力速率（MPa/s）	
	最小	最大
$< 150\,000$	2	20
$\geqslant 150\,000$	6	60

（4）量出拉伸后的标距。将已拉断的试件在断裂处对齐，尽量使轴线位于一条直线上。如拉断处到邻近的标距端点的距离大于 $L_0/3$ 时，直接量出 L_1；如拉断处到邻近的标距端点的距离小于或等于 $L_0/3$ 时，可按移位法确定 L_1。如果直接量测所求得的伸长率能达到技术条件的规定值，则可不采用移位法。

（5）试验结果计算

① 屈服强度。按下式计算试件的屈服强度（精确至 5 MPa）：

$$R_{eL} = \frac{F_s}{S_0}$$

式中　R_{eL}——屈服强度，MPa；

　　　F_s——屈服点荷载，N；

　　　S_0——试件的公称横截面积，mm²。

② 抗拉强度。按下式计算试件的抗拉强度（精确至 5 MPa）：

$$R_m = \frac{F_m}{S_0}$$

③ 伸长率测定。按下式计算试件的拉伸伸长率（精确至 1%）：

$$A = \frac{L_1 - L_0}{L_0} \times 100\%$$

式中　A——试样的伸长率，%；

　　　L_0——原标距长度（5d），mm；

　　　L_1——试件拉断后直接量出或按移位法确定的标距部分长度（测量精确至 0.1 mm）。

如试件在标距端点上或标距处断裂，则试验结果无效，应重做试验。

F.6.3　硬度试验

1. 试验目的

测定钢材硬度，同时可以估计钢材的力学性能，判定钢材材质的均匀性或热处理后的效果。硬度试验方法很多，常用的是布氏和洛氏两种试验方法。

2. 布氏硬度试验

（1）仪器设备

① 布氏硬度计（附图 6.1）或三用硬度计。

② 读数显微镜，测量精度为 0.01 mm。

（2）试件制备

① 试件制备过程中，应使过热或冷加工等因素对表面性能的影响减至最小。

② 试件厚度至少应为压痕深度的 8 倍。

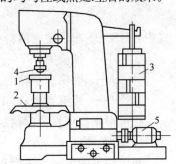

附图 6.1　布氏硬度计

③试件表面应光滑和平坦,并且不应有氧化皮及外界污物,尤其不应有油脂。试件表面应能保证压痕直径的精确测量。

(3)试验方法

①根据试件大致的硬度,按表6.2选择相应的压头和荷载,当试件尺寸允许时,应优先选用 10 mm 的球压头进行试验。装好压头,调好硬度计。试验应在 $10\sim35$ ℃室温下进行,对于温度要求严格的试验,室温为 23 ℃±5 ℃。

附表6.2 布氏硬度钢球、荷载选择

材 料	试验力与压头球直径平方的比率 $0.102F/D^2$	硬度符号	压头球直径 D(mm)	试验力 F(N)	荷载保持时间(s)
钢、铸铁 (HB≥140)	30	HB10/3 000	10	29 420	10~15
		HB5/750	5	7 355	
		HB2.5/187.5	2.5	1 839	
		HB1/30	1	294.2	
铸铁(HB<140)	10	HB10/1 000	10	9 807	10~15
		HB5/250	5	2 452	
		HB2.5/62.5	2.5	612.9	

②将试件稳固地置于刚性支撑物上,使压头中心距试件边缘的距离不小于压痕直径的 2.5 倍,转动手轮使试件上升,直到钢球压紧,保证试件加载过程中不产生滑动。

③按电钮加载,加至要求的试验力的时间 $2\sim8$ s,在试验力下维持 $10\sim15$ s 时间。加载应平稳均匀,不得受到冲击和振动,并保证荷载与试件的试验平面垂直。

④按电钮卸载,反向转动手轮,使载样台下降,取出试件。

⑤按上述方法测三次,两相邻压痕中心的距离不小于压痕直径的 3 倍。

⑥用读数显微镜测量压痕直径,每个压痕应在相互垂直的方向上进行测量,取其算术平均值,其平均值应在 $0.24D<d<0.6D$ 的范围内。如不符合上述条件,试验结果无效,应另行选择相应的压头和荷载重新试验。

⑦用直径为 10 mm 或 5 mm 的钢球进行试验时,压痕直径的测量应精确至 0.02 mm,如用 2.5 mm 钢球测量时,则应精确至 0.01 mm。

(4)试验结果计算

$$HB=0.102\times\frac{2F}{\pi D(D-\sqrt{D^2-d^2})}$$

式中 HB——布氏硬度值;

F——试验力,N;

D——硬质合金球的直径,mm;

d——压痕直径,mm。

也可根据压痕直径、荷载与钢球的关系式,由有关表中查出布氏硬度值 HB。

(5)布氏硬度表示方法

布氏硬度的表示方法为在符号 HB 前面写明硬度值,符号后面依次是硬质合金球直径、试验力数值、与规定时间不同的试验力保持时间。如:600 HB1/30/20 表示用直径 1 mm 的硬质合金球在 30 kgf(294.2 N)试验力下保持 20 s 测定的布氏硬度值为 600。350 HB 5/750表示用直径 5 mm 的硬质合金钢球在 750 kgf(7.35 kN)作用下保持 10～15 s 测定的硬度值为350。10～15 s 是规定的试验力保持时间,在布氏硬度符号中不标注。

3. 洛氏硬度试验

(1)仪器设备

洛氏硬度计或三用硬度计。

(2)试验方法

①根据试件的大致硬度按附表 6.3 选择洛氏硬度标尺、荷载和压头,装好压头,调好荷载。试验应在 10～35 ℃温度下进行。

表 6.3　洛氏硬度标尺、压头和荷载选择

符 号		压 头	荷载 F(N)	洛氏硬度测量范围
标尺	硬度值			
B	HRB	钢球直径 1.588 mm	981	25～100
C	HRC	顶角为 120°	1 471	20～70
A	HRA	顶角为 120°	588	20～88

②将试件稳定地置于载样台上,使压头中心离试件边缘的距离至少为压痕直径的 2.5 倍,但不得小于 1 mm。两压痕中心之间的距离至少应为压痕直径的 4 倍,但也不应小于 2 mm。转动手轮使试件上升与压头接触,保证在加荷过程中,荷载作用方向与试件的试验面垂直,试件不得滑动,荷载应均匀平稳地加在试件上,不得有跳动和冲击现象。

③先加初荷载 F_0(98 N),并调整表盘使 CO(测 HRC 时)或 B30(测 HRB 时)对正指针后,再加主荷载 F_1(2～8 s 内完成)。当表盘指针停止旋转后,应在 2s 内平稳地卸除主荷载 F_1。

④在保持初荷载 F_0 的继续作用下,从表盘上读出相应的硬度值,精确至 0.5 刻度。然后卸除初荷载 F_0,转动手轮使载样台下降,取出试件。

⑤每一试件照上述方法连测 4 次(第一次不计),取 3 次的算术平均值作为硬度值。

⑥洛氏硬度与布氏硬度有一定关系,必要时可将洛氏硬度换算成布氏硬度值,然后再按一定经验公式估计强度极限。

$$当 HB<75 时,\quad R_m≈0.36HB$$
$$当 HB>175 时,\quad R_m≈0.35HB$$

⑦注意事项

a. 若试件的硬度范围事先无法估计时,应先用洛氏 C 试件,绝对不能用洛氏 B 先试,以防损坏压头。

b. 切勿用手抚摸压头,以防生锈。

c. 在任何情况下,不允许压头与试台及支座触碰,试件支承面、支座和试台工作面上均不得有压痕。

F.6.4　冲击试验

1. 试验目的

本试验是测定在动荷载作用下,试件折断时的弯曲冲击韧性值,借以检查钢材在常温下的冲击韧性、负温下的冷脆性、时效敏感性以及焊接后的硬脆倾向等。因此按不同条件可分为常

温冲击韧性试验法、低温冲击韧性试验法以及时效冲击韧性试验法三种。下面介绍的是常温冲击韧性试验法。

2. 主要仪器设备

摆式冲击试验机,最大能量一般应不大于 300 J。摆锤的刀刃半径分为 2 mm 和 8 mm 两种。试样吸收能量 K 不应超过实际初始势能的 80%,如果试样吸收能量超过此值,应在报告中注明。

3. 试样制备

规定以夏比 V 形缺口试件作为标准试件,试件的形状、尺寸和粗糙度均应符合国标的要求。

4. 试验方法

(1)首先校正试验机,将摆锤置于垂直位置,调整指针对准在最大刻度上,举起摆锤到规定高度,用挂钩钩于机组上。然后拨动机钮,使摆锤自由下落,待摆锤摆到对面相当高度回落时,用皮带闸住,读出初读数,以检查试验机的能量损失。室温冲击试验应在(23±5)℃范围内进行。

(2)量出试件缺口处的截面尺寸。

(3)将试件置于机座上,使试件缺口背向摆锤,缺口位置正对摆锤的打击中心位置,此时摆锤刀口应与试件缺口轴线对齐。

(4)将摆锤上举挂于机钮上,然后拨动机钮使摆锤下落冲击试件,根据摆锤击断试件后的扬起高度,读出表盘示值冲击功 A(保留 2 位有效数字)。

(5)遇有下列情形之一者应重作试验:

①试件侧面加工画痕与折断处相重合;

②折断试件上发现有淬火裂缝。

5. 试验结果计算

(1)冲击韧性值 a_k 按下式计算:

$$a_k = W/A$$

式中　W——击断试件所消耗的冲击功,J;

　　　A——试件缺口处的横截面积,cm^2。

(2)试验时试件将冲击能量全部吸收而未折断时,则在 a_k 值前加">"符号,并在记录中注明"未折断"字样。

6. 注意事项

试验时,应特别注意安全,摆锤升起后,所有人员应退到安全栏以外两侧,顺着摆锤的摆动方向严禁站人,以防不测。

F.6.5　冷弯试验

1. 试验目的

冷弯试验用以检查钢材承受规定弯曲变形的能力,可观察其缺陷。

2. 主要仪器设备

应在配置下列弯曲装置之一的试验机或压力机上完成试验:

(1)支辊式弯曲装置,如附图 6.2 所示;

(2)V 形模具式弯曲装置,如附图 6.3 所示;

(3)虎钳式弯曲装置,如附图 6.4 所示;

(4)翻板式弯曲装置,如附图 6.5 所示。

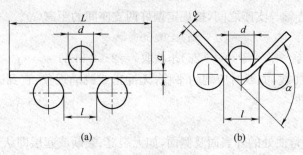

附图 6.2　支辊式弯曲装置

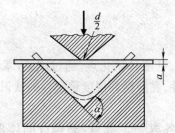

附图 6.3　Ⅴ形模具式弯曲装置

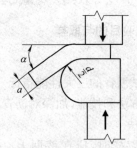

附图 6.4　虎钳式弯曲装置

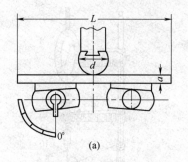
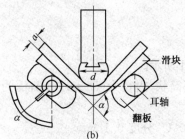
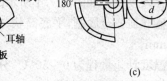

附图 6.5　翻板式弯曲装置

3. 试件制备

(1)圆形或多边形截面的钢材,其直径(或内切圆直径)不大于 50 mm 时,试件的横截面应等于原材料的横截面,如果试验设备不足,可以加工成横截面内切直径不小于 25 mm 的试样。

(2)板材、带材和型材,产品厚度不大于 25 mm 时,试件厚度应为原产品的厚度;产品厚度大于 25 mm 时,试件厚度可以机加工减薄至不小于 25 mm,并保留一侧原表面,并且弯曲试验时试样保留的原表面应位于受拉变形的一侧。

(3)试样的长度(L)应根据试样的厚度和所用的试验设备确定。采用支辊式弯曲装置或翻板式弯曲装置试验时,可以按下式确定:

$$L=0.5\pi(d+a)+140 \quad (mm)$$

式中　d——弯曲直径,mm;

a——试样的厚度,mm。

4. 试验方法

(1)试验温度一般在 10~35 ℃室温下进行,对温度要求严格的试验,应在(23±5)℃范围内进行。

(2)如果采用附图 6.2 或附图 6.5 方法时,按规范规定,应选择适当大小的心轴 d。

（3）将试件置于心轴与支座之间，按规定调好两支座间的距离（l）。

支辊式弯曲装置：　　　　　$l=(d+3a)\pm0.5a$

翻板式弯曲装置：　　　　　$l=(d+2a)+e$（取 $e=2\sim6$ mm）

（4）开动试验机加载，加载时应均匀平稳，无冲击或跳动现象，直到试件弯曲至规定的程度，然后卸载取下试件。

5. 结果评定

用放大镜看试件弯曲处的外表面及侧面，如无裂缝、裂断或起层即认为冷弯合格。

F.7　试验7——石油沥青试验

F.7.1　试验目的与取样

1. 试验目的

本试验测试沥青的三大性能指标——针入度、延度和软化点，通过试验，掌握沥青三大性能指标的测试方法和技能，加深对沥青材料的塑性、黏滞性和温度稳定性的认识。

2. 取样方法

从容器中取样时，应在液面上、中、下位置各取一定数量，黏稠或固体沥青应不少于1.5 kg；液体沥青不少于 4 L。

F.7.2　针入度测试

1. 主要仪器设备

（1）针入度仪。如附图 7.1 所示。

（2）盛样皿。金属制，平底筒状，内径为（55±1）mm，深为（35±1）mm。

（3）温度计。量程为 0～50 ℃，分度 0.1 ℃。

（4）恒温水浴。容量不少于 10 L，能保持温度在所需的±0.1 ℃的范围内。

（5）平底玻璃皿。容量不少于 1 L，深度不少于 80 mm，内设一个不锈钢三腿支架，能稳定支撑盛样皿。

（6）金属皿或瓷皿，孔径为 0.3～0.5 mm 的筛、秒表等。

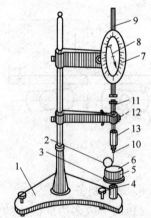

附图 7.1　针入度仪

1—底座；2—小镜；3—圆形平台；
4—调平螺丝；5—保温皿；6—试样；
7—刻度盘；8—指针；9—活杆；
10—标准杆；11—连杆；12—按钮；
13—砝码

2. 试验准备

将沥青试样在 120～180 ℃下脱水，用筛过滤，注入盛样皿内，在 15～30 ℃的空气中冷却 1 h，然后将盛样皿浸入（25±0.5）℃的水浴中恒温 1 h，水浴中的水面应高于试样表面 25 mm。

3. 试验步骤

（1）通过调平螺丝 4 调节针入度仪水平。

（2）盛样皿恒温 1 h 后取出，放入水温 25 ℃的平底玻璃皿 5 中，试样 6 表面以上的水层高度不应少于 10 mm。将玻璃皿放于圆形平台 3 上，调整标准针，使针尖与试样表面恰好接触，必要时用放置在合适位置的光源反射来观察。拉下活杆 9，使之与连杆顶端接触，并将刻度盘 7 的指针 8 指在"0"上（记录指针初始值）。

（3）用手紧压按钮 12，使标准杆自由穿入沥青中 5 s，停止按压，使指针停止下沉。

（4）再拉下活杆与标准针连杆顶端接触，读出读数，即为针入度值（或与初始值之差）。

（5）同一试样至少测定 3 次，各测点及测点与盛样皿边缘之间的距离不少于 10 mm。每次测试前应将平底玻璃皿放入恒温水浴。每次测试后应将标准针取下，用溶剂擦干净。

4. 结果评定

（1）平行测试的 3 个值的最大和最小值之差不超过附表 7.1 中的数值，否则需重做。

（2）每个试样取 3 个测试值的平均值作为测试结果。

附表 7.1　针入度测试允许的最大差值

针入度	0～49	50～149	150～249	250～500
最大差值	2	4	12	20

F.7.3　延度测试

1. 主要仪器设备

（1）延度仪。拉伸速度为（5±0.25）cm/min，带有恒温水浴装置。

（2）试模。试模几何形状和尺寸如附图 7.2 所示。

（3）温度计、金属皿或瓷皿、0.3～0.5 mm 孔径的筛、砂浴等。

2. 试验准备

（1）组装模具于金属板上，在底板和侧模的内侧面涂隔离剂。

（2）将沥青熔化脱水至气泡完全消除，然后将沥青试模从模具的一端至另一端往返注入，使沥青略高于模具。

（3）浇注好的试件在 15～30 ℃ 的空气中冷却 30 min 后，用热刀将高出模具部分刮除，使沥青面与模具面齐平。将试件浸入延度仪水槽中，水温控制在（25±0.5）℃，沥青表面以上水层高度不小于 25 mm。

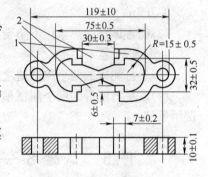

附图 7.2　试模（单位：mm）
1—端模；2—侧模

3. 试验步骤

（1）调整延度仪，使指针正对标尺的零。

（2）试件恒温 1～1.5 h 后，将模具两端的孔分别套在滑板计槽端的金属柱上，然后去掉侧模。

（3）开动延度仪，并观察拉伸情况，如发现沥青细丝浮于水面或沉入槽底时，则应在水中加入乙醇或食盐水调整水的密度，使其与沥青试样密度相近，再进行拉伸测定。

（4）试样拉断时，指针所示的读数即为沥青试样的延度，以 cm 计。

4. 结果评定

取平行测定 3 个测试值的算术平均值为测试结果。如其中两个较高值在平均值 5% 之内，而最小值不在平均值 5% 内，则舍弃最小值，取两个较高值的平均值作为测试结果。

F.7.4　软化点测试

1. 主要仪器设备与试剂

（1）软化点测定仪。沥青软化点一般采用环球法，测试装置如图 8.6 所示，钢球直径为

9.53 mm,质量为(3.50±0.05) g;试样环为铜质锥环或肩环;支架有上、中及下承板和定位套组成。

(2)电炉或加热器、金属板(表面粗糙度 0.8 μm)或玻璃板、刀、0.3～0.5 mm 孔径的筛等。

(3)甘油、滑石粉、隔离剂、新煮沸的蒸馏水。

2. 试验准备

(1)将铜质环置于涂有隔离剂的金属板或玻璃板上,将预先脱水的沥青试样加热熔化,加热温度不高于沥青预估的软化点 100 ℃,过筛后注入铜质环内并略高于环面,如预估软化点在 120 ℃ 以上,应将铜质环加热至 80～100 ℃。

(2)将试样在 15～30 ℃ 的空气中冷却 30 min 后,用热刀刮除高出环面的试样,使之与环面齐平。

3. 试验步骤

(1)将试样环水平安置在环架中层板的圆孔上,然后放入烧杯中,恒温 15 min。预先在烧杯中放入温度为(5±0.5)℃的水(预估软化点低于 80 ℃)或(32±1)℃的甘油(预估软化点高于 80 ℃)。然后将钢球放在沥青试样上表面中心,调整水面或甘油液面至所需深度。将温度计由上层板中心孔垂直插入,使温度计的水银球与铜质环下面齐平。

(2)将烧杯移防至有石棉网的三脚架上或电炉上,立即加热,升温速度为(5±0.5)℃/min。

(3)沥青试样受热软化下坠至与下承板面接触时的温度即为试样的软化点。

4. 结果评定

(1)平行测得的两个测试值之差应不大于附表7.2。

(2)取平行测得的两个测试值的算术平均值作为测试结果。

附表 7.2　软化点测试的允许差值

软化点(℃)	<80	>80
允许差值(℃)	1	2

F.8　试验 8——沥青混合料马歇尔稳定度试验

F.8.1　概　述

1. 试验目的

确定沥青混合料的最佳沥青掺量,掌握沥青混合料马歇尔稳定度的测试方法和技能。

2. 试件成型

按照设计的沥青混合料配合比,将现场应用的原材料称量后,用小型拌和机按规定的拌制温度制备沥青混合料。然后,将沥青混合料在规定的成型温度下,用击实法制成直径为 101.6 mm、高 63.5 mm 的圆柱形试件。

3. 试验仪器

(1)沥青混合料马歇尔试验仪。试验仪最大荷载不小于 25 kN,精度 100 N,加载速度应保持在(50±5)mm/min,并附有测定荷载与试件变形的压力环(或传感器)、流值计(或位移计)、直径为 16 mm 的钢球和上下压头(曲率半径为 50.8 mm)等。

(2)恒温水槽。能保持水温于测试温度±1 ℃的水槽,深度不小于 150 mm。

(3)真空饱水容器、烘箱、天平(感量 0.1 g)、温度计(分度 11 ℃)、卡尺或试件高度测定器、棉纱、黄油。

4. 试验记录

沥青混合料马歇尔稳定度试验记录见附表8.1。

附表 8.1　沥青混合料稳定度试验记录表

沥青混合料用途		矿质集料品种		矿粉密度 $\rho'_{t(F)}$ (g/cm³)		拌和温度(℃)	
沥青混合料类型		粗集料表观密度 $\rho'_{t(c)}$ (g/cm³)		沥青品种		击实温度(℃)	
沥青混合料配比		细集料表观密度 $\rho'_{t(c)}$ (g/cm³)		沥青密度 $\rho_{t(a)}$ (g/cm³)		击实次数	

试件编号	沥青用量 q_a(%)	个别值 h_1(cm)	h_2(cm)	平均高度 h(cm)	试件在空气中重 m_0(g)	试件在水中重 m_1(g)	试件表观密度 ρ_0(g/cm³)	试件理论真密度 ρ_t(g/cm³)	试件中沥青体积百分率 VA(%)	试件空隙率 VV(%)	试件矿料空隙率 VMA(%)	沥青饱和度 VFA(%)	测力环百分表读数[(1/100)mm]	测力环折算系数 k[kN/(100mm)]	稳定度值 MS(kN)	流值 FL[(1/10)mm]	马歇尔模数 T(kN/mm)	浸水稳定 MS₁(kN)	残留稳定度 MS₀(%)
①	②	③	④	⑤=$\frac{③+④}{2}$	⑥	⑦	⑧=$\frac{⑥}{⑥-⑦}$	⑨	⑩=$\frac{③×⑧}{\rho_{t(a)}}$	⑪=$(1-\frac{⑧}{⑨})×100$	⑫=⑩+⑪	⑬=⑩/⑫	⑭	⑮	⑯=⑭×⑮	⑰	⑱=$\frac{⑯×10}{⑰}$	⑲	⑳=$\frac{⑲}{⑯}×100$
I-1																			
I-2																			
I-3																			
平均																			
II-1																			
II-2																			
II-3																			
平均																			
III-1																			
III-2																			
III-3																			
平均																			

试验者：＿＿＿＿　　复核者：＿＿＿＿　　日期：＿＿＿＿

F.8.2　标准马歇尔试验

1. 测试步骤

(1)用卡尺(或试件高度测定器)测量试件的直径和高度,如试件高度不满足(63.5±1.3)mm的要求或两侧高度差大于 2 mm 时,此试件作废。按规范要求测定试件的表观密度、理论密度、空隙率、沥青体积百分率、矿料间隙率、沥青饱和度等物理指标。

(2)将恒温水槽(或烘箱)调节至要求的试验温度[对黏稠石油沥青混合料为(60±1)℃],将试件置于已达规定温度的恒温水槽(或烘箱)中保温 30~40 min。试件应垫起,离容器底部不小于 5 cm。

(3)将马歇尔试验仪的上下压头放入水槽(或烘箱)中达到同样温度。将上下压头从水槽(或烘箱)中取出拭干内面。为使上下压头滑动自如,可在下压头的导棒上涂少量黄油。再将试件软化取出置于下压头上,盖上上压头,然后装在加载设备上。

(4)将流值测定装置安装在导棒上,使导向套管轻轻地压在上压头上,同时将流值计读数调零。在上压头的球座上放妥钢球,并对准荷载测定装置(应力环或传感器)的压头,然后将应力环中的百分表对准零或将荷载传感器的读数复位为零。

(5)启动加载设备,使试件承受荷载,加载速度为(50±5)mm/min。在试验荷载达到最大值的瞬间,取下流值计,同时读取应力环中百分表(或荷载传感器)的读数和流值计的流值读数(从恒温水槽中取出试件至测出最大荷载值的时间不应超过 30 s)。

2. 测试结果和计算

(1)稳定度与流值

①由荷载测定装置读取的最大值即为试样的稳定度。当用应力环百分表测定时,根据应力环表测定曲线,将应力环中百分表的读数换算为荷载值,即为试件的稳定度(MS),以 kN 计。

②由流值计及位移传感器测定装置读取的试件垂直变形,即为试件的流值(FL),以 mm 计。

(2)马歇尔模数

试件的马歇尔模数按下式计算:

$$T = \frac{MS \cdot 10}{FL}$$

式中　T——试件的马歇尔模数,kN/mm;

　MS——试样的稳定度,kN;

　FL——试件的流值,mm。

3. 试验结果报告

(1)当一组测试值中某个数据与平均值之差大于标准差的 k 倍时,该测试值应舍弃,并以其余测试值的平均值作为试验结果。当试验数目 n 为 3、4、5、6 个时,k 值分别为 1.15、1.46、1.67、1.82。

(2)试验报告内容应包括马歇尔稳定度、流值、马歇尔模数、试件尺寸、密度、空隙率、沥青用量、沥青体积百分率、沥青饱和度、矿料间隙率等指标。

F.8.3　浸水马歇尔试验

1. 测试步骤

浸水马歇尔试验方法是将沥青混合料试件在规定温度[黏稠沥青混合料为为(60±1)℃]的恒温水槽中保温 48 h,然后测定其稳定度,其余步骤与 F.8.2 节的标准马歇尔试验方法相同。

2. 试验结果与计算

根据试件的浸水马歇尔稳定度和标准马歇尔稳定度,按下式计算试件的浸水残留稳定度:

$$MS_0 = \frac{MS_1}{MS} \times 100$$

式中　MS_0——试件的浸水残留稳定度,%;

　　　MS_1——试样浸水马歇尔稳定度,kN;

　　　MS——试件的标准马歇尔稳定度,kN。

F.8.4　真空饱水马歇尔试验

1. 测试步骤

真空饱水马歇尔试验方法是将沥青混合料试件先放入真空干燥器中,关闭进水胶管,开动真空泵,使干燥器的真空度达到 98.3 kPa 以上,维持 15 min,然后打开进水胶管;在负压作用下冷水进入干燥器使试件全部浸入水中,浸水 15 min 后恢复常压,取出试件再放入规定温度[黏稠沥青混合料为为(60±1)℃]的恒温水槽中保温 48 h,进行马歇尔稳定度试验。其余步骤与F.8.2节的标准马歇尔试验方法相同。

2. 试验结果与计算

根据试件的真空饱水马歇尔稳定度和标准马歇尔稳定度,按下式计算试件的真空饱水残留稳定度:

$$MS'_0 = \frac{MS_2}{MS} \times 100$$

式中　MS'_0——试件的真空饱水残留稳定度,%;

　　　MS_2——试样真空饱水马歇尔稳定度,kN;

　　　MS——试件的标准马歇尔稳定度,kN。

参 考 文 献

[1] 赵仁杰,喻仁水.木质材料学[M].北京:中国林业出版社,2003.

[2] 南华大学等高校.土木工程材料[M].北京:北京大学出版社,2006.

[3] 江泽慧,姜笑梅.木材结构与其品质特性的相关性[M].北京:科学出版社,2008.

[4] 周士琼.土木工程材料[M].北京:中国铁道出版社,2004.

[5] 邓德华.土木工程材料[M].北京:中国铁道出版社,2010.

[6] 姜志青.道路建筑材料[M].北京:人民交通出版社,2005.

[7] 彭小芹.土木工程材料[M].重庆:重庆大学出版社,2010.

[8] 钱晓倩.土木工程材料[M].杭州:浙江大学出版社,2003.

[9] 张正雄,姚佳良.土木工程材料[M].北京:人民交通出版社,2008.

[10] 苏达根.土木工程材料[M].北京:高等教育出版社,2008.

[11] 阎培渝.土木工程材料[M].北京:人民交通出版社,2009.

[12] 陈志源,李启令.土木工程材料[M].武汉:武汉理工大学出版社,2012.

[13] 赵志曼,张建平.土木工程材料[M].北京:北京大学出版社,2012.

[14] 赵方冉.土木工程材料[M].上海:同济大学出版社,2004.

[15] 符芳.土木工程材料[M].南京:东南大学出版社,2006.

[16] 宋少民,孙凌.土木工程材料[M].武汉:武汉理工大学出版社,2011.

[17] 王元纲,李洁,周文娟.土木工程材料[M].北京:人民交通出版社,2011.